高等院校精品课程系列教材

计算机网络

孔祥杰 万良田 夏锋 ◎编著
大连理工大学

*I*ntroduction to
Computer Networks

机械工业出版社
China Machine Press

图书在版编目（CIP）数据

计算机网络 / 孔祥杰，万良田，夏锋编著 . —北京：机械工业出版社，2018.2
（高等院校精品课程系列教材）

ISBN 978-7-111-59209-9

I. 计… II. ①孔… ②万… ③夏… III. 计算机网络 IV. TP393

中国版本图书馆 CIP 数据核字（2018）第 034162 号

  本书按照以 TCP/IP 协议栈为基础的五层网络体系结构，自下而上地系统介绍计算机网络的基础理论和技术，并通过新型网络架构和网络前沿专题部分向读者介绍近年来计算机网络领域的前沿技术和研究成果，并尽可能地提供了详尽的参考文献。

  本书内容兼顾计算机网络理论的系统性和前沿性，图文并茂、层次清晰，可作为高校计算机科学与技术、软件工程、通信工程等相关专业的本科生教材，还可供从事计算机网络相关领域的科学研究及工程技术等人员参考。

出版发行：机械工业出版社（北京市西城区百万庄大街 22 号　邮政编码：100037）
责任编辑：佘　洁　　　　　　　　　　　　　责任校对：李秋荣
印　　刷：三河市宏图印务有限公司　　　　　版　　次：2018 年 3 月第 1 版第 1 次印刷
开　　本：185mm×260mm　1/16　　　　　印　　张：17.25
书　　号：ISBN 978-7-111-59209-9　　　　　定　　价：49.00 元

凡购本书，如有缺页、倒页、脱页，由本社发行部调换
客服热线：（010）88378991　88361066　　　　投稿热线：（010）88379604
购书热线：（010）68326294　88379649　68995259　读者信箱：hzjsj@hzbook.com

版权所有 · 侵权必究
封底无防伪标均为盗版
本书法律顾问：北京大成律师事务所　韩光 / 邹晓东

前　言

在当今社会向信息化和进一步开放方向发展的过程中，计算机网络也以空前的速度、广度和深度进一步发展。计算机网络应用已遍及政治、经济、军事、科技、生活等几乎人类活动的一切领域，并对社会发展、生产结构乃至人们的日常生活方式产生深刻的影响和强烈的冲击。可见，充分了解和研究下一代互联网中，满足国家和社会对下一代互联网的需求，已经成为我们当前的紧迫任务。

国务院于 2015 年 7 月印发的《关于积极推进"互联网+"行动的指导意见》中指出，将互联网的创新成果与经济社会各领域深度融合的"互联网+"具有广阔前景和无限潜力，对推动我国经济社会发展产生战略性和全局性的影响。"互联网+"涉及很多课程，其中计算机网络就是一门重要的基础课程。它既是高等学校软件工程及计算机相关专业的一门核心专业基础课程，也是非计算机专业学生学习和掌握计算机应用技术的一门专业基础课程，同时还是软件工程及计算机相关专业研究生入学考试全国统考课程。

笔者在大连理工大学软件学院教授本科生"计算机网络"课程多年，有丰富的教学实践经验和计算机网络相关的科研积累。近年来，无论是在学术界还是工业界，计算机网络均有着飞速的发展，以 SDN、NFV、DTN 等为代表的技术层出不穷，并在实际中有了广泛的应用。为了让学生能够紧跟计算机网络发展前沿，笔者基于教学、科研经验，并在查阅了大量英文文献和走访思科、华为、华三等公司的基础上编写了本书。

本书根据计算机网络中公认的五层体系结构由浅入深、循序渐进地介绍了计算机网络的内容。全书共分为九章，章节内容具体安排如下。

第 1 章对计算机网络的基本概念进行简单的介绍，包括计算机网络的定义和分类、发展历程、组成、性能指标以及国际标准化组织。

第 2 章对计算机网络体系结构进行深入介绍，包括计算机网络体系结构的发展历程、OSI/RM 体系结构、TCP/IP 体系结构、五层体系结构以及其他重要的网络体系结构。

第 3 章介绍物理层相关概念以及技术，包括物理层提供的服务、数据传输方式、传输媒体，以及通信中的调制解调技术、编码解码技术、信道复用技术。最后解释宽带接入网相关技术。

第 4 章讲述数据链路层的基本技术，首先简要介绍数据链路层提供的服务，然后详细介绍差错检测与纠错方法、高级数据链路控制协议以及点对点协议，最后介绍以太网、虚拟局域网以及无线局域网的关键技术。

第 5 章介绍网络层，首先介绍网络层提供的服务，然后介绍网际协议、地址解析协议和逆地址解析协议、路由算法和路由协议、因特网组管理协议，最后介绍下一代网际协议 IPv6、网络地址转换以及多协议标签交换。

第 6 章讲述传输层的基本概念，主要包括传输层提供的服务、用户数据报协议，然后介绍 TCP 的基本原理、可靠传输的实现、流量控制以及拥塞控制。

第 7 章讲述应用层的基本概念，首先介绍应用层提供的服务，然后详细介绍域名系统、文件传输协议和简单文件传输协议、远程登录协议、电子邮件、简单网络管理协议、动态主机配置协议、万维网、多媒体传输的基本原理。

第8章对目前计算机网络的新型网络架构进行简要介绍，重点介绍内容分发网络、延时容忍网络和软件定义网络。

第9章介绍了计算机网络的前沿专题，包括网络安全、软交换技术、网络虚拟化和移动自组织网络。

本书在编写过程中得到了多位高校教师和企业工程师的指导以及宝贵的意见，大连理工大学软件学院的很多同学为本书提供了素材或参加了校对，在此深表感谢。笔者所在的大连理工大学阿尔法实验室的同学为本书的编写做出了巨大的贡献，他们是蔡丽伟、杜宏壮、冯玉凡、侯杰、侯轲、康文杰、李梦琳、李世璞、刘嘉莹、刘雷、刘明亮、刘鑫童、马凯、毛梦依、石雅洁、谢佳楠、袁宇渊、张凯源、郑文青，在此表示衷心的感谢！

本书内容参考了很多现有书籍、文献资料和网络资源，再次对这些资料的原著者表示感谢。本书的编写工作得到了国家自然科学基金（61572106）、辽宁省自然科学基金（201602154）等项目的资助，在此向相关部门表示感谢！

由于编写水平有限，书中难免存在一些不足和错误，恳请广大读者批评指正。

编者

2018年2月

教 学 建 议

教学章节	教学要求	课时
第 1 章 计算机网络的基本概念	掌握计算机网络的定义、分类 了解计算机网络的发展历程 掌握计算机网络的组成 掌握计算机网络的性能指标 了解计算机网络的国际标准化组织	2～4
第 2 章 计算机网络体系结构	了解计算机网络体系结构发展历程 掌握 OSI/RM 体系结构、TCP/IP 体系结构、五层体系结构 *了解其他网络体系结构	2～4
第 3 章 物理层	掌握物理层提供的服务、数据传输方式、传输媒体 *了解调制解调技术、编码解码技术 掌握信道复用技术、宽带接入网	4～6
第 4 章 数据链路层	掌握数据链路层提供的服务 掌握差错检测与纠错 *了解高级数据链路控制协议 *了解点对点协议 掌握以太网 *掌握虚拟局域网 掌握无线局域网	6～10
第 5 章 网络层	掌握网络层提供的服务和网际协议 IP 掌握地址解析协议和逆地址解析协议 掌握路由算法和路由协议 *了解因特网组管理协议和下一代网际协议 IPv6 掌握网络地址转换 *了解多协议标签交换	8～14
第 6 章 传输层	掌握传输层提供的服务 掌握用户数据报协议和传输控制协议 掌握 TCP 可靠传输的实现，掌握 TCP 流量控制、拥塞控制	6～10
第 7 章 应用层	掌握应用层提供的服务 掌握域名系统（DNS）、文件传输协议（FTP）、电子邮件 E-mail、动态主机配置协议（DHCP）、万维网 *了解简单文件传输协议（TFTP）、远程登录协议（TELNET）、简单网络管理协议（SNMP）、多媒体传输	4～8
第 8 章 新型网络架构	*了解内容分发网络 *了解延时容忍网络 *了解软件定义网络	4
第 9 章 网络前沿专题	*了解网络安全 *了解软交换技术 *了解网络虚拟化 *了解移动自组织网络	4

(续)

教学章节	教学要求	课时
总课时	第1~7章计算机网络基础部分建议课时	32~56
	第8~9章计算机网络前沿部分建议课时	8

说明:

1)建议课堂教学全部在多媒体教室内完成,实现"讲解–演示–讨论"结合。

2)建议教学分为计算机网络基础部分(1~7章的内容)和计算机网络前沿部分(第8、9章的内容),选讲内容前面用"*"标注,不同学校可以根据各自的教学要求和计划学时数对教学内容进行取舍。

目 录

前言
教学建议

第1章 计算机网络的基本概念 1
1.1 计算机网络的定义 1
1.2 计算机网络的分类 2
1.2.1 按地理分布范围分类 2
1.2.2 按交换方式分类 3
1.2.3 按传输媒体分类 7
1.2.4 按拓扑结构分类 8
1.3 计算机网络的发展历程 9
1.4 计算机网络的组成 12
1.4.1 网络边缘 13
1.4.2 网络核心 15
1.4.3 Internet 的通信方式 17
1.5 计算机网络的性能指标 19
1.5.1 速率 19
1.5.2 带宽 19
1.5.3 吞吐量 19
1.5.4 时延 19
1.5.5 其他性能指标 20
1.6 计算机网络的国际标准化组织 20
本章小结 22
思考题 23

第2章 计算机网络体系结构 24
2.1 计算机网络体系结构发展历程 24
2.2 OSI/RM 体系结构 26
2.2.1 OSI/RM 的基本概念 26
2.2.2 OSI/RM 各层基本功能 27
2.3 TCP/IP 体系结构 30
2.3.1 TCP/IP 的发展 30
2.3.2 TCP/IP 四层模型 31

2.4 五层体系结构 33
2.4.1 五层参考模型 33
2.4.2 三种体系结构的对比 34
2.5 其他网络体系结构 35
2.5.1 IEEE 802 局域网体系结构 35
2.5.2 开放可编程网络体系结构 37
2.5.3 面向服务的新型网络体系结构 39
2.5.4 内容中心网络体系结构 41
2.5.5 面向移动性的新型网络体系结构 42
本章小结 43
思考题 43

第3章 物理层 44
3.1 物理层提供的服务 44
3.2 数据传输方式 44
3.2.1 单工、双工和半双工数据传输 44
3.2.2 异步传输和同步传输 45
3.2.3 频带传输和基带传输 45
3.3 传输媒体 46
3.3.1 双绞线 46
3.3.2 同轴电缆 46
3.3.3 光纤 47
3.3.4 无线传输 48
3.4 调制解调技术 49
3.4.1 ASK 50
3.4.2 FSK 51
3.4.3 PSK 52
3.4.4 多级调制 53
3.5 编码解码技术 54
3.5.1 不归零制编码 54

3.5.2 曼彻斯特编码和差分曼彻斯特编码 ……………………… 55
3.5.3 mB/nB 编码 …………………… 55
3.6 信道复用技术 ………………………… 56
  3.6.1 频分复用 …………………… 57
  3.6.2 时分复用 …………………… 58
  3.6.3 码分复用 …………………… 59
  3.6.4 波分复用 …………………… 60
  3.6.5 准同步数字系列（PDH）和同步数字系列（SDH）……… 61
3.7 宽带接入网 …………………………… 63
  3.7.1 xDSL 技术 ………………… 63
  3.7.2 FTTx 技术 ………………… 65
  3.7.3 EPON+LAN 技术 ………… 67
  3.7.4 光纤接入 …………………… 68
本章小结 …………………………………… 70
思考题 ……………………………………… 70

第 4 章 数据链路层 …………………… 71

4.1 数据链路层提供的服务 ……………… 71
4.2 差错检测与纠错 ……………………… 72
  4.2.1 奇偶校验 …………………… 73
  4.2.2 校验和方法 ………………… 74
  4.2.3 循环冗余检测 ……………… 75
4.3 高级数据链路控制协议 ……………… 76
  4.3.1 HDLC 工作原理 …………… 76
  4.3.2 HDLC 帧格式和传输控制 … 77
4.4 点对点协议 …………………………… 79
  4.4.1 PPP 的特点 ………………… 79
  4.4.2 PPP 的帧格式 ……………… 81
  4.4.3 PPP 的工作状态 …………… 82
4.5 以太网 ………………………………… 83
  4.5.1 以太网的发展 ……………… 83
  4.5.2 以太网 MAC 子层协议 CSMA/CD ……………………… 86
  4.5.3 以太网 MAC 帧的格式和数据封装 ……………………… 87
  4.5.4 传统以太网和高速以太网 … 90

4.6 虚拟局域网 …………………………… 92
  4.6.1 VLAN 概述 ………………… 92
  4.6.2 VLAN 的帧格式 …………… 94
  4.6.3 VLAN 的运行 ……………… 96
4.7 无线局域网 …………………………… 97
  4.7.1 WLAN 网络结构 …………… 97
  4.7.2 WLAN 协议 ………………… 98
  4.7.3 其他种类的无线局域网 …… 101
本章小结 …………………………………… 103
思考题 ……………………………………… 103

第 5 章 网络层 ………………………… 105

5.1 网络层提供的服务 …………………… 105
5.2 网际协议 ……………………………… 106
  5.2.1 IPv4 地址分类 ……………… 107
  5.2.2 CIDR 和 VLSM …………… 108
  5.2.3 IP 数据报的格式 …………… 109
  5.2.4 IP 数据报转发流程 ………… 113
  5.2.5 因特网控制报文协议 ……… 113
  5.2.6 IP 地址与硬件地址 ………… 116
5.3 地址解析协议和逆地址解析协议 …… 117
  5.3.1 ARP ………………………… 117
  5.3.2 数据报格式 ………………… 118
  5.3.3 RARP ……………………… 118
5.4 路由算法和路由协议 ………………… 118
  5.4.1 概述 ………………………… 119
  5.4.2 最短路径优先算法 ………… 120
  5.4.3 内部网关协议 RIP ………… 121
  5.4.4 内部网关协议 OSPF ……… 122
  5.4.5 外部网关协议 BGP ………… 123
5.5 因特网组管理协议 …………………… 124
5.6 下一代网际协议 IPv6 ………………… 126
  5.6.1 IPv6 地址格式 ……………… 126
  5.6.2 IPv6 地址类型 ……………… 126
  5.6.3 IPv6 的数据报格式 ………… 126
  5.6.4 IPv6 路由选择机制 ………… 128
  5.6.5 IPv4 向 IPv6 过渡 ………… 129

5.7 网络地址转换 ·················· 130
　5.7.1 NAT 的由来 ··············· 130
　5.7.2 NAT 的工作模型和特点 ····· 131
　5.7.3 NAT 的限制与解决方案 ····· 132
　5.7.4 NAT 的应用和实现 ········· 136
5.8 多协议标签交换 ··············· 138
　5.8.1 MPLS 的基本概念 ········· 138
　5.8.2 MPLS 的工作原理 ········· 139
　5.8.3 MPLS 的实际应用 ········· 141
本章小结 ·························· 141
思考题 ···························· 142

第 6 章 传输层 ··················· 143

6.1 传输层提供的服务 ············· 143
　6.1.1 进程到进程的通信 ········· 143
　6.1.2 寻址 ······················ 144
　6.1.3 封装与解封装 ············· 144
　6.1.4 多路复用与多路分解 ······· 145
　6.1.5 流量控制与差错控制 ······· 146
6.2 用户数据报协议 ··············· 148
　6.2.1 UDP 的用途 ··············· 149
　6.2.2 UDP 的数据报格式 ········· 149
　6.2.3 UDP 的特点 ··············· 150
6.3 TCP 概述 ······················ 151
　6.3.1 TCP 报文段的首部格式 ····· 151
　6.3.2 TCP 的编号与确认 ········· 153
　6.3.3 TCP 的连接管理 ··········· 154
6.4 TCP 可靠传输的实现 ··········· 159
　6.4.1 TCP 重传相关概念 ········· 159
　6.4.2 TCP 重传机制 ············· 161
　6.4.3 TCP 可靠传输示例 ········· 162
6.5 TCP 流量控制 ················· 164
6.6 TCP 拥塞控制 ················· 166
　6.6.1 TCP 拥塞控制相关概念 ····· 167
　6.6.2 TCP 拥塞控制算法 ········· 168
　6.6.3 TCP 拥塞控制策略转换 ····· 170
本章小结 ·························· 172
思考题 ···························· 172

第 7 章 应用层 ··················· 174

7.1 应用层提供的服务 ············· 174
7.2 域名系统 ······················ 175
　7.2.1 域名系统概念 ············· 175
　7.2.2 因特网的域名结构 ········· 176
　7.2.3 DNS 工作机理概述 ········· 176
7.3 文件传输协议和简单文件传输
　　 协议 ·························· 180
　7.3.1 FTP 概念 ·················· 180
　7.3.2 FTP 的基本工作原理 ······· 180
　7.3.3 简单文件传输协议 ········· 181
7.4 远程登录协议 ·················· 182
7.5 电子邮件 ······················ 183
　7.5.1 体系结构和服务 ··········· 183
　7.5.2 电子邮件的信息格式 ······· 184
　7.5.3 简单邮件传输协议 ········· 185
　7.5.4 邮局协议 POP3 和 IMAP ···· 186
　7.5.5 多用途因特网邮件扩充
　　　　（MIME） ·················· 188
7.6 简单网络管理协议 ············· 190
7.7 动态主机配置协议 ············· 191
7.8 万维网 ························ 194
　7.8.1 万维网的工作原理 ········· 194
　7.8.2 统一资源定位符 ··········· 196
　7.8.3 超文本传输协议和安全
　　　　超文本传输协议 ··········· 197
　7.8.4 超文本标记语言 ··········· 203
7.9 多媒体传输 ···················· 205
　7.9.1 实时传输协议 ············· 205
　7.9.2 实时传输控制协议 ········· 207
　7.9.3 会话发起协议 ············· 207
　7.9.4 综合服务 IntServ 与区分服务
　　　　DiffServ ·················· 209
本章小结 ·························· 212
思考题 ···························· 213

第 8 章 新型网络架构 ············· 214

8.1 内容分发网络 ·················· 214

8.1.1 内容分发网络概述 …… 214
8.1.2 内容分发网络关键技术 …… 215
8.2 延时容忍网络 …… 218
  8.2.1 DTN 架构 …… 219
  8.2.2 DTN 的路由算法与路由性能评估 …… 223
8.3 软件定义网络 …… 227
  8.3.1 软件定义网络的背景和概念 …… 227
  8.3.2 软件定义网络的架构 …… 228
  8.3.3 软件定义网络的应用 …… 230
  8.3.4 未来的工作及挑战 …… 232
本章小结 …… 234
思考题 …… 234

第9章 网络前沿专题 …… 235

9.1 网络安全 …… 235
  9.1.1 网络安全描述 …… 235
  9.1.2 影响网络安全的主要因素 …… 236
  9.1.3 网络安全主要技术 …… 237
  9.1.4 网络安全模型 …… 239
9.2 软交换技术 …… 239
  9.2.1 软交换技术概述 …… 240
  9.2.2 软交换体系结构 …… 240
  9.2.3 软交换技术相关协议 …… 243
  9.2.4 软交换的应用 …… 245
9.3 网络虚拟化 …… 246
  9.3.1 网络虚拟化概述 …… 246
  9.3.2 常见网络虚拟化形式 …… 246
  9.3.3 虚拟专用网络 …… 247
  9.3.4 无线网络虚拟化 …… 249
9.4 移动自组织网络 …… 251
  9.4.1 路由协议的分类 …… 251
  9.4.2 主动路由协议 …… 252
  9.4.3 被动路由协议 …… 254
  9.4.4 混合路由协议 …… 255
本章小结 …… 257
思考题 …… 257

参考文献 …… 258

第 1 章　计算机网络的基本概念

21 世纪是一个以网络为核心的信息时代，它的一个重要特征是数字化、网络化和信息化。网络可以非常迅速地传递信息，因此要实现信息化就必须依靠完善的网络。作为信息社会的命脉和经济发展的重要基础，网络对社会生活的很多方面以及社会经济的发展已经产生了不可估量的影响。

1.1　计算机网络的定义

所谓计算机网络（Computer Networks）是指互连起来的能够独立自主工作的计算机集合。这里的"互连"是指互相连接的两台或两台以上的计算机能够互相交换信息，达到资源共享的目的。而"独立自主"是指两台计算机的工作是独立的，任何一台计算机都不能干预其他计算机的工作，如启动、停止等，任意两台计算机之间没有主从关系。

下面从三个方面介绍计算机网络的定义。

（1）广义定义

计算机网络也称计算机通信网。关于计算机网络最简单的定义是：一些相互连接的、以共享资源为目的的、自治的计算机的集合。若按此定义来衡量，则早期的面向终端的网络都不能算是计算机网络，而只能称为联机系统（因为那时的许多终端不能算是自治的计算机）。随着硬件价格的下降，许多终端都具有了一定的智能，因而"终端"和"自治的计算机"逐渐失去了严格的界限。若用微型计算机作为终端，根据上述定义，则早期的那种面向终端的网络也可称为计算机网络。

另外，从逻辑功能上看，计算机网络是以传输信息为基础目的、用通信线路将多个计算机连接起来的计算机系统的集合。

从用户的角度来看，计算机网络是这样定义的：存在着一个能为用户自动管理的网络操作系统，由它管理用户所调用的资源。而整个网络就像一个大的计算机系统一样，它对用户是透明的。

一个比较通用的定义是：利用通信线路将地理上分散的、具有独立功能的计算机系统和通信设备按不同的形式连接起来，以功能完善的网络软件及协议实现资源共享和信息传递的系统。

从整体上来说，计算机网络就是把分布在不同地理区域的计算机与专门的外部设备用通信线路互连成一个规模大、功能强的系统，从而使众多的计算机可以方便地互相传递信息，共享硬件、软件、数据信息等资源。简单来说，计算机网络就是由通信线路互相连接的多台能够自主工作的计算机构成的集合体。最简单的计算机网络只有两台计算机和连接它们的一条链路，即两个节点和一条链路。

（2）按连接定义

计算机网络就是通过线路互连起来的、自治的计算机集合，确切地说就是将分布在不同地理位置上的具有独立工作能力的计算机、终端及其附属设备用通信设备和通信线路连接起来，但并不一定以资源共享为目的。

（3）按需求定义

计算机网络就是由大量独立的、相互连接起来的计算机来共同完成计算机任务的系统。

1.2 计算机网络的分类

通俗地讲，计算机网络是由多台计算机（或其他计算机网络设备）通过传输介质和软件物理（或逻辑）连接在一起组成的。总的来说计算机网络的组成包括：计算机、网络操作系统、传输介质（可以是有形的，也可以是无形的，如无线网络的传输介质就是空气）以及相应的应用软件四部分。

如图1-1所示，计算机网络可以按照很多标准来进行分类。例如，地理覆盖范围、拓扑结构类型、数据包交换方式和传输技术等。虽然网络类型的划分标准各种各样，但是根据地理范围进行划分是一种大家都认可的通用网络划分标准。按照这种标准可以把网络划分为局域网、城域网和广域网三种。

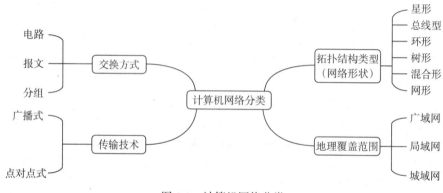

图1-1 计算机网络分类

1.2.1 按地理分布范围分类

如图1-2所示，按地理分布范围来分类，计算机网络可以分为广域网、局域网和城域网三类。广域网（Wide Area Network，WAN）也称远程网，其分布范围可达数百至数千公里（1公里=1 000米），可覆盖一个国家或一个洲。这种网络的覆盖范围比城域网（Metropolitan Area Network，MAN）更广，一般是对不同城市之间的局域网（Local Area Network，LAN）或者城域网互联。因为广域网距离较远，信息衰减比较严重，所以这种网络一般要租用专线，通过接口信息处理器（Interface Message Processor，IMP）与线路连接起来，构成网状结构，解决寻径问题。广域网因为连接的用户多，总出口带宽有限，所以用户的终端连接速率一般较低，通常为9.6kbit/s～45Mbit/s，如邮电部门的CHINANET、CHINAPAC和CHINADDN。

局域网（Local Area Network，LAN）是将小区域内的各种通信设备互连在一起的网络，其分布范围局限在一个办公室、一幢大楼或一个校园内，用于连接个人计算机、工作站和各类外围设备以实现资源共享和信息交换，这是我们最常见、应用最广的一种网络。现在，随着计算机网络技术的发展和提高，局域网得到了充分的应用和普及，几乎每个单位都有自己的局域网，甚至有的家庭都有自己的小型局域网。局域网在计算机数量配置上没有太多的限制，少的可以只有两台，多的可达几百台。一般来说，在企业局域网中，工作站的数量在几十台到两百台左右。在网络所涉及的地理距离上一般来说可以从几米至 10 公里以内。由于局域网一般位于一个建筑物或一个单位内，因此不存在寻径问题，不包括网络层的应用。

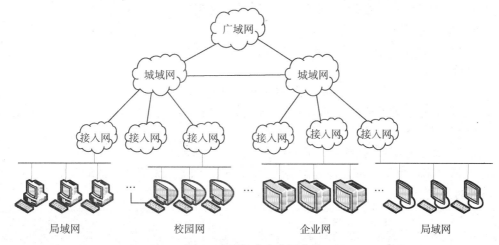

图 1-2 地理分布范围分类

局域网的特点是：连接范围窄、用户数量少、配置容易、连接速率高。目前，局域网速率最快的要算 10G 以太网了。IEEE 802 标准委员会定义了多种主要的局域网：以太网（Ethernet）、令牌环（Token Ring）网、光纤分布式数据接口（Fiber Distributed Data Interface，FDDI）网络、异步传输模式（Asynchronous Transmission Mode，ATM）网以及无线局域网（Wireless Local Area Network，WLAN）。

城域网（Metropolitan Area Network，MAN）的分布范围介于局域网和广域网之间，其目的是在一个较大的地理区域内提供数据、声音和图像的传输，其中包括校园网、企业网等。一般来说，城域网支持在一个城市，但不在同一地理小区范围内的计算机互联。这种网络的连接距离可以达到 10～100 公里，它采用的是 IEEE 802.6 标准。MAN 比 LAN 扩展的距离更长，连接的计算机数量更多，在地理范围上可以说是 LAN 的延伸。在一个大型城市或都市地区，一个 MAN 通常连接着多个 LAN，如连接政府机构的 LAN、医院的 LAN、电信的 LAN、公司企业的 LAN，等等。光纤连接的引入使得 MAN 中高速的 LAN 互连成为可能。

城域网多采用 ATM 技术作为骨干网。ATM 是一个用于数据、语音、视频以及多媒体应用程序的高速网络传输方法，包括一个接口和一个协议。该协议能够在一个常规的传输信道上，支持比特率不变和变化的通信量。ATM 同样包含硬件、软件以及与其协议标准一致的介质。ATM 提供了一个可伸缩的主干基础设施，以便能够适应不同规模、速度以及寻址技术的网络。ATM 的最大缺点就是成本太高，所以一般应用于政府城域网中，如邮政、银行、医院等。

1.2.2 按交换方式分类

按交换方式来分类，计算机网络可以分为电路交换网、报文交换网和分组交换网三种。

1. 电路交换

电路交换（Circuit Switching）方式类似于传统的电话交换方式，用户在开始通信之前，必须申请建立一条从发送端到接收端的物理信道，并且在双方通信期间始终占用该信道。电路交换的优点如下：

1）由于通信线路为通信双方用户专用，数据直达，因此传输数据的时延非常小。
2）通信双方之间的物理通路一旦建立，双方可以随时通信，实时性强。
3）双方通信时按发送顺序传送数据，不存在乱序问题。
4）电路交换既适用于传输模拟信号，也适用于传输数字信号。
5）电路交换的交换设备（交换机等）及控制均较简单。

而这种交换方式的缺点在于：

1）电路交换连接建立的平均时间对计算机通信来说较长。
2）电路交换连接建立后，物理通路被通信双方独占，即使通信线路空闲，也不能供其他用户使用，因而信道利用率低。

图 1-3 为电路交换的示意图。图中 A 和 B 之间的通路共经过了四个交换机，而主机 C 和 D 则是属于同一个交换机地理覆盖范围中的用户，因此这两个主机之间建立的连接就不需要再经过其他交换机。

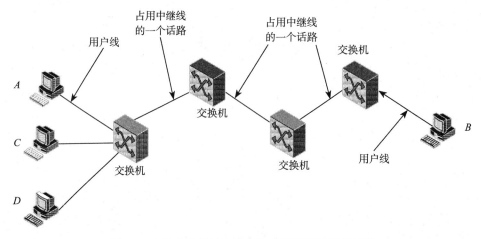

图 1-3 电路交换的用户始终占用端到端的通信资源

3）电路交换时数据直达，不同类型、不同规格、不同速率的终端相互之间很难进行通信，也难以在通信过程中进行差错控制。

2. 报文交换

报文交换（Message Switching）方式的数据单元是要发送的一个完整报文，其长度并无限制。报文交换采用的是存储–转发原理，这有点像古代的邮政通信，邮件由途中的驿站逐个存储转发。报文中含有目的地址，每个中间节点都要为途经的报文选择适当的路径，使其最终能够到达目的端。报文交换是以报文为数据交换的单位，报文携带目标地址、源地址等信息，在交换节点采用的是存储转发的传输方式，因而其具有以下优点：

1）报文交换不需要为通信双方预先建立一条专用的通信线路，不存在连接建立时延，用户可随时发送报文。
2）在报文交换中便于设置代码检验和数据重发设施，加之交换节点还具有路径选择，因此其可以做到在某条传输路径发生故障时，重新选择另一条路径传输数据，以提高传输的可靠性。
3）在存储转发中容易实现代码转换和速率匹配，甚至收发双方可以不必同时处于可用状态。这样报文交换就便于在类型、规格和速度不同的计算机之间进行通信。

4）提供多目标服务，即一个报文可以同时发送到多个目的地址，这在电路交换中是很难实现的。

5）允许建立数据传输的优先级，使优先级高的报文优先转换。

6）通信双方不是固定占有一条通信线路，而是在不同的时间分段地部分占有这条物理通路，因而其大大提高了通信线路的利用率。

报文交换也存在如下缺点。

1）由于数据进入交换节点后要经历存储、转发这一过程，从而引起转发时延（包括接收报文、检验正确性、排队、发送时延等），而且网络的通信量越大，造成的时延就越大，因此报文交换的实时性差，不适合传送实时或交互式业务的数据。

2）报文交换只适用于数字信号。

3）由于对报文的长度没有限制，而每个中间节点都要完整地接收传来的整个报文，当输出线路被占用时，还可能要存储几个完整报文等待转发，这就要求网络中每个节点都要有较大的缓冲区。为了降低成本，减少节点的缓冲存储器的容量，有时要把等待转发的报文存在磁盘上，这又进一步增加了传送时延。

3. 分组交换

分组交换（Packet Switching）方式也称为包交换方式，1969年首次在ARPANET上使用。现在，人们公认ARPANET是分组交换网之父，并将分组交换网的出现作为计算机网络新时代的开始。采用分组交换方式通信之前，发送端先将数据划分为一个个等长的单位（即分组），然后这些分组逐个由各中间节点采用存储-转发的方式进行传输，最终到达目的端。由于分组的长度有限，可以在中间节点的内存中进行存储处理，使得其转发速度大大提高。分组交换与报文交换原理相似，一个重要区别是分组的数据量通常不会太大，而且可以进一步分割。

分组交换采用的是存储-转发技术。图1-4描述了把一个报文划分为几个分组的概念。通常我们将要发送的整块数据称为一个报文。在发送报文之前，先把较长的报文划分为一个个更小的等长数据段。分组是在因特网中传送的数据单元，每一个分组的首部都含有地址等控制信息。分组交换网中的节点交换机根据收到的分组的首部中的地址信息，把分组转发到下一个节点交换机。采用这样的存储转发方式，最后分组就能到达最终目的地。

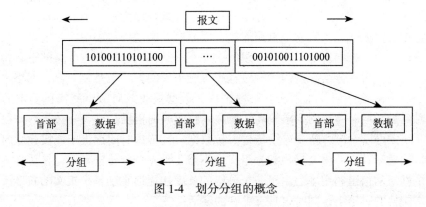

图1-4 划分分组的概念

分组交换的优点具体如下：

1）加速了数据在网络中的传输。因为分组是逐个传输，可以使后一个分组的存储操作与前一个分组的转发操作并行进行,这种流水线式的传输方式减少了报文的传输时间。此外,传输一个分组所需的缓冲区比传输一份报文所需的缓冲区小得多,因缓冲区不足而等待发送的概率及等待的时间也必然少得多。

2)简化了存储管理。因为分组的长度固定,相应的缓冲区的大小也固定,所以在交换节点中存储器的管理通常被简化为对缓冲区的管理,相对比较容易。

3)减少了出错概率和重发数据量。因为分组较短,其出错概率必然减少,每次重发的数据量也就大大减少,这样不仅提高了可靠性,也减少了传输时延。

4)由于分组短小,更适合采用优先级策略,便于及时传送一些紧急数据,因此对于计算机之间的突发式的数据通信,分组交换显然更为合适。

分组交换的缺点如下:

1)尽管分组交换比报文交换的传输时延少,但仍存在存储转发时延,而且其节点交换机必须具有更强的处理能力。

2)分组交换与报文交换一样,每个分组都要加上源、目的地址和分组编号等信息,使传送的信息量大约增加5%~10%,这在一定程度上降低了通信效率,增加了处理的时间,使控制复杂,时延增加。

3)当分组交换采用数据报服务时,可能会出现乱序、丢失或重复分组的问题,当分组到达目的节点时,要按编号对分组进行排序等工作,从而增加了时延。

4. 三种交换方式的比较

与电路交换相比,报文交换虽然提高了电路利用率,但报文经存储转发后会产生较大的时延。报文越长、转接的次数越多,时延就越大。为了减少数据传输的时延、提高数据传输的实时性,产生了分组交换。

分组交换既继承了报文交换方式电路利用率高的优点,又克服了其时延较大的缺点。分组交换利用统计时分复用原理,将一条数据链路复用成多个逻辑信道,在建立呼叫时,通过逐段选择逻辑信道,最终构成一条主叫、被叫用户之间的信息传送通路,即虚电路,从而实现数据分组的传送。

虚电路是分组交换提供的一种业务类型,它属于连接型业务,即通信双方在开始通信之前必须首先建立逻辑上的连接。由于存在这一连接,因此在源节点分组交换机与目的节点分组交换机之间发送与接收分组的次序将保持不变。分组交换提供的另一种业务类型是数据报,它属于无连接型业务。在这类业务中,每一个分组均作为一个独立的报文进行传送,通信双方在开始通信之前无须建立虚电路连接,因而在一次通信过程中,源节点分组交换机与目的节点分组交换机之间发送与接收分组的次序不一定相同,接收方分组的重新排序将由终端来完成。同时,对于分组在网内传输过程中可能出现的丢失与重复差错,网络本身也不作处理,均由双方终端的协议来解决。一般来说,数据报业务对节点交换机要求的处理开销小,传送时延短,但对终端的要求较高,而虚电路业务则相反。

从图1-5中可以看出,若要连续传送大量数据,且传送时间远大于连接建立时间,则电路交换的传输速率较快。报文交换和分组交换不需要预先分配传输带宽,在传送突发数据时可提高整个网络的信道利用率。由于一个分组的长度往往远小于整个报文的长度,因此分组交换比报文交换的时延小,同时也具有更好的灵活性。

综上所述,采用存储-转发的分组交换实质上是采用了在数据通信的过程中断续(或动态)分配传输带宽的策略。这对传送突发式的计算机数据非常合适,会使通信线路的利用率得到大大提高。

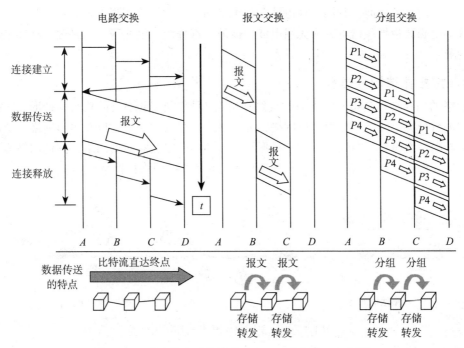

图 1-5 三种交换方式的比较（$P1 \sim P4$ 表示 4 个分组）

总之，当要传送的数据量很大，且其传送时间远大于呼叫时间，则采用电路交换较为合适；当端到端的通路是由很多段的链路组成时，则采用分组交换传送数据较为合适。从提高整个网络的信道利用率上看，报文交换和分组交换要优于电路交换，其中分组交换比报文交换的时延小，尤其适合于计算机之间突发式的数据通信。

1.2.3 按传输媒体分类

按照传输媒体分类，可以把计算机网络分为有线网和无线网。计算机网络的传输媒体如图 1-6 所示。有线传输媒体是指在两个通信设备之间实现的物理连接部分，它能将信号从一方传输到另一方，有线传输媒体主要有双绞线、同轴电缆和光纤。双绞线和同轴电缆传输电信号，光纤传输光信号。双绞线分为不同的类别，如 3 类、5 类及超

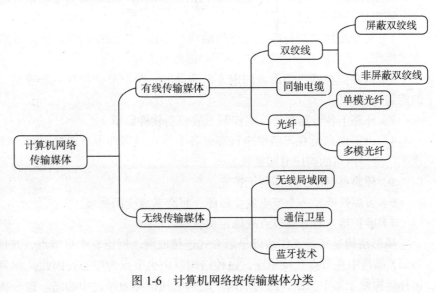

图 1-6 计算机网络按传输媒体分类

5 类。3 类双绞线的速率为 10Mbit/s，5 类双绞线的速率可达 100Mbit/s。无线传输媒体指的是我们周围的自由空间。利用无线电波在自由空间的传播可以实现多种无线通信。在自由空间传输的电磁波根据频谱可分为无线电波、微波、红外线、激光等，信息被加载在电磁波上进行传输。

1.2.4 按拓扑结构分类

网络的拓扑结构是指网络中通信线路和站点（计算机或设备）的几何排列形式。按照拓扑结构进行分类，网络可分为星形网络、环形网络、总线型网络，以及树形网络、全联型网络、不规则网络等。其中最基本的是星形网络、环形网络、总线型网络，其他网络都是这几个网络的变形和综合。图 1-7 给出了这三种基本的计算机网络拓扑结构。

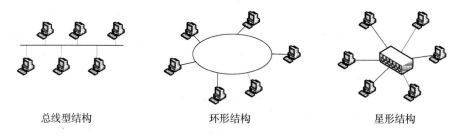

总线型结构　　　　　　环形结构　　　　　　星形结构

图 1-7　计算机网络按基本拓扑结构分类

总线型结构是将所有入网的计算机均接入到一条通信线上。总线型结构的优点是信道利用率较高、结构简单、价格相对便宜。缺点是同一时刻只能有两个网络节点相互通信、网络延伸距离有限、网络容纳节点数有限。在总线上只要有一个点出现连接问题，就会影响整个网络的正常运行。目前，局域网中多采用此种结构。总线型拓扑网络通常把短电缆（分支电缆）用电缆接头连接到一条长电缆（主干）上。

环形结构在 LAN 中使用得较多。这种结构中的传输介质从一个端用户到另一个端用户，直到将所有的端用户连成环形。数据在环路中沿着一个方向在各个节点间传输，信息从一个节点传输到另一个节点。这种结构消除了端用户通信时对中心系统的依赖性。

环形结构的特点如下。

1）每个端用户都与两个相邻的端用户相连，因而存在着点到点链路，但其总是以单向方式操作，于是便有上游端用户和下游端用户之称。

2）信息流在网中是沿着固定方向流动的，两个节点仅有一条道路，故简化了路径选择的控制。

3）环路上各节点都是自主控制，故控制软件简单。

4）由于信息源在环路中串行穿过各个节点，当环中节点过多时，势必会影响信息传输速率，使得网络的响应时间延长。

5）环路是封闭的，不利于扩充。

6）可靠性低，一个节点发生故障，将会造成全网瘫痪。

7）维护难，对分支节点故障定位较难。

星形结构是指各工作站以星形方式连接成网。网络有中央节点，其他节点（工作站、服务器）都与中央节点直接相连，这种结构以中央节点为中心，因此又称为集中式网络。星形拓扑结构便于集中控制，因为端用户之间的通信必须经过中心站。这一特点也带来了易于维护和安全等优点。端用户设备因为故障而停机时也不会影响其他端用户之间的通信。同时星形拓扑结构的网络延迟时间较小，传输误差较低。但采用这种结构非常不利的一点是，中心系统必须具有极高的可靠性，因为中心系统一旦损坏，整个系统便趋于瘫痪。

树形结构是分级的集中控制式网络，与星形结构相比，它的通信线路总长度短、成本较低、节点易于扩充、寻找路径比较方便。但除了叶节点及与其相连的线路之外，任意节点或与其相连的线路故障都会使系统受到影响。

网状拓扑结构主要是指各节点通过传输线互相连接起来，并且每一个节点至少与其他两个节点相连。网状拓扑结构具有较高的可靠性，但其结构比较复杂，实现起来费用较高，不易管理和维护，不常用于局域网。

将两种或几种网络拓扑结构混合起来构成的网络拓扑结构称为混合型拓扑结构（也称为杂合型结构）。比如，星形结构和总线型结构的网络结合在一起可以形成新的网络结构，这样的拓扑结构更能满足较大网络的拓展，既解决了星形网络在传输距离上的局限，又解决了总线型网络在连接用户数量上的限制。这种网络拓扑结构同时兼顾了星形网络与总线型网络的优点，并在一定程度上弥补了两者的缺点。

蜂窝拓扑结构是无线局域网中常用的结构。它以无线传输介质（微波、卫星、红外线等）点到点和多点传输为特征，适用于城市网、校园网、企业网。

除了以上四种分类方式之外，常用的分类方式还有如下三种。

1）按传播技术可分为点到点式网络、广播式网络。

2）按网络中节点的地位不同可分为 P2P 模式（对等网）、C/S 模式（客户/服务器模式）和 B/S 模式（浏览器/服务器模式）。

3）按传输速率可分为低速网、中速网、高速网。

1.3 计算机网络的发展历程

追溯计算机网络的发展历史，它的演变可以概括为面向终端的计算机网络、计算机-计算机网络和开放式标准化网络三个阶段。

（1）面向终端的计算机网络

以单个计算机为中心的远程联机系统构成面向终端的计算机网络。所谓联机系统，就是一台中央主计算机连接大量的地理上处于分散位置的终端。早在 20 世纪 50 年代初，美国建立的半自动地面防空系统（Semi-Automatic Ground Environment，SAGE）就将远距离的雷达和其他测量控制设备的信息通过通信线路汇集到一台中心计算机进行集中处理，从而开创了把计算机技术和通信技术相结合的尝试。

这类简单的"终端-通信线路-计算机"系统形成了计算机网络的雏形。严格地说，联机系统与后来发展成熟的计算机网络相比存在着根本的区别。这样的系统除了一台中心计算机之外，其余的终端设备都没有自主处理的功能，还不能算作计算机网络。为了更明确地区别于后来发展的多个计算机互连的计算机网络，称这种系统为面向终端的计算机网络。

随着连接的终端数目的增多，为了减轻承担数据处理的中心计算机的负载，在通信线路和中心计算机之间设置了一个前端处理器（Front End Processor，FEP）或通信控制器（Communication Control Unit，CCU）专门负责与终端之间的通信控制，从而出现了数据处理和通信控制的分工，更好地发挥了中心计算机的数据处理能力。另外，在终端较集中的地区设置集中器和多路复用器，首先通过低速线路将附近群集的终端连至集中器或复用器，然后通过高速通信线路、实施数字数据和模拟信号之间转换的调制解调器（Modem）与远程中心计算机的前端机相连，构成如图1-8所示的远程联机系统，从而提高了通信线路的利用率，节约了远程通信线路的投资。

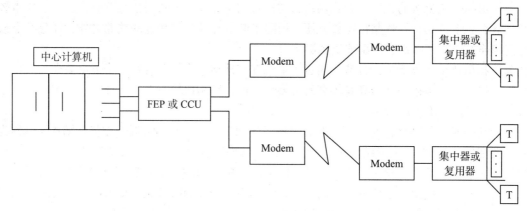

图1-8　单计算机为中心的远程联机系统

（2）计算机–计算机网络

20世纪60年代中期出现了由若干个计算机互连的系统，开创了"计算机–计算机"通信的时代，并呈现出多处理中心的特点。20世纪60年代后期，由美国国防部高级研究计划局ARPA（现称Defense Advanced Research Projects Agency，DARPA）提供经费，联合计算机公司和大学共同研发的ARPA网（ARPANET）标志着目前所称的计算机网络的兴起。ARPANET的主要目标是借助于通信系统，使网内各计算机系统间能够共享资源。ARPANET是一个成功的系统，它在概念、结构和网络设计方面都为后继的计算机网络打下了基础。

此后，计算机网络得到了迅猛的发展，各大计算机公司都相继推出了自己的网络体系结构和相应的软、硬件产品。用户只要购买计算机公司提供的网络产品，就可以通过专用或租用通信线路组建计算机网络。IBM公司的SNA（Systems Network Architecture）和DEC公司的DNA（Digital Network Architecture）就是两个著名的例子。凡是按SNA组建的网络都可称为SNA网，而按DNA组建的网络都可称为DNA网或DECNET。

（3）开放式标准化网络

虽然已有大量各自研制的计算机网络正在运行和提供服务，但仍存在不少弊端，主要原因是这些各自研制的网络没有统一的网络体系结构，难以实现互连。这种自成体系的系统称为封闭系统。为此，人们迫切希望建立一系列国际标准，从而得到一个"开放"的系统。这也是推动计算机网络走向国际标准化的一个重要因素。

正是出于这种动机，人们开始了对开放系统互连的研究。国际标准化组织（International Standards Organization，ISO）于1984年正式颁布了一个称为"开放系统互连参考模型"（Open System Interconnection Reference Model）的国际标准ISO 7498，简称OSI参考模型或OSI/RM。OSI参考模型由七层组成，所以也称为OSI七层模型。OSI/RM的提出开创了一个具有统一的网络体系结构、遵循国际标准化协议的计算机网络新时代。

OSI标准不仅确保了各厂商生产的计算机之间的互连，同时也促进了企业的竞争。厂商只有执行这些标准才能有利于产品的销路，用户也可以从不同的制造厂商处获得兼容的开放的产品,从而大大加速了计算机网络的发展。

最庞大的计算机网络就是因特网,它由非常多的计算机网络通过许多路由器互联而成。从图1-9中可看出,因特网逐渐演变成了基于互联网服务提供商(Internet Service Provider,ISP)和网络接入点(Network Access Point,NAP)的多层次结构网络。但今日的因特网由于规模太大,已经很难对整个网络结构给出细致的描述。但下面这种情况是经常会遇到的,那就是相隔较远的两个主机的通信可能需要经过多个ISP(如图1-9中的 A 和 B 之间的粗线表示主机 A 要经过许多不同层次的ISP才能把数据传送到主机 B)。因此,当主机 A 和另一个主机 B 通过因特网进行通信时,实际上也就是它们通过许多中间的ISP进行通信。

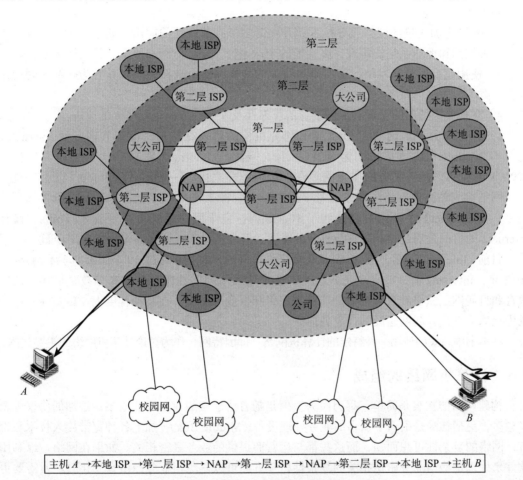

图1-9 基于ISP的多层结构的因特网概念示意图

同时需要指出的是,一旦某个用户能够接入因特网,那么他就能够成为一个ISP。他需要做的就是购买一些如调制解调器或路由器这样的设备,让其他用户能够与其相连接。因此,图1-9所示的仅仅是一个示意图,因为一个ISP可以很方便地在因特网拓扑上增添新的层次和分支。

因特网已经成为世界上规模最大和增长速率最快的计算机网络,没有人能够准确地说出因特网究竟有多大。因特网的迅猛发展始于20世纪90年代。由欧洲原子核研究组织CERN开发的万维网(World Wide Web,WWW)被广泛使用在因特网上,大大方便了广大非网络专业人员对网络的使用，成为因特网用户数量指数级增长的主要驱动力。

由于因特网存在着技术上和功能上的不足，加上用户数量猛增，使得现有的因特网不堪重负。因此，1996年，美国的一些研究机构和34所大学提出研制和建造新一代因特网的设想，并宣布在此后5年内用5亿美元的联邦资金实施"下一代因特网计划"，即"NGI计划"（Next Generation Internet Initiative）。

NGI计划要实现的主要目标如下。

1）开发下一代网络结构，以比现有的因特网高100倍的速率连接至少100个研究机构，以比现有的因特网高1 000倍的速率连接10个类似的网点。其端到端的传输速率要超过100Mbit/s至10Gbit/s。

2）使用更加先进的网络服务技术并开发诸多带有革命性的应用，如远程医疗、远程教育、有关能源和地球系统的研究、高性能的全球通信、环境监测和预报、紧急情况处理等。

3）使用超高速全光网络，能实现更快速的交换和路由选择，同时具有为一些实时应用保留带宽的能力。

4）在整个因特网的管理和保证信息的可靠性及安全性方面进行较大的改进。

1997年10月，美国约40所大学和研究机构的代表在芝加哥商定共同开发Internet2。此后不久，Internet2即被采纳为NGI计划的一部分。Internet2是34所大学的研究机构在1996年创建的，拥有先进的主干网。在局域网范畴之内，一般将高达1Gbit/s以上带宽的光纤网络称为超高速网络。在核心骨干网中，一般将2.5Gbit/s以上的光纤网络称为超高速网络。而Internet2主干网带宽达到了100Gbit/s，主干网总带宽可扩展到8.8Tbit/s。设计Internet2的目的是满足高等教育与科研的需要，开发下一代互联网高级网络应用项目。

目前，Internet2已经连接了60 000多个科研机构，并且和超过50个国家的学术网互联。2013年，Internet2有330多个正式会员，会员按照不同的性质可分成高等教育机构、地区教育和科研网、从事教育和科研的非营利组织和企业等类型。在某种程度上，Internet2已经成为全球下一代互联网建设的代表名词。

在本书中，我们使用一种特定的计算机网络，即因特网，作为讨论计算机网络的主要载体。

1.4 计算机网络的组成

构建网络的初衷是简单、尽力而为。但是随着所承载的业务逐渐增多，添加的协议也愈来愈多，更糟糕的是引入了众多的业务处理设备（Middle Box），加上各种宽带接入技术和设备，网络的复杂性可想而知，而这些都与运营商提供的业务紧密相关。如果在网络边缘利用软件来处理这些与业务密切相关的复杂性，一方面可以避免当业务提供有变化时经常需要更换硬设备的问题，另一方面可以快速地提供差异化业务，在市场中始终保持竞争优势。

网络的根本任务是完成连接，而完成连接需要做两件事，一是选路，二是快速通达。软件定义网络（Software Defined Network，SDN）技术使选路变得更加简单，网络的路由也更加动态，但SDN没有解决快速通达（即高速的数据转发）的问题。因此，现在常用的解决方案是在网络边缘将业务流量尽可能地汇聚，形成大颗粒度的流经过网络核心，在网络核心利用专业化硬件进行面向连接的高速转发和传输。这样，一方面可以简化SDN控制层面的复杂性，有利于实现对网络的可编程；另一方面可以实现承载网络的高效运营，达到低成本网络建设的目的。

因特网的拓扑结构虽然非常复杂，并且在地理上覆盖了全球，但从其工作方式上来看，可以划分为以下两大块。

1) 边缘部分。由所有连接在因特网上的主机组成。这部分是用户直接使用的,用来进行通信(传送数据、音频或视频)和资源共享。

2) 核心部分。由大量网络和连接这些网络的路由器组成。这部分是为边缘部分提供服务的(提供连通性和交换)。图1-10给出了这两部分的示意图。

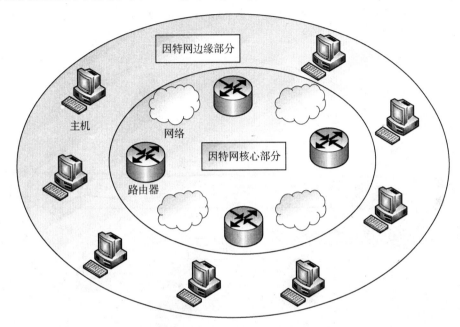

图1-10 因特网的边缘部分与核心部分

1.4.1 网络边缘

处在因特网边缘部分的是连接在因特网上的所有主机。这些主机又称为端系统(End System),"端"就是"末端"的意思(即因特网的末端)。端系统的拥有者可以是个人,也可以是单位(如学校、企业、政府机关等),当然也可以是某个ISP(ISP不仅仅是向端系统提供服务,它也可以拥有一些端系统)。边缘部分利用核心部分所提供的服务,使众多主机之间能够互相通信并交换或共享信息。

一般来说,"主机A和主机B进行通信",实际上是指"运行在主机A上的某个程序和运行在主机B上的另一个程序进行通信"。由于"进程"就是"运行着的程序",因此这也就是指"主机A的某个进程和主机B上的另一个进程进行通信"。这种比较严密的说法通常可以简称为"计算机之间通信"。

在网络边缘的端系统中运行的程序之间的通信方式通常可划分为两大类:客户/服务器方式(C/S方式)和对等连接方式(P2P方式)。下面将分别对这两种方式进行介绍。

1. 客户/服务器方式

这种方式在因特网上是最常用的,也是最传统的方式。我们在上网发送电子邮件或在网站上查找资料时,使用的都是客户/服务器方式。

当我们打电话时,电话机的振铃声使得被叫用户知道现在有一个电话呼叫。计算机通信的对象是应用层中的应用进程,显然不能用响铃的办法来通知对方的应用进程。采用客户/

服务器方式可以使两个应用进程之间能够进行通信。

客户（Client）和服务器（Server）是指通信中涉及的两个应用进程。客户/服务器方式所描述的是进程之间服务和被服务的关系。在图 1-11 中，主机 A 运行客户程序，而主机 B 运行服务器程序，在这种情况下，A 是客户，B 是服务器。客户 A 向服务器 B 发出请求服务，而服务器 B 向客户 A 提供服务。

这里，客户是服务请求方，服务器是服务提供方。服务请求方和服务提供方都要使用网络核心部分提供的服务。

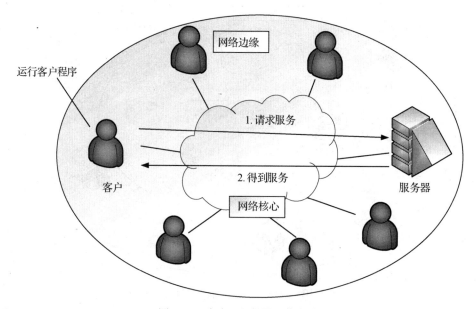

图 1-11 客户/服务器工作方式

在实际应用中，客户程序和服务器程序通常还具有以下一些主要特点。
- 客户程序

1）被用户调用后运行，在通信时主动向远程服务器发起通信（请求服务）。因此，客户程序必须知道服务器程序的地址。

2）不需要特殊的硬件和很复杂的操作系统。
- 服务器程序

1）一种专门用来提供某种服务的程序，可同时处理多个远程或本地客户的请求。

2）系统启动后即自动调用并一直不断地运行，被动地等待并接收来自各地的客户的通信请求。因此，服务器程序不需要知道客户程序的地址。

3）一般需要强大的硬件和高级的操作系统支持。

客户和服务器建立通信关系之后，通信可以是双向的，客户和服务器都可发送和接收数据。

2. 对等连接方式

对等连接（Peer-to-Peer，P2P）是指两个主机在通信时并不会区分对方是服务请求方还是服务提供方。只要两个主机都运行了对等连接软件（P2P 软件），它们就可以进行平等的对等连接通信。这时，双方都可以下载对方已经存储在硬盘中的共享文档。因此，这种工作方式也称为 P2P 文件共享。在图 1-12 中，主机 C、D、E 和 F 都运行了 P2P 软件，因此这几个主机可进行对等通信（如 C 和 D，E 和 F，以及 C 和 F）。实际上，对等连接方式从本质上说使用的仍然是客户/服务器方式，只是对等连接中的每一个主机既是客户又是服务器。例如主机 C，当 C 请求 D 的服务时，C 是客户，D 是服务器。但如果 C 同时向 F 提供服务，那么 C 又起着服务器的作用。对等连接的工作方式可支持大量对等用户（如上百万个）同时工作。

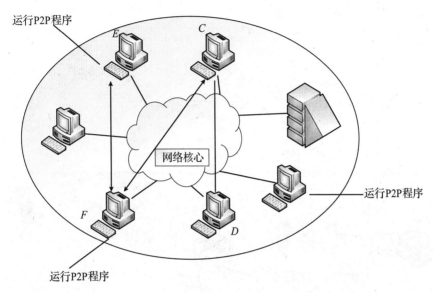

图 1-12　对等连接工作方式

1.4.2　网络核心

网络核心部分是因特网中最复杂的部分，因为网络中的核心部分要向网络边缘中的大量主机提供连通性，使边缘部分中的任何一个主机都能够与其他主机通信（即传送或接收各种形式的数据）。因特网的核心是一个分组交换网络。

在网络核心部分起特殊作用的是路由器。路由器（Router）是一种专门的计算机（但不是主机），它能将数据包通过一个个网络传送至目的地（选择数据的传输路径），这个过程称为路由。路由器工作在 OSI 模型的第三层——即网络层，例如网际协议（Internet Protocol，IP）层。路由器是连接因特网中各局域网、广域网的设备，它会根据信道的情况自动选择和设定路由，以最佳路径按前后顺序发送信号。路由器是互联网的枢纽，目前路由器已经广泛应用于各行各业，各种不同档次的产品已成为实现各种骨干网内部连接、骨干网间互联和骨干网与互联网互联互通业务的主力军。路由器和交换机之间的主要区别就是交换机应用在 OSI 参考模型的第二层（数据链路层），这一区别决定了路由器和交换机在转发信息的过程中需要使用不同的控制信息，所以两者实现各自功能的方式是不同的。如果没有路由器，再多的网络也无法构建成因特网。路由器是实现分组交换的关键构件，其任务是转发收到的分组，这是网络核心部分最重要的功能。

图 1-13 强调因特网的核心部分是由许多网络和把它们互联起来的路由器组成的，而主机处在因特网的边缘部分。因特网核心部分的路由器之间一般用高速链路相连接，而网络边缘的主机接入核心部分则通常是以相对较低速率的链路相连接。

主机和路由器都是计算机，但它们的作用不一样。主机是为用户进行信息处理的，并且可以与其他主机通过网络交换信息。路由器则是用来转发分组的，即进行分组交换的。路由器收到一个分组后，先暂时将其存储下来，再检查其首部，查找转发表，按照首部中的目的地址，找到合适的接口转发出去，把分组交给下一个路由器。这样一步一步地（有时会经过几十个不同的路由器）以存储转发的方式把分组交付到最终的目的主机。各路由器之间必须经常交换彼此掌握的路由信息，以便创建和维持存储在路由器中的转发表，使得转发表能够在整个网络拓扑发生变化时及时更新。

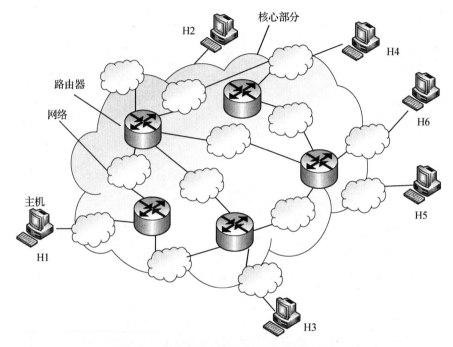

图 1-13 核心部分的路由器把网络互联起来

因特网采取了专门的措施保证数据的传送具有非常高的可靠性。当网络中的某些节点或链路突然出现故障时，在各路由器中运行的路由选择协议能够自动找到其他路径转发分组。

为了提高分组交换网的可靠性，因特网的核心部分常采用网状拓扑结构，从而在发生网络拥塞或少数节点、链路出现故障时，路由器可以灵活地改变转发路由而不致引起通信的中断或全网的瘫痪。此外，通信网络的主干线路往往由一些高速链路构成，这样就可以通过较高的数据传输率迅速地传送计算机数据。

未来的网络将继续采用 IP/MPLS 技术，网络架构的一个重要变化是引入了 SDN 和网络功能虚拟化（Network Function Virtualization，NFV），我们将该网络框架简称为"软边缘 + 硬核心"。在新的架构中，采用 NFV 技术在网络的边缘部署各种各样的网络功能，称为"软边缘"。"软边缘"将充分利用软件的灵活性和智能性，在网络的边缘解决网络的复杂性和业务的多样性问题。对于复杂的网络控制和管理，运营商将部署各种 SDN 控制器并配合各种网络策略，网络的转发设备主要是通过高速硬件来满足性能要求，称为"硬核心"。"硬核心"将充分利用硬件的高性能和 SDN 可编程性，在网络核心实现简单、面向连接、大粒度的业务流高速转发和承载，以达到高效运营。在业务提供方面，SDN 和 NFV 都与数据中心和云计算环境相关，因此新的网络架构将引入云编排器，对各种虚拟网络功能进行编排，并实现网络业务的自动部署和管理。

1.4.3 Internet 的通信方式

Internet 的通信主要采用分组交换的方式。计算机网络通常不是在通信的每两台计算机之间连接一条专用的线路，相反，而是网络系统中的多台计算机共享底层的硬件设备。就像我们使用的电话系统一样，每一家电话只有两根线，一个进一个出，而不是在每两个有电话的地方都连上两根线。这种共享是出于经济的考虑：多台设备共享一条传输线路可降低成本。因为这样可以只使用少量的线路和少量的交换设备，所以共享传输路径（线路）的优点是可以节约资金。

共享传输路径并不是一个新的思想，而且也不局限于计算机网络。例如，当有人给你打电话时，电话局的交换设备就把你和对方之间的线路连通，这时如果有另一个人再打进电话时就会听到忙音，第二个人必须等到第一个人挂断电话后才能打进来。也就是说，此时第一个打进电话来的人独占了你的电话线路，同一时间这条线路只能提供给一个人使用。所以，共享传输线路的缺点是在时间上产生了延迟。

分组交换技术允许任意计算机在任何时候都能发送数据。一台计算机可以在其他计算机准备好使用网络之前就发送分组。如果只有一台计算机需要使用网络，那么该计算机可以连续发送分组。一旦另一台计算机准备开始发送数据，共享就开始了。两台计算机轮流发送，两台计算机公平地分享网络。如果第三台计算机准备开始发送数据，那么三台计算机公平地分享网络。当一台计算机停止发送数据时，网络会自动调整共享策略。例如，有三台计算机平等地分享网络，其中一台的数据发送结束后，剩余的两台计算机将会轮流分享网络进行发送。

更重要的是，每台计算机并不需要知道同一时刻还有多少台计算机在使用网络。由于分组交换系统能够在有计算机准备发送数据和有计算机结束发送数据时立即进行自动调整，因此每台计算机在任意给定的时刻都能够公平地分享网络。

网络共享的自动调整是通过网络的接口硬件来完成的。也就是说，网络共享无须任何"计算"，也不需要各台计算机在开始使用网络之前进行协调。相反，任意计算机可以在任何时候产生分组。当一个分组就绪后，计算机的接口硬件开始等待，轮到自己发送时，就把分组发送出去。因此，从计算机的角度来看，公平地使用共享网络是自动的——网络硬件将处理所有的细节。

计算机网络是由许多计算机组成的，网络中计算机之间要实现数据传输，必须要做两件事——确定数据传输的目的地址和保证数据迅速可靠传输的措施。这是因为数据在传输过程中很容易丢失或传错，Internet 使用了一种专门的计算机语言（协议）以保证数据安全、可靠地到达指定的目的地，这种"语言"分为传输控制协议（Transmission Control Protocol，TCP）和网际协议（即 IP）两部分。

TCP/IP 所采用的通信方式是分组交换方式。简单地说，数据在传输时分成了若干段，每个数据段称为一个数据包，TCP/IP 的基本传输单位是数据包。TCP/IP 包括两个主要的协议，即 TCP 和 IP，这两个协议既可以联合使用，也可以与其他协议联合使用，客户进程和服务器进程可使用 TCP/IP 进行通信。它们在数据传输过程中主要完成以下功能。

1）首先由 TCP 把数据分成若干个数据包，并给每个数据包写上序号，以便接收端把数据还原成原来的格式。

2）IP 为每个数据包写上发送主机和接收主机的地址，一旦写上源地址和目的地址，数据包就可以在物理网上传送数据了。IP 还具有利用路由算法进行路由选择的功能。

3）这些数据包可以通过不同的传输途径（路由）进行传输，由于路径不同，加上其他的原因，可能会出现顺序颠倒、数据丢失、数据失真甚至重复的现象。这些问题都由 TCP 来处理，它具有检查和处理错误的功能，必要时还可以请求发送端重发。

简而言之，IP 负责数据的传输，而 TCP 负责数据的可靠性。

无论是从使用 Internet 的角度还是从运行 Internet 的角度来看，IP 地址和域名都是十分重要的概念。当你与 Internet 上其他用户进行通信或者寻找 Internet 的各种资源时，都会用到 IP 地址或者域名。

IP 地址是 Internet 主机的一种数字型标识，它由两部分构成，一部分是网络标识（net id），另一部分是主机标识（host id）。目前所使用的 IP 版本规定：IP 地址的长度为 32 位。Internet 的网络地址主要可分为三类（A 类、B 类、C 类），每一类网络中 IP 地址的结构（即网络标识长度和主机标识长度）都有所不同。

TCP 和 IP 可以很好地协同工作并不是一个巧合。尽管这两个协议可以分开来使用，但它们是在同一时间作为一个系统的整体来设计的，并且在功能的实现上也是互相配合、互相补充的。因此，TCP 能解决 IP 没有解决的问题，而不是去重复 IP 的工作。两者结合在一起，提供了一种在 Internet 上可靠传输数据的方法。

总之，尽管 IP 提供了基本的 Internet 通信，但它不能解决所有问题。像任何一个分组交换系统一样，如果有很多计算机在同一时刻同时发送数据，Internet 可能会超出其流量限制。当计算机发送的数据报比 Internet 所能处理的数据报多时，路由器就不得不丢弃到来的某些数据报，IP 不检测数据报是否丢失。为了处理这些通信问题，计算机必须使用 TCP。TCP 去掉重复的数据，保证精确地按原发送顺序重新组装数据，并且在数据丢失时重发数据。

解决数据丢失的问题特别困难，因为数据丢失可能在 Internet 的中间部分发生，即使这时靠近源和目标计算机的网络和路由器都没有出现问题。TCP 使用确认和超时机制处理数据丢失的问题。如果确认信号在时钟超时期限之后到达，那么发送方将重传数据。TCP 的超时机制在 Internet 上工作得很好，因为 TCP 能够根据目标计算机离源计算机的远近来自动修改超时值。

另外，Internet 所提供的服务都采用这种客户/服务器模式。客户/服务器模式是网络化信息应用系统的一个重大进步，其主要优点如下。

1）把一个应用系统分成两部分，并且一般在不同的主机上运行，可以简化应用系统的程序设计过程，特别是可以使客户程序与服务器程序之间的通信过程标准化。正因为如此，Internet 上的同一种服务往往会有许多种不同的客户程序和不同的服务器程序，这些程序是按照相同的通信协议来设计的，故而可以在不同的硬件环境和操作系统环境下运行并且有效地进行通信。这正是 Internet 的威力所在。

2）把客户程序和服务器程序放在不同的主机上（当然也可以放在相同的主机上）运行可以实现数据的分散化存储和集中化使用。这意味着可以降低应用系统对硬件的技术要求（如内存和磁盘的容量以及 CPU 速度等），使各种规模的计算机（包括最普通的微机）都可以作为 Internet 的主机使用，这也是 Internet 的一大优点。

3）由于客户程序可以与多个服务器程序进行链式连接，因此用户可以根据自己的需要灵活地访问多台主机。Internet 的某些应用系统（如 Gopher 和 WWW 等）正是利用客户程序和服务器程序的这种功能以及其他技术手段（如指针等）把部分甚至整个 Internet 的信息资源变成一个统一的信息资源，实现所谓的网络空间（Cyberspace）。

1.5 计算机网络的性能指标

计算机网络性能一般包括以下两部分：一是它的可靠性或可利用性，即计算机系统能正常工作的时间，其指标既可以是能够持续工作的时间长度，如平均无故障时间，也可以是在一段时间内能正常工作的时间所占的百分比。另一部分是它的处理能力或效率。评价计算机网络的效率指标通常有速率、带宽、吞吐量、时延、时延带宽、往返时间和利用率等。本节将重点介绍一些常用的计算机网络效率评价指标。

1.5.1 速率

计算机发送的信号都是数字形式的。位（bit）是计算机中数据量的单位，也是信息论中使用的信息量单位。英文 bit 来源于 binary digit（二进制数字），因此一位就是二进制数字中的一个 1 或 0。网络技术中的速率指的是链接在计算机网络上的主机在数字信道上传送数据的速率，也称为数据率（data rate）或比特率（bit rate）。速率的单位是 bit/s，也可以写为 bps，即 bit per second。当数据率较高时，可以使用 kbit/s、Mbit/s、Gbit/s 或者 Tbit/s。现在一般采用更简单但并不是很严格的记法来描述网络的速率，如 100M 以太网，省略了 bit/s，意思为数据率为 100Mbit/s 的以太网。这里的数据率通常是指额定速率。

1.5.2 带宽

带宽包含两个含义，具体如下。

1）带宽本来是指某个信号具有的频带宽度。信号的带宽是指该信号所包含的各种不同频率成分所占据的频率范围。例如，在传统的通信线路上传送的电话信号的标准带宽是 3.1kHz（从 300Hz 到 3.1kHz，即声音主要成分的频率范围）。这种意义的带宽的单位是赫兹。在以前的通信的主干线路上传送的是模拟信号（即连续变化的信号），因此，表示通信线路允许通过的信号频带范围即为线路的带宽。

2）在计算机网络中，带宽用来表示网络的通信线路所能传送数据的能力，因此网络带宽表示在单位时间内从网络的某一点到另一点所能通过的最高数据量。这种意义的带宽的单位是"比特每秒"，即 bit/s。这种单位的前面通常也会加上千（k）、兆（M）、吉（G）、太（T）这样的倍数。

1.5.3 吞吐量

吞吐量（throughput）表示在单位时间内通过某个网络（或信道、接口）的数据量。吞吐量经常用作对现实世界中网络的一种测量，以便知道实际上到底有多少数据能够通过网络。显然，吞吐量会受到网络的带宽或网络的额定速率的限制。例如，对于一个 100Mbit/s 的以太网，其额定速率为 100Mbit/s，那么这个数值也是该以太网的吞吐量的绝对上限值。因此，对 100Mbit/s 的以太网，其典型的吞吐量可能只有 70Mbit/s。

1.5.4 时延

数据从网络的一端发送数据帧（Data frame），所谓数据帧，就是数据链路层的协议数据单元。它包括三部分：帧头、数据部分和帧尾。其中，帧头和帧尾包含一些必要的控制信息，比如同步信息、地址信息、差错控制信息等；数据部分则包含网络层传下来的数据，比如 IP 数据包和到另一端所需要的时间。

时延通常包括以下几个部分。

- 发送时延：主机或者路由器发送数据帧所需要的时间。一般来说，发送时延 = 数据帧长度 / 发送速率。
- 传播时延：电磁波在信道中传播一定的距离花费的时间。一般来说，传播时延 = 信道长度 / 电磁波在信道上的传播速率。
- 处理时延：主机或路由器接收到分组时需要花费一定的时间去处理，这个处理分组的时间就是处理时延。
- 排队时延：分组在网络中传输时，进入路由器后要在输入队列中排队等待处理，路由器确定转发接口后，还要在输出队列中排队等待转发，这就是排队时延。

总时延是所有时延之和。

1.5.5 其他性能指标

（1）时延带宽积

将传播时延和带宽相乘，就可以得到另外一个度量——时延带宽积，时延带宽积 = 传播时延 × 带宽。时延带宽积表示在特定时间内该网络上的最大数据量，即已发送但尚未确认的数据。

（2）往返时间（Round-Trip Time，RTT）

在计算机网络中，往返时间也是一个重要的性能指标，表示从发送方发送数据开始，到发送方收到来自接收方的确认，总共经历的时间。显然，往返时间与所发送的分组长度有关。发送很长的数据块的往返时间应当比发送很短的数据块往返时间要多一些。往返时间带宽积的意义就是在一个往返时间里，发送方发送的总的数据量。

（3）利用率

利用率包括信道利用率和网络利用率。信道利用率指出某信道被利用的时间占比。网络利用率则是全网络的信道利用率的加权平均值。信道利用率并非越高越好，因为根据排队的理论，当某信道的利用率增大时，该信道引起的时延也会迅速增加。

如果 $D0$ 表示网络空闲时的时延，D 表示当前网络时延，那么可以用公式 $D=D0/(1-U)$ 来表示 D、$D0$ 和利用率 U 之间的关系。U 的数值在 0 和 1 之间。当网络的利用率接近最大值 1 时，网络的时延就趋近于无穷大。

1.6 计算机网络的国际标准化组织

随着计算机通信、计算机网络和分布式处理系统的剧增以及协议和接口的不断进化，迫切要求在不同公司制造的计算机之间以及计算机与通信设备之间能够方便地互联和相互通信。由此，接口、协议、计算机网络体系结构都应有遵循的公共标准。国际标准化组织（ISO）以及国际上一些著名的标准制定机构专门从事这方面标准的研究和制定。网络传输介质的物理特性和电器特性也需要有一个全球化的标准。这样的标准需要得到生产厂商、用户、标准化组织、通信管理部门和行业团体的支持。下面将介绍几个著名的国际标准化组织。

（1）国际标准化组织（ISO）

ISO 是一个自发的不缔约组织，由各技术委员会（TC）组成，其中的 TC97 技术委员会专门负责制定有关信息处理的标准。1977年，ISO决定在TC97下成立一个新的分技术委员会SC16，以"开放系统互连"为目标，进行有关标准的研究和制定。现在SC16改为SC21，负责七层模型中高四层及整个参考模型的研究。另一个与计算机网络有关的分技术委员会为SC6，它负责低三层的标准及与数据通信有关的标准制定。我国从1980年开始也参加了ISO的标准工作。

截至2002年12月底，ISO已制定了13736个国际标准。例如，著名的具有七层协议结构的开放系统互连参考模型（OSI）、ISO9000系列质量管理和品质保证标准等。

（2）国际电报电话咨询委员会（CCITT）

CCITT是原国际电报电话咨询委员会的简称，现已改名为国际电信联盟电信标准化部门（International Telecommunication Union-Telecommunications Standardization Sector，ITU-T）。CCITT早期主要从事有关通信标准的研究和制定，随着计算机网络与数据通信的发展，该组织与ISO密切合作，目前也已采纳了OSI体系结构，并将其制定的已趋成熟的数据通信标准融入OSI七层模型中。

（3）美国国家标准局（NBS）

NBS是美国商业部的一个部门，其研究范围较广，包括ISO和CCITT的有关标准，研究目标是力争与国际标准一致。NBS在美国已颁布了许多与ISO和CCITT兼容或稍有改动的标准。

（4）美国国家标准学会（ANSI）

ANSI是由制造商、用户通信公司组成的非政府组织，是美国的自发标准情报交换机构，也是由美国指定的ISO投票成员。它的研究范围与ISO相对应，例如电子工业协会（EIA）是电子工业的商界协会，也是ANSI成员，主要涉及OSI的物理层标准的制定；又比如电气和电子工程师协会（IEEE）也是ANSI成员，主要研究最低两层和局域网的有关标准。

（5）欧洲计算机制造商协会（ECMA）

ECMA由在欧洲经营的计算机厂商组成，包括某些美国公司的欧洲分部，致力于有关计算机技术标准的协同开发。ECMA是CCITT和ISO的无表决权成员，并且也发布它自己的标准，这些标准对ISO的工作有着重大的影响。

（6）国际电信联盟（International Telecommunication Union，ITU）

1865年5月，法、德、俄等20个国家为了顺利实现国际电报通信，在巴黎成立了一个国际组织即"国际电报联盟"。1932年，70个国家的代表在西班牙马德里召开会议，"国际电报联盟"改为"国际电信联盟"。1947年，国际电信联盟成为联合国的一个专门机构。国际电信联盟是电信界最有影响力的组织，也是联合国机构中历史最长的一个国际组织，简称"国际电联"或ITU。联合国的任何一个主权国家都可以成为ITU的成员。

ITU是世界各国政府的电信主管部门之间协调电信事务的一个国际组织，它研究制定有关电信业务的规章制度，通过决议提出推荐标准并收集相关信息和情报，其目的和任务是实现国际电信的标准化。

ITU的实质性工作由无线通信部门（ITU-R）、电信标准化部门（ITU-T）和电信发展部门（ITU-D）承担。其中，ITU-T就是原来的国际电报电话咨询委员会（CCITT），负责制定电话、电报和数据通信接口等电信标准化。

ITU-T制定的标准被称为"建议书"，是非强制性的、自愿的协议。由于ITU-T标准可保证各国电信网的互联和运转，因此越来越广泛地被世界各国所采用。

（7）Internet 协会（Internet Society，ISOC）

ISOC 成立于 1992 年，是一个非政府的全球合作性国际组织，主要工作是协调全球在 Internet 方面的合作，就有关 Internet 的发展、可用性和相关技术的发展组织活动。

ISOC 的宗旨是：积极推动 Internet 及相关的技术，发展和普及 Internet 的应用，同时促进全球不同政府、组织、行业和个人进行更有效的合作，充分合理地利用 Internet。ISOC 采用会员制，会员来自全球不同国家各行各业的个人和团体。ISOC 由会员推选的监管委员会进行管理。ISOC 由许多遍及全球的地区性机构组成，这些分支机构都在本地运营，同时与 ISOC 的监管委员会进行沟通。中国互联网协会成立于 2001 年 5 月，由国内从事互联网行业的网络运营商、服务提供商、设备制造商、系统集成商以及科研、教育机构等 70 多家互联网从业者共同发起成立。

（8）国际电工委员会（International Electrotechnical Commission，IEC）

IEC 成立于 1906 年，至今已有近百年的历史，它是世界上成立最早的国际性电工标准化机构，负责有关电气工程和电子工程领域中的国际标准化工作。ISO 正式成立后，IEC 曾作为电工部门并入，但是在技术和财务上仍保持独立性。1979 年，ISO 与 IEC 达成协议：两者在法律上都是独立的组织，IEC 负责有关电气工程和电子工程领域中的国际标准化工作，ISO 则负责其他领域内的国际标准化工作。

负责网络通信介质的标准制定的组织是美国电信工业协会（TIA）和美国电子工业协会（EIA）。在完成这方面工作的时候，两个组织通常是联合发布所制定的标准的。例如，网络布线中著名的 TIA/EIA 568 标准就是由这两个协会与 ANSI 共同发布的，事实上也是我国和其他许多国家承认的标准。TIA 和 EIA 原来是美国的两个贸易联盟，但是多年以来一直积极从事标准化的发展工作。EIA 发布的最著名的标准就是 RS-232-C，已成为我国流行的串行接口标准。

电气和电子工程师协会（IEEE）是由技术专家支持的组织。由于它在技术上的权威性（而不是大型企业依靠其市场规模的发言权），多年来一直积极参与或被邀请参与标准化的活动。IEEE 是一个知名的技术专业团体，它的分会遍布世界各地。IEEE 在局域网方面的影响力是最大的。著名的 IEEE 802 标准已经成为局域网链路层协议和网络物理接口电气性能标准以及物理尺寸上最权威的标准。

本章小结

计算机网络一般是指一些相互连接的、以共享资源为目的的、自治的计算机的集合。不同类型的计算机网络往往具有不同的拓扑结构以满足其不同的应用场景。此外，不同类型的计算机网络对传输速率的要求也不一致，网络中的传输媒体和交换方式对网络的数据传输速率也有很大的影响。

一般地，计算机网络由网络边缘和网络核心组成，现在常用的 Internet 通信方式是分组交换方式。相对于电路交换，分组交换对网络底层硬件的利用率更高，在保证传输速率的前提下可以更好地节约成本。

本章还介绍了计算机网络的发展历程。作为参考，本章介绍了一些常用的计算机网络性能评价指标和国际上一些知名的网络标准化组织。这些组织为计算机网络制定了各种统一的标准以规范化计算机网络的发展，从而促进了计算机网络的普及。

思考题

1）"主机"和"端系统"之间有什么不同？列举不同类型的端系统。

2）分组交换网络与电路交换网络的优缺点是什么？在实际应用中，哪些网络需要使用电路交换？哪些网络需要使用分组交换？

3）考虑从某源主机跨越一条固定路由向某目的主机发送一个分组。列出分组的端到端时延中的时延组成。这些时延中，哪些是固定的？哪些是变化的？

4）因特网协议栈中的五个层次是什么？在这些层次中，每层的主要任务是什么？

5）设计并描述在自动柜员机和银行的中央计算机之间使用的应用层协议。该协议应当允许验证用户的银行卡和密码、查询账目结算（这些都在中央计算机系统中进行维护）、支取账目（即向用户付钱）。通过列出自动柜员机和银行的中央计算机在报文传输和接收中交换的报文和采取的动作定义该协议。

6）评价互联网性能的常用指标有哪些？它们分别描述了互联网哪方面的性能？

第 2 章　计算机网络体系结构

计算机网络体系结构描述了计算机网络功能实体的划分原则及相互之间协同工作的方法和规则，其是计算机网络层次结构模型和各层协议的集合。本章将首先介绍计算机网络体系结构发展历程，接着详细介绍 OSI/RM 体系结构、TCP/IP 体系结构、五层体系结构、IEEE 802 局域网体系结构和其他网络体系结构。

2.1　计算机网络体系结构发展历程

计算机技术和通信技术的结合对计算机系统的组织方式产生了深远的影响，自主互连的计算机共同组成了计算机网络。在目前存在的多种多样的通信方式中，计算机网络是其中一个很重要的部分，越来越多的人选择通过计算机网络的方式来交流和联系。

计算机网络的各层及其协议的集合称为网络的体系结构。为了在计算机网络的各节点间无差错地进行数据交换，每个节点都必须遵守一些事先约定好的规则，这些规则规定了数据交换的格式及同步问题，所有这些为进行网络数据交换而建立的规则、标准即为网络协议。层次结构将一个复杂的系统设计问题分成层次分明的若干组容易处理的子问题，各层执行自己所承担的任务。接下来就来详细介绍网络协议和层次结构的优点。

网络协议三要素：语法、语义、时序。语法就是传输数据的结构和格式。语义就是所交换数据各个部分的具体含义，如某些部分是一般数据还是控制信息，若是控制信息则其含义是什么，等等。时序是对事件出现顺序的详细说明，如规定进行通信时所涉及的一系列操作的顺序。

采用层次模型来描述网络协议具有许多优点。首先各层功能相对独立，相邻层间仅通过接口发生联系，只要接口不变，层内部的功能如何实现或更改均不会影响其他层，这样每个层增加或修改一些功能都会非常方便。其次，各个层均给相邻的上层提供服务，而上层需要时仅需调用这些服务，至于下层如何实现则不需要了解。这样就对高层协议屏蔽了底层协议实现的具体细节，使得每层的设计不需考虑过多的问题，仅局限于本层内部，因而使得设计变得更为简单。此外，由于各层的相对独立性，使得协议软件的设计、调试和维护都非常方便。

下面介绍 OSI/RM、TCP/IP、五层体系结构的产生背景和 IEEE 局域网数据链路层。

（1）OSI/RM 的产生背景

20 世纪 60 年代末期，一些发达国家在应用计算机开展信息处理的同时，意识到计算机联网的重要性，一些高技术公司在用户需求的基础上开始了计算机联网的实验工作。早期的网络都是各个公司根据用户的需求而独立设计的，实践的结果表明，应用的要求千变万化，但对网络的要求则相对一致。

全球经济的发展使得不同网络体系结构的用户迫切要求能够互相交换信息。为了使不同体系结构的计算机网络都能互连，国际标准化组织 ISO 于 1977 年成立了专门的机构来研究该问题。不久，他们就提出了一个试图使各种计算机在世界范围内互连成网的标准框架，即著名的开放系统互连参考模型（Open Systems Interconnection Reference Model，OSI/RM），简称为OSI。"开放"指的是只要遵循OSI标准，一个系统就可以与位于世界上任何地方的、也遵循同一标准的其他任何系统进行通信。这一点很像世界范围的电话和邮政系统，这两个系统都是开放系统。"系统"是指在现实的系统中与互连有关的各部分，所以开放系统互连参考模型（OSI/RM）是一个抽象的概念。在1983年形成了开放系统互连参考模型的正式文件，即著名的ISO 7498国际标准，也就是所谓的七层协议的体系结构。

OSI试图达到一种理想境界，即全世界的计算机网络都遵循这个统一的标准，因而全世界的计算机都将能够很方便地进行互连和数据交换。在20世纪80年代，许多大公司甚至一些国家的政府机构都纷纷表示支持OSI。当时看来似乎在不久的将来，全世界一定都会全部按照OSI制定的标准来构造自己的计算机网络。然而到了20世纪90年代初期，虽然整套的OSI国际标准都已经制定出来了，但由于因特网已抢先在全世界覆盖了相当大的范围，而且与此同时却几乎找不到有什么厂家生产出符合OSI标准的商用产品。因此人们得出这样的结论：OSI事与愿违地失败了。现今规模最大的、覆盖全世界的计算机网络——因特网并未使用OSI标准，OSI失败的原因可归纳为：OSI的专家们缺乏实际经验，他们在完成OSI标准时没有商业驱动力；OSI的协议实现起来过分复杂，而且运行效率很低；OSI标准的制定周期太长，因而使得按OSI标准生产的设备无法及时进入市场；最后，OSI的层次划分也不太合理，有些功能在多个层次中重复出现。

（2）TCP/IP的产生背景

在阿帕网（Advanced Research Projects Agency Network，ARPANET）产生运作之初，通过接口信号处理器实现互联的计算机并不多，大部分计算机相互之间不兼容，为了让这些计算机实现资源共享，需要在这些系统的标准之上建立一种共同遵守的标准。在这种情况下，鲍伯·卡恩（Bob Kahn）在自己研究的基础上，邀请瑟夫（Vinton G.Cerf）共同制定了目前在开发系统下所有网民和网管人员都在使用的TCP和IP，即TCP/IP。

通俗来说，TCP负责发现传输的问题，一旦出现问题就发出信号，要求重新传输，直到所有数据安全正确地传输到目的地；而IP则是为因特网的每一台计算机规定一个地址。1974年12月，卡恩和瑟夫的第一份TCP详细说明正式发表。当时美国国防部与三个科学家小组签订了完成TCP/IP的协议，结果由瑟夫领衔的小组捷足先登，首先制定出了通过详细定义的TCP/IP标准。按照一般的概念，网络技术和设备只有符合有关的国际标准才能在大范围内获得工程上的应用。但是现在情况却反过来了。得到最广泛应用的不是法律上的国际标准OSI，而是非国际标准TCP/IP。这样，TCP/IP就被称为是事实上的国际标准。从这种意义上说，能够占领市场的就是标准。1983年1月1日，运行较长时期曾被人们习惯了的网络控制协议（Network Control Protocol，NCP）停止使用，TCP/IP作为因特网上所有主机间的共同协议，从此以后作为一种必须遵守的规则得到肯定和应用。

在过去，制定标准的组织往往以专家、学者为主。但现在许多公司都纷纷"挤进"各种各样的标准化组织，使得技术标准具有了浓厚的商业气息。一个新标准的出现有时不一定反映出其技术水平是最先进的，而往往是有着一定市场背景的。

（3）五层体系结构的产生背景

OSI与TCP/IP体系都存在着成功和不足的地方。OSI的七层协议体系结构相对复杂，又不实用，但其概念清晰，体系结构理论也比较完整。TCP/IP应用性强，现在得到了广泛的使用，但其参考模型的研究却比较薄弱。TCP/IP虽然是一个四层的体系结构，但实际上只有应用层、传输层和网际层三层，最下面的网络接口层并没有什么具体的内容。因此，在学习计算机网络的原理时往往采用 Andrew S.Tanenbaum 建议的一种混合的参考模型。五层协议的体系结构是一种折中的方案，其吸收了 OSI 和 TCP/IP 的优点，这样概念阐述起来既简洁又清晰。

（4）IEEE 局域网数据链路层

为了使得不同厂家生产的局域网能够相互连通进行通信，IEEE 于 1980 年 2 月下设了一个 802 委员会，专门从事局域网/城域网标准的制定，形成的一系列标准统称为 IEEE 802 标准。ISO 于 1984 年 3 月采纳其作为局域网/城域网的国际标准系列，称为 ISO 8802 标准。

IEEE 802 标准着重描述了局域网的低二层：物理层和数据链路层。OSI 参考模型的数据链路层不具备解决局域网中各站点争用共享通信介质的能力，为了解决这个问题，同时又保持与 OSI 参考模型的一致性，在将 OSI 参考模型应用于局域网时，需要将数据链路层划分成两个子层：逻辑链路控制（Logic Link Control，LLC）子层和媒体访问控制（Medium Access Control，MAC）子层。MAC 子层处理局域网中各站对通信介质的争用问题，对于不同的网络拓扑结构可以采用不同的 MAC 方法；而 LLC 子层则用于屏蔽各种 MAC 子层的具体实现，将其改造成为统一的 LLC 界面，从而向网络层提供一致的服务。这样既可以通过 MAC 子层解决局域网中各站对通信介质的争用问题，又可以通过 LLC 子层保持局域网与 OSI 模型的衔接。服务访问点指的是在一个系统内上下层通信的接口，由于 LLC 提供了对多个高层实体的支持，因此 LLC 层有多个服务访问点。

2.2 OSI/RM 体系结构

OSI/RM 体系结构是一种计算机之间通信的公共解决方案，它采用了分而治之的原则，对问题进行分解并使标准的提出独立于实现的具体环境。本节将具体介绍 OSI/RM 体系结构的概念、分层以及每层的功能。

2.2.1 OSI/RM 的基本概念

随着计算机网络技术的发展，各种网络产品相继问世，从而出现了多种网络体系结构，为了更大范围地实现网络互连和资源共享，国际标准化组织 ISO 提出了具有七层结构的开放式系统互连参考模型（OSI/RM），以便不同厂商开发的网络产品都能够互连和互操作。

ISO 发布的最著名的 ISO 标准是 ISO/IEC 7498，又称为 X.200 建议，其将 OSI/RM 依据网络的整个功能划分成 7 个层次，以实现开放系统环境中的互连性、互操作性和应用的可移植性。接下来将详细介绍 ISO 参考模型以及各级分层的功能。

（1）OSI/RM

如图 2-1 所示，OSI/RM 在逻辑上将整个网络的通信功能划分为应用层、表示层、会话层、传输层、网络层、数据链路层、物理层七个层次，下层向上一层提供服务，且服务细节对上层屏蔽。如此划分，使每一层都能够执行本层所承担的具体任务，且功能相对独立，通过接口与其相邻层连接，依靠各层之间的接口或功能的组合实现两系统间、多节点间信息的传输，OSI/RM 的分层思想使得网络结构变得层次分明，概念清晰。

OSI/RM 配置管理的主要目标就是网络适应系统的要求。低三层可以看作传输控制层，负责有关通信子网的工作，解决网络中的通信问题；高三层为应用控制层，负责有关资源子网的工作，解决应用进程的通信问题；传输层为通信子网和资源子网的接口，起到连接传输和应用的作用。ISO/RM 的最高层为应用层，面向用户提供应用的服务；最底层为物理层，连接通信媒体和实现数据传输。

应用层	7	应用层协议	7	应用层
表示层	6	表示层协议	6	表示层
会话层	5	会话层协议	5	会话层
传输层	4	传输层协议	4	传输层
网络层	3	网络层协议	3	网络层
数据链路层	2	数据链路层协议	2	数据链路层
物理层	1	物理层协议	1	物理层

物理通道

图 2-1 OSI/RM 及协议

两个计算机通过网络进行通信时，只有物理层之间才是通过传输介质进行真正的数据通信，其余各对等层之间均不存在直接的通信关系，而是通过各对等层的协议来进行通信，如两个对等的网络层使用网络层协议进行通信。当通信实体通过一个通信子网进行通信时，必然会经过一些中间节点，通信子网中的节点只涉及低三层的结构。

（2）分层原则

ISO 将整个通信功能划分为七个层次，分层的原则具体如下。

1）网络中各节点都有相同的层次。
2）不同节点的同等层具有相同的功能。
3）每一层使用下层提供的服务，并向其上层提供服务。
4）不同节点的同等层按照协议实现对等层之间的通信。

（3）信息流动过程

在 OSI/RM 中系统间的通信信息流动过程如下：将发送端的各层从上到下逐步加上各层的控制信息构成的比特流传递到物理信道，然后再传输到接收端的物理层，最终将经过从下到上逐层去掉相应的控制信息所得到的数据流传送到应用层的进程中。

如图 2-2 所示，比特流的构成过程具体如下：数据 DATA→应用层（DATA+报文头 AH，用 L7 表示）→表示层（L7+控制信息 PH，用 L6 表示）→会话层（L6+控制信息 SH，用 L5 表示）→传输层（L5+控制信息 TH，用 L4 表示）→网络层（L4+控制信息 NH，用 L3 表示）→数据链路层（差错检测控制信息 DT+L3+控制信息 DH）→物理层（比特流）。

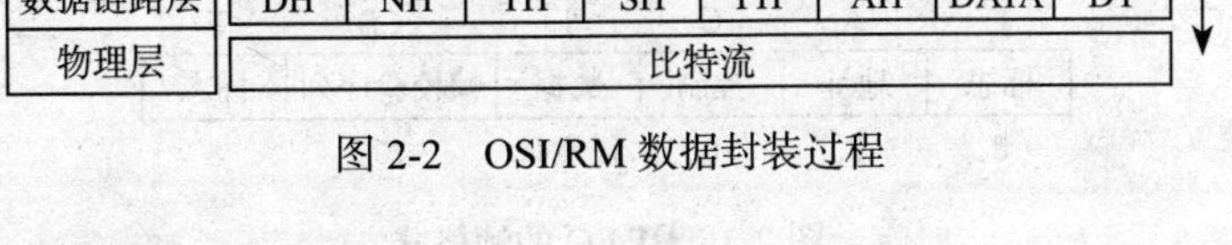

主机	DATA							
应用层	AH	DATA						
表示层	PH	AH	DATA					
会话层	SH	PH	AH	DATA				
传输层	TH	SH	PH	AH	DATA			
网络层	NH	TH	SH	PH	AH	DATA		
数据链路层	DH	NH	TH	SH	PH	AH	DATA	DT
物理层	比特流							

封装

图 2-2 OSI/RM 数据封装过程

2.2.2 OSI/RM 各层基本功能

为了实现计算机系统的互连，OSI/RM 把整个网络的通信功能划分为七个层次，每个层次完成各自的功能，通过各层间的接口和功能的组合与其相邻层连接，从而实现不同系统、不同节点之间的信息传输，接下来将详细介绍 OSI/RM 各层的情况。

（1）物理层

物理层是 OSI 参考模型的最底层，物理层的主要功能是确保在连接开发系统的传输媒体上正确传输各种比特流。物理层协议由机械特性、电气特性、功能特性、规程特性四个部分组成，机械特性规定了所有连接器的形状和尺寸，电气特性规定了多大电压表示"0"或"1"，功能特性是指各条信息线的用途，规程特性规定了事件出现的顺序。

在通信中，为了提高传输效率，一般采用多路复用技术。把不同来源的多个信号复合在单一的信道中传输，到达目的地再将信号分离，常见的多路复用技术有频分多路复用、时分多路复用和统计时分多路复用三种。频分多路复用将物理信道总带宽分割成若干个与单个信号带宽相同或略宽的子信道，每个子信道传输一路信号。时分多路复用将物理信道按时间分成若干时间片转换地被多个信号所使用。统计时分多路复用是智能型多路复用，其弥补了传统时分多路复用均分时隙引起的主机空闲的不足，动态地按时隙分配给激活的端口，实行按需分配。

物理层主要是定义物理设备和传输媒体之间的接口，提供点到点（物理设备通过传输媒体到物理设备）的比特流传输的物理链路。不同的传输设备和传输媒体具有不同的接口定义，随着新型传输设备和传输媒体的出现，物理层的标准会不断地更新和丰富。

（2）数据链路层

数据链路层是在相邻节点间的链路上无差错地传送信息帧，每一帧都包含数据信息和控制信息。在计算机通信中一般要求误码率很低，所以计算机中常用的差错控制为检错重发，即接收方可以检测出收到的帧中是否有差错，如果有差错就通知发送方重发这一帧，直到这一帧正确无误地到达接收点为止。数据链路层只将无误码的帧发送到网络层，将误码可能出现的差错对网络层进行屏蔽。接下来将介绍数据链路层协议以及流量控制技术。

1）数据链路层协议。数据链路层协议可分为面向字符型的数据链路层协议和面向比特型的数据链路层协议。

- 面向字符型的数据链路层协议的代表是 IBM 公司的二进制同步通信（Binary Synchronous Communication，BSC）协议。此协议采用指定的编码，允许使用同步传输和异步传输方式，多采用半双工通信方式、方阵纠错码检验、等待发送的控制方式。
- 面向比特型的数据链路层协议，弥合了面向字符型的数据链路层协议控制符的烦琐，其具有统一的帧格式，主要以 ISO 推荐的高级数据链路控制规程 HDLC 为代表。HDLC 的帧格式如图 2-3 所示，每个帧包括链路的控制信息和数据信息。控制段 C 有三种类型：相应的 HDLC 也有三种类型的帧，分别为信息帧 I、监控帧 S 以及无编号帧 U。

F	A	C	I	FCS	F
标志	地址	控制	数据	帧校验序列	标志
8	8	8	任意长	16	8

图 2-3　HDLC 的帧格式

2）流量控制技术。流量控制技术主要有停 – 等流量控制和滑动窗口流量控制两种。

- 停－等流量控制即发送节点在发送一帧数据后必须等待对方回送确认应答信息到来，再发送下一帧，接收节点检查帧的校验序列，无错则发送确认帧；否则发送否认帧，要求重发。不过，该控制技术存在双方无休止等待和重帧等问题。
- 滑动窗口流量控制是指对于任意时刻，都允许发送端/接收端一次发送/接收多个帧，帧的序号个数称为发送/接收窗口大小。

（3）网络层

数据链路层虽然提供了理论上的可靠传输服务，但这种服务仅发生在节点和节点之间，而用户的数据传输则主要发生在端到端之间，用户应当具有与网络内所有其他用户通信的能力，因此，就需要用到网络层。

网络层也称通信子网层，负责网络中两主机之间的数据交换，由于通信的两台计算机之间可能要经过许多个节点，也可能需要经过多个通信子网，故网络层的任务之一是要选择合适的路径将信息送达目的站，也就是路由选择。网络层的另一个任务是要进行流量控制，防止网络拥塞引起的网络功能下降。

路由选择是为信息选择建立适当的路径，引导信息沿着这条路径通过网络。数据传输时路径的最佳选择是由计算机自动识别的，计算机通过路由算法，确定分组报文传送的最短链路。

流量控制负责控制链路上的信息流动，是调整发送信息的速率，使接收节点能够及时处理信息的一个过程。流量控制可防止因过载而引起的吞吐量下降、延时增加、死锁等情况的发生，在相互竞争的各用户间公平地分配资源，网络层通过控制相邻节点、源节点到目的节点及源主机到目的主机间的流量来解决全局性的拥塞问题，以实现总的流量控制。

网络层传输的信息以报文分组为单位。数据交换采用报文分组交换方式，将整个报文分成若干个较短的报文分组。每个报文分组都含有控制信息、目的地址和分组编号。各报文分组可在不同的路径传输，最后再重新组成报文，此种数据交换方式交换延时小、可靠性高、速度快，但是技术复杂。

严格地说，OSI/RM 网络层仅保证用户能够通过同一个网络进行端到端的通信，然而包括经过网络内的多个节点的通信，用户的跨网数据传输超出了 OSI/RM 网络层的范畴。

（4）传输层

虽然 OSI/RM 网络层服务可以支持用户信息的端到端传输，但不同的网络具有不同的性能、不同的用户对网络通信具有不同的要求、网络的性能和用户的要求之间也许存在某种差异，这些存在的问题将在传输层得到解决。

OSI 参考模型中的低三层是通信子网的功能，提供的是面向通信的服务，高三层提供的是用户功能，提供面向信息处理的服务。而传输层则成为面向通信服务与面向信息服务的桥梁，这是非常重要的一层。其主要功能是为主机间的通信提供透明的数据传输通路，解决用户要求和网络服务之间的差异，基本传输单位是报文。

传输层将源主机与目的主机以端对端的方式简单连接起来，因此传输层协议通常称为端－端协议，传输层协议 ISO 8072/8073 提供 A、B、C 三种类型的服务，在大、中型网络中难以实现无差错的 A、B 型服务，只能提供 C 型服务。

（5）会话层

传输层的服务可以保证数据按照用户的要求从网络一端传输到另一端，剩下的问题是用户如何控制信息的交互过程（如数据交换的时序和如何保证数据交换的完整性等），即网络应当提供什么样的功能来协助用户管理和控制用户之间的信息交换，从而进一步满足用户应用的要求。

会话层功能主要包括利用令牌技术来保证数据交换、会话同步的有序性，拥有令牌的一方可以发送数据或者执行其他动作，利用活动和同步技术来保证用户数据的完整性，让用户知道整个交换的过程，同时支持传输过程中的故障恢复。

（6）表示层

表示层主要解决异种系统之间的信息表示问题，屏蔽不同系统在数据表示方面的差异。不同的计算机系统可能采用不同的信息编码，并且可能具有不同的信息描述和表示方法，而不同的信息表示将导致与之通信的计算机系统无法识别信息的含义，所以需要定义一种公共的语法表示方法，并在信息交换时进行本地语法与公共语法之间的转换。

（7）应用层

应用层是 OSI/RM 的最高层，直接为用户提供服务，其包括面向用户服务的各种软件。由于用户的要求不同，应用层含有支持不同应用的多种应用实体，在 OSI/RM 中，这些应用服务被称为应用服务元素（如电子邮件、文件传输、虚拟终端等）。

OSI/RM 定义了很多网络应用服务，并且随着使用网络的用户增多，用户的应用需求将更加丰富 OSI/RM 应用层的服务。

高三层包括会话层、表示层和应用层。高层协议的共同特点是：处理的信息都是报文。报文是用户之间交换的完整的信息单位，其提供面向用户的服务、端到端的数据处理，而不必考虑信息的传输以及怎样传输的问题。

2.3 TCP/IP 体系结构

Internet 由无数不同类型的服务器、用户终端以及路由器、网关、通信线路等连接组成，不同的网络、类型设备之间要完成信息的交换、资源的共享需要有功能强大的网络软件的支持，TCP/IP 就是能够完成互联网这些功能的协议集。

2.3.1 TCP/IP 的发展

TCP/IP 即传输控制协议 / 网际协议，源于美国 ARPANET，其主要目的是提供与底层硬件无关的网络之间的互联，包括各种物理网络技术。TCP/IP 并不是单纯的两个协议而是一组通信协议的聚合，所包含的每个协议都具有特定的功能，完成相应的 OSI 层的任务。

TCP/IP 自诞生以来经历了 20 多年的实践检验，已经成功赢得大量的用户和投资。TCP/IP 的成功促进了互联网的发展，互联网的发展又进一步扩大了 TCP/IP 的影响。TCP/IP 首先在学术界争取到了大批的用户，同时也越来越受到计算机产业界的青睐。IBM、DEC 等大公司纷纷宣布支持 TCP/IP，局域网操作系统 NetWare、LAN Manager 竞相将 TCP/IP 纳入自己的体系结构，数据库 Oracle 支持 TCP/IP，UNIX、POSIX 操作系统也一如既往地支持 TCP/IP。相比之下，OSI 参考模型与协议则显得有些势单力薄。人们普遍希望网络标准化，但是却迟迟没有成熟的 OSI 产品推出，妨碍第三方厂家开发相应的硬件和软件，从而影响到了 OSI 产品的市场占有率与后续的发展。

TCP/IP 的特点如下：

1）开放的协议标准（与硬件、操作系统无关）。

2）独立于特定的网络硬件（运行于 LAN、WAN，特别是互联网中）。

3）统一网络编址（网络地址的唯一性）。

4）标准化高层协议可提供多种服务。

2.3.2 TCP/IP 四层模型

TCP/IP 是一个允许不同软硬件结构计算机进行通信的协议族，Internet 就是建立在 TCP/IP 之上的。一个协议族通常由不同的层次组成，对于 TCP/IP 来说，其分为网络接口层、网际层、传输层和应用层四层，如图 2-4 所示。

由于设计时并未考虑到要与具体的传输媒体相关，所以 TCP/IP 四层结构没有对数据链路层和物理层做出规定。实际上，TCP/IP 的这种层次结构遵循着对等实体通信的原则，每一层实现特定的功能。TCP/IP 的工作过程可以通过"自上而下，自下而上"形象地描述，数据信息在发送方是按照应用层－传输层－网际层－网络接口层的顺序进行传递，在接收方则相反，按低层为高层服务的原则进行传递。

| 应用层 |
| 传输层 |
| 网际层 |
| 网络接口层 |

图 2-4　TCP/IP 四层模型

接着将介绍 TCP/IP 四层模型各层的功能。

（1）网络接口层

网络接口层又称为数据链路层、网络层，负责处理不同通信媒介的细节问题，与具体设备如以太网、令牌环网、网卡等有关。

（2）网际层

网际层负责网络中的数据包传送，并定义了通用数据包格式和 IP，IP 提供了非面向连接的、非可靠的数据报服务，每个 Internet 上的接口都必须有一个唯一的 IP 地址，网际层同时处理数据包路由和拥塞避免等事务。接下来将详细介绍网际层协议。

1）网际协议。

IP 是一个面向无连接的协议，在对数据传输的处理上，只提供"尽力传送机制"，也就是尽最大努力完成投递服务，而不管传输正确与否。该协议用于主机与网关、网关与网关、主机与主机之间的通信，并且它的特点是：提供无连接的数据报传输机制；能完成点对点的通信。

IP 协议的功能是 IP 的寻址（体现在能唯一地标识通信媒介）、面向无连接的数据报传送（实现向 TCP 所在的传输层提供统一的 IP 数据报，其主要采用的方法是分段、重装、实现物理地址到 IP 地址的转化）、数据报路由选择（同一网络沿实际物理路由传送的直接路由选择和跨网络的经由路由器或网关传送的间接路由选择）和差错处理（是指 ICMP 提供的功能）。

2）因特网控制消息协议。

因特网控制消息协议（Internet Control Message Protocol，ICMP）为 IP 提供差错报告。

3）网际组管理协议。

网际组管理协议（Internet Group Management Protocol，IGMP）负责网络中点到点的数据包传输。

4）地址解析协议和逆地址解析协议。

在一个物理网络中，网络中的任何两台主机之间进行通信时，都必须获得对方的物理地址，而使用 IP 地址的作用就在于它提供了一种逻辑地址，能够使不同网络之间的主机进行通信。当 IP 把数据从一个物理网络传输到另一个物理网络之后，就不能完全依靠 IP 地址了，而要依靠主机的物理地址。为了完成数据的传输，IP 必须具有一种确定目标主机物理地址的方法，也就是说要在 IP 地址与物理地址之间建立一种映射关系，而这种映射关系被称为"地址解析"。

地址解析包括地址解析协议（Address Resolution Protocol，ARP）和逆地址解析协议（Reverse Address Resolution Protocol，RARP）。

ARP 的工作过程是：首先广播一个 ARP 请求数据包（源主机的物理地址和 IP 地址、目的主机的 IP 地址、数据），网络上所有的主机都可接收该数据包，只有目的主机处理 ARP 数据包并向源主机发出 ARP 响应数据包（包含了物理地址）。

RARP 的工作过程是：首先广播一个 RARP 请求数据包（源主机的物理地址和 IP 地址、目的主机的物理地址、数据），网络上所有的主机都可接收该数据包，只有目的主机处理 RARP 数据包并向源主机发出 RARP 响应数据包（包含了 IP 地址）。

（3）传输层

传输层为源主机与目的主机之间的进程通信提供数据流（一个无报文丢失、重复和失序的正确数据序列）。当一个源主机上运行的应用程序要和目的主机联系时，它就向传输层发送消息，以数据包的形式发送到目的主机，除此之外，传输层还要处理流量控制、拥塞控制等事务。

传输层有两个端到端的协议：TCP 和 UDP。TCP 为通信应用提供了可靠的数据流，UDP 与 TCP 的不同之处是它提供的是非可靠的、非面向连接的数据报传送，它不提供确认、发送排序和数据流控制，UDP 信息可能会丢失、重复和次序颠倒，所以在应用层必须增加所需的可靠性，接下来将详细介绍 TCP 和 UDP。

1）TCP。

传输控制协议（TCP）是一个面向连接、端对端的全双工通信协议，通信双方需要建立由软件实现的虚连接，为数据报提供可靠的数据传送服务。它可以完成对数据报的确认、流量控制和网络拥塞的处理；自动检测数据报并提供错误重发的功能；将多条路由传送的数据报按照原序进行排列，并对重复数据进行择取；控制超时重发，自动调整超时值；提供自动恢复丢失数据的功能。

在使用 TCP 传输数据的过程中，首先要建立 TCP 连接，接着传送数据（传输层将应用层传送的数据存储在缓存区中，由 TCP 将它分成若干段再加上 TCP 包头构成传送协议数据单元（Transport Protocol Data Unit，TPDU）发送给 IP 层，采用 ARP 的方式发送到目的主机，目的主机对存储在输入缓存区的 TPDU 进行检验，确定是要求重发还是接收），最后结束 TCP 连接。

2）UDP。

用户数据报协议（UDP）是一个面向无连接的协议，主要用于不要求确认或者通常只传入少量数据的应用程序中，或者是多个主机之间的一对多或多对多的数据传输，如广播、多播。在使用 UDP 进行数据传输时，由 UDP 软件组织一个数据报，并交给 IP 软件即完成了所有的工作；在接收端，UDP 软件先检查目的端口是否匹配，若匹配则放入队列中，否则丢弃。

（4）应用层

这一层包括所有的高层协议如 TELNET（一个远程登录的虚拟终端协议）和 FTP（负责机器之间的数据传输）。

传输层与网际层在功能上的最大区别就是前者提供的是进程通信能力，后者则不同，在进程通信的意义上，网络通信的最终地址不仅仅是主机地址，还包括可以描述进程的某种标识符。为此，TCP/UDP 提出了协议端口的概念，用于表示通信的进程端口是一种抽象的软件结构。应用程序通过系统调用与某些端口建立联编后，传输层传给该端口的数据都被相应的进程所接收。

2.4 五层体系结构

通过前两节的介绍，可以看出 OSI/RM 七层参考模型和 TCP/IP 四层参考模型都有不足的地方，因此有一种折中的方案，采用五层协议的体系结构来吸收 OSI/RM 和 TCP/IP 参考模型的优点，概念阐述起来既简洁又清晰。

2.4.1 五层参考模型

五层参考模型分为物理层、数据链路层、网络层、传输层、应用层，如图 2-5 所示。

（1）五层参考模型各层功能

1）物理层：主要是基于电器特性发送高低电压（电信号），高电压对应数字 1，低电压对应数字 0。常见物理设备有中继器、集线器、双绞线。

图 2-5 五层参考模型

2）数据链路层：建立逻辑连接、硬件地址寻址、差错校验等功能（由底层网络定义协议）。并且将位组合成字节进而组合成帧，用 MAC 地址访问介质，能够实现错误发现但不能纠正。常见的物理设备有网桥、以太网交换机、网卡。

3）网络层：引入一套新的地址用来区分不同的广播域/子网，这套地址即网络地址，其用于进行逻辑地址寻址，实现不同网络之间的路径选择。常见的物理设备有路由器、三层交换机。

4）传输层：定义传输数据的协议端口号，以及流量控制和差错校验。常见物理设备有四层交换机和四层路由器。

5）应用层：规定应用程序的数据格式，是网络服务与最终用户的一个接口。

（2）数据传递过程

图 2-6 直观地说明了分层的协议体系对应用进程中数据的影响，数据是如何在各层之间进行传递的，以及在分层的协议体系传递过程中所发生的变化。

假定两台计算机是直接相连的，发送端的应用程序进程要与接收端的应用程序进程进行数据交换，具体过程如下。

1）发送端应用程序进程将它的数据发送到应用层，应用层数据加上本层的控制报头 H5，形成应用层的协议数据单元，传到传输层。

2）传输层收到这个数据单元之后，加上本层的控制报头 H4，再向下交给网络层。

3）网络层进行同样的处理，加上本层的控制报头 H3，再传到数据链路层。

4）数据链路层得到数据后，将控制信息分成两部分，分别加到本层数据单元的首部（H2）和尾部（T2），构成数据链路层的协议数据单元，再向下交给物理层。

5）数据到达物理层后，物理层将以比特流的方式将数据通过物理传输媒体传送到接收端主机。比特流是从有首部的这头开始传送的。

6）比特流到达接收端后，再从接收端的物理层开始依次上传，每层都将根据控制信息进行必要的操作,"剥去"控制信息,将剩下的数据单元上交给更高的一层。直到最后,把发送端应用程序进程发送的数据交给接收端的应用程序进程。

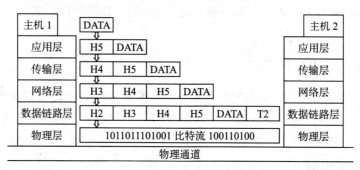

图 2-6 五层参考模型数据传递过程

从这个过程可以看出数据在传送过程中有这样的特点:在发送端自顶向下层层添加控制信息,在接收端自底向上层层剥去控制信息。这样做的好处是:首先,如果数据在传送过程中出现错误,则可以根据这些控制信息及时发现和纠正,保证数据传送的可靠性。其次,上层的数据没有下层的协议控制信息,这样相邻层之间可以保持相对独立性,下层具体实现方法的变化不会影响上层功能的执行。

应用程序进程间的数据交换是一个复杂的过程,但在用户看来,就好像是发送端应用程序进程直接把它的数据交给了接收端应用程序进程一样。同理,如图 2-6 中所示的一样,任何两个对等层之间也好像是直接把数据传送给对方一样。实际上对等层之间是没有直接通信能力的,这只是一种形式上的逻辑通信,需要依靠下面各层提供支持。

2.4.2 三种体系结构的对比

本节将对上述提到的三种体系结构进行对比,阐述结构上的异同,从而更好地理解这三种体系结构。

如图 2-7 所示,TCP/IP 参考模型的应用层融合了 OSI/RM 的应用层、表示层和会话层,两者的传输层和网络层对应,TCP/IP 参考模型的网络接口层对应着 OSI/RM 的数据链路层和物理层。而对于五层参考模型与 OSI/RM 来讲,五层参考模型的应用层同样融合了 OSI/RM 的应用层、表示层和会话层,两者的传输层、网络层、数据链路层和物理层分别一一对应。

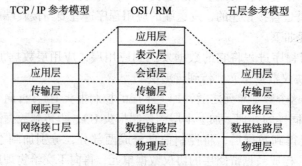

图 2-7 三种体系结构的对比

TCP/IP 参考模型与 OSI/RM 的共同点如下:都采用了协议分层方法、各协议层功能类似、都解决了异构网互联问题、都是国际性标准、能面向连接和无连接的两种通信服务机制、基于一种协议集。它们的不同点具体如下。

1）模型设计的差别：OSI/RM 模型在前、协议在后，而 TCP/IP 相反。
2）层数和层间调用关系的不同：OSI 是逐层调用，TCP/IP 可越层。
3）最初设计的差别：OSI/RM 建立了标准网络，TCP/IP 为异构网。
4）标准的效率和性能上存在差别：OSI/RM 大规模、低效率，TCP/IP 则小规模而高效率。
5）市场应用和支持上的不同：OSI/RM 因开发落后而失去市场，TCP/IP 成为主流。

2.5 其他网络体系结构

过去多年对新型网络技术的研究探索过程大体可以分为两个技术流派：一派可称为"带宽派"，其以提高网络速度及改善交换技术为主；另一派称为"改制派"，其力求改变网络体系以获得新网络功能。

"改制派"一度被网络设备界认为只是作为将来网络技术研究的学术派，因此其一直未被企业界充分重视。但近年来随着大量新型网络应用需求的出现，这种观点正在不断发生变化，在新需求面前，"带宽派"显得力不从心，文不对题。业界开始意识到，网络"改制派"所倡导的一个高度灵活的开放可编程网络是满足新型网络需求的主要技术方向。

本节，将会介绍 IEEE 802 局域网体系结构、开放可编程网络体系结构、面向服务的新型网络体系结构、内容中心网络体系结构和面向移动性的新型网络体系结构。

2.5.1 IEEE 802 局域网体系结构

为了使得不同厂家生产的局域网能够相互连通进行通信，IEEE 于 1980 年 2 月下设了一个 802 委员会，专门从事局域网/城域网标准的制定，形成的一系列标准统称为 IEEE 802 标准。IEEE 802 标准着重描述了微机局域网的低两层，具体如下。

1）物理层（PH）标准。与 OSI 标准相似，主要规定比特流的传输与接收，描述起作用的信号电平编码、规定网络拓扑结构、传输速率及传输介质等。

2）数据链路层标准。OSI 的数据链路层在局域网中实际上分成两部分：逻辑链路控制子层和媒体访问控制子层。

（1）IEEE 802 L & MAN/RM

如图 2-8 所示，IEEE 802 参考模型只相当于 OSI 参考模型的最低两层，其中还包括了对传输媒体和拓扑结构的规格说明，局域网的网间互联对应于 OSI 参考模型的网络层。为了提供对多个高层实体的支持，多个 LLC 服务访问点（Link Service Access Point，LSAP）在 LLC 层的顶部为实体 A、B 提供接口端，多个网间服务访问点（Network Service Access Point，NSAP）在网间层的顶部为实体 C、D、E 提供接口端。媒体访问控制服务点向单个 LLC 实体提供单个接口端。物理服务访问点向单个实体提供接口端。

IEEE 802 规范定义了网卡如何访问传输介质（如光缆、双绞线、无线等），以及在传输介质上如何传输数据的方法，还定义了传输信息的网络设备之间连接建立、维护和拆除的途径。遵循 IEEE 802 标准的产品包括网卡、桥接器、路由器以及其他一些用来建立局域网络的组件。

（2）媒体访问控制（MAC）子层

虽然 ISO/IEC 7498 标准所定义的 OSI/RM 只将网络划分为七层，但实际上每一层还可划分为多个子层。在所有的这些子层中，最为人熟知的就是 ISO/IEC 8802 规范划分数据链路协议而得到的 LLC 层和 MAC 层。分成 MAC 和 LLC 两个子层的好处是：局域网可采用多种传输介质与拓扑结构，相应地介质访问控制方法就有多种。将数据链路层分成两个子层，只要设计合理，使得 MAC 子层向上提供统一的服务接口，就能将底层的实现细节完全屏蔽掉。即：不同的物理网络，物理层与 MAC 子层不同，而 LLC 子层相同，网络的上层协议可运行于任何一种 IEEE 802 标准的局域网上。这种分层方法也使得 IEEE 802 标准具有良好的可扩充性，可以很方便地接纳新的介质与介质访问控制方法。

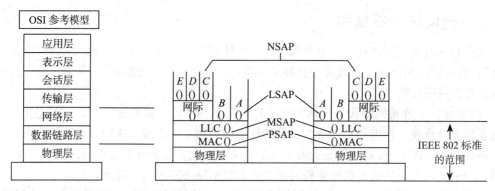

图 2-8　IEEE 802 参考模型

媒体访问控制子层的目的是解决局域网中共用信道的使用产生竞争时，如何分配信道的使用权问题，负责控制与连接物理层的物理介质。其主要功能包括数据帧的封装/卸装、帧的寻址和识别、帧的接收与发送、链路的管理、帧的差错控制等。IEEE 802 系列标准将数据链路层分成 LLC 和 MAC 两个子层。上面的 LLC 子层用于实现数据链路层与硬件无关的功能，比如流量控制、差错恢复等；较低的 MAC 子层用于提供 LLC 和物理层之间的接口。MAC 子层的存在屏蔽了不同物理链路种类的差异性。在发送数据的时候，MAC 协议将会事先判断是否可以发送数据，如果可以发送则将对数据加上一些控制信息，最终将数据以及控制信息以规定的格式发送到物理层；在接收数据的时候，MAC 协议首先判断输入的信息是否发生传输错误，如果没有错误，则去掉控制信息发送至 LLC 层。目前 LAN 中常用的媒体访问控制方法是 CSMA/CD（争用型介质访问控制）。但由于物理介质的不同，无线和有线网络使用的 MAC 方法也有较大的差别，主要区别具体如下。

有线网络最常使用的方法（此处仅考虑以太网）是 CSMA/CD（Carrier Sense Multiple Access/Collision Detect，载波侦听多路访问/冲突检测）机制。其主要工作原理是：工作站发送数据前先监听信道是否空闲，若空闲则立即发送数据，并且工作站在发送数据时一边发送一边继续监听；若监听到冲突，则立即停止发送数据并等待一段随机时间，然后再重新尝试发送。

无线网络主要采用 CSMA/CA（Carrier Sense Multiple Access/Collision Avoidance，载波侦听多路访问/冲突避免）机制。CSMA/CA 主要使用两种方法来避免冲突（碰撞），具体如下。

1）设备发送数据之前，先监听无线链路状态是否空闲。为了避免发生冲突，当无线链路被其他设备占用时，设备会随机地为每一帧选择一段退避时间，这样就能减少冲突的发生。

2）RTS-CTS 握手。设备在发送帧之前，先发送一个很小的 RTS（Request To Send）帧给目标端，等待目标端回应 CTS（Clear To Send）帧后才开始传送。此方式可以确保接下来传送数据时，其他设备不会使用信道以避免冲突。由于 RTS 帧与 CTS 帧的长度很小，使得整体开销也较小。但是 CSMA/CA 协议信道利用率明显低于 CSMA/CD 协议信道利用率。信道利用率将受传输距离和空旷程度的影响，当距离远或者有障碍物影响时会存在隐藏终端问题，降低信道利用率。

无线网络之所以没有采用冲突检测方法的原因是：如果要支持冲突检测，则必须要求无线设备能够一边接收数据信号一边传送数据信号，而这种设计对无线网络设备来说性价比太低。另外，冲突检测要求一边发送数据包一边监听，一旦有冲突则停止发送。很显然，这些因发送冲突而被中断的数据发送将会浪费不少传输资源。

（3）逻辑链路控制（LLC）子层

逻辑链路控制子层实现了两个站点之间帧的交换，实现了端到端（源到目的）、无差错的帧传输和应答功能及流量控制功能。LLC 负责识别网络层协议，然后对它们进行封装。LLC 报头告诉数据链路层一旦帧被接收到，就应当对数据包做何种处理。它的工作原理是这样的：主机接收到帧并查看其 LLC 报头，以找到数据包的目的地，比如说，处于网际层的 IP 协议。LLC 子层也可以提供流量控制并控制比特流的排序，负责向其上层提供服务。其主要功能包括传输可靠性保障和控制、数据包的分段与重组、数据包的顺序传输。

1）操作方式。LLC 是在高级数据链路控制（High-Level Data-Link Control，HDLC）的基础上发展起来的，并使用了 HDLC 规范子集，它提供了三种操作方式：两种无连接的和一种面向连接的，具体如下。

类型 1：无回复的无连接方式。它允许将帧发送给单一的目的地址（点到点协议或单点传输）、相同网络中的多个目的地址（多点传输）、网络中的所有地址（广播传输）。多点传输和广播传输在同一信息需要发送到整个网络的情况下可以减少网络流量，单点传输不能保证接收端收到帧的次序和发送时的次序相同，发送端甚至无法确定接收端是否收到了帧。它规定了一种静态帧格式，并支持运行网络协议。有关传输层网络协议通常是使用该服务类型。

类型 2：面向连接的操作方式。该方式提供了四种服务，即连接的建立、确认和承认响应、差错恢复（通过请求重发接收到的错误数据来实现）以及滑动窗口。通过改变滑动窗口来提高数据传输速率。另外，这种操作方式支持可靠数据传输，多应用于不需要调用网络层和传输层协议的局域网环境。

类型 3：有回复的无连接方式。该方式仅限于点到点通信。

2）控制字节和帧格式。

LLC 的头部包含：目标服务接入点（Destination Service Access Point，DSAP）字节，8 位；源服务接入点（Source Service Access Point，SSAP）字节，8 位；控制（Control）字段，8 或 16 位。

为了便于区分，有三种 LLC PDU 控制字段，分别称为 U、I、S 帧。U（Unnumbered）帧，8 位的控制字段，主要用于无连接的应用；I（Information）帧，16 位的控制和帧编号字段，用于面向连接的应用；S（Supervisory）帧，16 位的控制字段，用于在 LLC 层中进行管理监督。在这三种格式中，只有 U 帧被广泛使用。可用第一字节的最后两位来区分这三种 PDU 帧格式。

2.5.2 开放可编程网络体系结构

开放架构网络的研究开始于 1996 年，研究基于 3 种不同的开放架构的实现思想来进行：1）基于开放信令的思想；2）基于动态代码的主动网络思想；3）通过资源预留的 Virtual Networks 思想。这三个方面的思想对开放架构网络研究具有一定的互补性，其共同目标都是实现网络的开放可编程性。下面具体介绍两种基于开放可编程性的网络架构——ForCES体系结构和 SDN 体系结构。

(1) ForCES 体系结构

ForCES 的技术结构成为目前国际上备受关注的实现开放可编程网络设计目标的体系架构。转发与控制分离技术是实现开放架构可编程网络的重要技术手段。转发面由包含各类标准化的逻辑功能块（Logic Function Block，LFB）组成，并可由控制面按需构造数据分组处理拓扑结构。转发面的可编程性具体表现为模块间的拓扑构造和模块的属性控制。控制面和转发面间的信息交换按照 ForCES 协议实现。该体系能充分体现开放可编程网络的优点，即简洁的积木式开发以及不同控制面和转发面设备间的可互操作性。

(2) SDN 体系结构

SDN 是一种革命性的变革，它解决了传统网络中一些无法避免的问题，包括缺乏灵活性、对需求变化的响应速度缓慢、无法实现网络的虚拟化以及高昂的成本等。在当前的网络架构下，网络运营商和企业无法快速提供新的业务，原因在于他们必须等待设备提供商以及标准化组织的同意，并将新的功能纳入到专有的运行环境中才能实现。很显然这是一个漫长的等待过程，或许等到现有网络真正具备这一新的功能时，市场已经发生了很大的变化。

有了 SDN，形势就发生了改变。网络运营商和企业可以通过自己编写的软件轻松地决定网络功能。SDN 可以让他们在灵活性、敏捷性以及虚拟化等方面更具主动性。SDN 可以帮助网络运营商和企业，只要通过普通的软件就能随时提供新的业务。通过 OpenFlow 的转发指令集将网络控制功能集中，网络可以被虚拟化，并被当成一种逻辑上的资源而非物理资源加以控制和管理。

SDN 通过消除应用和特定网络细节，比如端口和地址之间的关联，使得无须花费时间、金钱和人力重新编写应用和配置网络设备即可升级网络的物理平面成为可能。

长期以来，通过命令行接口进行人工配置一直在阻碍网络向虚拟化迈进，并且它还导致了运营成本高昂、网络升级时间较长而无法满足业务需求、容易发生错误等问题。SDN 使得一般的编程人员在通用服务器的通用操作系统上，利用通用的软件就能定义网络功能，使网络可编程化。SDN 带来了巨大的市场机遇，因为它可以满足不同客户的需求、提供高度定制化的解决方案。这就使得网络运营建立在开放软件的基础上，而不需要依靠设备提供商的特定硬件和软件才能增设新功能。

更为重要的是，某些网络功能的提供也变得异常简单，比如组播和负载均衡功能的实现等。另外，拓扑结构的限制也将消失。比如在传统数据中心，由于树形拓扑导致的流量被限制的问题也将得到解决。

总的来说，SDN 所能提供的五大好处具体体现如下。

1) SDN 为网络的使用、控制以及如何创收提供了更多的灵活性。

2) SDN 加快了新业务引入的速度。网络运营商可以通过可控的软件部署相关功能，而不必像以前那样等待某个设备提供商在其专有设备中加入相应方案。

3) SDN 降低了网络的运营费用，也降低了出错率，原因在于其实现了网络的自动化部署和运维故障诊断，减少了网络的人工干预。

4) SDN 有助于实现网络的虚拟化，从而实现了网络的计算和存储资源的整合，最终使得只要通过一些简单的软件工具组合，就能实现对整个网络的控制和管理。

5) SDN 让网络乃至所有 IT 系统能够更好地以业务目标为导向。

SDN 的主要技术特点体现在以下三个方面。

1）转发与控制分离。SDN 具有转发与控制分离的特点，采用 SDN 控制器可实现网络拓扑的收集、路由的计算、流表的生成及下发、网络的管理与控制等功能；而网络层设备仅负责流量的转发及策略的执行。通过这种方式可使得网络系统的转发面和控制面独立发展，转发面向通用化、简单化方向发展，成本可逐步降低；控制面可向集中化、统一化方向发展，以具有更强的性能和容量。

2）控制逻辑集中。转发与控制分离之后，使得控制面向集中化方向发展。控制面的集中化使得 SDN 控制器拥有网络的全局静态拓扑、全网的动态转发表信息、全网络的资源利用率和故障状态等。因此，SDN 控制器可实现基于网络级别的统一管理、控制和优化，更可依托全局拓扑的动态转发信息帮助实现快速的故障定位和排除，提高运营效率。

3）网络能力开放化。SDN 还有一个重要的特征是支持网络能力开放化。通过集中的 SDN 控制器实现网络资源的统一管理、整合以及虚拟化后，采用规范化的北向接口为上层应用提供按需分配的网络资源及服务，进而实现网络能力开放化。这样的方式打破了现有网络对业务封闭的问题，是一种突破性的创新。

SDN 控制与转发分离的特点使得设备的硬件通用化、简单化，设备的硬件成本可大幅降低，可促进 SDN 的应用；但由于设备硬件的变化，转发流表的变化也存在 SDN 设备与现有网络设备的兼容问题，在一定时期内该问题可能会限制 SDN 在大规模网络中的应用。

SDN 控制逻辑集中的特点使得 SDN 控制器拥有网络全局拓扑和状态，可实施全局优化，提供网络端到端的部署、保障、检测等手段；同时，SDN 控制器可集中控制不同层次的网络，实现网络的多层多域协同与优化，如分组网络与光网络的联合调度。

SDN 网络能力开放化的特点使得网络可编程，可快捷地提供应用服务，网络不再仅仅是基础设施，更是一种服务，SDN 的应用范围得到了进一步的拓展。

2.5.3 面向服务的新型网络体系结构

随着技术和应用的不断发展，目前互联网已经发展成为重要的信息基础设施，其相关应用也在不断增加并渗透到经济社会生活的方方面面，正深刻地影响和改变着人们的沟通和生活。当前互联网的规模惊人，应用广泛，用户量巨大，已经远远超出了其当初的设计目标，互联网自身体系结构的局限性也变得日益突出，传统网络体系结构以实现主机的互联互通为理念的互联网设计思想已经不能满足未来互联网可扩展、可动态更新、可管理控制等需求，因此提出了面向服务的新型网络体系结构。

面向服务的新型网络体系结构借鉴了软件设计中面向服务的架构设计、面向对象的模块化编程思想，将服务作为基本单元设计未来网络的各种功能，包含了对服务进行命名、注册、发布、订阅、查找、传输等各种功能的设计，并以此来满足未来新型网络的管理、传输、计算等需求。

（1）SOI

SOI（Service Oriented Internet）是由美国明尼苏达大学的 Chandrashekar J. 等提出的，顾名思义，就是采用面向服务的方式来描述未来互联网的结构。

SOI 的出现满足了对网络提出的"服务可用、可靠、高质量和安全"等新需求。SOI 通过在现有网络层和传输层之间添加服务层来建立一个面向服务的网络功能平台，属于演进式的研究思路。SOI 这种面向服务分发的网络设计思想具有灵活性强、统一性好、通用性优和可扩展的特点。它的基本体系结构如图 2-9 所示。

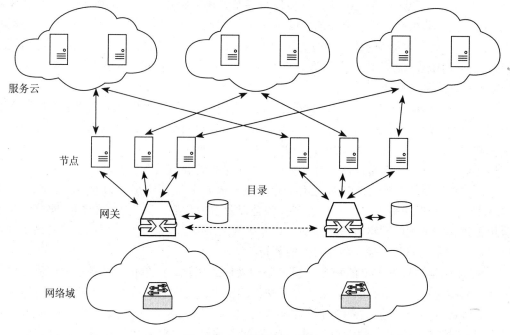

图 2-9　SOI 体系结构图

（2）NetServ

NetServ 是一个可编程的路由器体系结构，用于动态地部署网络服务。建立一种网络服务可动态部署的网络体系结构，主要是基于当前互联网体系结构几乎不能添加新的应用服务和功能模块。其设计的核心思想是服务模块化。NetServ 首先将网络路由节点中的可用功能和资源服务进行模块化，当需要在网络中建立一种相关的新服务的时候，构成服务的模块和多个模块构成的服务组件在 NetServ 中被统称为 Service Module。NetServ 还提供了虚拟服务架构，主要是为面向服务的网络体系结构中的路由节点提供相关安全保障、可控可管理、动态添加删除服务模块等功能。NetServ 需要使用的首要关键技术有两项：遥控模块路由器和 Java 的 OSGi 框架。

（3）COMBO

COMBO 主要研究固定和移动带宽接入 / 聚合网络收敛特性。当前网络的体系结构已经无法很好地适应未来网络体系结构的需求。因此，COMBO 试图在研究靠近边缘网络的相关收敛性质的基础上，得到网络的相关规律，并提出一个新的、面向服务的、可持续发展的网络演进策略，以达到提高网络性能、降低网络传输中每位的成本和能源消耗的目的。

COMBO 需要考虑网络体系结构中的收敛特性。核心网络提供的服务在靠近边缘网络时会呈现发散的特点，比如移动网络中存在用户所接受的服务与固网中的用户所接受的服务相同，如果能够得出这些靠近边缘网络的服务的收敛特性，那么 COMBO 就可以得到边缘网络与核心网络之间在网络服务商的差异，从而为核心网络服务的分发提供策略依据，并对于得到更为长远的网络演进策略具有重大的理论意义。

（4）SONA

Cisco 公司提出了面向服务的网络体系结构（Service Oriented Network Architecture，

SONA）。不过与一般覆盖网络使用独立服务节点提供统一通信、认证、虚拟化和移动性等增强网络功能不同，Cisco 将相关功能实体迁移到了路由器、交换机以及用于运行和管理网络的其他专用设备上。换言之，上层应用本身将拥有更简单的架构，能够调用更适合于由基于网络的服务实体执行的各种功能。另外，由于网络能够识别重要事件，然后将其传输给应用，因此网络服务还能使应用本身得到增强。

SONA 分为网络基础层、交互应用层（也称为集成网络服务层）和应用层。SONA 在本质上并不是一种网络体系结构，而是一种功能模型，能够使网络动态提供新服务，以便为企业提供能够适应流程要求的灵活性和可靠性。不过 SONA 毕竟是厂家的标准，可能会造成网络设备不兼容、难开发的问题。

2.5.4 内容中心网络体系结构

在互联网发展的 50 年中，为满足网络用户不断变化的使用需求，各种改良型方案源源不断地涌现出来，但大都由于缺乏认知的紧迫性、利益相关方的竞争和技术自身的缺陷等问题而以失败告终。业内人士越来越意识到，改良型方案不能从根本上改变互联网的核心体系架构，革命性和创新性的改变才是行之有效的解决方法，进而提出本节要讨论的内容中心网络体系结构。

（1）NDN

NDN 的提出是为了改变当前互联网主机－主机通信范例，使用数据名字而不是 IP 地址进行数据传递，让数据本身成为互联网架构中的核心要素。

NDN 中的通信是由数据消费者接收端驱动的。为了接收数据，消费者发出一个兴趣分组，其携带了与期望数据一致的名字。路由器记下这条请求进入的接口并通过查找它的转发信息库转发这个兴趣分组。一旦兴趣分组到达一个拥有请求数据的节点，一个携带数据名字和内容的数据分组就被发回，同时发回的还有一个数据产生者的密钥信号。数据分组沿着兴趣分组创建的路由回到数据消费者。NDN 路由器会保留兴趣分组和数据分组一段时间。当从下游接收到多个要求相同数据的兴趣分组时，只有第一个兴趣分组被发送至上游数据源。

（2）DONA

DONA 对网络命名系统和名字解析机制重新做了设计，代替现有的 DNS，依靠解析处理器来完成名字的解析，解析过程通过 FIND 和 REGISTER 两类传播原语来实现。

DONA 的命名系统是围绕当事者进行组织的。每个当事者都拥有一对公开－私有密钥，且每个数据、服务或其他命名的实体都与一个当事者相关联。名字的形式是"P:L"。P 是当事者公开密钥的加密散列，L 是由当事者选择的一个标签，当事者需要确保这些名字的唯一性。当一个用户用名字"P:L"请求一块数据并接收到三元组<数据，公开密钥，标签>，那么它可以通过检查公开密钥的散列 P 直接验证数据是否确实来自当事者，且标签也是由这个密钥产生的。

（3）PSIRP

PSIRP（The Publish-Subscribe Internet Routing Paradigm）是从 2008 年 1 月到 2010 年 9 月由欧盟 FP7 资助开展的项目。PSIRP 旨在建立一个以信息为中心的发布－订阅通信范例，取代以主机为中心的发送－接收通信模式。PSIRP 改变了路由和转发机制，完全基于信息的概念进行网络运作。信息由 identifiers 标识，通过 rendezvous 直接寻址信息而不是物理终端。在 PSIRP 架构中甚至可以取消 IP，实现对现有网络的彻底改造。

PSIRP 的网络体系架构有三层：汇聚（rendezvous）、拓扑和转发。拓扑系统负责建立一个分布式网络结构，执行类似于目前使用的路由协议的功能。汇聚是 PSIRP 的核心概念，负责管理发布的信息，建立发布者和订阅者之间的连接。如果发现匹配，汇聚会请求拓扑系统在数据源和订阅者之间建立逻辑的转发树进行数据传递。汇聚和拓扑系统构成了控制平面，转发属于数据平面。数据平面除了实现转发和传统的传输功能，还可以实现缓存等网络级别功能。

（4）NetInf

由欧盟 FP7 资助的 4WARD 项目目标是研发新一代可靠的、相互协作的无线和有线网络技术。4WARD 项目的 WP6 工作组设计了一个以信息为中心的网络架构：NetInf（Network of Information）。NetInf 还关注高层信息模型的建立，实现了扩展的标识与位置分离，即存储对象与位置的分离。

信息在信息中心网中扮演着关键的角色，因此，表示信息的合适的信息模型是必需的，且其必须支持有效的信息传播。信息网络建立在标识/位置分离的基础上。因此，需要一个用来命名独立于存储位置的信息的命名空间。此外，维护并分解定位器和识别器间的绑定需要一个名字解析机制。

2.5.5 面向移动性的新型网络体系结构

在早期的计算机网络中，网络节点的位置相当固定，网络协议首先要考虑的是两个固定节点之间正常的连接，并不注重网络移动性的要求，网络节点的位置本身也就很自然地被用作网络节点的标识符。体现在传统的 TCP/IP 网络体系架构中，IP 地址既扮演着节点标识符的角色，又扮演着节点定位符的角色，即路由的选择依靠 IP 地址，这通常被称为 IP 地址语义过载问题。

IP 地址语义过载问题影响了计算机网络对移动性的支持，限制了核心路由的扩展性，降低了现有安全机制的效能，还限制了若干新技术的发展。当节点在网络内移动时，节点的移动并不意味着其网络身份的改变。

针对 IP 地址存在的缺陷，人们意识到网络标识不能简单地定义为位置标识，而应该是能够严格区分固定标识和可变标识，从而建立网络实体标识和网络位置标识两套标识系统。

（1）MobilityFirst

MobilityFirst 目标在于为移动服务开发高效和可伸缩的体系结构。MobilityFirst 项目基于移动平台和应用，将取代一直以来主导着互联网固定主机/服务器模型的假设，这种假设给出了独特的机会来设计一种基于移动设备和应用的下一代互联网。MobilityFirst 体系结构的主要设计目标是：用户和设备的无缝移动；网络的移动性；对带宽变化和连接终端的容忍；对多播、多宿主和多路径的支持；安全性和隐私；可用性和可管理型。

（2）HIP

HIP(Host Identity Protocol) 在传统的 TCP/IP 网络体系中引入了一个全新的命名空间——节点标识（HI），在传输层和网络层之间加入了节点标识层（Host Identity Layer），用于标识连接终端，安全性和可移动性是其设计中尤为推崇和自带的特性。HIP 的主要目标是解决移动节点和多宿主问题，保护 TCP、UDP 等更高层的协议不受 DoS 和 MitM 攻击的威胁。

（3）LIN6

IETF 的第 49 次会议上，Teraoka F. 等学者提出了一种全新的移动 IP——LIN6。LIN6 是根据 LINA，即基于位置无关的网络结构的原理，在 IPv6 地址中划分出身份和位置标识的部分，面向 IPv6 提出的一种移动性支持方案。LINA 秉承身份标识与位置标识相分离的思想，引入了接口位置识别号和节点标识号这两个基本实体，实现了身份标识与位置标识相分离。

（4）Six/One

Six/One 是在 2006 年 IETF IAB RRG（Routing Research Group）召开的工作组会议上提出的，是一种地址重写的方案（即地址映射、替换）。地址重写思想最先由 Clark 提出，后来由 O'Dell 改进，利用 IPv6 地址前 64 位作为路由地址（RG），后 64 位作为节点标识 EID，以充分发挥 IPv6 地址 128 位的优势。当报文到达本地出口路由器时，报文头中的源 RG 地址被填写；当报文到达目的节点所在网络的入口路由器时，目的 RG 地址被重写，这样即可保证用户无法感知网络拓扑或者前缀信息。

在 Six/One 中，IPv6 地址同样被划分成 64 位的子网前缀和 64 位的接口标识，其利用高位部分的不同来表示节点地址的差异。

本章小结

计算机网络体系结构可以从网络体系结构、网络组织、网络配置三个方面来描述：网络组织是从网络的物理结构和网络的实现两方面来描述计算机网络；网络配置是从网络应用方面来描述计算机网络的布局；网络体系结构是从功能上来描述计算机网络结构。

网络协议是计算机网络必不可少的一部分，一个完整的计算机网络需要有一套复杂的协议集合，组织复杂的计算机网络协议的最好方式就是层次模型。计算机网络层次模型和各层协议的集合统一定义为计算机网络体系结构。

本章首先介绍计算机网络体系结构形成的历程，包括 OSI/RM、TCP/IP、五层体系结构和 IEEE 局域网数据链路层的产生背景，接着详细介绍了 OSI/RM 七层模型、TCP/IP 四层结构和五层体系结构，最后介绍了其他网络体系结构，包括 IEEE 802 局域网体系结构、开放可编程网络体系结构、面向服务的新型网络体系结构、内容中心网络体系结构以及面向移动性的新型网络体系结构。

计算机网络由多个互连的节点组成，节点之间要不断地交换数据和控制信息，要做到有条不紊地交换数据，每个节点就必须遵守一整套合理而严谨的结构化管理体系。计算机网络就是按照高度结构化设计方法采用功能分层原理来实现的，即计算机网络体系结构的内容。

通常所说的计算机网络体系结构，即在世界范围内统一协议，制定软件标准和硬件标准，并精确定义计算机网络及其部件所应完成的功能，从而使得不同的计算机能够在相同的功能中进行信息对接。

思考题

1）简要说明五层体系结构产生的原因。
2）描述 OSI/RM 各层的功能。
3）流量控制技术有哪些？工作原理分别是什么？
4）描述 TCP/IP 模型各层的功能。
5）比较一下 OSI/RM、TCP/IP、五层体系结构的优缺点。
6）简要说明 CSMA/CA 的工作原理。
7）开放可编程网络体系结构的优势是什么？
8）请调研一下其他网络体系结构。

第3章 物　理　层

物理层位于计算机网络 OSI 模型的最底层，虽然是最底层，却是整个通信系统的基础，正如高速公路和街道是汽车通行的基础一样。物理层为设备之间的数据通信提供传输媒体（传输介质）及互联设备，为数据传输提供可靠的环境。信号的传输离不开传输媒体，而传输介质两端必然有接口用于发送和接收信号。因此，既然物理层主要关心如何传输信号，物理层的主要任务就是规定各种传输介质和接口等与传输信号相关的一些特性。

3.1 物理层提供的服务

根据物理层的规定，物理层为传输数据所需要的物理链路创建、维持或拆除而提供具有机械的、电子的、功能的和规范的特性。简单地说，物理层确保原始的数据可在各种物理媒体上传输。物理层为设备之间的数据通信提供传输媒体及互联设备，为数据传输提供可靠的环境。媒体和互联设备是物理层的组成部分，物理层的媒体主要包括架空明线、平衡电缆、光纤等，而通信用的互联设备是指物理设备（计算机、终端等）和数据通信设备（比如调制解调器）间的互联设备。

物理层提供的服务主要有如下几点：第一，屏蔽物理设备。由于传输媒体和通信手段的不同，数据链路层不能识别这些特性，而只完成本层的协议和服务。第二，提供物理连接的建立、维持和释放，并且能为两个相邻系统之间唯一地标识数据电路。第三，为数据端设备提供传送数据通路、传输数据等。第四，完成物理层的管理工作。

3.2 数据传输方式

数据传输方式是数据在信道上传送所采取的方式。按照数据传输的流向和时间关系可以分为单工、半双工和全双工数据传输；若按数据传输的同步方式可分为同步传输和异步传输；按照数据需不需要调制可分为频带数据和基带数据。下面根据以上三种方式介绍数据的传输方式。

3.2.1 单工、双工和半双工数据传输

单工数据传输是两数据站之间只能沿一个指定的方向进行数据传输。即一端的物理设备固定为数据源，另一端的设备固定为数据宿。

半双工数据传输是两数据站之间可以在两个方向上进行数据传输，但不能同时进行。即每一端的物理设备既可作数据源，也可作数据宿，但不能同时作为数据源与数据宿。

全双工数据传输是在两数据站之间，可以在两个方向上同时进行传输。即每一端的物理设备均可同时作为数据源与数据宿。

通常用四线线路实现全双工数据传输，二线线路实现单工或半双工数据传输。在采用频率复用、时分复用或回波抵消等技术时，二线线路也可实现全双工数据传输。

3.2.2 异步传输和同步传输

在串行传输时，接收端如何从串行数据流中正确地划分出发送的一个个字符所采取的措施称为字符同步。根据实现字符同步方式的不同，数据传输有异步传输和同步传输两种方式。

异步传输即每次传送一个字符代码（5～8 位），在发送每一个字符代码的前面均加上一个"起信号"，其长度规定为 1 个码元，极性为"0"，后面均加上一个"止信号"。在采用国际电报二号码时，止信号长度为 1.5 个码元，在采用国际电报五号码（见数据通信代码）或其他代码时，止信号长度为 1 或 2 个码元，极性为"1"。字符可以连续发送，也可以单独发送。不发送字符时，连续发送止信号。每一字符的起始时刻都可以是任意的（这也是异步传输的含意所在），但在同一个字符内各码元的长度相等。接收端则根据字符之间的止信号到起信号的跳变（"1"→"0"）来检测识别一个新字符的"起信号"，从而正确地区分出一个个字符。因此，这样的字符同步方法又称为起止式同步。该方法的优点是：实现同步比较简单，收发双方的时钟信号不需要精确的同步。缺点是每个字符都增加了 2～3 位，降低了传输效率。它常用于 1200bit/s 及以下的低速数据传输。

同步传输即以固定时钟节拍来发送数据信号。在串行数据流中，各信号码元之间的相对位置都是固定的，接收端要想从接收到的数据流中正确地区分发送的字符，必须建立位定时同步和帧同步。位定时同步又称比特同步，其作用是使数据电路终接设备（DCE）接收端的位定时时钟信号和 DCE 收到的输入信号同步，以便 DCE 从接收的信息流中正确判决出各个信号码元，产生接收数据序列。DCE 发送端产生定时的方法有两种。一种是在数据终端设备（DTE）内产生位定时，并以此定时的节拍将 DTE 的数据发送给 DCE，这种方法称为外同步。另一种是利用 DCE 内部的位定时来提取 DTE 端数据，这种方法称为内同步。对于 DCE 的接收端，均是以 DCE 内的位定时节拍将接收数据发送给 DTE。帧同步就是从接收数据序列中正确地进行分组或分帧，以便正确地区分出各个字符或其他信息。同步传输方式的优点是不需要对每一个字符单独加起、止码元，因此传输效率较高。缺点是实现技术较复杂。通常用于速率为 2400bit/s 及以上的数据传输。

3.2.3 频带传输和基带传输

基带传输是按照数字信号原有的波形（以脉冲形式）在信道上直接进行传输，它要求信道具有较宽的通频带。基带传输不需要调制解调，设备花费少，适用于较小范围的数据传输。

基带传输时，通常需要对数字信号进行一定的编码，数据编码通常采用三种方法：不归零制编码（NRZ）、曼彻斯特编码和差分曼彻斯特编码。后两种编码不含直流分量，包含时钟脉冲，便于双方自同步，因此得到了广泛的应用。

频带传输是一种采用调制解调技术的传输形式。在发送端，采用调制手段，对数字信号进行某种变换，将代表数据的二进制"1"和"0"变换成具有一定频带范围的模拟信号，以适应在模拟信道上传输；在接收端，通过解调手段进行相反变换，把模拟的调制信号复原为"1"或"0"。常用的调制方法有频率调制、振幅调制和相位调制。

具有调制解调功能的装置称为调制解调器，即 Modem。频带传输较复杂，传送距离较远，若通过市话系统配备 Modem，则传送距离可不受限制。

基带传输和频带传输最大的区别就是是否经过调制，通俗点说就是需要不需要调制解调器，基带传输是按照数字信号原有的波形（以脉冲形式）在信道上直接传输，频带传输是一种采用调制解调技术的传输形式，而对于连接在交换机上的若干 PC 通信，其只在双方独自的信道传输,而不是整个网络。

3.3 传输媒体

传输媒体是数据传输系统中位于发送器和接收器之间的物理通路,计算机网络中采用的传输媒体可分为有线和无线两大类。有线传输媒体主要有同轴电缆、双绞线及光缆;无线传输媒体主要有微波、无线电、激光和红外线等。卫星通信、无线通信、红外通信、激光通信以及微波通信的信息载体都属于无线传输媒介。本节我们首先介绍有线传输媒体——双绞线、同轴电缆和光纤,接着再简单介绍一下无线传输。

3.3.1 双绞线

双绞线由一对相互绝缘的金属导线绞合而成。采用这种方式不仅可以抵御一部分来自外界的电磁波干扰,还可以降低多对绞线之间的相互干扰。把两根绝缘的导线互相绞在一起,作用在这两根相互绞缠在一起的导线上的干扰信号是一致的(这个干扰信号称为共模信号),在接收信号的差分电路中可以将共模信号消除,从而提取出有用的信号。双绞线的作用是使外部干扰在两根导线上产生的噪声相同,以便后续的差分电路提取出有用的信号,差分电路是一个减法电路,两个输入端同相的信号(共模信号)相互抵消(m-n),反相的信号相当于 x-(-y),得到增强。理论上,在双绞线及差分电路中 m=n、x=y,相当于干扰信号被完全消除,有用信号加倍,但在实际运行中它们是有一定差异的。

在同一个电缆套管中,不同线对具有不同的扭绞长度,一般来说,扭绞长度在 38.1~140mm 内,按逆时针方向扭绞,相临线对的扭绞长度在 12.7mm 以内。双绞线一个扭绞周期的长度称为节距,节距越小(扭线越密),抗干扰能力越强。根据有无屏蔽层,双绞线分为屏蔽双绞线(Shielded Twisted Pair,STP)与非屏蔽双绞线(Unshielded Twisted Pair,UTP)。

屏蔽双绞线在双绞线与外层绝缘封套之间有一个金属屏蔽层。屏蔽双绞线分为 STP 和 FTP(Foil Twisted Pair),STP 指每条线都有各自的屏蔽层,而 FTP 只在整个电缆有屏蔽装置,并且两端都正确接地时才起作用。所以要求整个系统都是屏蔽器件,包括电缆、信息点、水晶头和配线架等,同时建筑物需要有良好的接地系统。屏蔽层可减少辐射,防止信息被窃听,也可阻止外部电磁干扰的进入,使得屏蔽双绞线比同类的非屏蔽双绞线具有更高的传输速率。

非屏蔽双绞线是一种数据传输线,由四对不同颜色的传输线组成,广泛应用于以太网络和电话线中。非屏蔽双绞线电缆具有以下优点:1)无屏蔽外套,直径小,节省所占用的空间,成本低;2)重量轻,易弯曲,易安装;3)将串扰减至最小或加以消除;4)具有阻燃性;5)具有独立性和灵活性,适用于结构化综合布线。因此,在综合布线系统中,非屏蔽双绞线得到了广泛应用。

3.3.2 同轴电缆

同轴电缆也像双绞线那样由一对导体组成,但它们是按"同轴"形式构成线对,最里层是内芯,外包一层绝缘材料,外面再加一层屏蔽层,最外面则是起保护作用的塑料外套。内芯和屏蔽层构成一对导体。同轴电缆又分为基带同轴电缆(阻抗为 50Ω)和宽带同轴电缆(阻抗为 75Ω)。基带同轴电缆用来直接传输数字信号,宽带同轴电缆用于频分多路复用(FDM)的模拟信号发送,还用于不使用频分多路复用的高速数字信号发送和模拟信号发送。

闭路电视所使用的CATV电缆就是宽带同轴电缆。

1）物理特性。单根同轴电缆的直径约为1.02～2.54cm，可在较宽的频率范围内工作。

2）传输特性。50Ω基带同轴电缆仅仅用于数字传输，并使用曼彻斯特编码，数据传输率最高可达10Mbit/s。公用无线电视CATV电缆既可用于模拟信号发送，又可用于数字信号发送。对于模拟信号频率可达300～400Mbit/s。CATV电缆采用与无线电和电视广播相同的方法处理模拟数据，如视频和音频。每个电视通道分配6MHz带宽。每个无线电通道需要的带宽要窄得多，因此在同轴电缆上使用频分多路复用（FDM）技术可以支持大量的通道。

3）连通性。同轴电缆适用于点到点和多点连接。基带50Ω电缆可以支持数千台设备，在高数据传输率下（50Mbit/s）使用欧姆电缆时设备数目限制在20~30台。

4）地理范围。典型基带电缆的最大距离限制在几公里，宽带电缆可以达到几十公里，距离范围主要取决于是模拟信号还是数字信号。高速的数字传输或模拟传输（50Mbit/s）限制在约1公里的范围内。由于有较高的数据传输率，因此总线上信号间的物理距离非常小，这样，只允许有非常小的衰减或噪声，否则数据就会出错。

5）抗干扰性。同轴电缆的抗干扰性能比双绞线强。

6）价格。安装同轴电缆的费用比双绞线贵，但比光导纤维便宜。

主要应用范围如：设备的支架连线，闭路电视（CCTV），共用天线系统（MATV）以及彩色或单色射频监视器的转送。这些应用不需要选择有特别严格电气公差的精密视频同轴电缆。视频同轴电缆的特征电阻是75Ω，这个值不是随意选择的。物理学证明了视频信号最优化的衰减特性发生在77Ω。在低功率应用中，材料及设计决定了电缆的最优阻抗为75Ω。

标准视频同轴电缆既有实心导体也有多股导体的设计。建议在一些电缆需要弯曲的应用中使用多股导体设计，如CCTV摄像机与托盘和支架装置的内部连接，或者是远程摄像机的传送电缆。

3.3.3 光纤

光纤是光导纤维的简写，是一种由玻璃或塑料制成的纤维，可作为光传导工具。光纤可通过内部的全反射来传输一束经过编码的光信号。

光纤具有以下特性。

（1）频带宽

频带的宽窄代表传输容量的大小。载波的频率越高，可以传输信号的频带宽度就越大。在VHF（电视信号）频段，载波频率为48.5MHz～300MHz。带宽约为250MHz，只能传输27套电视和几十套调频广播。可见光的频率高达100000GHz，比VHF频段高出一百多万倍。尽管由于光纤对不同频率的光有不同的损耗，使频带宽度受到影响，但在最低损耗区的频带宽度也可达到30000GHz。目前单个光源的带宽只占了其中很小的一部分（多模光纤的频带约几百兆赫，好的单模光纤可达10GHz以上），采用先进的相干光通信可以在30000GHz范围内安排2000个光载波进行波分复用，可以容纳上百万个频道。

（2）损耗低

在同轴电缆组成的系统中，最好的电缆在传输800MHz信号时，每公里的损耗都在40dB以上。相比之下，光导纤维的损耗则要小得多，传输波长为1.31μm的光，每公里损耗在0.35dB以下；若传输波长为1.55μm的光，每公里的损耗则更小，可达0.2dB以下。这就比同轴电缆的功率损耗要小一亿倍，使其能传输的距离要远得多。此外，光纤传输损耗还有两个特点，一是在全部有线电视频道内具有相同的损耗，不需要像电缆干线那样必须引入均衡器进行均衡；二是其损耗几乎不随温度而变化，不用担心因环境温度变化而造成干线电平的波动。

（3）重量轻

因为光纤非常细，单模光纤芯线直径一般为 $4\sim10\mu m$，外径也只有 $125\mu m$，加上防水层、加强筋、护套等，用 $4\sim48$ 根光纤组成的光缆直径还不到 13mm，比标准同轴电缆的直径 47mm 要小得多，再加上光纤是玻璃纤维，比重小，使它具有直径小、重量轻的特点，安装十分方便。

（4）抗干扰能力强

因为光纤的基本成分是石英，只传光，不导电，不受电磁场的作用，在其中传输的光信号也不会受到电磁场的影响，故光纤传输对电磁干扰、工业干扰有很强的抵御能力。也正因如此，在光纤中传输的信号不易被窃听，因而利于保密。

（5）保真度高

因为光纤传输一般不需要中继放大，因此不会因为放大而引入新的非线性失真。只要激光器的线性好，就可高保真地传输电视信号。实际测试表明，好的调幅光纤系统的载波组合三次差拍比 C/CTB 在 70dB 以上，交调指标 cM 也在 60dB 以上，远高于一般电缆干线系统的非线性失真指标。

（6）工作性能可靠

我们知道，一个系统的可靠性与组成该系统的设备数量有关。设备越多，发生故障的机会就越大。因为光纤系统包含的设备数量少（不像电缆系统那样需要几十个放大器），因此其可靠性自然也就高，加上光纤设备的寿命都很长，无故障工作时间达 50 万～75 万小时，其中寿命最短的是光发射机中的激光器，最低寿命也在 10 万小时以上。故一个设计良好、正确安装调试的光纤系统的工作性能是非常可靠的。

（7）成本不断下降

目前，有人提出了新摩尔定律，也称为光学定律（Optical Law）。该定律指出，光纤传输信息的带宽每 6 个月增加一倍，而价格降低一半。光通信技术的发展为 Internet 宽带技术的发展奠定了非常好的基础。这就为大型有线电视系统采用光纤传输方式扫清了最后一个障碍。由于制作光纤的材料（石英）来源十分丰富，随着技术的进步，成本还会进一步降低；而电缆所需的铜原料有限，价格会越来越高。显然，今后光纤传输将占绝对优势，成为全省以至全国有线电视网的最主要传输手段。

3.3.4 无线传输

无线传输媒体都不需要架设或铺埋电缆或光纤，而是通过大气传输，目前有三种技术：微波、红外线和激光。无线通信已广泛应用于电话领域，蜂窝式无线电话、便携式计算机的出现以及在军事、野外等特殊场合下移动式通信联网的需要促进了数字化无线移动通信的发展，现在已经开始出现了无线局域网产品，能在一幢楼内提供快速、高性能的计算机联网技术。下面简要介绍上面 3 种信道的特点。

微波通信系统可分为地面微波系统和卫星微波系统，两者的功能相似，但通信有很大的差别。地面微波系统由视距范围内的两个相互对准方向的抛物面天线组成，长距离通信则需要多个中继器组成微波中断链路。在计算机网络中使用地面微波系统可以扩展有线信道的连通范围，例如在大楼顶上安装微波天线，使得两个大楼中的局域网互相连通，这可能比挖地沟、埋电缆的花费更少。

通信卫星可以看作悬在太空中的微波中继站。卫星上的转发器把波束对准地球上的一定区域，在此区域中的卫星地面站之间就可以互相通信。地面站以一定的频率段向卫星发送消息（称为上行频段），卫星上的转发器将接收到的信号放大并变换到另一个频段上（称为下行频段）再发向地面回收站。这样的卫星通信系统可以在一定的区域内组成广播式通信网络，其特别适用于海上、空中、矿上、油田等经常移动的工作环境。卫星传输供应商可以将卫星信道划分为许多子信道出租给商业用户，用户安装甚小孔径中断系统组成卫星专用网，地面上的集中站作为收发中心与用户交换信息。

微波通信的频率为吉兆的低端，一般是 $1 \sim 11 GHz$，因而它具有带宽高、容量大的特点。由于其使用了高频率，因此可使用小型天线，以便于安装和移动。不过微波信号容易受到电磁干扰，地面微波通信也会造成相互之间的干扰。大气层中的雨雪会大量吸收微波信号，当长距离传输的时候会造成信号衰减以至无法接收。另外，通信卫星为了保持与地球同步，一般停在 36000km 的高空。这样长的距离会造成 $240 \sim 280ms$ 的时延，在利用卫星信道组网时，这样长的时延是必须考虑的因素。

最新采用的无线传输介质是红外线。红外线传输系统利用墙壁或者屋顶反射红外线从而形成整个房间内的广播通信系统。这种系统所采用的红外光发射器和接收器常见于电视机的遥控装置中。红外通信的设备相对便宜，可获得较高的带宽，这是这种通信方式的优点。其缺点是传输距离有限，而且易受室内空气状态的影响。

无线电短波通信早已应用在计算机网络中了，已经建成的无线通信局域网使用了甚高频和超高频的电视广播频段，这个频段的电磁波是以直线方式在视距范围内传播的，所以用作局部地区的传播是合适的。早期的无线电局域网的中心结构有一个类似于通信卫星那样的中心站，每一个主机节点都把天线对准中心站，并以频率 $f1$ 向中心站发送信息，这就是上行路线；中心站向各主机节点发送信息时采用另外一个频率 $f2$ 进行广播，这称为下行路线。采用这种网络通信方式要解决好上行线路中由于两个以上的站同时发送信息而发生冲突的问题。后来的无线电局域网采用的是分布式结构，没有中心站，主机节点的天线是没有方向的，每个主机节点都可以发送和接收消息。这种通信方式适合于由微机工作站组成的资源分布系统，在不便于建设有线通信线路的地方可以快速建成计算机网络。短波通信设备比较便宜，便于移动，没有像地面微波站那样的方向性，并且中继站可以传送很远的距离。但是，这种情况容易受到电磁干扰和地形地貌的影响，而且带宽比微波通信要小。

3.4 调制解调技术

为了使数字基带信号能在带通型信道中传输，在发送端需要把数字基带的信号频谱搬移到带通信道的通道范围内，频谱搬移后的信号成为已调信号。相反，在接收端接收信号时，需要将已调信号的频谱搬移回来，还原成原数字基带信号，这个频谱的反搬移过程称为数字解调。数字调制和数字解调统称为数字调制解调。数字基带信号通过带通型信道传输系统的过程如图 3-1 所示。

调制的方法主要是通过改变余弦波的幅度、相位或频率来传送信息。其基本原理是把数据信号寄生在载波的上述三个参数中的一个上，即用数据信号来进行幅度调制、频率调制或相位调制。数字信号只有几个离散值，因此调制后的载波参数也只有有限种取值，类似于用数字信息控制开关，从几个具有不同参量的独立振荡源中选择参量，为此数字信号的调制方式被称为"键控"。数字调制分为调幅、调相和调频三类，分别对应于"幅度键控"（ASK）、"频率键控"（FSK）和"相位键控"（PSK）三种数字调制方式。

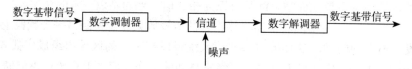

图 3-1 数字解调系统框图

数字信息有二进制和多进制之分，因此数字调制可以分为二进制调制和多进制调制两种。在二进制调制中，数字信息只有两种取值，对应的三种基本调制分别为二进制幅度键控（2ASK）、二进制频率键控（2FSK）和二进制相位键控（2PSK）。而在多进制调制中，数字信息有 $M(M>2)$ 种取值。

3.4.1 ASK

数字幅移键控（Amplitude Shift Keying，ASK）又称幅度键控，二进制幅度键控记作 2ASK，简写成 ASK。

2ASK 是利用代表数字信息"0"或"1"的基带矩形脉冲去键控一个连续的载波，使载波时断时续地输出。有载波输出时表示发送"1"，无载波输出时表示发送"0"。2ASK 信号可表示为式（3-1）：

$$e_0(t) = s(t)\cos\omega_c t \tag{3-1}$$

式中，ω_c 为载波角频率，$s(t)$ 为单极性 NRZ 矩形脉冲序列，如公式（3-2）：

$$s(t) = \sum_n a_n g(t - nT_b) \tag{3-2}$$

其中，$g(t)$ 是持续时间 T_b、高度为 1 的矩形脉冲，常称为门函数；a_n 为二进制数字，如公式（3-3）：

$$a_n = \begin{cases} 0 & \text{概率为 } P，\text{为空号时域波形为 } g_1(t), \text{频域为 } G_1(f) \\ 1 & \text{概率为 } 1-P，\text{为传号时波形为 } g_2(t), \text{频域为 } G_2(f) \end{cases} \tag{3-3}$$

二进制振幅键控信号时间波形如图 3-2 所示。由图 3-2 可以看出，2ASK 信号的时间波形 $e_{2ASK}(t)$ 随二进制基带信号 $s(t)$ 通断变化，所以又称为通断键控信号（OOK 信号）。

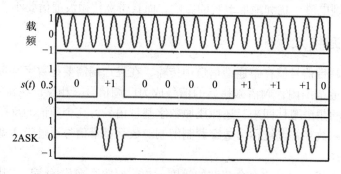

图 3-2 二进制振幅键控信号时间波形图

2ASK/OOK 信号的产生方法通常有两种：

1）模拟相乘法：通过相乘器直接将载波和数字信号相乘得到输出信号，这种直接利用二进制数字信号的振幅来调制正弦载波的方式称为模拟相乘法，其电路如图 3-3 所示。在该电路中载波信号和二进制数字信号需要同时输入到相乘器中完成调制。

2）数字键控法：用开关电路控制输出调制信号，当开关接载波就有信号输出，当开关接地就没有信号输出，其电路如图 3-4 所示。

图 3-3　模拟相乘法　　　　　　　　图 3-4　数字键控法

对 2ASK 信号的解调可以采用非相干解调和相干解调，非相干解调原理图如图 3-5 所示，相干解调原理图如图 3-6 所示。

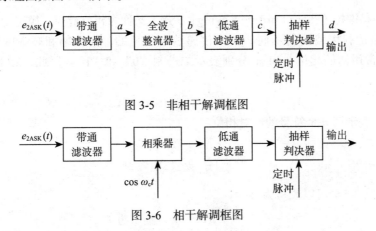

图 3-5　非相干解调框图

图 3-6　相干解调框图

3.4.2　FSK

数字频率调制又称频移键控（Frequency Shift Keying），频移键控是利用载波的频率变化来传递数字信息的。它是利用基带数字信号离散取值的特点去键控载波频率以传递信息的一种数字调制技术。二进制频移键控 2FSK 常记作 FSK。

FSK 信号的产生有两种方法：直接调频法和频移键控法。直接调频法是用二进制基带矩形脉冲信号去调制一个调频器，如图 3-7 所示，使其能够输出两个不同频率的码元。方法虽然简单，但频率稳定度不高，同时转移速度不能太高。

频移键控法有两个独立的振荡器。它用一个受基带脉冲控制的开关电路去选择两个独立频率源的振荡作为输出，如图 3-8 所示。

技术上的 2FSK 有两个分类，即非相干和相干的 2FSK。其解调原理是将 2FSK 信号分解为上下两路 2ASK 信号分别进行解调，通过对两路的抽样值进行比

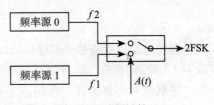

图 3-7　直接调频法

图 3-8　移频键控法

较最终判别出输出信号。图 3-9 是 2FSK 信号相干解调原理图,收到的信号经两路带通滤波器分路滤波,再分别与本地的相干载波相乘,再分别经低通滤波器,取出含有基带数字信息的低频信号,滤掉两倍频信号,抽样判决器在抽样脉冲时对两路低频信号进行比较判别。若 $x_1(t) > x_2(t)$,则判为 1;反之,则判为 0,即还原基带数字信号。

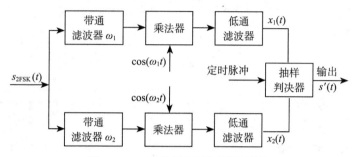

图 3-9　2FSK 信号相干解调原理图

3.4.3　PSK

二进制相移键控(Phase Shifting Keying,PSK)又称为相位键控,简记为 2PSK。

相移键控是利用载波的不同相位来传递数字信息的,而振幅和频率则保持不变。在 2PSK 中,通常用初始相位 0 和 π 分别表示二进制"0"和"1"。因此,2PSK 信号的时域表达式为:

$$e_{2PSK}(t) = A\cos(\omega_c t + \varphi_n) \qquad (3-4)$$

其中,φ_n 表示第 n 个符号的绝对相位:

$$\varphi_n = \begin{cases} 0 & 发送"0"时 \\ \pi & 发送"1"时 \end{cases} \qquad (3-5)$$

因此,式(3-5)可以改写为:

$$e_{2PSK}(t) = \begin{cases} A\cos\omega_c t & 概率为 P \\ -A\cos\omega_c t & 概率为 1-P \end{cases} \qquad (3-6)$$

由于表示信号的两种码元的波形相同,极性相反,故 2PSK 信号一般可以表述为一个双极性全占空矩形脉冲序列与一个正弦载波的相乘,即:

$$e_{2PSK}(t) = s(t)\cos\omega_c t \qquad (3-7)$$

其中:

$$s(t) = \sum_n a_n g(t - nT_s) \qquad (3-8)$$

这里,$g(t)$ 是脉宽为 T_s 的单个矩形脉冲,而 a_n 的统计特性为:

$$a_n = \begin{cases} 1 & 概率为 P \\ -1 & 概率为 1-P \end{cases} \qquad (3-9)$$

即发送二进制符号"0"时(a_n 取 +1),$e_{2PSK}(t)$ 取 0 相位;发送二进制符号"1"时(a_n 取 -1)取 π 相位。这种以载波的不同相位直接表示相应二进制数字信号的调制方式,称为二进制绝对相移方式。调制方法有模拟调制和键控法,解调方法通常采用的是相干解调法。图 3-10 是 2PSK 信号的调制解调原理框图。

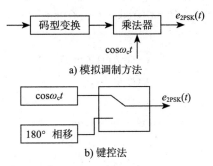

a) 模拟调制方法

b) 键控法

图 3-10 2PSK 信号的调制原理图

3.4.4 多级调制

当调制信号 $m(t)$ 所含有的低频分量非常丰富，滤波无法产生单边带（SSB）信号时，要求滤波器的截止特性极为陡峭，而实际的滤波器从通带到阻带有一个过渡带，令过渡带中心频率为滤波器的归一化过渡带时，可以采用多级（一般采用两级）双边带（DSB）调制及边带滤波的方法，即先在较低的载频上进行 DSB 调制，目的是增大过渡带的归一化值，以利于滤波器的制作，再在要求的载频上进行第二次调制。

当调制信号中含有直流及低频分量时滤波法就不适用了，如图 3-11 所示。

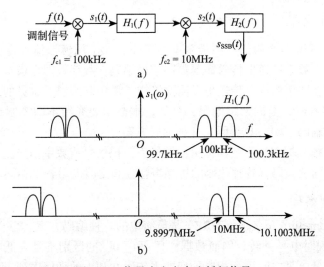

图 3-11 信号中含有直流低频信号

归纳出滤波法线性调制的一般模型，如图 3-12 所示。

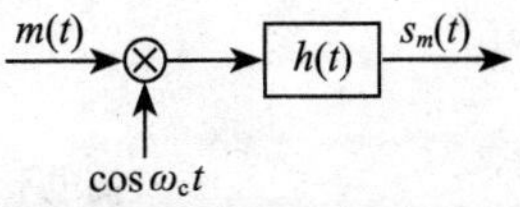

按照此模型得到的输出信号时域表示公式为：

$$s_m(t) = [m(t)\cos\omega_c t] \times h(t) \quad (3\text{-}10)$$

图 3-12 波形法线性调制模型图

按照此模型得到的输出信号频域表示公式为：

$$s_m(\omega) = \frac{1}{2}[M(\omega+\omega_c) + M(\omega+\omega_c)]H(\omega) \quad (3\text{-}11)$$

式中，$H(\omega) \Leftrightarrow h(t)$。只要适当选择 $H(\omega)$，便可以得到各种幅度调制信号。

移相法模型：$s_\omega(t) = [m(t)\cos\omega_c t] \times h(t)$。

将上式展开，则可得到另一种形式的时域表示公式，即：

$$s_m(t)=s_I(t)\cos\omega_c t+s_Q(t)\sin\omega_c t \qquad (3\text{-}12)$$

式中，

$$s_I(t)=h_I(t)\times m(t)$$
$$h_I(t)=h(t)\cos\omega_c t$$
$$s_Q(t)=h_Q(t)\times m(t)$$
$$h_Q(t)=h(t)\sin\omega_c t$$

上式表明，$s_m(t)$ 可等效为两个互为正交调制分量的合成：

$$s_m(t)=s_I(t)\cos\omega_c t+s_Q\sin\omega_c t \qquad (3\text{-}13)$$

由此可以得到移相法线性调制的一般模型如图 3-13 所示，它同样适用于所有的线性调制。

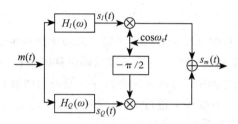

图 3-13　移相法线性调制

3.5　编码解码技术

数据编码是实现数据通信的一项最基本的工作，除了用模拟信号传送模拟数据需要编码之外，数字数据在数字信道上传送需要数字信号编码，数字数据在模拟信道上传送需要调制编码，模拟数据在数字信道上传送更是需要采样、量化和编码。常见的编码方案有单极性码、归零码、不归零码、曼彻斯特编码，等等，本节主要介绍不归零制编码、曼彻斯特编码、差分曼彻斯特编码、mB/nB 编码这几种编码方案。

一般来说，模拟数据和数字数据都可以转换为模拟信号或数字信号，二进制信息在传输过程中可以采用不同的代码，各种代码的抗噪声特性和定时能力各不相同。

3.5.1　不归零制编码

不归零制（Nonreturn to Zero，NRZ）是最简单的一种编码方案。当"0"出现时电平不翻转，当"1"出现时电平翻转，因而数据"1"和"0"的区别不是高低电平，而是电平是否转换，通过在高低电平之间进行相应的变换来传送 0 和 1 的任何序列。不归零指的是在一位的传送时间内，电压是保持不变的。图 3-14 描述了二进制串 10100110 的不归零编码传输过程。

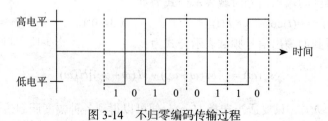

图 3-14　不归零编码传输过程

不归零编码实现起来简单且费用低，但存在若干缺点。首先是它难以确定一个数据位

物理层

的结束和另一个数据位的开始，需要利用某种方法来使发送器和接收器进行定时或同步。其次，如果连续传输 0 或 1 的话，那么在每位时间内将有积累的直流分量。这样，使用变压器并在数据通信设备和所处环境之间提供良好的绝缘交流耦合是不可能的。最后，直流分量可使连接点产生电蚀或其他损坏。能够克服上述缺点的一种编码方案就是曼彻斯特编码。

3.5.2 曼彻斯特编码和差分曼彻斯特编码

曼彻斯特编码（Manchester Code）是一种双相码，其利用信号的变化来保持发送设备和接收设备之间的同步，也有人称之为自同步码（Self-Synchronizing Code）。它用电压的变化来分辨 0 和 1，规定从高电平到低电平的跳变代表 0，而从低电平到高电平的跳变代表 1，相反的表示也是允许的。图 3-15 给出了二进制串 01011001 的曼彻斯特编码。如图所示，信号的保持不会超过一位的时间间隔。即使是 0 或 1 的序列，信号也将在每个时间间隔的中间发生跳变。位中间的电平转换既表示了数据代码，同时也作为定时信号来使用。曼彻斯特编码使用在以太网中。

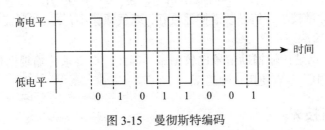

图 3-15 曼彻斯特编码

曼彻斯特编码的一个缺点是需要双倍的带宽。也就是说，信号跳变的频率是不归零编码的两倍。

这种编码的一个变形称为差分曼彻斯特编码（Differential Manchester Encoding）。与曼彻斯特编码一样，在每位时间间隔的中间，信号都会发生跳变。区别在于每个时间间隔的开始处，0 将使信号在时间间隔的开始处发生跳变。而 1 将使信号保持它在前一个时间间隔尾部的取值。因此，根据信号初始值的不同，0 将使信号从高电平跳到低电平，或从低电平跳到高电平。图 3-16 给出了二进制串 10100110 的差分曼彻斯特编码。在这里，通过检查每个时间间隔开始处信号有无跳变来区分 0 和 1。检测跳变通常更加可靠，特别是线路上有噪声干扰的时候。

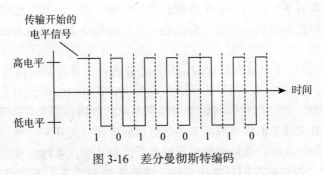

图 3-16 差分曼彻斯特编码

3.5.3 mB/nB 编码

mB/nB 编码是对输入的二进制原始码流进行分组，每组有 m 个二进制码，记为 mB，成为一个码字，然后把一个码字变换为 n 个二进制码，记为 nB，并在同一个时隙内输出。这种码型是把 mB 变换为 nB，所以称为 mB/nB 码，其中 m 和 n 都是正整数，$n > m$，一般选取 $n=m+1$。mB/nB 码有 1B2B、3B4B、5B6B、8B9B、17B18B，等等。最简单的 mB/nB 码是 1B2B 码，即曼彻斯特码，就是把原码的"0"变换为"01"，把"1"变换为"10"。

作为普遍规则，引入"码字数字和"（WDS）来描述码字的均匀性，并以 WDS 的最佳选择来保证线路码的传输特性。所谓"码字数字和"，是在 nB 码的码字中，用"-1"代表"0"码，用"+1"代表"1"码，整个码字的代数和即为 WDS。如果整个码字"1"码的数目多于"0"码，则 WDS 为正；如果"0"码的数目多于"1"码，则 WDS 为负；如果"0"码和"1"码的数目相等，则 WDS 为 0。nB 码的选择原则是尽可能选择 |WDS| 最小的码字，禁止使用 |WDS| 最大的码字。以 3B4B 为例，应选择 WDS=0 和 WDS=±2 的码字，禁止使用 WDS=±4 的码字。

mB/nB 码是一种分组码，设计者可以根据传输特性的要求确定某种码表。mB/nB 码的特点是：1）码流中"0"和"1"码的概率相等，连"0"和连"1"的数目较少，定时信息丰富；2）高低频分量较小，信号频谱特性较好，基线漂移小；3）在码流中引入一定的冗余码，便于在线误码检测。

mB/nB 码的缺点是传输辅助信号比较困难。因此，在要求传输辅助信号或有一定数量的区间通信的设备中，不宜使用这种码型。

3.6 信道复用技术

随着科技的飞速发展，如电话、电视网之间的信号传输方式最初是通过模拟信号来传输的，而后出现的计算机网络间的信号传输则依赖于数字信号。由于电话、电视网已经发展到了相当大的规模，如何利用模拟信号传输数字信号信息，使得语音、图像和计算机网络数据信号在同一个网络上传输，就成为通信界自然而然研究的方向。为了解决这个问题，信道复用技术出现了，它致力于从不同的角度研究并解决问题。近几十年来，无线通信经历了从模拟到数字、从固定到移动的重大变革。而就移动通信而言，为了更有效地利用有限的无线频率资源，时分多址技术（TDMA）、频分多址技术（FDMA）、码分多址技术（CDMA）也得到了广泛的应用，并在此基础上建立了全球通（GSM）和 CDMA（是区别于 3G 的窄带 CDMA）两大主要的移动通信网络。由于通信工程中用于通信线路架设的费用相当高，需要充分利用通信线路的容量；再者网络中传输介质的传输容量一般都会超过单一信道传输的通信量，为了充分利用传输介质的带宽，需要在一条物理线路上建立多条通信信道，以避免造成很多不必要的浪费。

"复用"是一种将若干个彼此独立的信号，合并为一个可在同一信道上同时传输的复合信号的方法。比如，传输的语音信号的频谱一般在 300~3 400Hz 内，为了使若干个这种信号能在同一信道上传输，可以把它们的频谱调制到不同的频段，合并在一起而不致相互影响，并能在接收端通过解调使它们恢复成原来的信号从而彼此分离开来。当一条物理信道的传输容量高于单一信号的需求时，该信道就可以被多路信号共享，多路信号可以合成为复合信号在物理线路上传输。例如在我们日常生活中，电话系统通常有数千路信号在一根光纤中传输。复用就是解决如何利用这一条信道同时传输多路信号的技术。其目的是为了充分地利用信道的频带或时间资源，提高信道的利用率。当然，复用要付出一定的代价（共享信道由于带宽较大因而费用也比较高，再加上复用器和分用器的费用，成本更高）。但是如果复用的信道数量较大，那么这种方法还是比较可行的。因为多个信道能够有效利用带宽资源，资源利用率值得一定的花销。信道复用的过程概括来说，就是把一个物理信道按一定的机制划分为多个互不干扰、互不影响的逻辑信道，每个逻辑信道各自为一个通信过程服务，每个逻辑信道均占用物理信道的一部分通信容量。

信道复用技术可以分为频分复用、时分复用、波分复用、码分复用、空分复用、统计复用、极化波复用，等等。

3.6.1 频分复用

频分复用（Frequency Division Multiplexing，FDM）就是将用于传输信道的总带宽划分成若干个子频带（或称子信道），划分后的每一个子信道传输一路信号，因此原传输信道资源得到充分利用，可以传输多路信号。频分复用要求总频率宽度大于各个子信道频率之和，这样才能满足划分为多个子信道的条件，同时为了保证各子信道中所传输的信号互不干扰，应在各子信道之间设立隔离带。在通信系统信号传输过程中，因为要传送的信号带宽是有限的，而线路可使用的带宽则相对是比较大的，自然而然还有剩余的带宽未能使用，这时候在信号传输过程中可以通过将信道带宽划分成互不重叠的很多小频带，并且在相邻的两路之间留有未被使用的频带作为保护频带，每个小的频带都能通过一路信号。频分复用技术的特点是所有子信道传输的信号以并行的方式工作，每一路信号传输时可不考虑传输时延，因而频分复用技术取得了非常广泛的应用。频分复用技术除了传统意义上的频分复用（FDM）之外，还有一种是正交频分复用（Orthogonal Frequency Division Multiplexing，OFDM）。

正交频分复用实际上是多载波调制（Multi-Carrier Modulation，MCM）的一种。其主要思想是：将信道分成若干正交子信道，将高速数据信号转换成并行的低速子数据流，调制到在每个子信道上进行传输。在接收端采用相关技术即可将正交信号分开，这样可以减少子信道之间的相互干扰。而且由于每个子信道的带宽仅仅是原信道带宽的一小部分，信道均衡也变得相对较容易。目前 OFDM 技术已经被广泛应用于广播式的音频和视频领域以及民用通信系统中，主要的应用包括：非对称的数字用户环路（ADSL）、ETSI 标准的数字音频广播（DAB）、数字视频广播（DVB）、高清晰度电视（HDTV）、无线局域网（WLAN）等。

图 3-17 可以简单地表现频分复用系统完整的应用过程。

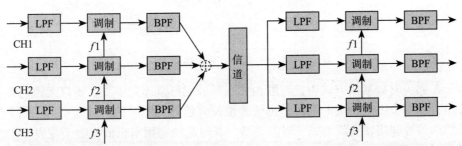

图 3-17 频分复用系统的组成（LPF 即低通滤波器，BPF 即高通滤波器）

在通信系统中，频分复用技术在模拟信号处理方面已经得到了相当多的应用，其主要的优点是信道的利用率高，技术手段比较成熟；缺点是所使用的传输设备相对比较复杂，很多时候滤波器的设定是一个很难解决的问题，而且在进行信道复用和信号传输时，调制解调等过程中出现的非线性失真问题很难得到解决，当这一类问题出现时会使得传输信号出现彼此扰乱的问题。

3.6.2 时分复用

时分复用（Time Division Multiplexing，TDM）就是将提供给整个信道传输信息的时间划分成若干时间片（简称时隙），并将这些时隙分配给每一个信号源使用，每一路信号在自己的时隙内独占信道进行数据传输。所以时分复用和频分复用的主要区别就是一个按时隙划分信道，另一个按频率划分。时分复用技术的特点是时隙事先规划分配好了且固定不变，所以有时也称为同步时分复用。其优点是时隙分配固定，便于调节控制，适于数字信息的传输；缺点是当某信号源没有数据传输时，它所对应的信道就会出现空闲，而其他繁忙的信道无法占用这个空闲的信道，导致线路资源利用率降低。时分复用技术与频分复用技术一样，有着非常广泛的应用，其中经典的例子就是电话。此外时分复用技术在广电同样也取得了广泛的应用，如同步数字系列 SDH、ATM、IP 和混合光纤同轴电缆 HFC 网络中 Cable Modem（调制解调器），以及前端设备 CMTS 的通信都是利用了时分复用的技术。由于时间片的划分一般较短暂，因此可以把信号传输过程想象成是把整个物理信道划分成多个逻辑信道并交给各个不同的通信过程来使用，相互之间没有任何影响，所以相邻时间片之间没有重叠，一般也无须隔离保护带，信道利用率更高。

时分复用通常采用的技术有：同步时分多路复用技术（Synchronization Time-Division Multiplexing，SDM）和异步时分多路复用技术（Asynchronism Time-Division Multiplexing，ATDM）。同步时分复用采用固定时间片分配方式，即将传输信号的时间按特定长度连续地划分成特定的时间段（一个周期），再将每一时间段划分成等长度的多个时隙，每个时隙以固定的方式分配给各路数字信号，各路数字信号在每一时间段都顺序分配到一个时隙。每一路信号占据分配给它的一个时隙并进行传输，如图 3-18 所示。

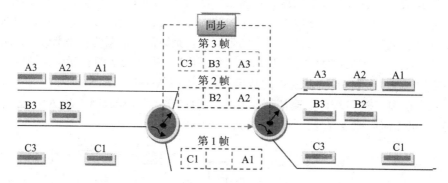

图 3-18 同步时分多路复用

由于在同步时分复用方式中，时隙预先一经分配好就固定不变，所以无论时隙拥有者是否传输数据都会占有一定的时隙，也就是说没有信号传输时该信道是空的，因为它不能分配给别的信号利用，这就形成了时隙浪费，其时隙的利用率很低，为了克服 STDM 的缺点，引入了异步时分复用技术。ATDM 技术又可称为统计时分复用技术（Statistical Time Division Multiplexing），它能动态地按需分配时隙，以避免每个时间段中出现空闲时隙。ATDM 即当某一路用户有数据要发送时才把时隙分配给它，当用户暂停发送数据时则不给它分配时隙。电路的空闲时隙可用于其他用户的数据传输。另外，在 ATDM 中，每个用户可以通过多占用时隙来获得更高的传输速率，而且传输速率可以高于平均速率，最高速率可达到电路总的传输能力，即用户占有所有的时隙。

3.6.3 码分复用

码分复用（Code Division Multiplexing，CDM）是靠不同的编码来区分各路原始信号的一种复用方式，主要是同各种多址技术结合产生了各种接入技术，包括无线接入和有线接入。例如在多址蜂窝系统中是以信道来区分通信对象的，一个信道只容纳 1 个用户进行通话，许多用户同时通话时，互相之间以信道来区分，这就是多址。移动通信系统是一个多信道同时工作的系统，具有广播和大面积覆盖的特点。在移动通信环境的电波覆盖区内，建立用户之间的无线信道连接，是无线多址接入方式，属于多址接入技术。联通 CDMA（Code Division Multiple Access）就是码分复用的一种方式，称为码分多址，此外还有频分多址（FDMA）、时分多址（TDMA）和同步码分多址（SCDMA）。

CDMA（Code-Division Multiple Access）技术早在几十年前就已经出现并开始应用了，由于 CDMA 技术具有较强的抗干扰能力，主要应用在军事通信领域和卫星通信中，即称为扩频通信技术。CDMA 系统的特征是：代表各信源的发射信号在码结构上各不相同，且相互具有正交或准正交性以区别地址。在 CDMA 系统中，每个用户会被分配一个唯一的 m 位码片序列，发送的每个数据位均被扩展成 m 位码片。m 的值通常为 64 或 128。当用户要发送数据位"1"时，则发送它的 m 位码片序列；当发送数据位"0"时，则发送该码片序列的二进制反码。例如，某用户的码片序列是 10110011（这里假设 $m=8$），当发送"1"时，就发送序列 10110011；当发送"0"时，就发送序列 01001100。为了保证接收方能够正确解码，不同用户的码片序列必须正交。而在频率、时间和空间都可能发生重叠。发射信号占有极宽的频段接收时，对于某一地址码，只有与之相应的接收机利用码的正交特性才能将其检测出来。而其他接收机检测出的却是呈现为类似高斯过程的宽带噪声。这种具有正交或准正交性质的码一般称为扩频码，扩频码速率一般比信码速率大许多倍，利用扩频码的正交特性区别地址就是码分多址的概念。

在码分多址通信系统中，不同用户传输信息所用的信号不是靠频率不同或时隙不同来区分，而是利用各自不同的编码序列来区分的，或者说，靠信号的不同波形来区分。如果从频域或时域来观察，多个 CDMA 信号是互相重叠的。接收机用相关器可以在多个 CDMA 信号中选出其中使用预定码型的信号。其他使用不同码型的信号因为与接收机本地产生的码型不同而不能被解调。它们的存在类似于在信道中引入了噪声和干扰，通常称之为多址干扰。在 CDMA 蜂窝通信系统中，用户之间的信息传输是由基站进行转发和控制的。为了实现双工通信，正向传输和反向传输各使用一个频率，即通常所谓的频分双工。无论正向传输或反向传输，除传输业务信息之外，还必须传送相应的控制信息。为了传送不同的信息，需要设置相应的信道。但是，CDMA 通信系统既不分频道又不分时隙，无论传送何种信息的信道都靠采用不同的码型来区分。类似的信道属于逻辑信道，这些逻辑信道无论从频域或者时域来看都是相互重叠的，或者说它们均占用相同的频段和时间。

与 TDM 相比，CDMA 的优点是：能够在高利用率的网络中提供较低的数据传输时延。在 TDM 系统中，当所有的 N 个用户都有数据要发送时，某一个特定的用户在发送完一次数据之后，必须等待其他 $N-1$ 个用户进行数据的发送，然后才能进行下一次数据的发送，这就使得数据发送的时延较大。而在 CDMA 系统中，多个用户可以同时发送数据，时延较低。因此，CDMA 比较适用于电话业务这种要求低时延的场合。

3.6.4 波分复用

在光通信领域，人们习惯按波长而不是按频率来命名。因此，所谓的波分复用（Wavelength Division Multiplexing，WDM）其本质上也是频分复用而已。WDM 是在 1 根光纤上承载多个波长（信道）系统，将 1 根光纤转换为多条"虚拟"纤，当然每条虚拟纤独立工作在不同波长上，即按波长划分信道，这样可以极大地提高光纤的传输容量。由于 WDM 系统技术的经济性与有效性，其已成为当前光纤通信网络扩容的主要手段。波分复用技术作为一种系统概念，通常有 3 种复用方式，即 1310nm 和 1550nm 波长的波分复用、粗波分复用（Coarse Wavelength Division Multiplexing，CWDM）和密集波分复用（Dense Wavelength Division Multiplexing，DWDM）。

波分复用包括光频分复用和光波分复用。光频分复用技术和光波分复用技术无明显区别，因为光波是电磁波的一部分，光的频率与波长具有单一对应关系。通常也可以这样理解，光频分复用是指光频率的细分，光信道非常密集。光波分复用是指光频率的粗分，光信道相隔较远，甚至处于光纤的不同窗口。光波分复用是一般应用波长分割复用器和解复用器（也称合波/分波器），分别置于光纤两端，以实现不同光波的耦合与分离。这两个器件的原理是相同的。光波分复用器的主要类型有熔融拉锥型、介质膜型、光栅型和平面型四种，其主要特性指标为插入损耗和隔离度。通常，由于在光链路中使用波分复用设备后，光链路损耗的增加量称为波分复用的插入损耗。波分复用的技术特点与优势具体如下。

1）充分利用光纤的低损耗波段，增加光纤的传输容量，使一根光纤传送信息的物理限度增加一倍至数倍。目前我们只是利用了光纤低损耗谱（1310nm ~ 1550nm）极少的一部分，波分复用可以充分利用单模光纤的巨大带宽，约 25THz，传输带宽充足。

2）具有在同一根光纤中，传送两个或数个非同步信号的能力，有利于数字信号和模拟信号的兼容，与数据速率和调制方式无关，在线路中间可以灵活取出或加入信道。

3）对已建光纤系统，尤其是早期铺设的芯数不多的光缆，只要原系统有功率余量，就可进一步增容，实现多个单向信号或双向信号的传送而不用对原系统做大改动，具有较强的灵活性。

4）由于大量减少了光纤的使用量，因此大大降低了建设成本。由于光纤数量少，当出现故障时，恢复起来也迅速方便。

5）有源光设备的共享性，对多个信号的传送或新业务的增加降低了成本。

6）系统中有源设备得到大幅减少，这样就提高了系统的可靠性。目前，由于多路载波的光波分复用对光发射机、光接收机等设备的要求较高，技术实施有一定的难度，同时多纤芯光缆的应用对于传统广播电视传输业务未出现特别紧缺的局面，因而 WDM 的实际应用还不多。但随着有线电视综合业务的开展、对网络带宽需求的日益增长，以及各类选择性服务的实施、网络升级改造经济费用的考虑等，WDM 的特点和优势在 CATV 传输系统中逐渐显现出来，同时也表现出了广阔的应用前景，甚至还将影响 CATV 网络的发展格局。

WDM 技术具有很多优势，因此得到了快速发展。其可利用光纤的带宽资源，使一根光纤的传输容量比单波长传输增加几倍至几十倍；多波长复用在单模光纤中传输，在大容量长途传输时可大量节约光纤；早期安装的电缆芯数较少，利用波分复用无需对原有系统做较大的改动即可进行扩容操作；由于同一光纤中传输的信号波长彼此独立，因而可以传输特性完全不同的信号完成各种电信业务信号的综合与分离，包括数字信号和模拟信号，以及 PDH 信号和 SDH 信号的综合与分离；波分复用通道对数据格式透明，即与信号速率及电调制方式无关。

WDM 本质上是光频上的频分复用（FDM）技术。从中国几十年应用的传输技术来看，走的是 FDM → TDM → TDM → FDM 的路线。开始的明线、同轴电缆采用的都是 FDM 模拟技术，每路话音的带宽为 4kHz，每路话音占据传输介质（如同轴电缆）一段带宽；PDH、SDH 系统是在光纤上传输的 TDM 基带数字信号，每路话音速率为 64kbit/s。

3.6.5 准同步数字系列（PDH）和同步数字系列（SDH）

20 世纪 80 年代以来，光纤通信技术发展迅速，传输容量越来越大。但就其潜力而言，也仅仅是开发了一小部分。带宽的节省不再是选择速率的主要出发点，而更重要的是网络运用的灵活性、可靠性、维护管理方便以及对未来发展的适应性。基于这一想法以及针对准同步数字系列（Ple-siochronous Digital Hierarchy，PDH）的固有弱点，美国 Bellcore 于 1985 年提出了同步光纤网（SONET）的设想。在此基础上 CCITT 于 1988 年提出了同步数字系列（Synchronous Digital Hierarchy，SDH）的建议，经过短短几年的发展，CCITT（ITU-T）已完成了 20 多个有关 SDH 的建议。目前世界上很多国家已完成了 SDH 现场试验，正在进行从 PDH 向 SDH 的过渡，在过渡初期还存在 PDH 和 SDH 的互连和共存的问题。

传统的数字通信是准同步复用方式，相应的数字复用系列称为准同步数字系列。在数字通信发展的初期，为了适应点到点通信的需要，大量的数字传输系统都是准同步数字体系，准同步是指各级的比特率相对于其标准值有一个规定的容量偏差，而且定时用的时钟信号并不是由一个标准时钟发出来的，通常是采用正码速调整法实现准同步复用。ITU-TG.702 规定，准同步数字系列有以下两种标准。

一种是北美和日本采用的 T 系列，它将语音采样间隔时间 125μs 分成了 24 个时隙，每个时隙含 8 位，再加上 1 位帧同步，总共 193 位构成一个基群帧。每个时隙的最末位是信令，其余 7 位是信息，24 个时隙分别装入 24 个话路的信息。所以，T 系列的一次群（及基群）速率 T_1=193bit/125μs=1.544Mbit/s。

另一种是欧洲和中国采用的 E 系列，它将语音采样间隔时间 125μs 分成了 32 个时隙，每个时隙含 8 位，总共 256 位构成一个基群帧。其中，第 0 号时隙（即首时隙）为帧同步，第 16 号时隙为信令，其余 30 个时隙分别装入 30 个话路的信息。所以，E 系列的一次群（即基群）速率 E_1=256bit/125μs=8000×8bit×32=2.048Mbit/s。表 3-1 是 T 系列和 E 系列各等级的速率。T 系列和 E 系列一个话路的速率都等于 64kbit/s，而其他各等级速率两者不同。

表 3-1 准同步数字系列 PDH 各等级速率

PDH 等级	速率 / (kbit/s)	
	T 系列（北美、日本采用）	E 系列（欧洲、中国采用）
一个话路	64	64
一次群（基群）	1544	2048
二次群	6312	8448
三次群	44736（北美） 32064（日本）	34368
四次群	97728（日本）	139264

PDH 的 T 系列和 E 系列各等级复用关系如图 3-19 所示。其中，方框内的数字从上到下依次为各等级速率，两个方框之间带有 * 号的数字表示由这两个方框的低速率等级到高速率等级之间转换的复用数，或者反过来表示由这两个方框的高速率等级到低速率等级之间转换

的解复用数。可以看出，无论是 T 系列还是 E 系列，相邻两个等级由低速率复用成高速率时，需要在低速率一边插入一些额外开销比特以便复用后能与规定的高速率相同。

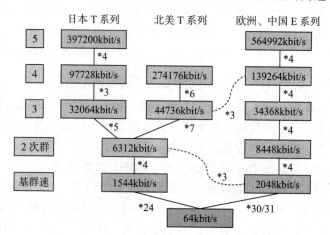

图 3-19　PDH 的 T 系列和 E 系列各等级复用关系图

SDH 又称同步数字体系，是为在物理传输网络中传送各种经适配处理的净负荷而采用的一整套分等级的标准化同步数字传输结构体系。SDH 是为了克服 PDH 的固有缺点而研究和发展起来的。它是以同步方式实现数字信号复用和构建传输网络的一种通信体制。与 PDH 相比，SDH 具有一系列的优点。它不仅是一种全新的复用方式，而且是一种先进的传输网络体制。基于 SDH 的同步数字传输网（简称 SDH 网）已经成为现代通信网的重要基础之一。

最初为实现光纤网中光接口的标准化，以便于不同厂商的产品在光路上互通，从 1985 年起，美国国家标准协会（ANSI）根据贝尔研究所提出的全同步网构想，着手起草同步光网络（SONET）标准。国际电信联盟电信标准部门（ITU-T）的前身——国际电报电话咨询委员会（CCITT）从 1986 年开始研究以 SONET 概念为基础，但重新命名为 SDH 的同步数字体系全球统一标准，并于 1988 年通过了第一批 SDH 建议，相关建议涉及复用速率、网络节点接口、复用结构、复用设备、网络管理、线路系统、光接口、信息模型、网络结构等，对其速率系列、信号格式和复用结构等基本内容做出了规定。随后又陆续通过了一系列建议，对 SDH 的各个方面逐步加以规范，形成了一套完整的全球统一的同步数字传输网标准，使之成为不仅适用于光纤，而且也适用于微波和卫星传输的通用技术体制，命名为同步数字系列（SDH）。目前，SDH 已经确立了在数字传输方面的主导地位。中国邮电部门从 1994 年起在干线上逐步引入 SDH 系统，电力通信部门也在其之后不久开始采用 SDH 并逐渐作为主干线路的首选。

ITU-T 已规定了四个等级的 SDH 信号，记为 STM-N（N = 1、4、16、64），见表 3-2。STM-1 是最基本的第 1 级同步传送模块，更高等级的 STM-N 信号的速率为 STM-1 的 N 倍，每个等级之间相差 4 倍。

下面首先概括 SDH 的优点，接着再说说 PDH 的缺点。

SDH 的主要优点具体如下。

表 3-2　四种等级 SDH 信号

SDH 等级	信号速率/(kbit/s)
STM-1	155520
STM-4	622080
STM-16	5488320
STM-64	9953280

1）以同步方式按字节复用，结构简洁明了，支路信号上、下传输方便，设备减少，功能增强。

2）具有强大的运行、管理和维护（OAM）能力，可较方便地组织自愈网，便于提高效率、降低成本和增强可靠性。

3）高度标准化的光接口，加上强大的管理能力，容易实现光、电端合一，简化设备，加强互通性。

4）开放性好，既能传送现有的大部分 PDH 信号，又能承载 ATM 等分组格式的信号，具有双向兼容性。

PDH 的主要缺点具体如下。

1）以准同步方式逐级连接，结构复杂，支路信号上、下困难。

2）帧结构中开销比特较少，运行、管理和维护（OAM）能力差，只能靠人工交叉连接和停业务测试。

3）虽然电接口是标准的，但光接口未标准化，光路不能互通。

4）全世界存在三种不兼容的区域性标准，不利于国际互通。

3.7 宽带接入网

宽带接入网通俗地讲就是本地交换机至本地用户之间的网络资源，它的投资占传输线总投资的 70%~80%。用户接入网可分为有线接入网和无线接入网两类。有线接入网包括铜线接入网、光纤接入网和光纤同轴混合网等。无线接入网包括一点多址、无线用户环路、蜂窝及微蜂窝通信、卫星通信等。目前使用最多的是铜线接入网，预计到 21 世纪末全世界将有 9 亿对铜双绞线为用户服务。其他类型的接入网由于技术或成本等条件的制约，发展得比较缓慢。例如光纤用户接入网，"光纤到户（FTTH）"因成本太高用户无法接受，不能轻易实现，目前普遍认为比较经济实用的是"光纤到路边（FTTC）"方式，但从"路边到用户"仍需要使用铜双绞线。因此，近期内淘汰铜双绞线是不现实的，也是不可能的。所以如何另辟蹊径，使现有的大量铜双绞线在现代通信中发挥新的作用，是目前各国电信科技部门研究的重点，其中 xDSL 技术即为铜线接入网研究的热点之一。

3.7.1 xDSL 技术

xDSL 是各种类型 DSL（Digital Subscriber Line 数字用户线路）的总称，包括非对称数字用户线路（Asymmetric Digital Subscriber Line，ADSL）、速率自适应数字用户线路（Rate Adaptive Digital Subscriber Line，RADSL）、超高速数字用户线路（Very High Speed Digital Subscriber Line，VDSL）、对称数字用户线路（Symmetric Digital Subscriber Line，SDSL）和高速率数字用户线路（High-speed Digital Subscriber Line，HDSL）等。xDSL 中"x"表示任意字符或字符。xDSL 是一种新的传输技术，在现有的铜质电话线路上采用较高的频率及相应的调制技术，即利用在模拟线路中加入或获取更多的数字数据的信号处理技术来获得高传输速率（理论值可达到 52Mbit/s）。各种 DSL 技术最大的区别体现在信号传输速率和距离的不同，以及上行信道和下行信道的对称性不同两个方面。

图 3-20 显示了 xDSL 的形成与发展。其中，ISDN 是 xDSL 系统之前的数字技术，在欧洲有一定程度的普及，ISDN 数字用户线路（IDSL）是 ISDN 和 DSL 技术的结合。只适用于数据信道，忽略了控制信道。HDSL 为第一代数字用户线路技术，延长了 T1/E1 传输系

统的传输距离。ADSL已成为时下非常流行的一种宽带接入手段,在国内外市场正在遍地开花,以其"物美价廉"的巨大优势,正在抢占各路宽带市场,它已经是用户可以实实在在看得见、用得着的东西。ADSL起源于DSL,也称"最后一公里"技术。那么下面就让我们回顾一下xDSL技术的起源与发展历程。铜线回路接入技术的根源可以追溯到ISDN。在20世纪70年代初期,提出了可以使用综合业务数字网的数字用户线的思想,传输速率要求是144kbit/s,即2B+D信道。在20世纪80年代后期,随着数字信号处理的发展,开始研究HDSL技术,即高比特率数字用户线路,该技术提供T1速率,但是不需要中继器作为中间设备。20世纪90年代初期,贝尔通信研究公司的工程师认识到还可以支持不对称业务,即在一个方向上的速率可以比另一个方向上的速率高得多,这种不对称性很适合当时提出的视频点播试验,于是开始开发ADSL技术,即非对称数字用户线路技术。随着进一步的发展,工程师开始考虑在更短的回路长度上提供比ADSL更高速率的技术——VDSL技术,即甚高比特率数字用户线路技术。直到现在,出现了许多DSL技术,我们统称其为xDSL技术。

图3-20 xDSL技术的发展历程

ADSL技术是利用现有的双绞线资源,为用户提供上、下行非对称传输速率的一种技术。ADSL目前的常用协议有G.992.1(有时候称为G.dmt)、G.992.2(有时候称为G.lite)、T1.413 issue 2。此外G.992.x协议又分为Annex A(ADSL over POTS,主要适用于北美、亚洲除日本以外的地区)、Annex B(ADSL over ISDN,主要适用于欧洲)、Annex C(时分双工方式,主要在日本使用)。目前ADSL调制主要采用G.992.1协议,而G.lite则很少使用。

VDSL有两大互不兼容的技术标准:一种是离散多音频(Discrete MultiTone,DMT)调制,另一种是无载波调幅/调相(Carrierless Amplitude Phase,CAP)和正交调幅(Quadrature Amplitude Modulation,QAM)。

1)DMT调制:DMT把信号分成247个独立的信道,每个信道的带宽是4kHz,可以同时获得并联的247个4kHz线路所带来的带宽。每个通道都是被随时监控的,整个系统不断地把信号切换到性能最好的信道之中。另外,那些从8kHz开始的被视作低位通道的通道将被用于双向通道,及时监控双向通道中的信息,以确保可以和所有247个通道速率同步,这使得DMT方式相对于其他承载技术更加复杂,但同时也提供了对线路质量不同的更佳的适应性。

2)CAP调制:CAP调制通过把电话线上的信号分为三个不同的频带——语音通话占0～4kHz带宽的频带,上行通道占25k～160kHz带宽的频带,下行通道占240k～1.5MHz带宽的频带。最大限度地减小了通道之间在一条电路上和不同线路上的干扰。

3)QAM调制:QAM是一种可以高效地把三到四倍的信息在一条线路中传送出去的调制技术。

在QAM、CAP和DMT三种调制方式中,就技术性能和应用灵活性来说,DMT技术更具吸引力,但是它的灵活性和高性能是靠设备复杂性换取而来的。

SDSL、SHDSL、ADSL等发展起步较晚,VDSL更加适用于那种密度较高、比较集中的商业住宅小区,VDSL接入技术就正好介于以太网接入和ADSL接入之间,它有一定的接入距离，可以覆盖方圆 1 公里或 1.5 公里，比以太网接入距离大很多，同时它又有足够的上下行带宽来支撑那些对上下行带宽要求越来越大的应用。但由于 VDSL 标准始终没有完全统一，导致 VDSL 应用无法大量推广和应用。

VDSL 主要存在两种调制方式：双向不对称、双向对称。不对称调制时下行速率为 6.5Mbit/s～52Mbit/s，上行速率为 0.8Mbit/s～6.4Mbit/s；对称调制时上下行数据速率为 6.5Mbit/s～26Mbit/s。VDSL 接入方式的传输距离在 1000~4500 英尺（即 304.8～1372 米）范围内，线路传输速率依赖于传输线的距离。表 3-3 为 xDSL 性能汇总。

表 3-3　xDSL 技术特性对照

xDSL 技术	对称性	传输速率	最大传输距离 /km	线对	支持 POTS
G.SHDSL	对称	最大速率为 2.3Mbit/s	5.5	1	不支持
ADSL	不对称	下行最大速率为 8196kbit/s，上行最大速率为 896kbit/s	5	1	支持
ADSL 2+	不对称	下行最大速率为 25Mbit/s，上行最大速率为 3Mbit/s	6.5	1	支持
VDSL	对称 / 不对称	下行最大速率为 52Mbit/s（非对称），上行最大速率为 12Mbit/s（对称）	1.5	1	支持

3.7.2　FTTx 技术

光纤到户（Fiber To The Home，FTTH）是 20 年来人们不断追求的梦想和探索的技术方向，但由于成本、技术、需求等方面的障碍，至今还没有得到大规模的推广与发展。然而，这种进展缓慢的局面最近有了很大的改观。由于政策上的扶持和技术本身的发展，在沉寂多年后，FTTH 再次成为热点，并步入快速发展期。目前所兴起的各种相关宽带应用如 VoIP、Online-game、E-learning、MOD（Multimedia on Demand）及智能家庭等所带来生活的舒适与便利，HDTV 所掀起的交互式高清晰度的收视革命都使得具有高带宽、大容量、低损耗等优良特性的光纤成为将数据传送到客户端的介质的必然选择。正因为如此，很多有识之士把 FTTx（特别是光纤到家、光纤到驻地）视为光通信市场复苏的重要转折点。并且预计今后几年，FTTH 网将会有更大的发展。

FTTx 是新一代的光纤用户接入网，用于连接电信运营商和终端用户。FTTx 的网络可以是有源光纤网络，也可以是无源光纤网络。有源光纤网络的成本相对较高，实际上在用户接入网中的应用也很少，所以目前通常所指的 FTTx 网络应用的都是无源光纤网络。

FTTx 技术主要用于接入网络光纤化，范围是从区域电信机房的局端设备到用户终端设备，局端设备为光线路终端（Optical Line Terminal，OLT）、用户端设备为光网络单元（Optical Network Unit，ONU）或光网络终端（Optical Network Terminal，ONT）。根据光纤到用户的距离来分类，可分成光纤到交换箱（Fiber To The Cabinet，FTTCab）、光纤到路边（Fiber To The Curb，FTTC）、光纤到大楼（Fiber To The Building，FTTB）及光纤到户（FTTH）等 4 种服务形态。美国运营商 Verizon 将 FTTB 及 FTTH 合称为光纤到驻地（Fiber To The Premise，FTTP），上述服务可统称为 FTTx。

FTTC 为目前最主要的服务形式，主要是为住宅区的用户提供服务，将 ONU 设备放置于路边机箱，利用 ONU 出来的同轴电缆传送 CATV 信号或双绞线传送电话及上网服务。

FTTB 依服务对象分为两种，一种是公寓大厦的用户服务，另一种是商业大楼的公司行号服务，两种皆将 ONU 设置在大楼的地下室配线箱处，只是公寓大厦的 ONU 是 FTTC 的延伸，而商业大楼的 ONU 为了中大型企业单位，必须提高传输的速率，以提供高速的数据、电子商务、视频会议等宽带服务。

至于 FTTH，ITU 认为从光纤端头的光电转换器（或称为媒体转换器 MC）到用户桌面不超过 100m 的情况才是 FTTH。FTTH 将光纤的距离延伸到终端用户家里，使得家庭内部能够提供各种不同的宽带服务，如 VOD、在家购物、在家上课等，从而提供更多的商机。若搭配 WLAN 技术，将使得宽带与移动技术相结合，则可以达到未来宽带数字家庭的远景。

光纤连接 ONU 主要有两种方式，一种是使用点对点（Point to Point，P2P）形式拓扑，从中心局到每个用户都用一根光纤；另外一种是使用点对多点（Point to Multi-Point，P2MP）形式拓扑方式的无源光纤网络（Passive Optical Network，PON），其拓扑结构如图 3-21 所示。对于具有 N 个终端用户的距离为 M km 的无保护 FTTx 系统，如果采用点到点的方案，则需要 $2N$ 个光收发器和 NM km 的光纤。但如果采用点到多点的方案，则需要 $N+1$ 个光收发器、一个或多个（视为 N 的大小）光分路器和大约 M km 的光纤，在这一点上，采用点到多点的方案大大地降低了光收发器的数量和光纤用量，并降低了中心局所需的机架空间，因此有着明显的成本优势。

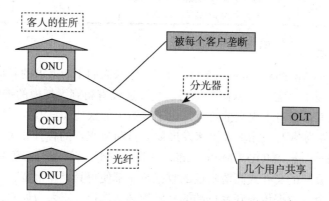

图 3-21 PON 的拓扑结构

点对点直接光纤连接具有容易管理、没有复杂的上行同步技术和终端自动识别等优点。另外上行的全部带宽可被一个终端所用，这非常有利于带宽的扩展。但是这些优点并不能抵消它在器件和光纤成本方面的劣势。

Ethernet + Media Converter 就是一种过渡性的点对点 FTTH 方案，此种方案可使用媒体转换器（Media Converter，MC）方式将电信号转换成光信号进行长距离的传输。其中 MC 是一个单纯的光电/电光转换器，它并不对信号包进行加工，因此成本低廉。这种方案的好处是对于已通电的 Ethernet 设备只需要加上 MC 即可。对于目前已经普及的 100Mbit/s Ethernet 网络而言，100Mbit/s 的速率也可满足接入网的需求，不必更换支持光纤传输的网卡，只需要加上 MC 即可，这样用户可以减少升级的成本，是点对点 FTTH 方案过渡期间网络的解决方案。由于其技术架构相当简单、便宜并可直接结合以太网络而一度成为日本 FTTH 的主流，但在 2004 OFC 会议中，NTT 宣称日本 FTTH 标案将采取点对多点架构的 PON 网络模式，这势必会影响 MC 的未来。

在光接入网中，如果光配线网（Optical Distribution Network，ODN）全部由无源器件组成，不包括任何有源节点，则这种光接入网就是 PON。PON 的架构主要是将从光纤线路终端设备 OLT 下行的光信号，通过一根光纤经由无源器件 Splitter（光分路器），将光信号分路广播给各用户终端设备 ONU/T，这样即可大幅减少网络机房及设备维护的成本，更节省了大量光缆资源等建置成本，PON 因而成为 FTTH 最新热门技术。PON 技术始于 20 世纪 80 年代初，目前市场上的 PON 产品按照其采用的技术，主要分为 APON/BPON（ATM PON/宽带 PON）、EPON（以太网 PON）和 GPON（千兆比特 PON），其中，GPON 是最新标准化和产品化的技术。不同 PON 技术有着不同的优缺点，如表 3-4 所示。

表 3-4 不同 PON 技术的差异

	EPON	A/BPON	GPON
规范体	IEEE	ITU-T(FSAN)	ITU-T SG15(FSAN)
时间轴	2004.07	1998	2003.01
封装格式	Ethernet	ATM	ATM 或 GEM
下行线路速率 (Mbit/s)	1250	155.52 或 622.08 或 1244.16	1244.16 或 2488.32
上行线路速率 (Mbit/s)	1250	155.52 或 622.08	155.52 或 622.08 或 1244.16 或 2488.32
TDM 业务	TDMoE	TDM over ATM	TDM over GEM
驱动	Yendors	SP	SP
最大速率	1 Gbit/s	155/622 Mbit/s	高达 2.488Gbit/s
分流比	1：16	1：32	1：64
安全性	低	高	高
服务性能	差	好	好
支持厂家数量	多	较多	较少

PON 作为一种接入网技术，定位在常说的"最后一公里"，也就是在服务提供商、电信局端和商业用户或家庭用户之间的解决方案。随着宽带应用越来越多，尤其是视频和端到端应用的兴起，人们对带宽的需求越来越强烈。在如此高的带宽需求下，传统的技术将无法胜任，而 PON 技术却可以大显身手。

FTTx 在传输层的设计中分为三类，分别是 Duplex 双纤双向回路，Simplex 单纤双向回路和 Triplex 单纤三向回路。其中双纤回路是在 OLT 端和 ONU 端之间使用两路光纤连接，一路为下行，信号由 OLT 端到 ONU 端；另一路为上行，信号由 ONU 端到 OLT 端。Simplex 单纤回路又称为 Bidirectional，简称 BIDI，这种方案只使用一条光纤连接 OLT 端和 ONU 端，并利用 WDM 方式，以不同波长的光信号分别传送上行和下行的信号。这种利用 WDM 方式传输的单纤回路与 Duplex 双纤回路相比可减少一半的光纤使用量，可以降低 ONU 用户端的成本，但是使用单纤方式时在光收发模块上要引入分光合光单元，架构比使用双纤方式的光收发模块复杂一点。BIDI 上行信号选用 1260～1360nm 波段的激光传输，下行则使用 1480～1580nm 波段。而在双纤回路中则是上下行都使用 1310nm 波段传送信号。

3.7.3 EPON+LAN 技术

有线电视接入网络的双向改造可以分为光纤网络的改造和光节点以下电缆网络的改造。在光网络改造已经实现 FTTB 的情况下，是选用 EPON+LAN 还是选用 EPON+C-DOCSIS、EPON+EOC，或者一步到位，直接选用 FTTH+GPON；这是一直困扰有线电视运营商的难题，也是各种光节点以下电缆网络的改造技术方案呈现的主要原因。

FTTB 实现之后，对于用户集中、预期用户接入率较高的楼宇，无论是从接入带宽方面，还是从网络建设成本方面进行考虑，采用 EPON+LAN 接入技术也许是一种明智的选择。

EPON+LAN 方案的特点是"光纤到楼（或楼道）、双网覆盖"。从前端至用户终端，是两个完全独立的网络，即单向有线电视网络和双向宽带网络。接入网光纤必须到达楼栋或楼栋单元的楼道。楼栋接入点覆盖用户数为 50 户左右，与 DOCSIS 或者 EOC 等方案相比，EPON+LAN 方案具有以下优势。

1) 高带宽。千兆到楼，百兆入户，上下行对称，系统可平滑升级。

2) 可靠性高，扩充性好，能承载全部的运营业务。

3) LAN 产品异常丰富，价格也非常低。标准接口，运营商不用承担用户终端的投入。

4) 因为"双网覆盖"数据网不占用同轴电缆的频率资源，维护较方便，单网故障互不影响。

EPON+LAN 方案的劣势具体如下。

1) 从楼栋接入点至每个用户终端线路都需要新铺设五类线，施工困难，工程量比较大，系统造价相对较高。

2) 传输距离短，铺设的五类线长度必须小于 80m。

3) 两张网相对独立，并采用不同的技术，对维护人员的素质要求较高。

在光纤和波长配置方面，EPON+LAN 方案采用 G.652 标准单模光纤，有线电视光缆接入网部分可采用 1310nm 或者 1550nm 波长，占用 1 芯光纤。数据下行和上行共用 1 芯光纤，分别采用 1490nm、1310nm 波长。

在 EPON+LAN 方案中，EPON 系统的网管支持对 OLT 和 ONU 的配置、故障、性能、安全等管理功能。OLT 的操作管理和维护功能可通过 EPON 管理系统进行。OLT 的网络管理功能支持 SNMP 协议和 IEEE802.3—2005 中规定的 OAM 功能。ONU 支持本地管理和远程管理两种方式。

在网络升级与优化方面，双向用户带宽需要提升时，EPON+LAN 方案可以通过调整 EPON 下的 ONU 数量，来减少 EPON 所带的双向用户数。将 EPON 向 10G-EPON 过渡，也是大幅提升双向用户带宽的措施之一。网络改造成本是有线电视网络运营商选择双向网改模式的重要参考指标之一，EPON+LAN 方案接入系统网络改造的造价主要集中在接入网设备和入户布线两方面。EPON+LAN 方案光传输部分采用的是 EPON 技术，EPON 产品支持的厂家众多，不同厂家的产品相互兼容，近年来价格也在大幅降低，既实用又经济。

可见，EPON+LAN 方案比较适用于光纤已到楼栋或楼道、用户非常集中、预期用户接入率较高的城区有线电视网络改造或新建。光纤已到楼栋，用户非常集中，原有分配网状况较差，入户同轴电缆需要重新铺设的有线电视网络，也可考虑采用 EPON+LAN 方案。用户分散的城区有线电视网络、农村有线电视网络一般不采用 EPON+LAN 方案。

3.7.4 光纤接入

近年来，以互联网为代表的新技术革命正在深刻地改变着传统的电信概念和体系结构，随着各国接入网市场的逐渐开放、电信管制政策的放松、竞争的日益加剧和扩大、新业务需求的迅速出现、有线技术（包括光纤技术）和无线技术的发展，接入网开始成为人们关注的焦点。在巨大的市场潜力驱动下，产生了各种各样的接入网技术。光纤通信具有通信容量大、质量高、性能稳定、防电磁干扰、保密性强等优点。在干线通信中，光纤扮演着重要的角色，在接入网中，光纤接入也将成为发展的重点。光纤接入网（Optical Access Network，

OAN）是发展宽带接入的长远解决方案。

所谓光纤接入网是指在接入网中采用光纤作为主要的传输介质来实现用户信息传送的应用形式，它不是传统意义上的光纤传输系统，而是针对接入网环境所设计的特殊的光纤传输网络。光纤接入网的最主要特点具体如下。

1）网络覆盖半径一般较小，可以不需要中继器，但是由于众多用户共享光纤导致光功率的分配或波长分配变小，有可能需要采用光纤放大器进行功率补偿。

2）要求满足各种宽带业务的传输，而且传输质量好、可靠性高。

3）光纤接入网的应用范围广阔。

4）投资成本大，网络管理复杂，远端供电较难等。

光纤接入网是指用光纤作为主要的传输介质，实现接入网的信息传送功能。通过光线路终端（OLT）与业务节点相连，通过光网络单元（ONU）与用户连接。光纤接入网包括远端设备、光网络单元和终端设备、光线路终端，它们通过传输设备相连。系统的主要组成部分是 OLT 和远端 ONU。它们在整个接入网中完成从业务节点接口（Service Node Interface，SNI）到用户网络接口（User Network Interface，UNI）间有关信令协议的转换。接入设备本身还具有组网能力，可以组成多种形式的网络拓扑结构。同时接入设备还具有本地维护和远程集中监控功能，通过透明的光传输形成一个维护管理网，并通过相应的网管协议纳入网管中心统一管理。

OLT 的作用是为接入网提供与本地交换机的接口，并通过光传输与用户端的光网络单元通信。它将交换机的交换功能与用户接入完全分隔开。光线路终端提供对自身和用户端的维护和监控，它可以与本地交换机一起直接放置在交换终端，也可以设置在远端。

ONU 的作用是为接入网提供用户侧的接口。它可以接入多种用户终端，同时具有光电转换功能以及相应的维护和监控功能。ONU 的主要功能是终结来自 OLT 的光纤，处理光信号并为多个小企业、事业用户和居民住宅用户提供业务接口。ONU 的网络端是光接口，而其用户端是电接口。因此 ONU 具有光/电和电/光转换功能。它还具有对话音的数/模和模/数转换功能。ONU 通常放在距离用户较近的地方，其位置具有很大的灵活性。

光纤接入网（OAN）从系统分配上分为有源光网络（Active Optical Network，AON）和无源光网络（Passive Optical Network，PON）两类。有源光网络又可分为基于 SDH 的 AON 和基于 PDH 的 AON。有源光网络的局端设备（CE）和远端设备（RE）通过有源光传输设备相连，传输技术是骨干网中已大量采用的 SDH 和 PDH 技术，但以 SDH 技术为主，本节将主要讨论 SDH（同步光网络）系统。

SDH 的概念最初于 1985 年由美国贝尔通信研究所提出，称之为同步光网络（Synchronous Optical NETwork，SONET）。它是由一整套分等级的标准传送结构组成的，适用于各种经过了适配处理的净负荷（即网络节点接口比特流中可用于电信业务的部分）在物理介质如光纤、微波、卫星等上进行传送。该标准于 1986 年成为美国数字体系的新标准。ITU-T 的前身 CCITT 于 1988 年接受 SONET 概念，并与美国标准协会（ANSI）达成协议，将 SONET 修改后重新命名为同步数字系列（Synchronous Digital Hierarchy，SDH），使之成为同时适应于光纤、微波、卫星传送的通用技术体制。接入网用 SDH 的最新发展趋势是支持 IP 接入，目前至少需要支持以太网接口的映射，于是除了携带话音业务量以外，还可以利用部分 SDH 净负荷来传送 IP 业务，从而使 SDH 也能支持 IP 的接入。支持的方式有多种，除了现有的 PPP 方式之外，利用 VC12 的级联方式来支持 IP 传输也是一种效率较高的方式。总之，作为一种成熟可靠、提供主要业务收入的传送技术，在可以预见的将来仍然会不断改进支持电路交换网向分组网的平滑过渡。

准同步数字系列（PDH）以其廉价的特性和灵活的组网功能，曾大量应用于接入网中。尤其是近年来推出的 SPDH 设备将 SDH 概念引入 PDH 系统，进一步提高了系统的可靠性和灵活性，这种改良的 PDH 系统在相当长一段时间内，仍会广泛应用。

本章小结

本章介绍了物理层协议，我们首先总结了物理层能够提供的一些服务，然后介绍了有关数据通信的重要概念以及各种传输媒体的主要特点，但传输媒体本身并不属于物理层的范围。接着解释了调制解调以及解码编码技术。讨论完几种常用的信道复用技术之后，本章对数字传输系统进行了简单介绍。最后讨论了几种常用的宽带接入技术。

思考题

1）两台计算机接 Modem，通过电话拨号线路通信，说明计算机和 Modem 的工作过程。

2）简述扩展光纤传输系统容量的主要方法。

3）ADSL 是接入 Internet 的一种宽带技术，请问 ADSL 接入 Internet 的接入方式主要有哪几种？ADSL 接入设备包括哪两种设备？并举例。本质上，ADSL 采用的是哪种多路复用方式？

4）画出数字数据 011101001 的不归零码、曼彻斯特编码和差分曼彻斯特编码的波形。

5）了解 2ASK、2PSK 和 2FSK 三种调制方式的产生及解调，简述这三种方式各有什么优缺点。

第 4 章　数据链路层

数据链路层介于物理层和网络层之间，其主要定义了在单个链路上如何传输数据。数据链路层在物理层提供的服务的基础上向网络层提供服务，其最基本的服务是将来自网络层的数据可靠地传输到相邻节点的目标机网络层。

4.1　数据链路层提供的服务

尽管任一数据链路层的基本服务都是将数据报通过单一通信链路从一个节点移动到相邻的节点，但其所提供的服务细节能够随着数据链路层协议的不同而变化。数据链路层协议能够提供的可能服务具体如下。

（1）成帧（framing）

在每个网络层数据报经链路传送之前，几乎所有的数据链路层协议都要将其用链路层帧封装起来。一个帧由一个数据字段和若干首部字段组成，其中网络层数据报就插在数据字段中。帧的结构由数据链路层协议规定。当我们在本章的后半部分研究具体的数据链路层协议时，将看到几种不同的帧格式。

（2）链路接入

媒体访问控制（MAC）协议规定了帧在链路上传输的规则。对于在链路的一端仅有一个发送方、链路的另一端仅有一个接收方的点对点链路，MAC 协议比较简单（或者不存在），即无论何时链路空闲，发送方都能够发送帧。更有趣的情况是当多个节点共享单个广播链路时，即所谓的多路访问问题，这时，MAC 协议用于协调多个节点的帧传输。

（3）可靠交付

当数据链路层协议提供可靠交付服务时，它将保证无差错地经链路层移动每个网络层数据报。某些传输层协议（例如 TCP）也能提供可靠交付服务。与传输层可靠交付服务类似，数据链路层的可靠交付服务通常是通过确认和重传取得的。数据链路层可靠交付服务通常用于易于产生高差错率的链路，如无线链路，其目的是本地（也就是在差错发生的链路上）纠正一个差错，而不是通过传输层或应用程序协议迫使进行端到端的数据重传。然而，对于低比特差错的链路，包括光纤、同轴电缆和许多双绞铜线链路，数据链路层可靠交付可能会被认为是一种不必要的开销。由于这个原因，许多有线的数据链路层协议不提供可靠交付服务。

（4）差错检测和纠正

当帧中的 1 作为一个比特传输时，接收方节点中的数据链路层硬件可能会不正确地将其判断为 0，反之亦然。这种比特差错是由信号衰减和电磁噪声导致的。因为没有必要转发一个有差错的数据报，所以许多数据链路层协议都会提供一种机制来检测这样的比特差错。通过让发送节点在帧中包含差错检测比特，让接收节点进行差错检查，以此来完成这项工作。因特网的传输层和网络层也提供了有限形式的差错检测，即因特网校验和。数据链路层的差错检测通常更加复杂，并且应用硬件来实现。差错纠正类似于差错检测，区别在于接收方不仅能检测帧中出现的比特差错,而且还能够准确地确定帧中差错出现的位置(并因此纠正这些差错)。

(5)流量控制

在双方的数据通信中,如何控制数据通信的流量同样非常重要,它既可以确保数据通信的有序进行,还可以避免通信过程中不会出现因为接收方来不及接收而造成的数据丢失。这就是数据链路层的"流量控制"功能。数据的发送与接收必须遵循一定的传送速率规则,可以使得接收方能够及时地接收发送方发送的数据。并且当接收方来不及接收时,必须及时控制发送方发送数据的速率,使两方面的速率基本匹配。

(6)链路管理

数据链路层的链路管理功能包括数据链路的建立、维持和释放三个主要方面。当网络中的两个节点要进行通信时,数据的发送方必须确知接收方是否已处在准备接收的状态。为此通信双方必须要先交换一些必要的信息,以建立一条基本的数据链路。在传输数据时要维持数据链路,而在通信完毕时要释放数据链路。

(7)区分数据与控制信息

由于数据和控制信息都是在同一信道中传输的,在许多情况下,数据和控制信息处于同一帧中,因此一定要有相应的措施使接收方能够将它们区分开来,以便向上传送的仅是真正需要的数据信息。

(8)透明传输

这里所说的"透明传输"是指可以让无论是哪种比特组合的数据,都可以在数据链路上进行有效的传输。这就需要当所传数据中的比特组合恰巧与某一个控制信息完全一样时,能采取相应的技术措施,使接收方不会将这样的数据误认为是某种控制信息。只有这样,才能保证数据链路层的传输是透明的。

4.2 差错检测与纠错

在 4.1 节中,我们提到了比特级差错检测和纠正(bit-level error detection and correction),即对从一个节点发送到另一个物理上连接的邻近节点的链路层帧中的比特损伤进行检测和纠正,它们通常是数据链路层提供的两种服务。差错检测和纠正服务通常也由传输层提供。在本节中,我们将研究几种最简单的技术,它们能够用于检测比特差错,而且在某些情况下,能够纠正这样的比特差错。对该主题理论和实现的全面描述是许多教科书的主题,而我们这里仅讨论必要的内容。我们此时的目的是对差错检测和纠正技术提供的能力有一种直观的认识,并看看一些简单技术在数据链路层中的工作原理及其如何应用于实际之中。

图 4-1 说明了我们研究的环境。在发送节点处,为了保护比特免受差错,可使用差错检测和纠正(Error Detection and Correction,EDC)比特来增强数据 D。通常,要保护的数据不仅包括从网络层传递下来需要通过链路传输的数据报,而且还包括数据链路层帧首部中的链路级的寻址信息、序号和其他字段。数据链路层帧中的 D 和 EDC 都被发送到接收节点。接收节点处将接收到比特序列 D' 和 EDC'。注意,因传输中的比特翻转所致,D' 和 EDC' 可能与初始的 D 和 EDC 不同。

接收方的挑战是在它只收到 D' 和 EDC' 的情况下,确定 D' 与初始的 D 是否相同。在图 4-1 中,接收方判定的准确检测很重要,我们关心是否检测到一个差错,而非是否出现了差错。差错检测和纠正技术使接收方有时但并不总是能检测出已经出现的比特差错。即使采用了差错比特，也还是可能有未检出比特差错（undetected bit error）；也就是说，接收方可能无法知道接收的信息中包含着比特差错。因此，接收方可能会向网络层交付一个错误的数据报，或者不知道该帧首部的某个其他字段的内容已经发生了错误。因此我们要选择一个差错检测方案，使得这种事件发生的概率很小。一般而言，差错检测和纠错技术越复杂（即那些未检测出比特差错概率较小的技术），其所导致的开销就越大，这就意味着需要更多的计算量及更多的差错检测和纠正比特。

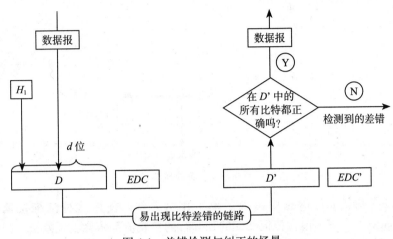

图 4-1　差错检测与纠正的场景

现在我们来研究在传输数据中检测差错的 3 种技术：奇偶校验（用来描述差错检测和纠正背后隐含的基本思想）、校验和方法（通常更多地应用于传输层）以及循环冗余检测（通常更多地应用在适配器中的数据链路层）。

4.2.1　奇偶校验

也许差错检测最简单的方式就是使用单个奇偶校验位（parity bit）。假设在图 4-2 中要发送的信息 D 有 d 位。在偶校验方案中，发送方只需包含一个附加位，选择它的值，使得这 $d+1$ 位（初始信息加上一个校验位）中 1 的总数是偶数。对于奇校验方案，选择校验位值使得有奇数个 1。图 4-2 描述了一个偶校验的方案，单个校验位被存放在一个单独的字段中。

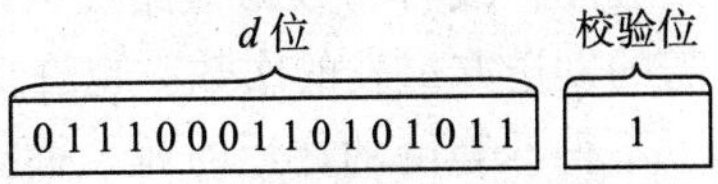

图 4-2　1 位偶校验

采用单个奇偶校验位方式，接收方的操作也很简单。接收方只需要数一数接收到的 $d+1$ 位中 1 的数目即可。如果在采用偶校验方案中发现了奇数个值为 1 的位，那么接收方就能知道至少出现了一位差错。更精确的说法是，出现了奇数个比特差错。

但是如果出现了偶数个比特差错，会发生什么现象呢？你应该认识到这将导致一个未检出的差错。如果比特差错的概率小，而且比特之间的差错可以被看作独立发生的，在一个分组中多位同时出错的概率将是极小的。在这种情况下，单个奇偶校验位可能是足够的了。然而，测量已经表明了差错经常以"突发"的方式聚集在一起，而不是独立地发生。在突发差错的情况下，使用单比特奇偶校验保护的一帧中未检测出差错的概率能够达到 50%，显然需要一个更健壮的差错检测方案。但是在研究实践中使用差错检测方案之前，我们先考虑对单比特奇偶校验的一种简单一般化方案，这将使我们深入地理解纠错技术。

图 4-3 显示了单比特奇偶校验方案的二维一般化方案。这里 D 中的 d 位被划分为 i 行 j 列。对每行和每列计算奇偶值，产生的 $i+j+1$ 奇偶位构成了数据链路层帧的差错检测比特。

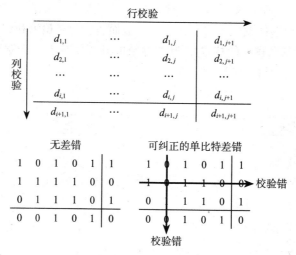

图 4-3 二维偶校验

现在假设在初始 d 位信息中出现了单个比特差错。使用这种二维奇偶校验（two-dimensional parity）方案，包含位值改变的列和行的校验值都将会出现差错。因此接收方逼近可以检测到出现了单个比特差错的事实，而且还可以利用存在奇偶校验差错的列和行的索引来实际识别发生差错的位并纠正它！图 4-3 显示了一个例子，其中位于（2，2）的值为 1 的位损坏了，变成了 0，该差错就是一个在接收方可检测并可纠正的差错。尽管我们的讨论是针对初始 d 位信息的，但校验比特本身的单个比特差错也是可检测和可纠正的。二维奇偶校验也能够检测一个分组中两个比特差错的任何组合，但是不能纠正。

接收方检测和纠正差错的能力被称为前向纠错（Forward Error Correction，FEC）。这些技术通常应用于如音频 CD 这样的音频存储和回放设备中。在网络环境中，FEC 技术可以单独应用，或者与数据链路层 ARQ 技术一起应用。FEC 技术很有价值，因为它们可以减少所需的发送方重发的次数。也许更为重要的是，它们允许在接收方处立即纠正差错。FEC 避免了不得不等待的往返时延，而这些时延是发送方收到 NAK 分组并向接收方重传分组所需要的，这对于实时网络应用或者具有长传播时延的链路（如深空间链路）来说可能是一种非常重要的优点。

4.2.2 校验和方法

在校验和技术中，图 4-2 中的 d 位数据将被作为一个 k 位整数的序列处理。一个简单校验和方法就是将这 k 位整数加起来，并且用得到的和作为差错检测比特。因特网校验和（Internet checksum）就是基于这种方法，即将数据的字节作为 16 位的整数对待并求和。这个和的反码形成了携带在报文段首部的因特网校验和。接收方通过对接收的数据（包括校验和）的和取反码，并且检测其结果是否全为 1 来检测校验和。如果这些位中有任何位是 0，就可以指示其出了差错。RFC 1071 详细地讨论了因特网校验和算法和它的实现。在 TCP 和 UDP 中，对所有字段（包括首部和数据字段）都计算因特网校验和。在其他协议中，例如 XTP，则是对首部计算一个校验和，对整个分组计算另一个校验和。

校验和方法需要相对小的分组开销。例如，TCP 和 UDP 中的校验和只用了 16 位。然而，与后面要讨论的常用于数据链路层的 CRC 相比，它们提供的差错保护相对较弱。这时，一个很自然的问题是：为什么传输层使用校验和而数据链路层使用 CRC 呢？前面讲过传输层通常是在主机中作为用户操作系统的一部分用软件来实现的。因为传输层差错检测是用软件来实现的，所以采用简单而快速如校验和这样的差错检测方案是很重要的。另一方面，数据链路层的差错检测在适配器中采用专用的硬件实现，它能够快速执行更复杂的 CRC 操作。Feldmeier 描述的快速软件实现技术不仅可以用于加权校验和编码，而且还可用于 CRC 和其他编码。

4.2.3 循环冗余检测

现今的计算机网络中广泛应用的差错检测技术基于循环冗余检测（Cyclic Redundancy Check，CRC）编码。CRC 编码也称为多项式编码（polynomial code），因为该编码能够将要发送的比特串看作系数是 0 和 1 的一个多项式，对比特串的操作被解释为多项式算术。

CRC 编码操作如下。考虑 d 位的数据 D，发送节点要将它发送给接收节点。发送方和接收方首先必须协商一个 $r+1$ 位模式，称为生成多项式（generator），我们将其表示为 G。我们将要求 G 的最高有效位（最左边）是 1。CRC 编码的关键思想如图 4-4 所示。对于一个给定的数据段 D，发送方要选择 r 个附加位 R，并将它们附加到 D 上，使得所得到的 $d+r$ 位模式（被解释为一个二进制数）用模 2 算术恰好能被 G 整除（即没有余数）。用 CRC 进行差错检测的过程也因此变得很简单：接收方用 G 去除接收到的 $d+r$ 位。如果余数为零，则接收方知道出现了差错；否则就会认为数据正确而被接收。

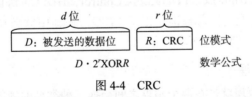

图 4-4 CRC

所有 CRC 计算采用模 2 算术来做，在加法中不进位，在减法中不借位。这就意味着加法和减法是相同的，而且这两种操作等价于操作数的按位异或（XOR）。因此，举例来说：

1011 XOR 0101 = 1110
1001 XOR 1101 = 0100

类似的，我们还会有：

1011−0101 = 1110
1001−1101 = 0100

除了所需的加法和减法操作没有进位或借位之外，乘法和除法与在二进制算术中是相同的。如在通常的二进制算术中那样，乘以 2^k 就是以一种位模式左移 k 个位置。这样，给定 D 和 R，$D \cdot 2^r$ XOR R 则会产生如图 4-4 所示的 $d+r$ 位模式。在下面的讨论中，我们将利用图 4-4 中这种 $d+r$ 位模式的代数特性。

现在我们回到发送方怎样计算 R 这个关键问题上来。前面讲过，我们要求出 R 使得对于 n 有：

$$D \cdot 2^r \text{ XOR } R = nG \tag{4-1}$$

也就是说，我们要选择 R 使得 G 能够除以 $D \times 2^r$ XOR R 而没有余数。如果我们对上述

等式的两边都用 R 异或（即用模 2 加，而没有进位），那么我们会得到

$$D \cdot 2^r = nG \text{ XOR } R \qquad (4\text{-}2)$$

这个等式告诉我们，如果我们用 G 来除 $D \cdot 2^r$，则余数值刚好是 R。换句话说，我们可以这样计算 R：

$$R = \text{remainder} \frac{D \cdot 2^r}{G} \qquad (4\text{-}3)$$

图 4-5 举例说明了在 D=101110，d=6，G=1001 和 r=3 的情况下的计算过程。在这种情况下传输的 9 位是 101110011。

国际标准已经定义了 8、12、16 和 31 位生成多项式 G。32 比特的标准 CRC-32 被多种链路级 IEEE 协议所采用，其使用的一个生成多项式是：

$G_{\text{CRC-32}}$=100000100110000010001110110110111

每个 CRC 标准都能检测小于 r+1 位的突发差错。这就意味着所有连续的 r 位或者更少的差错都可以检测到。此外，在适当的假设下，长度大于 r+1 位的突发差错将以概率 $1-0.5^r$ 被检测到。每个 CRC 标准也都能检测到任何奇数个比特差错。

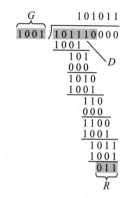

图 4-5 一个简单的 CRC 计算

4.3 高级数据链路控制协议

高级数据链路控制（High-Level Data Link Control，HDLC）协议是面向比特的数据链路控制协议的典型代表，它是由国际标准化组织（ISO）根据 IBM 公司的 SDLC（Synchronous Data Link Control）协议扩展开发而成的。

4.3.1 HDLC 工作原理

HDLC 主要的工作原理就是在两个站点之间交换三种类型的帧的过程，根据帧的功能完成相应的语义。整个过程中主要包含三个阶段，首先双方中有一方要初始化数据链路，使得帧能够以有序的方式进行交换。在这个阶段，双方需要就各种选项的使用达成一致意见，初始化链路之后，双方交换数据和控制信息，并且实施流量和差错控制。最后，双方中有一方要发出信号来终止操作，也就是断开链路的连接。

（1）建立链路连接

HDLC 必须能够初始化链路，即完成链路的连接，在 HDLC 中可使用六个模式设置命令之一请求初始化，这些命令的作用和响应具体如下。

1）通知请求对方初始化。

2）指出请求的三种模式中的一种；这些模式确定是否一端作为主站并控制交互，或者是否是对等的。

3）指出使用的序号。

如果一方接收这个请求，那么它的 HDLC 模块会向初始化返回一个无编号确认（Unnumbered Acknowledged，UA）。如果这个请求被拒绝，那么它将发出一个拆接方式（Disconnected Mode，DM）帧。HDLC 协议实体中 A 向对方 B 发送 SABM 命令，并启动一个计时器。如果 A 收不到 B 发送的 UA，那么在计时器超时的情况下，A 会重新发送 SABM

命令。如果 A 一直收不到 B 的 UA 或者 DM，那么这一过程将会不断重复，或者在重试了规定的次数之后，实体放弃尝试并向管理实体报告操作失败，在这种情况下就需要高层的介入。拆链的过程是某一方发送一个 DISC 命令，对方用 UA 确认来响应。这样就完成了拆链。

（2）数据的传送

数据的传送就是帧的传送，正常的数据交换状态是一种全双工交换方式。当一个实体在没有接收到任何数据的情况下连续发送若干个信息帧时，它的接收序号只是在不断地重复。如果实体在没有发出任何帧的情况下连续收到若干个信息帧，那么它发出的下一个帧中的接收序号必须反映出这一累积效果。除了信息帧之外，数据交换还可能会涉及监控帧。数据传送过程中也会出现忙碌状态的情况，导致这种状态存在的原因可能是由于 HDLC 实体处理信息帧的速率无法跟上这些帧到达的速率，或者用户接收数据的速率不如信息帧中的数据到达的速率快。无论是哪一种情况，实体的接收缓冲区都会填满，它必须使用 RNR 命令来阻止进入缓冲区的信息帧流。在数据传送的过程中也可能会出现用 REJ 命令进行差错恢复的例子。

（3）拆链

连接中的任何一方的 HDLC 模块都可以启动拆链操作，可能是由于模块本身因某种错误而引起的中断，也可能是由于高层用户的请求。HDLC 通过发送一个拆链（disconnect，DISC）帧宣布连接中止，对方必须用 UA 回答，表示接收拆链。

4.3.2 HDLC 帧格式和传输控制

1. 帧格式

在 HDLC 中，数据和控制报文均以帧的标准格式传输。HDLC 的帧格式如图 4-6 所示，由 6 个字段组成，包括标志字段（F）、地址字段（A）、控制字段（C）、信息字段（I）以及帧校验序列字段（FCS）。

1）标志字段（F）：HDLC 指定采用 01111110 的位模式作为标志序列，简称 F 标志，用于所有帧的开始与结束，也可以作为帧与帧之间的填充字符。通常，在不进行帧传输的时刻，信道仍处于激活状态，在这种状态下，发送方不断地发送标志字段，而接收方则检测每一个收到的标志字段，一旦发现某个标志字段后面不再是一个标志字段，便可认为新的帧传输已经开始。此外，在一串数据位中，有可能还会产生与标志字段的码型相同的位组合。采用"0 比特插入法"可以实现数据的透明传输。当采用比特填充技术时，在信码中连续 5 个"1"以后插入一个"0"；而在接收端，则去除 5 个"1"以后的"0"，恢复原来的数据序列，从而排除了在信息流中出现的标志字段的可能性，保证了对数据信息的透明传输。

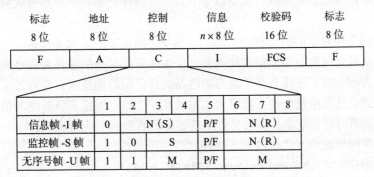

图 4-6　HDLC 帧格式

2）地址字段（A）：地址字段的内容取决于所采用的操作方式，有主节点、从节点、组合节点之分。每个从节点与组合节点都被分配一个唯一的地址，命令帧中的地址字段所携带的是对方节点的地址，而响应帧中的地址字段所携带的地址是本节点的地址。在使用不平衡方式传送数据时（采用 NRM 和 ARM），地址字段写入的是从站的地址；在使用平衡方式时（采用 ABM），地址字段写入的是应答站的地址。当地址字段的首位为 1 时则表示地址字段为 8 位；当首位为 0 时则表示地址字段为 16 位。全"1"地址表示包含所有节点的地址，称为广播地址，含有广播地址的帧将会传送给链路上所有的节点。另外还规定全 0 的地址为无节点地址，不分配给任何节点，仅作为测试使用。此外，某一地址也可以分配给不止一个节点，这种地址称为组地址，利用一个组地址传输的帧能被组内所有拥有该地址的节点接收。但是当一个节点或组合节点发送响应时，它仍应当使用其唯一的地址。

3）控制字段（C）：控制字段用于构成各种命令及响应，以便对链路进行监视与控制。发送方主节点或组合节点利用控制字段来通知被寻址的从节点或组合节点执行约定的操作；相反，从节点用该字段作为对命令的响应，报告已经完成的操作或状态的变化。控制字段包含帧类型、帧编号以及命令、响应等。从图 4-6 可见，由于 C 字段的构成不同，可以把 HDLC 帧分为三种类型：信息帧、监控帧、无序号帧，分别简称为 I 帧（Information）、S 帧（Supervisory）、U 帧（Unnumbered）。在控制字段中，第 1 位是"0"为 I 帧，第 1、2 位是"10"为 S 帧，第 1、2 位是"11"为 U 帧。在信息帧中，第 2、3、4 位为存放发送帧序号；第 5 位为轮询/终止（POLL/Final）位，当该位为 1 时，要求被轮询的从站给出响应；第 6、7、8 位为下个预期要接收的帧的序号。在监控帧中，第 3、4 位为 S 帧类型编码；第 5 位为轮询/终止位，当该位为 1 时，表示接收方确认结束。无序号帧提供对链路的建立、拆除以及多种控制功能，用第 3、4、6、7、8 这五个 M 位来定义，可以定义 32 种附加的命令或应答功能。

4）信息字段（I）：信息字段内包含了用户的数据信息和来自上层的各种控制信息（即 SDU），只出现在信息帧和某些无序号帧中。在实际应用中，其长度由收发站的缓冲器的大小和线路的差错情况来决定，但必须是 8 位的整数倍。

5）校验码（FCS）：帧校验序列一般采用 ITU-CRC 的生成多项式用于对帧进行循环冗余校验，其校验范围从地址字段的第 1 位到信息字段的最后 1 位的序列，并且规定为了透明传输而插入的"0"不在校验范围之内。

2. 传输控制

HDLC 是通用的数据链路控制协议，当开始建立数据链路时，允许选用特定的操作方式。所谓链路操作方式，通俗地讲就是以主节点方式操作还是以从节点方式操作，或者是二者兼备。

在链路上用于控制目的的站称为主站，其他受主站控制的站称为从站。主站负责对数据流进行组织，而且对链路上的差错实施恢复。由主站发往从站的帧称为命令帧，而由从站返回主站的帧称为响应帧。连接有多个站点的链路通常使用轮询技术，轮询其他站点的节点为主站，而在点到点链路中每个站点均可为主站。在一个站点连接多条链路的情况下，该站点对于一些链路而言可能是主站，而对另外一些链路而言则有可能是从站。

HDLC 中常用的操作方式有以下三种。

（1）正常响应方式（Normal Responses Mode，NRM）

NRM 是一种非平衡数据链路操作方式，有时也称非平衡正常响应方式。该操作方式适用于面向终端的点到点或一点与多点的链路。在这种操作方式下，传输过程由主站启动，从站只有收到主站的某个命令帧之后，才能作为响应向主站传输信息。响应信息可以由一个或多个帧组成，若信息由多个帧组成，则应指出哪一个是最后一帧。主站负责管理整个链路，且具有轮询、选择从站及向从站发送命令的权利，同时也负责对超时、重发及各类恢复操作的控制。

（2）异步响应方式（Asynchronous Responses Mode，ARM）

ARM 也是一种非平衡数据链操作方式，与 NRM 不同的是，ARM 下的传输过程由从站启动。从站主动发送给主站的一个或一组帧中可能包含有信息，也可以是仅以控制为目的而发的帧。在这种操作方式下，由从站来控制超时和重发。该方式对采用轮询方式的多站链路来说是必不可少的。

（3）异步平衡方式（Asynchronous Balanced Mode，ABM）

ABM 是一种允许任何节点来启动传输的操作方式。为了提高链路传输效率，节点之间在两个方向上都需要较高的信息传输量。在这种操作方式下任何时候任何站都能启动传输操作，每个站既可作为主站又可作为从站，每个站都是组合站。各站都有相同的一组协议，任何站都可以发送或接收命令，也可以给出应答，并且各站对差错恢复过程都负有相同的责任。

4.4 点对点协议

在通信线路质量较差的年代，在数据链路层使用可靠传输协议曾经是一种好办法。因此，能实现可靠传输的 HDLC 就成为当时比较流行的数据链路层协议。但现在 HDLC 已经很少使用了。对于点对点的链路，简单得多的点对点协议（Point-to-Point Protocol，PPP）是目前使用最广泛的数据链路层协议。

4.4.1 PPP 的特点

因特网用户通常都要连接到某个 ISP 才能介入因特网。PPP 就是用户计算机和 ISP 进行通信时所说的数据链路层协议。

（1）PPP 应满足的需求

IETF 认为，在设计 PPP 时必须考虑以下多方面的需求。

1）简单：IETF 在设计因特网体系结构时把其中最复杂的部分放在了 TCP 中，而网络协议 IP 则相对比较简单，它提供的是不可靠的数据报服务。在这种情况下，数据链路层没有必要提供比 IP 更多的功能。因此，对数据链路层的帧不需要纠错，不需要序号，也不需要流量控制。当然，在误码率较高的无线链路上可能需要更为复杂的数据链路层协议。因此 IETF 把"简单"作为首要的需求。简单的设计还可使协议在实现时不容易出错，因而使得不同厂商对协议的不同实现的互操作性提高了。而协议标准化的一个主要目的就是提高协议的互操作性。

2）封装成帧：PPP 必须规定特殊的字符作为帧定界符（即标志一个帧开始和结束的字符），以便使接收端从收到的比特流中能够准确地找出帧开始和结束的位置。

3）透明性：PPP 必须保证数据传输的透明性。也就是说，如果数据中碰巧出现了与帧定界符一样的位组合时，就要采取有效的措施来解决问题。

4）多种网络层协议：PPP 必须能够在同一条物理链路上同时支持多种网络层协议（如

IP 和 IPX 等）的运行。当点对点链路所连接的是局域网或路由器时，PPP 必须同时支持在链路所连接的局域网或路由器上运行的各种网络层协议。

5）多种类型链路：除了要支持多种网络层的协议之外，PPP 还必须能够在多种类型的链路上运行。例如，串行的（一次只发送一位）或并行的（一次并行地发送多位）、同步的或异步的、低速的或高速的、电的或光的、交换的（动态的）或非交换的（静态的）点对点链路。

6）差错检测（error detection）：PPP 必须能够对接收端收到的帧进行检测，并且立即丢弃有差错的帧。若在数据链路层不进行差错检测，那么已出现差错的无用帧就还要在网络中继续向前转发，因而会白白浪费许多网络资源。

7）检测连接状态：PPP 必须具有一种机制能够及时（不超过几分钟）自动检测出链路是否处于正常工作状态。当出现故障的链路隔了一段时间后又重新恢复正常工作时，就需要有这种及时检测功能。

8）最大传送单元：PPP 必须对每一种类型的点对点链路设置最大传送单元 MTU 的标准默认值。这样做是为了促进各种实现之间的互操作性。如果高层协议发送的分组过长并超过了 MTU 的数值，那么 PPP 就要丢弃这样的帧，并返回差错。MTU 是数据链路层的帧可以载荷的数据部分的最大长度，而不是帧的总长度。

9）网络层地址协商：PPP 必须提供一种机制使通信的两个网络层（例如两个 IP 层）的实体能够通过协商来知道，或者能够配置彼此的网络层地址。协商的算法应尽可能简单，并且能够在所有的情况下得出协商结果。这对拨号连接的链路特别重要，因为仅仅在链路层建立了连接而不知道对方网络层地址时，则还不能保证网络层能够传送分组。

10）数据压缩协商：PPP 必须提供一种方法来协商使用数据压缩算法。但 PPP 并不要求将数据压缩算法进行标准化。

（2）PPP 不需要的功能

RFC 1547 中还明确了 PPP 不需要的功能，具体如下。

1）纠错（error correction）：在 TCP/IP 体系结构中，可靠传输由传输层的 TCP 负责，而数据链路层的 PPP 只进行检错。也就是说，PPP 是不可靠传输协议。

2）流量控制：在 TCP/IP 体系结构中，端到端的流量控制由 TCP 负责，因而链路级的 PPP 就不需要再重复进行流量控制。

3）序号：PPP 不是可靠传输协议，因此其不需要使用帧的序号。在噪声较大的环境下，如无线网络，则可以使用有序号的工作方式，这样就可以提供可靠传输服务。这种工作方式定义在 RFC 1663 中，这里将不再讨论。

4）多点线路：PPP 不支持多点线路（即一个主站轮流和链路上的多个从站进行通信），其只支持点对点的链路通信。

5）半双工或单工链路：PPP 只支持全双工链路。

（3）PPP 的组成

PPP 有三个组成部分，具体如下。

1）一个将 IP 数据报封装到串行链路的方法。PPP 既支持异步链路（无奇偶检验的 8 位数据），也支持面向比特的同步链路。IP 数据报在 PPP 帧中就是信息部分。这个信息部分的长度受最大传送单元 MTU 的限制。

2）一个用来建立、配置和测试数据链路连接的链路控制协议（Link Control Protocol，LCP）。通信的双方可协调一些选项。

3)一套网络控制协议(Network Control Protocol,NCP),其中的每一个协议支持不同的网络层协议,如 IP、OSI 的网络层、DECnet,以及 AppleTalk 等。

4.4.2 PPP 的帧格式

(1)字段的意义

PPP 的帧格式如图 4-7 所示。PPP 帧的首部和尾部分别为四个字段和两个字段。

首部的第一个字段和尾部的第二个字段是标志字段 F(Flag),规定为 0x7E(十六进制表示)。标志字段表示一个帧的开始或结束。因此标志字段就是 PPP 帧的定界符。连续两帧之间只需要用一个标志字段。如果出现连续两个标志字段,就表示这是一个空帧,应当丢弃。

首部中的地址字段 A 规定为 0xFF,控制字段 C 规定为 0x03。最初曾考虑以后再对这两个字段的值进行其他定义,但至今尚未给出。可见这两个字段实际上并没有携带 PPP 帧的信息。

PPP 首部的第四个字段是 2 字节的协议字段。当协议字段为 0x0021 时,PPP 帧的信息字段就是 IP 数据报。若为 0xC021 时,则信息字段是 PPP 链路控制协议 LCP 的数据。而 0x8021 则表示这是网络层的控制数据。

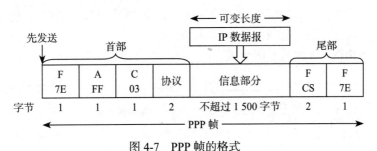

图 4-7 PPP 帧的格式

信息字段的长度是可变的,不得超过 1 500 字节。

尾部中第一个字段(2 字节)是使用 CRC 的帧检验序列 FCS。

(2)字段填充

当信息字段中出现与标志字段一样的位组合(0x7E)时,就必须采取一些措施使这种形式上与标志字段一样的位组合不出现在信息字段中。

当 PPP 使用异步传输时,它把转义符定义为 0x7D,并用字节填充,RFC 1662 规定了如下所述的填充方法。

1)把信息字段中出现的每一个 0x7D 字节转变为 2 字节(0x7D,0x5E)。

2)若信息字段中出现一个 0x7D 的字节(即出现了与转义字符一样的位组合),则把 0x7D 转变为 2 字节序列(0x7D,0x5D)。

3)若信息字段中出现了 ASCII 码的控制字符(即数值小于 0x20 的字符),则在该字符前面要加入一个 0x7D 字节,同时将该字符的编码加以改变。例如,出现 0x03(在控制字符中是"传输结束"即 ETX)就要把它转变为 2 字节序列(0x7D,0x31)。

由于在发送端进行了字节填充,因此在链路上传送的信息字节数就超过了原来的信息字节数。但接收端在收到数据后再进行与发送端字节填充相反的变换,就可以正确地恢复出原来的信息。

(3)零比特填充

PPP 用在 SONET/SDH 链路时,使用的是同步传输(一连串的比特连续传送)而不是异步传输(逐个字符地传送)。在这种情况下,PPP 采用零比特填充方法来实现透明传输。

零比特填充的具体做法是:在发送端,先扫描整个信息字段(通常是用硬件实现,但也可以用以软件实现,只是会慢些),只要发现有 5 个连续的 1,则立即填入一个 0。由此可见,经过这种零比特填充后的数据,就可以保证在信息字段中不会出现 6 个连续的 1。接收端在收到一个帧时,先找到标志字段 F 以确定一个帧的边界,接着再用硬件对其中的比特流进行扫描。每当发现 5 个连续 1 时,就把 5 个连续 1 后的一个 0 删除,还原成原来的信息比特流。这样就保证了透明传输。在所传送的数据比特流中可以传送任意组合的比特流,而不会引起对帧边界的判断错误。

4.4.3 PPP 的工作状态

PPP 链路的初始化过程为:当用户拨号接入 ISP 后,就建立了一条从用户 PC 到 ISP 的物理连接。这时,用户 PC 向 ISP 发送一系列的 LCP 分组(封装成多个 PPP 帧),以便建立 LCP 连接。这些分组及其响应选择了将要使用的一些 PPP 参数。接着还要进行网络层配置,NCP 为新接入的用户 PC 分配一个临时的 IP 地址。这样,用户 PC 就成为因特网上的一个有 IP 地址的主机了。

当用户通信完毕时,NCP 释放网络层连接,收回原来分配出去的 IP 地址。接着,LCP 释放数据链路层连接,最后释放的是物理层的连接。

上述过程可用图 4-8 的状态图来描述。

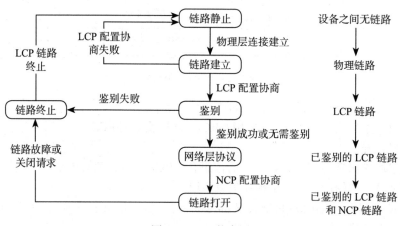

图 4-8 PPP 状态图

PPP 链路的起始和终止状态永远是图 4-8 中的"链路静止"(Link Dead)状态,这时在用户 PC 和 ISP 的路由器之间并不存在物理层的连接。

当用户 PC 通过调制解调器呼叫路由器时(通常是在屏幕上用鼠标点击一个连接按钮),路由器就能够检测到调制解调器发出的载波信号。在双方建立了物理层连接之后,PPP 就进入了"链路建立"(Link Establish)状态,其目的是建立链路层的 LCP 连接。

这时 LCP 开始协商一些配置选项,即发送 LCP 的配置请求帧(Configure-Request)。这是个 PPP 帧,其协议字段设置为 LCP 对应的代码,而信息字段包含特定的配置请求。链路的另一端可以发送以下几种响应中的一种。

1) 配置确认帧(Configure-Ack):所有选项都接收。
2) 配置否认帧(Configure-Nak):所有选项都理解但不能接收。

3）配置拒绝帧（Configure-Reject）：选项有的无法识别或不能接收，需要协商。

LCP 配置选项包括链路上的最大帧长、所使用的鉴别协议（authentication protocol）的规约（如果有的话），以及不使用 PPP 帧中的地址和控制字段。

协商结束后双方就建立了 LCP 链路，接着就进入"鉴别"（Authenticate）状态。这一状态只允许传送 LCP 的分组、鉴别协议的分组以及检测链路质量的分组。若使用口令鉴别协议（Password Authentication Protocol，PAP），则需要发起通信的一方发送身份标识符和口令。系统可允许用户充实若干次。如果需要有更好的安全性，则可使用更加复杂的口令握手鉴别协议（Challenge-Handshake Authentication Protocol，CHAP）。若身份鉴别失败，则转到"链路终止"（Link Terminate）状态。若鉴别成功，则进入"网络层协议"（Network-Layer Protocol）状态。

在"网络层协议"状态，PPP 链路两端的网络控制协议（NCP）根据网络层的不同协议互相交换网络层特定的网络控制分组。这个步骤是很重要的，因为现在的路由器都能够同时支持多种网络层协议。总之，PPP 两端的网络层可以运行不同的网络层协议，但仍然可使用同一个 PPP 进行通信。

如果在 PPP 链路上运行的是 IP，则对 PPP 链路的每一段配置 IP 模块（如分配 IP 地址）就要使用 NCP 中支持的 IP——IP 控制协议（IP Control Protocol，IPCP）。IPCP 分组也封装成 PPP 帧（其中的协议字段为 0x8201）在 PPP 链路上传送。在低速链路上运行时，双方还可以协商使用压缩的 TCP 和 IP 首部，以减少在链路上发送的比特数。

当网络配置完毕后，链路就进入可进行数据通信的"链路打开"（Link Open）状态。链路的两个 PPP 端点可以彼此向对方发送分组。两个 PPP 端点还可以发送回送请求 LCP 分组（Echo-Request）和回送回答 LCP 分组（Echo-Reply），以检查链路的状态。

数据传输结束后，可以由链路的一端发出终止请求 LCP 分组（Terminate-Request）请求终止链路连接，在收到对方发来的终止确认 LCP 分组（Terminate-Ack）后，转到"链路终止"状态。如果链路出现故障，也会从"链路打开"状态转到"链路终止"状态。当调制解调器的载波停止后，则回到"链路静止"状态。

4.5 以太网

4.5.1 以太网的发展

以太网（Ethernet）技术由 Xerox 公司于 1973 年提出并实现，最初以太网的速率只有 2.94Mbit/s。20 世纪 80 年代，以太网成为开始普遍采用的网络技术，它采用带碰撞检测的载波侦听多址访问（CSMA/CD）介质访问控制机制，并采用电气和电子工程师协会（IEEE）制定的 802.3 LAN 标准，管理各个网络节点设备在网络总线上发送信息。它是一种世界上应用最广泛、最为常见的网络技术，广泛应用于世界各地的局域网和企业骨干网。

以太网的发展历程如表 4-1 所示。

表 4-1 以太网的发展历程

时间	事件	速率	时代
1973 年	Metcalfe 博士在施乐实验室发明了以太网，并开始进行以太网拓扑的研究工作	2.94Mbit/s	过去时（局域网）

(续)

时间	事件	速率	时代
1980 年	DEC、Intel 和施乐联手发布 10Mbit/s DIX 以太网标准提议	10Mbit/s	现在时（城域网）
1983 年	IEEE 802.3 工作组发布 10BASE-5"粗缆"以太网标准，这是最早的以太网标准		
1986 年	IEEE 802.3 工作组发布 10BASE-2"细缆"以太网标准		
1991 年	加入了无屏蔽双绞线（UTP），称为 10BASE-T 标准		
1995 年	IEEE 通过 802.3u 标准	100Mbit/s	
1998 年	IEEE 通过 802.3z 标准（集中制定使用光纤和对称屏蔽铜缆的千兆以太网标准）	1000Mbit/s	
1999 年	IEEE 通过 802.3ab 标准（集中解决用五类线构造千兆以太网的标准）		
2002 年	IEEE 802.3ae 10G 以太网标准发布	10Gbit/s	将来时（广域网）

其中，10M 以太网曾经代表着一个局域网时代，是以太网技术应用的过去式；以太网技术应用现在式是以快速以太网、千兆以太网为代表的时代，这个时代以太网开始突破了原有 LAN 应用的局限性，并被广泛地应用于运营商城域网中；以太网技术应用将来式，也是以太网开始迈向广域网的应用时代，包括 10G 以太网，以及更高速率（40G）的以太网。

（1）20 世纪 80 年代：以太网（10Mbit/s）

初期的以太网是用同轴电缆作为总线型拓扑网络的连接介质。数据通信速率为 10Mbit/s。但用同轴电缆铺设布线时，很不方便，特别是使用粗同轴电缆的情况。

80 年代后期，由 IEEE 制定了一种称为 10BASE-T 的新型以太网（标准以太网）标准。布线所使用的是普通电话接线用的 UTP（不屏蔽绞线对）电缆，因而从某种程度上改变了这种现象。自 10BASE-T 以太网出现以来，虽然从集线器到节点设备的接线距离限制在了 100m 以内，但是由于它的电缆布线和建筑物内的电话布线相兼容，并且安装和拆除节点设备很是方便，所以其很快得到了普及和应用。

（2）20 世纪 90 年代中期：快速以太网（100Mbit/s）

在传统的以太网普及后的许多年内，由于当时的计算机运算速度非常慢，并且信息吞吐量不大，因此具有 10Mbit/s 通信速率的传统以太网可以较好地适应计算机在局域网中的通信要求。但是从 20 世纪 90 年代初以来，由于计算机速度得到大幅度得到的提高，局域网中计算机数量不断增加，网络中的大型文件、多媒体文件频繁传输，使得 10Mbit/s 速率传统以太网出现了网络过载和网络瘫痪的现象。这些情况对于传统的以太网来说是无法解决的问题，从而需要寻求新的技术以提高 LAN 性能。

在 20 世纪 90 年代中期，被称为快速以太网（100Mbit/s）的技术作为一项标准被提出，并迅速被那些看到市场对更高性能网络需求的企业所接受。数据传输速率为 100Mbit/s 的快速以太网是一种高速局域网技术，能够为桌面用户以及服务器或者服务器集群等提供更高的网络带宽。

100BASE-T 的快速以太网设计标准和传统标准以太网 10BASE-T 的设计标准相类似，但是快速以太网的网络布线使用的是第 5 类 UTP（10BASE-T 可以使用第 3 类 UTP），并且还使用了 100BASE-T 的网络接口卡（网卡）。由于 100BASE-T 具有 10 倍于 10BASE-T 的带宽，因此在相同的时间间隔内，100BASE-T 网络能够传送 10 倍于 10BASE-T 网络所能传送的数据量。所以使用快速以太网虽然增加了 2～3 倍的投资，但可以得到 10 倍于传统以太网的性能。

由于快速以太网提高了以太网的原生带宽,所以在任何环境下,即便不使用交换机,快速以太网也能使得网络的原生带宽达到100Mbit/s,它特别适用于在时常出现突发通信和急需传送大型数据文件的应用环境中使用。另外,快速以太网的互换操作性好,具有广泛的软硬件支持,可以使用铜线、电缆和各种光纤等不同的传输介质。这些特性,使得快速以太网为城域网建设提供了很好的解决方案。

(3)20世纪90年代中后期:千兆以太网(1 000Mbit/s)

到了1996年,千兆以太网的产品开始上市。由于它使用的仍是CSMA/CD协议并与现有的以太网相兼容,随后千兆以太网的网络标准迅速被建立,千兆以太网的出现,再一次给人们带来了希望。

千兆以太网更显著地提高了传统以太网的原生带宽,比后者高出了100倍,此外,它还具备以下特点。

1)简易性:千兆以太网继承了以太网、快速以太网的简易性,因此其技术原理、安装实施和管理维护都很简单。

2)扩展性:由于千兆以太网采用了以太网、快速以太网的基本技术,因此由10BASE-T、100BASE-T升级到千兆以太网非常容易。

3)可靠性:由于千兆以太网保持了以太网、快速以太网的安装维护方法,采用的是星形网络结构,因此网络具有很高的可靠性。

4)经济性:由于千兆以太网是10BASE-T和100BASE-T的继承和发展,一方面降低了研究成本,另一方面由于10BASE-T和100BASE-T的广泛应用,作为其升级产品,千兆以太网的大量应用只是时间问题,为了争夺千兆以太网这个巨大市场,几乎所有著名的网络公司都在生产千兆以太网产品,因此其价格将会逐渐下降。千兆以太网与ATM等宽带网络技术相比,其价格优势非常明显。

5)可管理维护性:千兆以太网采用的是基于简单网络管理协议(SNMP)和远程网络监视(RMON)等网络管理技术,许多厂商都开发了大量的网络管理软件,使千兆以太网的集中管理和维护非常简便。

6)广泛应用性:千兆以太网为局域主干网和城域主干网(借助单模光纤和光收发器)提供了一种高性能价格比的宽带传输交换平台,使得许多宽带应用能够施展其魅力。例如在千兆以太网上开展视频点播业务和虚拟电子商务等。

(4)2002年:万兆以太网(10Gbit/s)

万兆以太网技术与千兆以太网类似,仍然保留了以太网帧结构。通过不同的编码方式或波分复用可提供10Gbit/s的传输速度。所以就其本质而言,10G以太网仍然是以太网的一种类型。

10G以太网于2002年6月在IEEE通过。10G以太网包括10GBASE-X、10GBASE-R和10GBASE-W。10GBASE-X使用的是一种特紧凑包装,含有1个较简单的WDM器件、4个接收器和4个在130nm波长附近以大约25nm为间隔工作的激光器,每一对发送器/接收器在3.125Gbit/s速度(数据流速度为2.5Gbit/s)下工作。10GBASE-R是一种使用64B/66B编码(不是在千兆以太网中所用的8B/10B)的串行接口,数据流为10.000Gbit/s,因而产生的时钟速率为10.3Gbit/s。10GBASE-W是广域网接口,与SONET OC-192兼容,其时钟为9.953Gbit/s,数据流为9.585Gbit/s。

万兆以太网的特性具体如下。

1）万兆以太网不再支持半双工数据传输，所有数据传输都以全双工方式进行，这不仅极大地扩展了网络的覆盖区域（交换网络的传输距离只受光纤所能到达距离的限制），而且使标准也得以大大简化。

2）为使万兆以太网不但能以更优的性能为企业骨干网服务，更重要的是要从根本上对广域网以及其他长距离网络应用提供最佳支持，尤其是还要与现存的大量 SONET 兼容，该标准对物理层进行了重新定义。新标准的物理层分为两部分，分别为 LAN 物理层和 WAN 物理层。LAN 物理层提供了现在正在广泛应用的以太网接口，传输速率为 10Gbit/s；WAN 物理层则提供了与 OC-192c 和 SDH VC-4-64c 相兼容的接口，传输速率为 9.58Gbit/s。与 SONET 不同的是，运行在 SONET 上的万兆以太网依然以异步方式工作。WIS（WAN 接口子层）将万兆以太网流量映射到 SONET 的 STS-192c 帧中，通过调整数据包间的间距，使 OC-192c 以略低的数据传输率与万兆以太网相匹配。

3）万兆以太网有 5 种物理接口。千兆以太网的物理层每发送 8 位的数据就要使用 10 位组成编码数据段，因此网络带宽的利用率只有 80%；万兆以太网则每发送 64 位的数据只需要用 66 位组成编码数据段，因此比特利用率可达 97%。虽然这是牺牲了纠错位和恢复位换取而来的，但万兆以太网采用了更先进的纠错和恢复技术，可确保数据传输的可靠性。新标准的物理层可进一步细分为 5 种具体的接口，分别为 1 550nm LAN 接口、1 310nm 宽频波分复用（WWDM）LAN 接口、850nm LAN 接口、1 550nm WAN 接口和 1 310nm WAN 接口。每种接口都有其对应的最适宜的传输介质。850nm LAN 接口适于用在 50/125μm 多模光纤上，最大传输距离为 65m。50/125μm 多模光纤现在已用得不多，但由于这种光纤制造容易，价格便宜，所以用来连接服务器比较划算。1 310nm 宽频波分复用（WWDM）LAN 接口适于用在 62.5/125μm 的多模光纤上，传输距离为 300m。62.5/125μm 的多模光纤又称为 FDDI 光纤，是目前企业使用得最广泛的多模光纤，从 20 世纪 80 年代末 90 年代初开始在网络界大行其道。1 550nm WAN 接口和 1 310nm WAN 接口适于用在单模光纤上进行长距离的城域网和广域网数据传输，1 310nm WAN 接口支持的传输距离为 10km，1 550nm WAN 接口支持的传输距离为 40km。

4.5.2 以太网 MAC 子层协议 CSMA/CD

在传统的共享以太网中，所有的节点共享传输介质。如何保证传输介质有序、高效地为许多节点提供传输服务，就是以太网的介质访问控制协议所要解决的问题。

CSMA/CD 是一种争用型的介质访问控制协议。它起源于美国夏威夷大学开发的 ALOHA 网所采用的争用型协议并进行了改进，使之具有比 ALOHA 协议更高的介质利用率。CSMA/CD 主要应用于现场总线 Ethernet 中。其另一个改进是，对于每一个站点而言，一旦它检测到有冲突（碰撞），就会放弃当前的传送任务。换句话说，如果两个站点都检测到信道是空闲的，并且同时开始传送数据，则它们几乎立刻就会检测到有冲突发生。它们不应该再继续传送它们的帧，因为这样只会产生垃圾而已。相反一旦检测到冲突之后，它们应该立即停止传送数据。快速地终止被损坏的帧可以节省时间和带宽。

CSMA/CD 控制方式的优点在于其原理比较简单，技术上易于实现，网络中各工作站点处于平等地位，不需要集中控制，不提供优先级控制。但在网络负载增大时，其发送时间会增长，发送效率急剧下降。

CSMA/CD 应用在 OSI 的第二层数据链路层。它的工作原理是：发送数据前先侦听信道是否空闲，若空闲，则立即发送数据；若信道忙碌，则等待一段时间至信道中的信息传输结束后再发送数据；若在上一段信息发送结束之后，同时有两个或两个以上的节点都提出发送请求，则判定为冲突；若侦听到冲突；则立即停止发送数据，等待一段随机时间，再重新尝试。其原理可简单总结为：先听后发，边发边听，冲突停发，随机延迟后重发。

CSMA/CD 采用 IEEE 802.3 标准。它的主要目的是：提供寻址和媒体存取的控制方式，使得不同设备或网络上的节点可以在多点的网络上通信而不会相互冲突。

有人将 CSMA/CD 的工作过程形象地比喻成很多人在一间黑屋子中举行讨论会议，参加会议的人都是只能听到其他人的声音。每个人在说话之前必须先倾听，只有等会场安静下来后，他才能够发言。人们将发言前监听以确定是否已有人在发言的动作称为"载波监听"；将在会场安静的情况下每个人都有平等讲话的机会称为"多址访问"；如果有两个或两个以上的人同时说话，大家就无法听清其中任何一人的发言，这种情况称为发生"冲突"。发言人在发言过程中要及时发现是否发生冲突，这个动作称为"冲突检测"。如果发言人发现冲突已经发生，这时他需要停止讲话，然后随机后退延迟，再次重复上述过程，直至讲话成功。如果失败次数太多，他也许就会放弃这次发言的想法，通常是在尝试 16 次之后放弃。

控制规程的核心问题是解决在公共通道上以广播的方式传送数据中可能出现的问题（主要是数据碰撞问题）。控制规程包含四个处理内容：侦听、发送、检测、冲突处理。

1）侦听：通过专门的检测机构，在站点准备发送之前先侦听一下总线上是否有数据正在传送（线路是否忙）。若"忙"则进入后续的"退避"处理程序，进而进一步反复进行侦听工作。若"闲"，则以一定的算法原则（"X坚持"算法）决定如何发送。

2）发送：当确定要发送之后，通过发送机构，向总线发送数据。

3）检测：数据发送之后，也可能发生数据冲突。因此，要对数据边发送、边检测，以判断是否冲突了。

4）冲突处理：当确认发生冲突之后，进入冲突处理程序。有两种冲突情况，具体如下。

①若在侦听中发现线路忙，则等待一个延时后再次侦听；若仍然忙，则继续延迟等待，一直到可以发送为止。每次延时的时间不一致，由退避算法确定其延时值。

②若发送过程中发现数据冲突，则先发送阻塞信息，强化冲突，再进行侦听工作，以待下次重新发送（方法同①）。

4.5.3 以太网 MAC 帧的格式和数据封装

（1）以太网 MAC 帧的格式

常用的以太网 MAC 帧的格式有两种标准，一种是 DIX Ethernet V2 标准（即以太网 V2 标准），另一种是 IEEE 的 802.3 标准。这里只介绍使用得最多的以太网 V2 的 MAC 帧格式（如图 4-9 所示）。图 4-9 中假定网络层使用的是 IP 协议，实际上使用其他的协议也是可以的。

以太网 V2 的 MAC 帧比较简单，由五个字段组成。前两个字段分别为 6 字节长的目的地址和原地址字段。第三个字段是 2 字节的类型字段，用来标志上一层使用的是什么协议，以便把收到的 MAC 帧的数据上交给上一层的这个协议。例如，当类型字段的值是 0x0 800 时，就表示上层使用的是 IP 数据报。若类型字段的值为 0x8 137，则表示该帧是由 Novell IPX 发过来的。第四个字段是数据字段，其长度在 46～1 500 字节之间（46 字节是这样得出的：最小长度 64 字节减去 18 字节的首部和尾部就得出数据字段的最小长度）。最后一个字段是 4 字节的帧检验序列 FCS（使用 CRC 检验）。当传输介质的误码率为 1×10^{-8} 时，MAC 子层可使未检测到的差错率小于 1×10^{-14}。

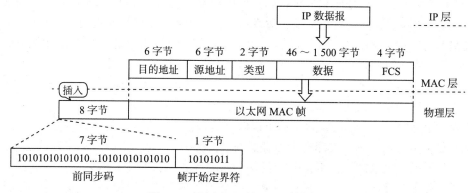

图 4-9 以太网 V2 的 MAC 帧格式

这里我们需要指出的是，在以太网 V2 的 MAC 帧格式中，其首部并没有一个帧的长度（或数据长度）字段。那么，MAC 子层又怎样知道从接收到的以太网帧中取出多少字节的数据交付给上一层协议呢？曼彻斯特编码的一个重要特点就是：在曼彻斯特编码的每一个码元（不管码元是 1 还是 0）的正中间一定要有一次电压的转换（从高到低或从低到高）。当发送方把一个以太网帧发送完毕之后，就不再发送其他码元了（既不发送 1，也不发送 0）。因此，发送方网络适配器的接口上的电压也就不再发生变化了。这样，接收方就可以很容易地找到以太网帧的结束位置。从这个位置往前数 4 字节（FSC 字段的长度是 4 字节），就能确定数据字段的结束位置。

当数据字段的长度小于 46 字节时，MAC 子层就会在数据字段的后面加入一个整数字节的填充字段，以保证以太网的 MAC 帧长度不小于 64 字节。我们应当注意到，MAC 帧的首部并没有指出数据字段的长度是多少。在有填充字段的情况下，接收端的 MAC 子层在剥去首部和尾部后就把数据字段和填充字段一起交给上层协议。现在的问题是，上层协议如何知道填充字段的长度呢？（IP 层要丢弃没有用处的填充字段）。由此可见，上层协议必须具有识别有效的数据字段长度的功能。我们知道，当上层使用 IP 协议时，其首部就有一个"总长度"字段。因此，"总长度"加上填充字段的长度，应当等于 MAC 帧数据字段的长度。例如，当 IP 数据报的总长度为 42 字节时，填充字段共有 4 字节。当 MAC 帧把 46 字节的数据上交给 IP 层后，IP 层就把其中最后 4 字节的填充字段丢弃掉。

从图 4-9 可以看出，在传出媒体上实际传送的要比 MAC 帧还要多出 8 字节。这是因为当一个站在刚开始接收 MAC 帧时，由于适配器的时钟尚未与到达的比特流达成同步，因此 MAC 帧的最前面的若干位就无法接收，结果使整个的 MAC 成为无用的帧。为了使接收端迅速实现位同步，从 MAC 子层向下传到物理层时还要在帧的前面插入 8 字节（由硬件生成），它由两个字段构成。第一个字段是 7 字节的前同步码（1 和 0 交替码），它的作用是使接收端的适配器在接收 MAC 帧时能够迅速调整其时钟频率，使它和发送端的时钟同步，也就是"实现位同步"（位同步就是比特同步的意思）。第二个字段是帧开始定界符，定义为 10101011。它的前六位的作用与前同步码一样，最后的两个连续的 1 就是告诉接收端适配器："MAC 帧的信息马上就要来了，请适配器注意接收"。MAC 帧的 FCS 字段的检验范围不包括前同步码和帧开始定界符。顺便指出，在使用 SONET/SDH 进行同步传输时则不需要使用前同步码,因为在同步传输时收发双方的位同步总是一直保持着的。

顺便指出,在以太网上传送数据时是以帧为单位传送的。以太网在传送帧时,各帧之间还必须要有一定的间隙。因此,接收端只要找到帧开始定界符,其后面的连续到达的比特流就都属于同一个 MAC 帧。可见以太网不需要使用帧结束定界符,也不需要使用字节插入来保证透明传输。

IEEE 802.3 标准规定凡出现下列情况之一的即为无效的 MAC 帧。

1)帧的长度不是整数字节。

2)用收到的帧检测序列 FCS 查出有差错。

3)收到的帧的 MAC 客户数据字段的长度不在 46～1 500 字节之间。考虑到 MAC 帧首部和尾部的长度共有 18 字节,可以得出有效的 MAC 帧长度为 64～1 518 字节之间。

对于检查出来的无效 MAC 帧就简单地丢弃。以太网不负责重传丢弃的帧。

最后还要提一下的是,IEEE802.3 标准规定的 MAC 帧格式与上面所讲的以太网 V2 MAC 帧格式的区别如下:

第一,IEEE 802.3 规定的 MAC 帧的第三个字段是"长度/类型"。当这个字段值大于 0x0600 时(相当于十进制的 1 536),就表示"类型"。这样的帧和以太网 V2 MAC 帧完全一样。只有当这个字段值小于 0x0600 时才表示"长度",即 MAC 帧的数据部分长度。显然,在这种情况下,若数据字段的长度与长度字段的值不一致时,则该帧为无效的 MAC 帧。实际上,前面我们已经讲过,由于以太网采用了曼彻斯特编码,长度字段并无实际意义。

第二,当"长度/类型"字段值小于 0x0600 时,数据字段必须装入上面的 LLC 子层的 LLC 帧。

由于现在广泛使用的局域网只有以太网,因此 LLC 帧已失去了原来的意义。现在市场上流行的都是以太网 V2 的 MAC 帧,但大家也常常把它称为 IEEE 802.3 标准的 MAC 帧。

(2)以太网 MAC 帧的数据封装

当我们的应用程序使用 TCP 传输数据的时候,数据被送入协议栈中,然后逐个通过每一层,直到最后到物理层数据转换成比特流,送入网络。在这个过程中,每一层都会对要发送的数据加一些首部信息。整个过程如图 4-10 所示。

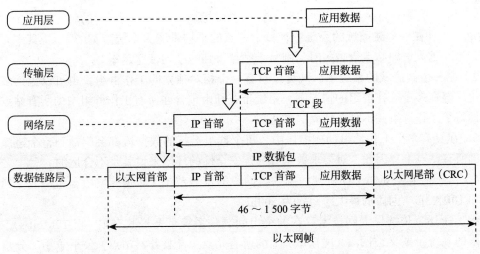

图 4-10 以太网 MAC 帧的数据封装过程

从图 4-10 中可以看出，每一层数据都是由上一层数据加本层首部信息组成的，其中每一层的数据都称为本层的协议数据单元，即 PDU。应用层数据在传输层添加 TCP 报头后得到的 PDU 被称为 Segment（数据段），图示中为 TCP 数据段。传输层的数据（TCP 段）传给网络层，网络层添加 IP 报头得到的 PDU 被称为 Packet（数据包），图示中为 IP 数据包。网络层数据报（IP 数据包）被传递到数据链路层，封装数据链路层报头得到的 PDU 被称为 Frame（数据帧），图示中为以太网帧。最后，帧被转换为比特，通过网络介质传输。这种协议栈逐层向下传递数据，并添加报头和报尾的过程称为封装。

4.5.4 传统以太网和高速以太网

（1）传统以太网

传统以太网技术主要是指符合 IEEE 802.3 规范的以太网技术，依其传输媒体的不同，一般可分为 10BASE-5、10BASE-2、10BASE-T、IOBASE-FL 等几种类型，其中以 10BASE-T 最为典型，其应用范围也最广。传统以太网技术的基本特点具体如下。

1）数据传输率为 10Mbit/s。

2）任何站点帧的发送和接收过程通常都是基于共享介质的 CSMA/CD（带碰撞检测的载波监听多路访问）"争用"介质访问控制协议，一般工作在"半双工"传输模式。

3）由于受 CSMA/CD 机理的限制，存在"碰撞槽时间"和"碰撞域"的概念，即受制于"数据的传输率与传输距离之积为一恒定值"的基本规律，从而决定了网络的最大跨距受到限制。

4）传输介质可采用同轴电缆、3 或 5 类 UTP、光缆等。

5）逻辑拓扑结构为总线型，物理拓扑结构可为总线型（同轴电缆）或星形（双绞线或光缆）。

6）各站点共享总线带宽，以广播形式发送数据。

7）物理层数据信号采用曼彻斯特编码，基带传输模式。

8）数据帧长度可变，最少 64 字节，最多 1 518 字节。

传统共享型以太网的种种技术特点决定了其必然存在着许多局限性和不足之处，主要包括以下几个方面。

1）由于受到 CSMA/CD 机理的约束，一个碰撞域（即一个网段）的带宽是固定的（如 10Mbit/s），且在一个碰撞域的系统中，每个站点的平均带宽为系统带宽的 $1/n$，其中 n 为站点数，当 n 越大，即站点数越多时，则每个站点得到的平均带宽越小。

2）在一个碰撞域的系统中，既可以只有一个相对独立的工作群组，也可以包括多个工作群组，但在多个工作群组的情况下，系统带宽却由包含在所有工作群组中的所有站点所分割，即每个工作群组并不具有独立的带宽。

3）在具有多个工作群组的碰撞域中，每个群组运行的数据流都会广播到整个碰撞域系统中的所有站点上，因此，对要求数据有一定安全性的环境来说其是不合适的。

4）由于受到 CSMA/CD 机理的制约，网段的覆盖范围（即碰撞域覆盖范围）受到了限制，如 10BASE-T 网段的最大跨距仅为 500m。

综上所述，传统以太网技术存在的突出问题是系统带宽极其有限（仅 10Mbit/s），且非常有限的系统带宽又被网段（碰撞域）上的所有站点（含服务器站点）公平争用、分割，因此，其网络吞吐性能将随着站点数目的进一步增加（网络负荷较重时）呈急剧衰减的态势，从而导致网络运行环境的严重恶化。鉴于此，有必要采取新的技术手段和解决方案，对传统以太网技术实现升级和优化，以适应网络应用新的形势。就目前的技术水平而言，高速以太网技术、以太网交换技术、路由器技术、虚拟局域网（VLAN）技术及第三层交换技术等的组合运用的是升级和优化传统以太局域网的主要途径。

（2）高速以太网

速率达到或超过100Mbit/s的以太网称为高速以太网。下面简单介绍几种高速以太网技术。目前，主流的高速以太网技术主要是指系统带宽为100Mbit/s的快速以太网技术、1000Mbit/s的千兆以太网技术以及10Gbit/s的万兆以太网，它们都是在继承传统以太网技术的基础上发展起来的，因此其在很大程度上能够方便地使原以太网用户（特别是原10BASE-T/FL用户）实现平稳升级，同时有效地保护了原用户物质上和技术储备上的先期投入。

快速以太网（100BASE-T）技术是基于100BASE-T/FL技术发展而来的传输率高达100Mbit/s的局域网技术。从OSI层次来看，与10Mbit/s传统以太网一样，快速以太网仍是由数据链路层、物理层及传输媒体组成的。它们的拓扑结构和媒体布局与10BASE-T/FL极其类似，至于帧结构、媒体访问控制方式则完全沿袭了传统以太网IEEE 802.3的基本标准。快速以太网技术与产品推出之后，迅速获得了广泛的应用，并于1995年正式作为IEEE 802.3标准的补充，即IEEE 802.3u标准公布于世。快速以太网根据其物理层规范的不同，主要分为以下4类。

1）100BASE-TX，是一种使用2对5类UTP（或STP）的快速以太网技术，在传输中使用4B/5B编码方式，支持"全双工"操作。

2）100BASE-FX，是一种使用多模或单模光纤的快速以太网技术，在传输中使用4B/5B编码方式，支持"全双工"操作。

3）100BASE-T4，是一种使用4对3、4、5类UTP（或STP）的快速以太网技术，在传输中使用8B/6T编码方式，不支持"全双工"操作。

4）100BASE-T2，是一种使用2对3类UTP的快速以太网技术，因其在实现上存在技术难度大、费用成本高等缺点，一般情况下很少采用。在快速以太网体系结构中，综合考虑传输媒体数字信号的驱动能力及碰撞域范围的制约因素，期网段（碰撞域）跨距较之传统的10Mbit/s以太网有较大的收缩：基于双绞线媒体的最大网段跨距在205m以内；基于多模光缆媒体的"半双工"传输模式下其最大网段跨距在412m以内，但在"全双工"传输模式下点到点的连接距离可达到2km（因"全双工"传输模式不受CSMA/CD机理约束）。

千兆以太网技术是10/100Mbit/s以太网标准的一个扩展，因此其具有向下兼容10/100Mbit/s以太网的功能。其基本特性包括：可以提供1 000Mbit/s的原始数据带宽；支持"全双工"传输模式（仅限于光缆媒体）；"半双工"传输模式下继承了CSMA/CD存取方式；帧格式沿用IEEE 802.3以太网帧格式等。千兆以太网基于不同的物理层规范可归纳为两种实现技术：即1 000BASE-X（IEEE 802.3z规范）和1 000BASE-T（IEEE 802.3ab规范）。1 000BASE-X中包括了1 000BASE-LX（多模/单模光缆长波激光规范）、1 000BASE-SX（多模光缆短波激光规范）及1 000BASE-CX（短距离屏蔽铜缆规范）三种标准，并都采用相同的8B/10B编码/译码方案。1 000BASE-T是一种使用5类UTP的千兆以太网技术，采用不同于8B/10B的编码/译码方案和特殊的驱动电路方案。在"半双工"传输模式下，为消除由于提速后导致碰撞域范围过于缩小的负面影响，千兆以太网技术采用了"帧扩展技术"（一种在不改变 802.3 标准最小帧长度的情况下把最小帧长度由 512 位扩展到 512 字节的技术）加以弥补，使得采用光缆媒体的千兆以太网"半双工"传输模式下的网段（碰撞域）跨距最高可达 330m。

万兆以太网的标准由 IEEE 802.3ae 委员会进行制定，正式标准已在 2002 年 6 月完成。万兆以太网并非将千兆以太网的速率简单地提高 10 倍。这里还有许多技术上的问题需要解决。万兆以太网的帧格式与 10Mbit/s、100Mbit/s 和 1 000Mbit/s 以太网的帧格式完全相同，它还保留了 802.3 标准规定的以太网最小和最大帧长。这就使用户在将其已有的以太网进行升级时，仍能和较低速率的以太网很方便地进行通信。由于数据率很高，万兆以太网不再使用铜线而是只使用光纤作为传输媒体。它使用长距离（超过 40km）的光收发器与单模光纤接口，以便其能够工作在广域网和城域网的范围，也可使用较便宜的多模光纤，但传输距离为 65～300m。万兆以太网只工作在全双工方式，因此不存在争用问题，也不使用 CSMA/CD 协议。这就使得万兆以太网的传输距离不再受到碰撞检测的限制而大大提高了。

4.6 虚拟局域网

4.6.1 VLAN 概述

虚拟局域网（Virtual Local Area Network，VLAN）是指在局域网交换机（ATM、LAN、以太网等）里根据功能、部门及应用等因素采用网络管理软件将不同的设备或用户组织起来构建的可跨越不同网段、不同网络、不同位置的端到端的逻辑网络。IEEE 802.1Q 标准对虚拟局域网（VLAN）做了如下定义：虚拟局域网是由一些局域网网段构成的与物理位置无关的逻辑组，而这些网段具有某些共同的需求。VLAN 是一种比较新的技术，工作在 OSI 参考模型的第 2 层和第 3 层，一个 VLAN 就是一个广播域，VLAN 之间的通信就是通过第 3 层的路由器来完成的。

对于普通的局域网而言，一个物理的网段就是一个广播域。而在 VLAN 中，广播域可以是由一组任意选定的第二层网络地址（MAC 地址）组成的虚拟网段。这样，网络中工作组的划分可以突破局限于某一网络或物理范围的限制，而完全根据管理功能来进行划分。同一个 VLAN 中的所有成员共同拥有一个 VLAN ID，同一个 VLAN 中的成员通过 VLAN 交换机可以直接通信，这些广播只有 VLAN 中的成员才能听得到，而不会传输到其他的 VLAN 中去；如果没有路由的话，不同 VLAN 之间则不能相互通信。网络管理员将一个物理的 LAN 逻辑地址划分成不同的广播域，每一个 VLAN 都包含一组有着相同需求的计算机工作站，与物理上形成的 LAN 有着相同的属性。

配置层
传输/解析层
映射层

图 4-11 VLAN 结构框架

VLAN 网络的结构框架基于三层模型：配置层、传输/解析层、映射层，如图 4-11 所示。

在配置层上可确定 VLAN 的配置参数并分配全局标识名及 VLAN 标记。传输和解析层在网络中可将有关的控制信息传递到网桥，由网桥根据控制信息决定如何传递分组。映射层支持接收帧和 VLAN 映射，由接收帧中的信息决定帧的方向和端口。

VLAN 网络可以由混合的网络类型设备组成，比如 10M 以太网、100M 以太网、令牌网、FDDI、CDDI，等等，也可以是工作站、服务器、集线器、网络上行主干，等等。

针对以太网的广播问题和安全性，VLAN 将网络划分成多个广播域，从而可以有效地控制不必要的广播风暴的产生，并且使网络的拓扑结构变得非常灵活。控制网络中不同部门、不同站点之间的通信活动，简化了网络管理，便于工作组的优化，也增加了网络中不同部门之间的安全性。VLAN 中的成员只要拥有一个 VLAN ID 就可以不受物理位置的限制，随意移动工作站的位置，同时也只有具备 VLAN 成员资格的分组数据才能通过，这就大大地增强了网络的安全性。网络带宽得到了充分利用，也利于控制流量，网络性能得到大大提高。同时，还减少了设备的投入成本，大大提高了网络规划和重组的管理功能。

VLAN 对网络的划分一般分为以下几种。

（1）按照端口划分

按照端口划分 VLAN 就是根据 VLAN 交换机上的物理端口和 VLAN 交换机内部的 PVC（永久虚电路）端口将整个网络分成若干个组，每个组构成一个虚拟网络，相当于一个独立的 VLAN 交换机（例如，1 号交换机的端口 1 和 2 以及 2 号交换机的端口 5、6 和 7 上的最终工作站组成了虚拟局域网 A；而 1 号交换机的端口 3、4、5、6、7 和 8 加上 2 号交换机的端口 1、2、3 上的最终工作站组成了虚拟局域网 B）。这种按网络端口来划分 VLAN 网络成员的配置过程简单明了，所有 VLAN 厂商都支持这种工作方式，因此，它是最常用、最有效的一种方式。其主要缺点在于自动化程度低，灵活性不好，不允许用户移动，当一个用户从一个端口迁移到其他端口时，必须对网络进行重新配置，而且多个 VLAN 不能包含相同的物理段或端口，一个设备在一个时刻只能归属于单一网络。

（2）按照 MAC 地址划分

由于 MAC 地址对应于唯一的网卡，和计算机处于网络中的位置无关，因此可按 MAC 地址来划分 VLAN。VLAN 工作基于工作站的 MAC 地址，VLAN 交换机跟踪属于 VLAN MAC 的地址。这样在基于 MAC 地址层的 VLAN 中，某一台计算机从一个物理网段移动到另一个物理网段中仍可保留在原来的 VLAN 中，而不必再进行配置。这种划分方式减少了网络管理员的日常维护工作量，不足之处在于所有的终端都必须被明确地分配在一个具体的虚拟局域网中，任何时候增加终端或者更换网卡，都要对虚拟局域网数据库进行调整，以实现对该终端的动态跟踪。而且笔记本电脑没有网卡，因而，当笔记本电脑移动到另一个站时，VLAN 需要重新配置。在这种 VLAN 技术中，一个有用的网络特征是单个用户可以重叠 VLAN，也就是说一台计算机可归属于多个不同的 VLAN。

（3）按照网络层划分

VLAN 按照网络层来划分就是根据执行的网络协议进行网络分组或使用网络层地址来确定网络成员，常见的有 IP、IPx、DEcnet、AppleTalk、Banyan 等 VLAN 网络。这种按网络层协议组成的 VLAN，可使广播域跨越多个 VLAN 交换机。当网络管理者期望通过服务应用来定义 VLAN 时，这种方式是非常合适的。而且用户可以在网络内部自由移动而不用重新配置自己的工作站。这种类型的虚拟网可以减少由于协议转换而造成的网络延迟。这种方式的不足之处在于，可使广播域跨越多个 VLAN 交换机，容易造成某些 VLAN 站点数目较多，产生大量的广播包，使 VLAN 交换机的效率降低。

（4）用户自定义划分

基于用户定义、非用户授权来划分 VLAN，是指为了适应特别的 VLAN 网络，根据特别的网络用户的特别要求来定义和设计 VLAN，而且可以让非 VLAN 群体用户访问 VLAN，但是需要提供用户密码，在得到 VLAN 管理的认证后才可以加入一个 VLAN。

4.6.2 VLAN 的帧格式

构造 VLAN 帧结构一般都是对标准以太网帧附加 VLAN 信息，附加 VLAN 信息的方法主要有以下两种：IEEE 802.1Q 协议和思科的 ISL（Inter Switch Link）协议。

（1）IEEE 802.1Q 协议

IEEE 802.1Q 协议通过如图 4-12 所示的方式对标准以太网帧添加 VLAN 信息，具体如下。

基于 IEEE 802.1Q 附加的 VLAN 信息，就像是在传递物品时附加的标签。因此，它也被称作"标签型 VLAN"（Tagging VLAN）。

IEEE 802.1Q 所附加的 VLAN 识别信息，位于数据帧中"发送源 MAC 地址"与"类型（type）"之间。具体内容为 2 字节的 TPID 和 2 字节的 TCI，总共有 4 字节。经过添加的 VLAN 识别信息的数据帧上的 CRC 不再是原来数据帧的 CRC，而是插入 TPID、TCI 后，对包括它们在内的整个数据帧重新计算后所得到的值。

TPID（Tag Protocol Identifier）是 IEEE 定义的新类型，表明这是一个加了 802.1Q 标签的帧。TPID 包含了一个固定的值 0x8100。

TCI（Tag Control Information）主要是帧的一些控制信息，它包含了下面的一些元素。

1）用户优先级（User Priority）：TCI 的前 3 位指明了帧的优先级。一共有 8 种优先级，即 0～7。最高优先级为 7，一般应用于关键性网络流量，如路由选择信息协议（RIP）和开放最短路径优先（OSPF）协议的路由表更新。优先级 6 和 5 主要用于延迟敏感（delay-sensitive）应用程序，如交互式视频和语音。优先级 1 到 4 主要用于受控负载（controlled-load）应用程序，如流式多媒体（streaming multimedia）和关键性业务流量（business-critical traffic）。关键性业务流量有 SAP 数据以及"loss eligible"流量。优先级 0 是默认值，在没有设置其他优先级值的情况下可自动启用。

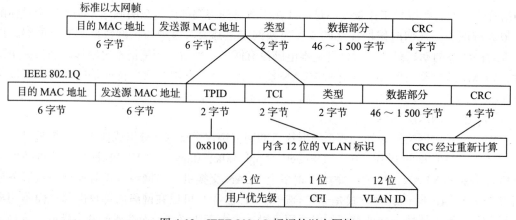

图 4-12 IEEE 802.1Q 标记的以太网帧

2）规划格式指示器（Canonical Format Indicator，CFI）：CFI 的值为 0 说明是规范格式，1 为非规范格式。它被用在令牌环/源路由 FDDI 介质访问方法来指示封装帧中所带地址的比特次序信息。

3）VLAN ID（VLAN Identified）：这是一个 12 位的标识，指明了 VLAN 的 ID，支持 4 096 个不同的 VLAN 识别，每个支持 802.1Q 协议的交换机发送出来的数据包都会包含这个标识，以指明自己属于哪一个 VLAN。在 4 096 种可能的 VLAN ID 中，VID=0 用于识别帧的优先级。4 095（FFF）作为预留值，所以有效的 VLAN ID 的范围一般为 1～4 094。

在一个交换网络环境中，以太网的帧有两种格式：有些帧是没有加上这 4 个字节标志的，称为未标记的帧（untagged frame），有些帧加上了这 4 个字节的标志，称为带有标记的帧（tagged frame）。

（2）ISL 协议

ISL 是思科公司提出的一种与 IEEE 802.1Q 类似的、用于在汇聚链路上附加 VLAN 信息的协议。使用 ISL 之后，每个数据帧的头部都会被附加 26 字节的"ISL 包头"（ISL Header），并且在帧的尾部带上通过对包括 ISL 包头在内的整个数据帧进行计算后得到的 4 字节 CRC 值，总共增加了 30 字节的信息。解析使用 ISL 协议的数据帧的时候，只要简单地去除 ISL 包头和新 CRC 就可以了。

从图 4-13 中可以看出 ISL 包头包括 11 个部分，具体解释如下。

DA：40 位组播目的地址。包括一个广播地址 0X01000C0000 或者是 0X03000C0000。

Type：各种封装帧（Ethernet（0000）、Token Ring（0001）、FDDI（0010）和 ATM（0011））的 4 位描述符。

User：Type 字段使用的 4 位描述符的扩展或者定义以太网的优先级。以太网的优先级从最低优先级 0 开始到最高优先级 3。

SA：传输 Catalyst 交换机中使用的 48 位源 MAC 地址。

LEN：16 位帧长描述符，计算减去 DA、Type、User、SA、LEN 和 CRC 等字段后的帧长。

AAAA03：标准 SNAP 802.2 LLC 头。

HAS：SA 的前 3 字节（厂商的 ID 或组织唯一 ID）。

VLAN：15 位 VLAN ID。低 10 位用于 1 024 VLAN。

BPDU：1 位描述符，识别该帧是否生成树网桥协议数据单元（BPDU）。如果封装帧为思科发现协议（CDP）帧，也需要设置该字段。

INDEX：16 位描述符，识别传输端口 ID，用于诊断差错。

RES：16 位预留字段，应用于其他信息，如令牌环和分布式光纤数据接口帧（FDDI）。

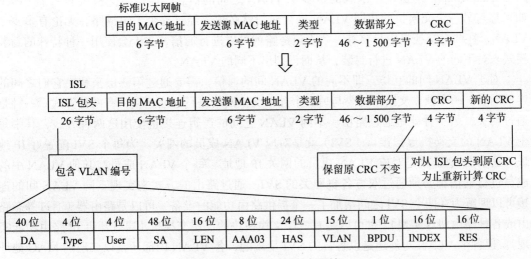

图 4-13　ISL 标记的以太网帧

由于 ISL 是 Cisco 独有的协议，因此其只能用于 Cisco 网络设备之间的互联。

4.6.3 VLAN 的运行

VLAN 是建立在物理网络基础上按照功能、项目组、IP 子网或者应用策略等方式划分的一种逻辑子网，因此建立的 VLAN 一般需要交换机或者路由器的支持。为了提高处理效率，交换机内部的数据帧一律都带有 VLAN Tag，以统一方式处理。当一个数据帧进入交换机接口时，如果没有带 VLAN Tag，且该接口上配置了 PVID（Port Default VLAN ID），那么该数据帧就会被标记上接口的 PVID。如果数据帧已经带有 VLAN Tag，那么即使接口已经配置了 PVID，交换机也不会再给数据帧标记 VLAN Tag 了。VLAN 具有与物理网络相同的属性，但是即使不在同一个物理网段中的终端站点也可以聚合。任一交换机端口都可以配置为 VLAN 接口，负责整个 VLAN 的单播、广播和多播包转发。当网络中的不同 VLAN 间进行相互通信时，需要路由的支持，这时就需要增加路由设备——要实现路由功能，既可采用路由器，也可采用三层交换机来完成。

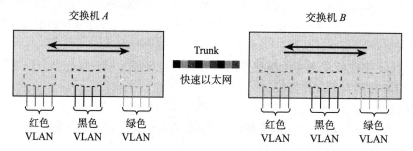

图 4-14　VLAN 运行过程

从图 4-14 中可以看出，有两台交换机——交换机 A 和交换机 B，每个交换机又分成了三个 VLAN，一个是红色 VLAN，一个是黑色 VLAN，一个是绿色 VLAN，每个交换机中只能是同一个 VLAN 中的节点才可以通信，但是如何连通交换机 A 的红色 VLAN 和交换机 B 的红色 VLAN 呢？

其一般都是经过 Trunk 端口连接的。只有快速以太网口（或更高）才可以配置成干道链路（Trunk-link），干道链路承载的是多个 VLAN 之间的信息，即一个交换机的一个 VLAN 如果想与另一个交换机的相同 VLAN 进行通信就必须要经过这个干道链路。无论有多少个 VLAN，在两台交换机中只要有一条干道链路就可以进行通信，主干会使用一种特殊的封装模式来对不同的 VLAN 进行封装，从而识别出不同的 VLAN。

对于 VLAN 间的互访，即不同的 VLAN 间的通信，需要通过第三层来解决它们之间的连接问题。一个独立交换网络要与另一个独立交换网络进行三层连接，有两种方式：一种是通过网关，另一种就是通过路由。不同 VLAN 之间的逻辑连接也使用这两种方式，其中每个 VLAN 的交换机虚拟接口（SVI）就是对应 VLAN 成员的网关。为每个 SVI 配置好 IP 地址，这个 IP 地址就是对应 VLAN 成员的网关 IP 地址。每个 VLAN 成员与其他 VLAN 中的成员进行通信都必须通过双方各自网关的 SVI。通过路由的方式来实现不同 VLAN 间的连接可以理解为在两个 SVI 之间增加了一个提供路由功能的设备，可以是路由器（通过静态路由或各种路由协议实现），也可以是有三层交换模块的三层交换机（通过开启 IP 路由功能实现）。但各个 VLAN 对外还是以各自的 SVI 呈现的，各 VLAN 内部还是以二层的 MAC 地址进行寻址的。

4.7 无线局域网

无线局域网提供了移动接入的功能，这就给许多需要发送数据但又不能坐在办公室的工作人员提供了方便。无线局域网常简写为 WLAN（Wireless Local Area Network）。

4.7.1 WLAN 网络结构

802.11 协议组是相当复杂的标准。但简单来说，802.11 是无线以太网的标准，使用星形拓扑结构，中心称为接入点（Access Point，AP），在 MAC 层使用 CSMA/CA 协议。凡使用 802.11 系列协议的局域网又称为 WiFi（Wireless-Fidelity）。因此，在很多文献中，WiFi 几乎成为 WLAN 的同义词。

802.11 标准规定无线局域网的最小构件是基本服务集（Basic Service Set，BSS）。一个基本服务集（BSS）包括一个基站和若干个移动站，所有站在本 BSS 以内都可以直接通信，但在本 BSS 以外的站通信时都必须通过本 BSS 的基站。在 802.11 术语中，AP 就是 BSS 内的基站（base station）。当网络管理员安装 AP 时，必须为该 AP 分配一个不超过 32 字节的服务集标识符（Service Set IDentifier，SSID）和一个信道。一个基本服务集所覆盖的地理范围称为一个基本服务区（Basic Service Area，BSA）。基本服务区（BSA）和无线移动通信的蜂窝小区相似。无线局域网的基本服务区的范围一般不超过 100m。

一个基本服务集可以是孤立的，也可通过接入点（AP）连接到一个分配系统（Distribution System，DS），然后再连接到另一个基本服务集，这样就构成了一个扩展的服务集（Extended Service Set，ESS）。分配系统可以使用以太网、点对点链路或其他无线网络。扩展服务集还可以为无线用户提供到 802.x 局域网的介入。这种介入是通过称为 Portal（门户）的设备来实现的。Portal 是 802.11 定义的新名词，作用就相当于一个网桥。在一个扩展服务集之内的几个不同的基本服务集也可能有相交的部分。

802.11 标准并没有定义如何实现漫游，但定义了一些基本工具。例如，一个移动站若要加入一个基本服务集（BSS），就必须先选择一个接入点（AP），并与其接入点建立关联（association）。建立关联就表示这个移动站加入了选定的 AP 所属的子网，并与此接入点之间创建了一个虚拟线路。只有关联的 AP 才向这个移动站发送数据帧，而这个移动站也只有通过关联的 AP 才能向其他站点发送数据帧。这一点与手机开机后必须与某个基站建立关联的概念是相似的。

此后，这个移动站就与选定的 AP 互相使用 802.11 关联协议进行对话。移动站点还要向该 AP 鉴别自身。在关联阶段过后，移动站点要通过关联的 AP 向该子网发送 DHCP 发现报文以获取 IP 地址。此时，因特网中的其他部分就把这个移动站当作该 AP 子网中的一台主机。

若移动站使用重新关联（reassociation）服务，则可把这种关联转移到另一个接入点。当使用分离（dissociation）服务时，就会终止这种关联。

移动站与接入点建立关联的方法有两种。一种是被动扫描，即移动站等待接收接入站周期性发出的信标帧（beacon frame）。信标帧中包含有若干系统参数（如服务集标识符 SSID 以及支持的速率等）。另一种是主动扫描，即移动站主动发出探测请求帧（probe request frame），然后等待从接入点发回的探测响应帧（probe response frame）。

现在许多地方，如办公室、机场、快餐店等都能够向公众提供有偿或无偿接入 WiFi 服务。这样的地方就称为热点（hot pot）。由许多热点和接入点连接的区域称为热区（hot zone)。热点就是公众无线入网点。由于无线信道的使用日益增多,因此现在也出现了无线因特网服务提供者(WISP)这一名词。用户可以通过无线信道接入 WISP,然后再经过无线信道接入互联网。

4.7.2 WLAN 协议

1. 物理层

802.11 标准的物理层比较复杂。这里只对其进行简单介绍。根据物理层的不同(如工作频段、数据率、调制方法等),802.11 无线局域网可再细分为不同的类型,如 802.11b、802.11a、802.11g 等都广泛存在。表 4-2 对这三种无线局域网进行了简单比较。

表 4-2 几种常用的 802.11 无线局域网

标准	频段	数据速率	物理层	优缺点
802.11b	2.4GHz	最高为 11Mbit/s	HR-DSSS	最高数据率较低,价格最低,信号传播距离最远,且不易受阻碍
802.11a	5GHz	最高为 54Mbit/s	OFDM	最高数据率较高,支持更多用户同时上网,价格最高,信号传播距离较短,且易受阻碍
802.11g	2.4GHz	最高为 54Mbit/s	OFDM	最高数据率较高,支持更多用户同时上网,信号传播距离最远,且不易受阻碍,价格比 802.11b 贵

对于最常用的 802.11b 无线局域网,所工作的 2.4~2.485GHz 频率范围中有 85MHz 的带宽可用。802.11b 定义了 11 个部分重叠的信道集。但仅当两个信道由四个或更多信道隔开时才无重叠。因此信道 1、6、11 的集合是唯一的三个非重叠信道的集合。因此在同一个位置上可以设置三个 AP,并分别为它们分配信道 1、6、11,然后用同一个交换机把三个 AP 连接起来,这样就可以构成一个最大传输速率为 33Mbit/s 的无线局域网。

2. MAC 层

(1) CSMA/CA 协议

CSMA/CD 协议已成功应用于有线局域网,但由于无线环境的特点,不能简单搬用该协议,特别是在碰撞检测部分。主要原因具体如下。

1) 在无线局域网的适配器上,接收信号强度往往远小于发送信号的强度,若要实现碰撞检测,则在硬件上需要很大的花费。

2) 在无线局域网中,并非所有站点都能听见对方,而"所有站点都能听见对方"正是实现 CSMA/CD 协议必须具备的基础。

CSMA/CD 有两个要点。一是发送前先检测信道。信道空闲就立即发送,信道忙就随机推迟发送。二是边发送边检测信道,一发现碰撞就立即停止发送。因此偶尔发生碰撞并不会使局域网的效率降低很多。既然无线局域网不能使用碰撞检测,那么就应当尽量避免碰撞的发生。为此,802.11 委员会对 CSMA/CD 协议进行了修改,把碰撞检测改为碰撞避免(Collision Avoidance,CA)。这样,802.11 局域网使用的就是 CSMA/CA 协议。碰撞避免的思路是:协议的设计要尽量避免碰撞发生的概率。

802.11 局域网在使用 CSMA/CA 的同时还使用停止等待协议。这是因为无线信道的通信质量远不如有线信道,因此无线站点每通过无线局域网发送完一帧后,要等到收到对方的确认帧后才能继续发送下一帧,这称为链路层确认。

下面简要介绍 802.11 的 MAC 层。

802.11 标准设计了独特的 MAC 层。可通过协调功能来确定在基本服务集中移动站在什么时间能发送数据或接收数据。802.11 的 MAC 层在物理层上面，包含两个子层。

1）分布协调功能（Distributed Coordination Function，DCF）。不采用任何中心控制，而是在每个节点使用 CSMA 机制分布式接入算法，让每个站点通过征用信道来获取发送权。因此 DCF 向上提供争用服务。根据 802.11 协议规定所有的实现都必须具有 DCF 功能。

2）点协调功能（Point Coordination Function，PCF）。PCF 是选项，使用 AP 集中控制整个 BSS 内的活动，因此自组网络就没有 PCF 子层。使用集中控制的接入算法，用类似于探询的方法把发送数据权轮流交给各个站点，从而避免碰撞的产生。该功能适用于时间敏感的业务，如分组话音等。

为了尽量避免碰撞，802.11 规定所有站在完成发送之后，必须再等待一段很短的时间（继续监听）才能发送下一帧。这段时间的通称是帧间间隔（InterFrame Space，IFS）。帧间间隔的长短取决于该站要发送的帧类型。高优先级帧需要等待的时间很短，因此可优先获得发送权，但低优先级帧就必须等待较长的时间，这样就减少了发生碰撞的机会。下面是常用的三种帧间间隔的作用。

1）SIFS：即短帧间间隔。是最短的帧间间隔，用来分隔开属于一次对话的各帧。在这段时间内，一个站应当能够从发送方式切换到接收方式。使用 SIFS 的帧类型包括 ACK 帧、CTS 帧、由过长的 MAC 帧分片后的数据帧，以及所有回答 AP 探询的帧和在 PCF 方式中接入点发送出的任何帧。

2）PIFS：即点协调功能帧间间隔（比 SIFS 长），是为了在开始使用 PCF 方式时优先接入到媒体中。长度是 SIFS 加一个时隙时间长度。时隙的长度是这样确定的，在一个基本服务集内，当某个站在一个时隙的开始就接入到信道时，那么在下一个时隙开始时，其他站就能检测出信道已转变为忙态。

3）DIFS：即分布协调功能帧间间隔（最长的 IFS），在 DCF 方式中用来发送数据帧和管理帧。其长度比 PIFS 再多一个时隙长度。

CSMA/CA 算法可归纳如下。

1）若站点最初有数据要发送，且检测到信道空闲，在等待时间 DIFS 之后，发送整个数据帧。

2）否则，站点执行 CSMA/CA 协议的退避算法。一旦检测到信道忙，就冻结退避计时器。只要信道空闲，退避计时器就进行倒计时。

3）当退避计时器时间减少到零时，站点就发送整个帧并等待确认。

4）发送站若收到确认，就知道已发送的帧被目的站正确收到了。这时如果要发送第二帧，就要从上面的步骤 2 开始，执行 CSMA/CA 协议的退避算法，随机选定一段退避时间。

若源站在规定时间内没有收到确认帧 ACK，就必须重传此帧，直到收到确认为止，或者经过若干次的重传失败后放弃发送。

当一个站要发送数据帧时，仅在下面这种情况下才不使用退避算法：检测到信道是空闲的，并且这个数据帧是它想发送的第一个数据帧。

（2）对信道进行预约

为了更好地解决隐蔽站带来的碰撞问题，802.11 允许要发送数据的站对信道进行预约。具体的做法是这样的：源站 A 在发送数据帧之前先发送一个短的控制帧，称为请求发送（Request To Send，RTS），包括源地址、目的地址和这次通信所需的持续时间。若信道空闲，则目的站 B 就响应一个控制帧，称为允许发送（Clear To Send，CTS），它也包括这次通信所需的持续时间。A 收到 CTS 帧后就可发送其数据帧。

使用 RTS 和 CTS 帧会使整个网络的效率有所下降。但由于其长度很短，相比不使用可能造成的数据帧重发，会大大降低浪费的时间。

（3）MAC 帧

802.11 帧共有三种类型，即控制帧、数据帧和管理帧。如图 4-15 所示的为数据帧的主要字段图示。

MAC 首部								
2字节	2字节	6字节	6字节	6字节	2字节	6字节	0～2312字节	4字节
帧控制	持续期	地址1	地址2	地址3	序号控制	地址4	帧主体	FCS

2位	2位	4位	1位	1位	1位	1位	1位	1位	1位	1位
协议版本	类型	子类型	到DS	从DS	更多分片	重试	功能管理	更多数据	WEP	顺序

图 4-15 802.11 数据帧

可以看出，数据帧主要由以下三大部分组成。

1）MAC 首部，共 30 字节。帧的复杂性都在帧的首部。

2）帧主体，即帧的数据部分，不超过 2 312 字节。这个数值比以太网的最大长度长很多。不过 802.11 帧的长度通常小于 1 500 字节。

3）帧检验序列 FCS 是尾部，共 4 字节。

关于 802.11 数据帧地址的说明具体如下。

其数据帧最特殊的地方就是有四个地址字段。地址 4 用于自组网络。这里只讨论前三种地址。这三个地址的内容取决于帧控制字段中的"到 DS"和"从 DS"这两个子字段的数值。这两个子字段各占 1 位，合起来共有 4 种组合，用于定义 802.11 帧中的几个地址字段的含义。

下面有选择地介绍 802.11 数据帧中的其他字段：序号控制字段、持续期字段和帧控制字段。

1）序号控制字段占 16 位，其中序号子字段占 12 位，分片字段占 4 位。重传的帧的序号和分片子字段的值都不变。序号控制的作用是使接收方能够区分开是新传送的帧还是因出现差错而重传的帧。

2）持续期字段占 16 位。该字段记录前面 CSMA/CA 中允许传输站点预约信道的时间。该字段有多种用途，最高位为 0 时才表示持续期。

3）帧控制字段共分为 11 个子字段。以下是其中较为重要的几个。

协议版本字段现在是 0。

类型字段和子字段可用来区分帧的功能。如上所述，802.11 帧三种类型中每种又分为若干子类型。例如，控制帧有 RTS、CTS 和 ACK 等几种不同的控制帧。控制帧和管理帧都有其特定的帧格式。

更多分片字段置为 1 时表明这个帧属于一个帧的多个分片之一。

有线等效保密（Wired Equivalent Privacy，WEP）字段占 1 位。若 WEP=1，就表明采用

了 WEP 加密算法。WEP 表明使用在无线信道上的这种加密算法在效果上可以与有线信道上的通信一样的保密。

4.7.3 其他种类的无线局域网

本节将着重介绍两种比较常见的无线局域网，它们分别是蓝牙和 ZigBee。

（1）蓝牙

蓝牙标准于 1998 年，由爱立信、诺基亚、IBM 等公司共同推出，即后来的 IEEE 802.15.1 标准。蓝牙技术解决了小型移动设备间的无线互连问题。它的硬件市场非常广阔，涵盖了局域网络中的各类数据及语音设备（如计算机、移动电话、小型个人数字助理 PDA 等）。蓝牙无线技术其实是一种介于无线个域网和局域网之间的技术，目的是通过以无线连接的方式让近距离的信息产品之间安全地传递和交换信息，如同使用无线通信网络把世界各地的移动通信设备连接起来一样。

完整的蓝牙协议层如图 4-16 所示，与许多通信系统一样，蓝牙的通信协议采用的是层次结构。其底层为各类应用所通用，高层则视具体应用不同而有所不同。

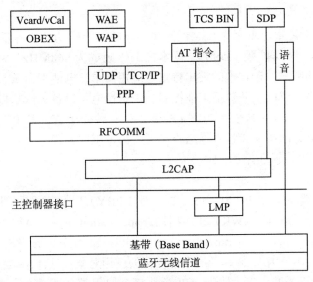

图 4-16　蓝牙协议栈

根据通信协议，各种蓝牙设备无论在任何地方，都可以通过人工或自动查询来发现其他蓝牙设备，从而构成 Piconet 或 Scatter net，实现系统提供的各种功能。

蓝牙体系结构中的协议分为以下 4 层：

1）核心协议：基带（Base band）协议、LMP、L2CAP、SDP 等。

2）电缆替代协议：RFCOMM。

3）传送控制协议：TCS Binary、AT 命令集等。

4）应用协议（可选协议）：PPP、UDP/TCP/IP、OBEX、vCard/vCarl、lrMC、WAP 等。

除核心协议之外，还定义了主机控制接口（HCI），其为基带控制器、链路管理器、硬件状态和控制寄存器提供命令接口。HCI 一般位于 L2CAP 的下层，但 HCI 也可位于 L2CAP 的上层。

蓝牙核心协议是由 SIG 制定的蓝牙专利协议组成的，绝大部分蓝牙设备都需要核心协议（加上无线部分），而其他协议则根据应用的需要而定。

基带控制层的作用是在各蓝牙单元之间建立物理射频电路，从而形成微微网。协议可以提供面向连接（SCO）业务和无连接（ACL）业务，ACL用于分组数据业务，而SCO分组不仅包括话音，也用于话音和数据的组合。

链路管理协议（LMP）负责建立和解除主从设备单元之间的连接，以及鉴权和加密功能。通过连接的发起、交换、核实，进行身份的验证和加密，并通过协商来确定基带数据包大小。它还控制无线设备的电源模式和工作周期，以及微微网内蓝牙设备单元的连接状态。

L2CAP是第三层的控制和适配协议。L2CAP向RFCOMM和SDP等层提供面向连接和无连接的业务。基带数据业务可以越过LMP而直接通过L2CAP向高层协议传送数据。从某种意义上来说，L2CAP和LMP都相当于数据链路层的协议。

服务发现协议（SDP）在蓝牙协议栈中起着至关重要的作用，它是所有用户模式的基础。使用SDP可以查询到蓝牙设备信息和服务类型，从而可以根据这些设备信息和服务类型在蓝牙设备之间建立相应的连接。SDP支持3种查询方式：按业务类别搜寻、按业务属性搜寻和业务浏览。

（2）ZigBee

ZigBee是一种近距离、低复杂度、低速率、低成本、低功耗、容量大的双向无线通信新技术。它采用直接序列扩频（DSSS）技术，工作频率为868MHz、915MHz或2.4GHz，都是无须申请执照的频率。该技术的突出特点是应用简单、电池寿命长、有组网能力、可靠性高以及成本低，主要应用领域包括工业控制、消费性电子设备、汽车自动化、农业自动化和医用设备控制等。ZigBee基于802.15.4标准，是一种介于蓝牙和RFID无线标记技术之间的技术，支持星形、网状和簇状网络结构，可灵活地组成各种网络。其传输距离一般可达10～75m左右，基本传输速率为250kbit/s，当速率降低到28kbit/s时，传输范围可扩大到134m。

ZigBee协议栈建立在IEEE 802.15.4的物理（PHY）层和MAC子层规范之上。它实现了网络层（network layer，NWK）和应用层（application layer，APL）。应用层内又提供了应用支持子层（application support sub-layer，APS）和ZigBee设备对象（ZigBee Device Object，ZDO）。应用框架中则加入了用户自定义的应用对象。其体系结构如图4-17所示。

从图4-17中可以看出，应用层（APL）是整个协议栈的最高层，包含应用支持子层（APS）和ZigBee设备对象（ZDO）以及厂商自定义的应用对象。

应用支持子层（APS）提供了两个接口，分别是应用支持子层数据实体服务访问点（APSDE-SAP）和应用支持子层管理实体服务访问点（APSME-SAP）。APS主要负责维护设备绑定表。设备绑定表能够根据设备的服务和需求将两个设备进行匹配。APS根据设备绑定表能够在被绑定在一起的设备之间进行消息传递。APS的另一个功能是能够找出在一个设备的个人操作空间内（POS）其他哪些设备正在进行操作。

ZigBee设备对象（ZDO）的功能包括负责定义网络中设备的角色，如协调器或者终端设备，还包括对绑定请求的初始化或者响应、在网络设备之间建立安全联系等。为了实现这些功能，ZDO使用APS层的APSDE-SAP和网络层的NLME-SAP。ZDO是特殊的应用对象，它在端点（endpoint）0上实现。

厂商自定义的应用对象实际上就是运行在ZigBee协议栈上的应用程序。这些应用程序使用ZigBee联盟提供的已经经过批准的规范进行开发并且运行在端点1～240上。

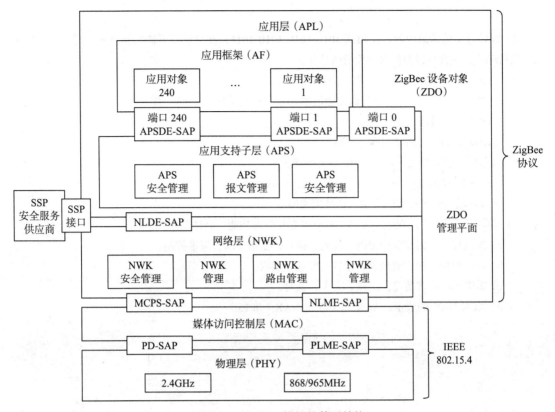

图 4-17 ZigBee 协议栈体系结构

NWK 层是协议栈实现的核心层，它主要负责网络的建立、设备的加入、路由搜索、消息传递等相关功能。这些功能将通过网络层数据服务访问点 NLDE-SAP 和网络层管理服务访问点 NLME-SAP 向协议栈的应用层提供相应的服务。

在无线通信网络中，设备与设备之间通信数据的安全保密性是十分重要的。IEEE 802.15.4/ZigBee 协议可使用 MAC 层的安全机制来保证 MAC 层命令帧、信标帧和确认帧的安全性。单跳数据消息一般是通过 MAC 层的安全机制来保证的，而多跳消息报文则是通过更上层（如网络层）的安全机制来保证。ZigBee 协议利用安全服务供应商（Security Service Provider，SSP）向网络层和应用层提供数据加密服务。

本章小结

本章主要介绍了数据链路层的主要功能，包括了它的服务，以及支撑它的规定和协议。本章首先总结了数据链路层能够提供的一些服务，我们可以看出数据链路层最基本的服务就是将网络层的数据从一个节点传输到另外一个节点。然后介绍了在数据链路层中比较重要的差错检测与纠错机制，讨论了奇偶校验和循环冗余检测（CRC）。接着详细介绍了数据链路层常见的几个协议，包括 HDLC 协议、点对点协议（PPP）、多路访问协议；以及几种常见的网络，包括以太网、虚拟局域网（VLAN）和无线局域网（WLAN）。

思考题

1）如果因特网中的所有链路都提供可靠的交付服务，那么 TCP 可靠传输服务将是多余的吗？为什么？

2）假设分组的信息内容是位模式 1010 1010 1010 1011，并且使用了偶校验方案。那么在二维奇偶校验情况下，包含该检验位的字段的值是什么？

3）试用代码实现 CRC 编码过程，语言不限。

4）说明（举一个例子）二维奇偶校验能够纠正和检测单比特差错。说明（举一个例子）某些双比特差错能够被检测但不能被纠正。

5）与 HDLC 相比，PPP 的优点有哪些？

6）试用程序模拟以太网 MAC 帧的数据封装过程。

7）试述 VLAN 帧的结构，并分析此结构设计的原因。

8）无线局域网有哪些实际应用？试举例说明。

9）编码实现模拟信道程序，使系统具有可靠的收发功能。具体要求如下：

  a）发送程序：偶校验；编码；发送、接收；差错处理、流量控制。

  b）接收程序：检查偶校验；应答；发送、接收。

  c）需考虑的异常情况：出错、丢失、延时。

  d）ACK/NAK 的表示：ACK（0x06），NAK（0x15）。

第 5 章 网 络 层

本章将主要介绍网络层的相关内容。网络层是 OSI 参考模型中的第三层，介于传输层和数据链路层之间。数据链路层提供了两个相邻端点之间的数据帧的传送功能，网络层在此基础之上，进一步管理网络中的数据通信，设法将数据从源端经过若干个中间节点传送到目的端，从而向传输层提供最基本的端到端的数据传送服务。本章的重点内容包括网络层提供的服务、网际协议（IP）、地址解析协议（ARP）和逆地址解析协议（RARP）、CIDR 和 VLSM、路由算法和协议、因特网组管理协议（IGMP）、下一代网际协议（IPv6）、网络地址转换（NAT）、多协议标签交换（MPLS）。

5.1 网络层提供的服务

1. 虚电路服务

虚电路服务是一种面向连接的、使所有分组按顺序到达目的端的、可靠性数据传输服务。为了进行数据传输，网络中的两个节点之间需要先建立一条逻辑通道。该逻辑通道临时建立并在会话结束时释放，故称之为"虚"电路。接收端通过虚电路依次接收发送端发送的每一个分组，其实现原理具体如下。

1）任意两个传输节点之间都可能有若干条虚电路进行数据传输，两节点之间也可以有多条虚电路为不同的进程服务。

2）每个节点上都保存着一张虚电路表，表中包含虚电路号、前一个节点、后一个节点等信息，这些信息将在虚电路建立过程中被确定。

3）节点在建立虚电路时，动态选择一个未被使用的虚电路号，以区别于本节点中的其他虚电路。

虚电路方式的主要特点具体如下。

1）一次通信具有呼叫建立、数据传输和呼叫清除三个阶段，适用于两端之间长时间的数据交换。

2）分组按固定路由顺序传输，分组在每个节点上存储、排队等待传输。

3）分组传输时延小、可靠，分组不易丢失。

4）线路或设备故障可能使虚电路中断时，需要重新呼叫建立新的连接。

两个计算机进行通信的步骤具体如下。

1）先建立连接（但在分组交换中是建立一条虚电路（Virtual Circuit，VC），以保证通信双方所需的一切网络资源。

2）双方沿着已建立的虚电路发送分组。这样分组的首部就不需要填写完整的目的主机地址，而只需填写这条虚电路的编号（一个不大的整数），因而减少了分组的开销。

3）如果这种通信方式再使用可靠传输的网络协议，就可使所发送的分组无差错按序地到达终点，当然也不丢失、不重复。

4）在通信结束后，要释放所建立的虚电路。

2. 数据报服务

数据报服务是由数据报交换网来提供的。端系统的网络层同网络节点中的网络层之间一致地按照数据报的操作方式来交换数据。当端系统要发送数据时，网络层会给该数据附加上地址、序号等信息，然后作为数据报发送给网络节点；目的端系统收到的数据报可能不是按照顺序到达的，也有可能出现数据报丢失的问题。数据报服务与 OSI 的无连接网络服务类似。

数据报服务的设计思路如下。

1）网络层向上只提供简单灵活的、无连接的、尽最大努力交付的数据报服务。网络在发送分组时不需要先建立连接。每个分组（也就是 IP 数据报）均独立发送，与其前后的分组无关（不进行编号）。

2）网络层不提供服务质量的承诺。也就是说所传送的分组，可能会出错、丢失、重复或失序，当然也不能保证分组交付的时限。

这种设计思路的好处具体如下。

1）网络的造价大大降低。
2）运行方式灵活。
3）能够适应多种应用。

图 5-1 为虚电路与数据报服务在各方面的比较。

	虚电路	数据报
建立连接	需要	不需要
目的地址信息	仅在连接建立阶段使用，每个分组均使用虚电路号	每个分组都有目的地址
路由选择	在虚电路建立连接时进行，所有分组均按同一路由	每个分组独立选择路由
当路由器出现故障	所有通过了故障路由器的虚电路都不能使用	出故障的路由器可能会丢失分组，一些路由可能会发生变化
分组顺序	总是按发送顺序到达目的端	可能不按发送顺序到达目的端
端到端差错处理和流量控制	由通信子网负责	由用户主机负责

图 5-1 虚电路与数据报服务对比

5.2 网际协议

网际协议（IP）是 TCP/IP 协议族中最为核心的协议，所有的 TCP、UDP、因特网控制报文协议（Internet Control Message Protocol，ICMP）及因特网组管理协议（Internet Group Management Protocol，IGMP）等数据都是以 IP 数据报的形式传输的。IP 是一种不可靠的协议，也就是说，它并不能保证每个 IP 数据报都能够成功地到达目的地，而只是提供最好的传输服务。如果发生某种错误（例如，某个路由器暂时用完了缓冲区），IP 有一个简单的错误处理算法，即丢弃该数据报，然后发送 ICMP 消息报给发送方。每个数据报的处理都是相互独立的，因此 IP 数据报可以不按发送顺序接收。任何可靠性都必须由上层协议来提供，如 TCP/IP 数据报的输入、输出和转发。

IPv4 协议族中不同层次的协议如图 5-2 所示。

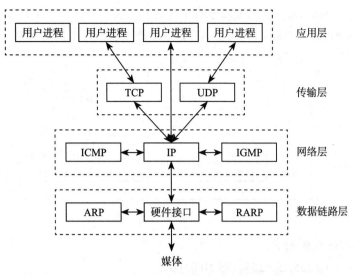

图 5-2　IPv4 协议族中不同层次的协议

5.2.1　IPv4 地址分类

IPv4（IP）地址分为五类，其具体分类方法如图 5-3 所示。

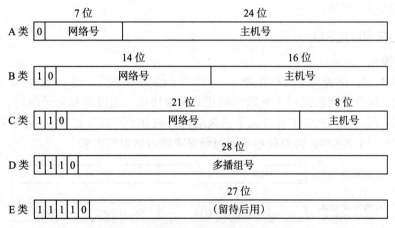

图 5-3　IP 地址分类

A：0.0.0.0 ～ 127.255.255，其中段 0 和 127 不可用。
B：128.0.0.0 ～ 191.255.255.255。
C：192.0.0.0 ～ 223.255.255.255。
D：224.0.0.0 ～ 239.255.255.255。
E：240.0.0.0 ～ 255.255.255.255，其中段 255 不可用。

其中除了段 0 和段 127 之外，一些 IP 地址因为有其他用途，是不可以随意使用的。这些特殊的 IP 地址可分为三类：特殊源地址、环回地址以及广播地址，如图 5-4 所示。

有些 IP 地址被拿出来专门用于私有 IP 网络，称为私有 IP 地址。私有 IP 的出现是为了解决公有 IP 地址不够用的情况。从 A、B、C 三类 IP 地址中拿出一部分作为私有 IP 地址，这些 IP 地址不能被路由到 Internet 骨干网上，Internet 路由器也将丢弃该私有地址。如果私有 IP 地址想要连至 Internet，则需要将私有地址转换为公有地址。这个转换过程称为网络地址转换（Network Address Translation，NAT），通常使用路由器来执行 NAT 转换。

	网络号	子网号	主机号	描述
特殊源地址	全 0	无	全 0	网络上所有的主机
			HostID	网络上特定的主机
环回地址	127	无	任何值	环回
广播地址	全 1	无	全 1	受限的广播地址（永远不被转发）
	NetID	无		以网络的目的向 NetID 广播
		SubNetID		以子网为目的向 SubNetID 广播
		全 1		以所有子网为目的向所有子网广播

图 5-4 特殊 IP 地址一览

私有地址的范围具体如下。

A：10.0.0.0 ~ 10.255.255.255，即 10.0.0.0/8。

B：172.16.0.0 ~ 172.31.255.255，即 172.16.0.0/12。

C：192.168.0.0 ~ 192.168.255.255，即 192.168.0.0/16。

与私有 IP 地址相对应的是公有地址，由因特网信息中心（Internet Network Information Center，InterNIC）负责。这些 IP 地址将被分配给注册并向 InterNIC 提出申请的组织机构，通过它可直接访问因特网。

5.2.2 CIDR 和 VLSM

1. 子网掩码

从 1985 年起，IP 地址中又增加了一个"子网号字段"，这种做法称为划分子网（Subnetting），划分子网已经成为互联网的正式标准协议。当没有划分子网时，IP 地址是两级结构。划分子网后，IP 地址就变成了三级结构。划分子网只是把 IP 地址的主机号这部分进行了再划分。划分之后，需要使用子网掩码来将路由器识别出来。

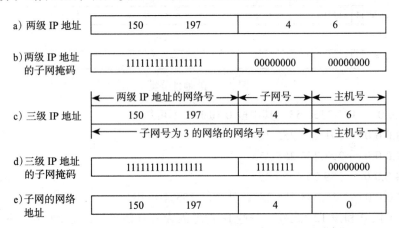

图 5-5 IP 地址的各字段和子网掩码（以 150.197.4.6 为例）

图 5-5a 是 IP 地址为 150.197.4.6 的主机本来的两级 IP 地址结构。图 5-5b 是这个两级 IP 地址的子网掩码。图 5-5c 是同一地址的三级 IP 地址结构，也就是说，现在从原来的 16 位主机号中取出 8 位作为子网号，而主机号减少为 8 位。注意，现在子网号为 4 的网络的网络

地址是 150.197.4.0。为了使路由器能够提取出所要寻找的子网的网络地址，路由器需要使用三级 IP 地址的子网掩码。图 5-5d 是三级 IP 地址的子网掩码。子网掩码中的 1 对应于 IP 地址中原来二级地址的 16 位网络号加上新增加的 8 位子网号，而子网掩码中的 0 对应于现在的 8 位主机号。图 5-5e 表示路由器把三级 IP 地址的子网掩码和收到的数据报的目的 IP 地址 150.197.4.6 逐位相"与"（AND），得出了所要找的子网的网络地址为 150.197.4.0。

如果一个网络不划分子网，那么该网络的子网掩码就会使用默认的子网掩码。默认子网掩码中 1 的位置和 IP 地址中的网络号字段正好相对应。显然，A 类地址的默认子网掩码是 255.0.0.0，B 类地址的默认子网掩码是 255.255.0.0，C 类地址的默认子网掩码是 255.255.255.0。

2. 变长子网掩码（Variable Length Subnet Mask，VLSM）

VLSM 是指在一个层次结构的网络中可以使用多个不同的掩码，也就是说可以对一个经过子网划分的网络再次进行划分。VLSM 的引入有效地解决了地址分配的浪费问题。变长子网掩码的出现打破了传统的以 A、B、C、D、E 为标准的 IP 地址划分的方法，缓解了 IP 地址不足，节约了 IP 地址空间，减少了路由表的大小，不过需要所采用的路由协议能够支持它（如 RIPV2、OSPF、EIGRP 和 BGP）。变长子网掩码的实现方法也很简单：就是通过主机数量来决定前缀位数。

3. 无类域间路由（Classless Inter-Domain Routing，CIDR）

在进行网段划分时，除了有将大网络拆分成若干个网络的需要之外，也有将若干小网络组合成一个大网络的需要。在一个有类别的网络中，路由器决定了一个地址的类别，并能根据该类别识别网络和主机。

CIDR 指的是不再采用 A、B、C 类网络的规则，而是将前缀相同的一组网络定义为一个路由条目，如 190.0.0.0/8，看起来与 C 类网有些类似，但是前缀却是 8。CIDR 技术常用来减小路由表的大小。在 CIDR 中，路由器使用前缀来描述有多个位是网络位，剩下的位则是主机位。CIDR 显著提高了 IPv4 的可扩展性和效率，通过使用路由聚合，可有效地减小路由表的大小，节省路由器的内存空间，提高路由器的查找效率。CIDR 是用于帮助减缓 IP 地址和路由表增大问题的一项技术。CIDR 的理念是多个地址块可以被组合或聚合在一起生成更大的无类别 IP 地址集（也就是说允许有更多的主机）。

CIDR 是将路由表中的条目汇总，如将多个 C 类地址汇总为一个 B 类地址。VLSM 则是将一个网划分为多个子网，以充分利用网络资源。简单来说，VLSM 是把一个 IP 分成几个连续的 IP 网段；CIDR 是把几个 IP 地址合并成一个 IP，并在外网显示。

5.2.3 IP 数据报的格式

TCP/IP 协议定义了一个在因特网上传输的包，称为 IP 数据报（IP Datagram）。这是一个与硬件无关的虚拟包，由首部和数据两部分组成。首部的前一部分是固定长度，共 20 字节，是所有 IP 数据报必须具有的。在首部的固定部分后面是一些可选字段，其长度是可变的。首部中的源地址和目的地址都是 IP 地址，整体格式如图 5-6 所示。

1. IP 数据报首部的固定部分

版本：占 4 位，指 IP 的版本。通信双方使用的 IP 版本必须一致。目前广泛使用的 IP 版本号为 4（即 IPv4）。

首部长度：占 4 位，可表示的最大十进制数值是 15。请注意，这个字段所表示数的单位是 32 位字（1 个 32 位字长是 4 字节），因此，当 IP 的首部长度为 1111 时（即十进制的 15），首部长度就达到 60 字节。当 IP 分组的首部长度不是 4 字节的整数倍时，必须利用最后的填充字段加以填充。因此数据部分永远在 4 字节的整数倍开始，这样做就使得 IP 实现较为方便。将首部长度限制为 60 字节的缺点是有时可能不够用。这样做的目的是希望用户尽量减少开销。最常用的首部长度就是 20 字节（即首部长度为 0101）。

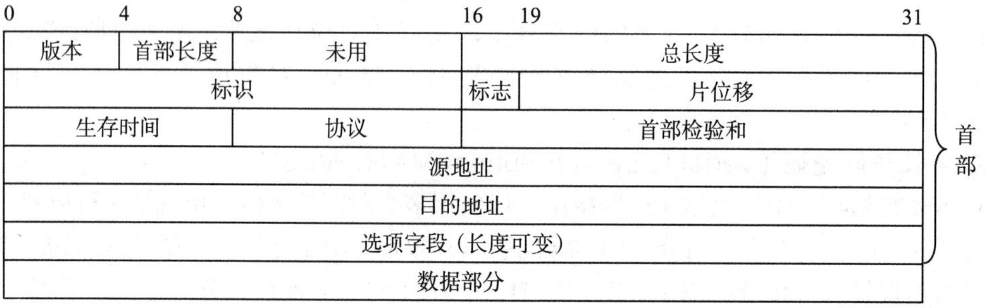

```
 0      4        8              16   19                    31
┌───────┬────────┬───────────────┬────┬─────────────────────┐ ┐
│ 版本  │首部长度│     未用      │        总长度            │ │
├───────┴────────┴───────────────┼────┼─────────────────────┤ │
│          标识                  │标志│       片位移         │ │
├────────────────┬───────────────┼────┴─────────────────────┤ │
│   生存时间     │     协议      │       首部检验和         │ │首
├────────────────┴───────────────┴──────────────────────────┤ 部
│                    源地址                                 │ │
├───────────────────────────────────────────────────────────┤ │
│                    目的地址                               │ │
├───────────────────────────────────────────────────────────┤ │
│            选项字段（长度可变）                           │ │
├───────────────────────────────────────────────────────────┤ ┘
│                    数据部分                               │
└───────────────────────────────────────────────────────────┘
```

图 5-6　IP 数据报格式

服务：占 8 位，用来获得更好的服务。这个字段在旧标准中称为服务类型，但实际上一直没有被使用过。1998 年互联网工程任务组（The Internet Engineering Task Force，IETF）把这个字段改名为区分服务（Differentiated Services，DS）。只有在使用区分服务时，这个字段才起作用。

总长度：总长度指首部及数据之和的长度，单位为字节。因为总长度字段为 16 位，所以数据报的最大长度为 $2^{16}-1=65\,535$ 字节。在 IP 层下面的每一种数据链路层都有自己的帧格式，其中包括帧格式中的数据字段的最大长度，即最大传送单元（Maximum Transfer Unit，MTU）。当一个数据报封装成链路层的帧时，此数据报的总长度（即首部加上数据部分）一定不能超过下面的数据链路层的最大传送单元。

标识：占 16 位。IP 在存储器中维持一个计数器，每产生一个数据报，计数器就加 1，并将此值赋给标识字段。但这个"标识"并不是序号，因为 IP 是无连接的服务，数据报不存在按序接收的问题。当数据报由于长度超过网络的 MTU 而必须分片时，这个标识字段的值就被复制到所有的数据报的标识字段中。相同的标识字段的值能使分片后的各数据报片最后能正确地重装成为原来的数据报。

标志：占 3 位，但目前只有 2 位有意义。标志字段中的最低位记为 MF（More Fragment）。MF=1 表示后面"还有分片"的数据报。MF=0 表示这已是若干数据报片中的最后一个。标志字段中间的一位记为 DF（Don't Fragment），意思是"不能分片"。只有当 DF=0 时才允许分片。

片位移：占 13 位。即较长的分组在分片后，某片在原分组中的相对位置。也就是说，相对用户数据字段的起点，该片从何处开始。片位移以 8 字节为偏移单位。也就是说，每个分片的长度一定是 8 字节（64 位）的整数倍。

生存时间：占 8 位，生存时间字段常用的英文缩写是 TTL（Time To Live），其表明数据报在网络中的寿命。由发出数据报的源点设置这个字段。其目的是防止无法交付的数据报无限制地在因特网中传递，白白消耗网络资源。最初的设计是以秒作为 TTL 的单位，每经过一个路由器时，就把 TTL 减去数据报在路由器消耗掉的一段时间。若数据报在路由器消耗的时间小于 1 秒，就把 TTL 值减 1。当 TTL 值为 0 时，就丢弃这个数据报。

协议：占 8 位，协议字段指出此数据报携带的数据使用的是何种协议，以便使目的主机的 IP 层知道应将数据部分上交给哪个处理进程。

首部检验和：占 16 位。这个字段只检验数据报的首部，但不包括数据部分。这是因为数据报每经过一个路由器，都要重新计算一下首部检验和（一些字段，如生存时间、标志、片位移等都可能发生变化）。不检验数据部分可减少计算的工作量。

源地址：占 32 位。源 IP 地址就是发出数据的设备的 IP 地址，它是数据的来源。

目的地址：占 32 位。目标 IP 地址就是数据最终要到达的设备的 IP 地址。

2. IP 数据报首部的可变部分

IP 首部的可变部分就是一个可选字段。选项字段用来支持排错、测量以及安全等措施，内容丰富。此字段的长度可变，从 1 字节到 40 字节不等，取决于所选择的项目。某些选项只需要 1 字节，只包括 1 字节的选项代码，有些选项则需要多字节。这些选项一个个拼接起来，中间不需要有分隔符，最后用全 0 的填充字段补齐成为 4 字节的整数倍。增加首部的可变部分是为了增加 IP 数据报的功能，但这同时也使得 IP 数据报的首部长度成为可变的，这就增加了每一个路由器处理数据报的开销。新的 IPv6 就将 IP 数据报的首部长度做成固定的了。

3. IP 数据报的分片和重组

在 IP 数据报中，总长度字段为 16 位，因此数据报的最大长度为 $2^{16}-1=65\,535$ 字节，虽然尽可能长的数据报可以提升传输速率，但是由于以太网的普遍应用，实际上使用数据报的长度很少有超过 1 500 字节的，所以只要超过 1 500 字节就认为此数据报应该进行分片操作。

IP 数据报被分片以后，各分片（fragment）分别组成一个具有 IP 首部的分组，并各自独立地选择路由，在其分别抵达目的主机之后，目的主机的 IP 层会在传送给传输层之前将接收到的所有分片重装成一个 IP 数据报。IP 数据报是 IP 层端到端的传输单元（在分片之前和重组之后），分组是指在 IP 层和链路层之间传送的数据单元。一个分组可以是一个完整的 IP 数据报，也可以是 IP 数据报的一个分片。分片和重新组装的过程对传输层是透明的，其原因是当 IP 数据报进行分片之后，只有当它到达下一站时，才可进行重新组装，且它是由目的端的 IP 层来完成的。分片之后的数据报根据需要也可以再次进行分片。

IP 分片和完整 IP 报文差不多拥有相同的 IP 头，ID 域对于每个分片都是一致的，这样才能在重新组装的时候识别出来自同一个 IP 报文的分片。在 IP 头里面，16 位识别号唯一记录了一个 IP 包的 ID，具有同一个 ID 的 IP 分片将会重新组装；而 13 位片位移则记录了某 IP 片相对整个包的位置；而这两个表中间的 3 位标志则标志着该分片后面是否还有新的分片。这三个域就组成了 IP 分片的所有信息，接收方可以利用这些信息对 IP 数据进行重新组织。

1）**标志字段的作用**：标志字段在分片数据报中起了很大的作用，在数据报分片时把它的值复制到每片中。标志字段的 DF 称作"不分片"位，MF 表示"更多的片"。除了最后一片外，其他每个组成数据报的片都要把 MF 置 1。片位移字段指的是该片偏移原始数据报开始处的位置。另外，当数据报被分片后，每个片的总长度值都要改为该片的长度值。如果将标志字段的"不分片"位置 1，则 IP 将不对数据报进行分片。相反将会丢弃数据报并发送一个 ICMP 差错报文以及通知源主机废弃的原因。如果不是特殊需要，则不应该置 1。

若故意发送部分 IP 分片而不是全部，则会导致目标主机总是等待分片，从而消耗并占用系统资源。某些分片风暴攻击就是基于这种原理。以以太网为例，由于以太网传输电气方面的限制，每个以太网帧最小为 64 字节，最大不能超过 1 518 字节，抛去以太网帧的帧头 14 字节和帧尾 CRC 校验部分 4 字节，那么剩下承载上层协议的地方（也就是 Data 域）最大就只能有 1 500 字节，这就是前面所说的 MTU 的值。这个也是网络层协议重点关注的地方，因为网络层的 IP 会根据这个值来决定是否把上层传达下来的数据进行分片。

2）MTU 原理：当两台远程 PC 互联的时候，它们的数据需要穿过很多的路由器和各种各样的网络媒介才能到达对端，网络中不同媒介的 MTU 各不相同，这就好比是一长段的水管，由不同粗细的水管组成（MTU 不同），通过这段水管的最大水量是由中间最细的水管来决定的。对于网络层的上层协议而言（这里以 TCP/IP 协议族为例），它们对水管的粗细并不在意，它们认为这个是网络层的事情。网络层 IP 会检查每个从上层协议下来的数据包的大小，并根据本机 MTU 的大小决定是否作"分片"处理。分片最大的坏处就是降低了传输性能，在网络层更高一层（即传输层）的实现中这一点需要注意。有些较高的层因为某些原因会要求数据包不能切片，所以会在 IP 数据包包头里面加上一个标签：DF。这样当这个 IP 数据包在一大段网络中传输的时候，如果遇到 MTU 小于 IP 数据包的情况，转发设备就会根据要求丢弃这个数据包，然后返回一个错误信息给发送者。这样往往会造成某些通信上的问题，不过幸运的是大部分网络链路 MTU 都是 1 500 字节或者大于 1 500 字节。对于 UDP 而言，这个协议本身是无连接的协议，对数据包的到达顺序以及是否正确到达不甚关心，所以一般 UDP 应用对分片没有特殊要求。对于 TCP 而言则不同，这个协议是面向连接的，它非常在意数据包的到达顺序以及在传输中是否有错误发生。所以有些 TCP 应用对分片有要求。

3）MSS 原理：MSS 就是 TCP 数据包每次能够传输的最大数据分段。为了达到最佳的传输效能，TCP 在建立连接的时候通常需要协商双方的 MSS 值，TCP 在实现的时候往往用 MTU 值来代替这个值（需要减去 IP 数据包包头的大小 20 字节和 TCP 数据段的包头 20 字节），所以 MSS 往往为 1 460 字节。通信双方会根据双方提供的 MSS 值的最小值来确定这次连接的最大 MSS 值。当 IP 数据报被分片后，每一片都成为一个分组，且都具有自己的 IP 首部，并在选择路由时与其他分组独立。这样，当数据报的这些片到达目的端时就有可能会失序，但是在 IP 首部中有足够的信息来让接收端能够正确组装这些数据报片。尽管 IP 分片过程看起来是透明的，但有一点会让人不想使用它：即使只丢失一片数据也要重传整个数据报。因为 IP 层本身没有超时重传的机制——由更高层来负责超时和重传（TCP 有超时和重传机制，但 UDP 没有。一些 UDP 应用程序本身也执行超时和重传）。当来自 TCP 报文段的某一片丢失后，TCP 在超时后会重发整个 TCP 报文段，因为该报文段对应于一份 IP 数据报，没有办法只重传数据报中的一个数据报片。

4）IP 分片步骤：一个未分片的数据报的分片信息字段全为 0，即多个分片标志位为 0，并且片偏移量为 0。分片一个数据报，需要执行以下几个步骤，即检查 DF 标志位，查明是否允许分片，如果设置了该位，则数据报将被丢弃，并将一个 ICMP 错误返回给源端；基于 MTU 值，把数据字段分成两个部分或者多个部分，除了最后的数据部分之外，所有新建数据选项的长度必须为 8 字节的倍数；每个数据部分被放入一个 IP 数据报，这些数据报的报文头略微修改了原来的报文头；除了最后的数据报分片之外，所有分片都设置了多个分片标志位；每个分片中的片位移量字段设为这个数据部分在原来数据报中所占的位置，这个位置相对于原来未分片数据报中的开头处；如果在原来的数据报中包括了选项，则选项类型字节的高位字节决定了这个信息是被复制到所有分片数据报，还是只复制到第一个数据报；设置新数据报的报文头字段及总长度字段；重新计算报文头部校验和字段。此时，这些分片数据报中的每个数据报都将如一个完整 IP 数据报一样被转发。IP 独立地处理每个数据报分片。数据报分片能够通过不同的路由器到达目的地。如果它们通过那些规定了更小的 MTU 网络，则还能够进一步对它们进行分片。在目的主机上，数据被重新组合成原来的数据报。发送主机设置的标识符字段将与数据报中的源 IP 地址和目的 IP 地址一起使用。分片过程不会改变这个字段。

5）IP 分片的重组：为了重新组合这些数据报分片，接收主机在第一个分片到达时将分配一个存储缓冲区。这个主机还将启动一个计时器。当数据报的后续分片到达时，数据被复制到缓冲区存储器中片位移量字段指出的位置。当所有分片都到达时，完整的未分片的原始数据包就被恢复了。处理如同未分片数据报一样继续进行。如果计时器超时并且分片保持尚未认可状态，则数据报被丢弃。这个计时器的初始值称为 IP 数据报的生存期值。它是依赖于实现的，一些实现允许对它进行配置。在某些 IP 主机上可以使用 netstat 命令列出分片的细节。重组的步骤具体如下。在接收方，对于一个由发送方发出的原始 IP 数据报，其所有分片将被重新组合，然后才能提交到上层协议。每一个将被重组的 IP 数据报都用一个 ipq 结构实例来表示。为了能够高效地组装分片，用于保存分片的数据结构必须做到以下几点：快速定位属于某一个数据报的一组分组；在属于某一个数据报的一组分片中快速插入新的分片；有效地判断一个数据报的所有分片是否已经全部接收；具有组装超时机制，如果在重组完成之前定时器溢出，则删除该数据报的所有内容。

5.2.4 IP 数据报转发流程

IP 数据报的转发流程具体如下。

1）IP 数据报到达网络层之后，首先会根据目的 IP 地址得到目的网络号，然后决定是直接交付还是转发数据报。如果网络号不匹配，则需要转发数据报，即跳到步骤 3。

2）将数据报转发给目的主机。

3）根据目的 IP 地址在路由表（转发表）中查找下一跳 IP 地址。

4）在路由器的 ARP 高速缓存表中查找下一跳 IP 地址对应的 MAC 地址，如果找到下一跳路由器的 MAC 地址，则将查到的 MAC 地址填入数据帧的首部 6 字节（即更新链路层的数据帧）；如果 ARP 高速缓存表中不存在此 IP 地址，则通过向当前局域网内广播一个 ARP 分组来请求下一跳路由器的 MAC 地址。ARP 请求分组广播出去之后，只有下一跳路由器会对此请求分组做出响应，所有其他的主机和路由器都将忽略此 ARP 广播分组。

5）根据得到的下一跳路由器 MAC 地址来更新数据链路层的数据帧，即帧头的目的 MAC 地址字段。

6）转发数据报。

值得注意的是，步骤 2 中数据报直接交付时，如果当前路由器的 ARP 高速缓存表中找不到相应的匹配项，则也需要向当前局域网广播 ARP 请求分组来获取相应主机的 MAC 地址。

5.2.5 因特网控制报文协议

1. ICMP 概述

因特网控制报文协议（Internet Control Message Protocol，ICMP）经常被认为是 IP 层的

一个组成部分,其用于传递差错以及其他需要注意的信息。ICMP 报文通常被 IP 层或更高层协议(TCP 或 UDP)使用。一些 ICMP 报文会把差错报文返回给用户进程。ICMP 报文是在 IP 数据报内部被传输的,其封装在 IP 数据报内部。关于 ICMP 的正式规范请参见 RFC792。

ICMP 报文的格式如图 5-7 所示。所有报文的前 4 字节都是一样的,但是剩下的其他字节则互不相同。下面我们就来逐个介绍各种报文格式。类型字段可以有 15 个不同的值,以描述特定类型的 ICMP 报文。某些 ICMP 报文还使用代码字段的值来进一步描述不同的条件。检验和字段覆盖了整个 ICMP 报文。

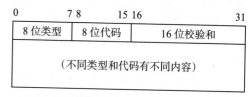

图 5-7 ICMP 报文结构

2. ICMP 报文类型

如表 5-1 所示的为 ICMP 报文类型,表 5-1 中的最后两列表明了 ICMP 报文是一份查询报文还是一份差错报文。因为对 ICMP 差错报文有时需要作特殊处理,因此我们需要对它们进行区分。例如,在对 ICMP 差错报文进行响应时,永远不会生成另一份 ICMP 差错报文(如果没有这个限制规则,可能会遇到一个差错产生另一个差错的情况,而差错再产生差错,这样就会无休止地循环下去)。

表 5-1 ICMP 报文类型

类型	代码	描述	查询	差错
0	0	回显应答(Ping 应答)	√	
3		目的不可达:		
	0	网络不可达		√
	1	主机不可达		√
	2	协议不可达		√
	3	端口不可达		√
	4	需要进行分片但设置了不分片位		√
	5	源站选路失败		√
	6	目的网络不认识		√
	7	目的主机不认识		√
	8	源主机被隔离(作废不用)		√
	9	目的网络被强制禁止		√
	10	目的主机被强制禁止		√
	11	由于服务类型 TOS,网络不可达		√
	12	由于服务类型 TOS,主机不可达		√
	13	由于过滤,通信被强制禁止		√
	14	主机越权		√
	15	优先权终止生效		√
4	0	源端被关闭(基本流控制)		√
5		重定向:		
	0	对网络重定向		√
	1	对主机重定向		√
	2	对服务类型和网络重定向		√
	3	对服务类型和主机重定向		√

(续)

类型	代码	描述	查询	差错
8	0	请求回显（Ping 请求）	√	
9	0	路由器通告	√	
10	0	路由器请求	√	
11		超时：		
	0	传输期间生存时间为 0		√
	1	在数据报组装期间生存时间为 0		√
12		参数问题：		
	0	坏的 IP 首部（包括各种差错）		√
	1	缺少必需的选项		√
13	0	时间戳请求	√	
14	0	时间戳应答	√	
15	0	信息请求（作废不用）	√	
16	0	信息应答（作废不用）	√	
17	0	地址掩码请求	√	
18	0	地址掩码应答	√	

当发送一份 ICMP 差错报文时，报文始终包含 IP 的首部和产生 ICMP 差错报文的 IP 数据报的前 8 字节。这样，接收 ICMP 差错报文就会把它与某个特定的协议（根据 IP 数据报首部中的协议字段来判断）和用户进程（根据包含在 IP 数据报前 8 字节中的 TCP 或 UDP 报文首部中的 TCP 或 UDP 端口号来判断）联系起来。下面五种情况都不会导致产生 ICMP 差错报文。

1）ICMP 差错报文（相应的，ICMP 查询报文可能会产生 ICMP 差错报文）。
2）目的地址是广播地址或多播地址的 IP 数据报。
3）作为链路层广播的数据报。
4）不是 IP 分片的第一片。
5）源地址不是单个主机的数据报。也就是说，源地址不能为零地址、环回地址、广播地址或多播地址。

这些规则是为了防止过去允许 ICMP 差错报文对广播分组响应所带来的广播风暴。

3. ICMP 地址掩码请求和应答

ICMP 地址掩码请求用于无盘系统在引导过程中获取自己的子网掩码。系统广播它的 ICMP 请求报文，这一过程与无盘系统在引导过程中用 RARP 获取 IP 地址是类似的。无盘系统获取子网掩码的另一个方法是引导程序协议（Bootstrap Protocol，BOOTP）。ICMP 地址掩码请求和应答报文的格式如图 5-8 所示。

图 5-8 ICMP 地址掩码请求与应答报文

ICMP 报文中的标识符和序列号字段由发送端任意选择设定，这些值在应答中将其返回,这样,发送端就可以将应答与请求进行匹配。

4. ICMP 时间戳请求与应答

ICMP 时间戳请求允许系统向另一个系统查询当前的时间,返回的建议值是自午夜开始计算的毫秒数。这种 ICMP 报文的好处是它提供了毫秒级的分辨率,而利用其他方法从别的主机获取的时间(如某些 UNIX 系统提供的 rdate 命令)只能提供秒级的分辨率。由于返回的时间是从午夜开始计算的,因此调用者必须通过其他方法获知当时的日期,这是它的一个缺陷。ICMP 时间戳请求和应答报文格式如图 5-9 所示。

请求端填写发起时间戳,然后发送报文。应答系统收到请求报文时间并填写接收时间戳,在发送应答时填写发送时间戳。但是实际上,大多数的实现把后面两个字段都设成相同的值。另一种获取时间和日期的方法如下。

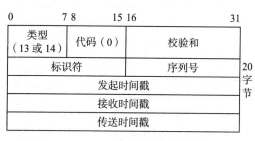

图 5-9 ICMP 时间戳请求和应答报文

1)日期服务程序和时间服务程序。前者是以人们可读的格式返回当前的时间和日期,是一行 ASCII 字符。可以用 Telnet 命令来验证这个服务,时间服务程序返回的是一个 32 位的二进制数值,表示 UTC,自 1900 年 1 月 1 日午夜起算的秒数。这个程序是以秒为单位提供的日期和时间。

2)严格的计时器使用网络时间协议(Network Time Protocol,NTP),该协议在 RFC1305 中给出了描述。这个协议采用先进的技术来保证 LAN 或 WAN 上的一组系统时钟误差在毫秒级以内。

3)开放软件基金会(Open Software Foundation,OSF)的分布式计算环境(Distributed Computing Environment,DCE)定义了分布式时间服务,它也提供计算机之间的时钟同步。

4)伯克利大学的 UNIX 系统提供了守护程序(time(8)),以同步局域网上的系统时钟。不像 NTP 和 DTS,time 不在广域网范围内工作。

5.2.6 IP 地址与硬件地址

作为计算机网络中网络层的重要组成部分,IP 地址与硬件地址具有不同的应用范围和区别。本节将着重分析两者之间的区别和联系。

1. IP 地址与硬件地址的区别

两者的区别如图 5-10 所示。

IP 地址的特点如下。

1)IP 地址是一种逻辑地址。

2)IP 地址称为逻辑地址,是因为 IP 地址是用软件实现的。

3)IP 地址是网络层及其以上各层(包括传输层、应用层等)使用的地址。

4)IP 地址放在 IP 数据报的首部。

硬件地址(MAC 地址)的特点如下。

1)硬件地址是一种物理地址。

2)硬件地址称为物理地址,是因为硬件地址是用硬件实现的。

3)硬件地址是数据链路层和物理层使用的地址。

4)硬件地址放在 MAC 帧的首部。

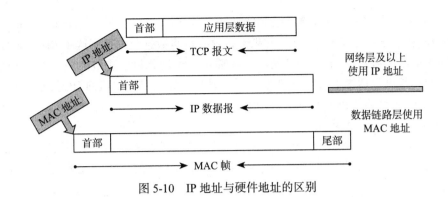

图 5-10　IP 地址与硬件地址的区别

2. 数据中的 IP 地址与硬件地址

发送数据：

1）发送数据时，数据从高层下到低层，然后才到通信链路上传输。

2）使用 IP 地址的 IP 数据报一旦交给了数据链路层，就被封装成 MAC 帧了。

3）MAC 帧在传送时使用的源地址和目的地址都是硬件地址，这两个硬件地址都写在 MAC 帧的首部。

4）当 IP 数据报放入数据链路层的 MAC 帧中以后，整个 IP 数据报就成了 MAC 帧的数据部分，因而在数据链路层看不见 IP 数据报的 IP 地址。

接收数据：

1）在接收数据时，数据从低层上升到高层。

2）连接在通信链路上的设备（主机或路由器）在接收 MAC 帧时，其根据是 MAC 帧首部的硬件地址。

3）在数据链路层看不见隐藏在 MAC 帧的数据中的 IP 地址。

4）只有在剥去 MAC 帧的首部和尾部，把 MAC 帧的数据部分上交给网络层之后，网络层才能在 IP 数据报的首部中找到源 IP 地址和目的 IP 地址。

5.3　地址解析协议和逆地址解析协议

地址解析协议（Address Resolution Protocol，ARP）和逆地址解析协议（Reverse Address Resolution Protocol，RARP）是 IPv4 中必不可少的协议，广泛应用于以太网、光纤分布式数据接口等实际应用中。本节将对这两个协议进行详细的介绍。

5.3.1　ARP

对于以太网，数据链路层上是根据 48 位的以太网地址来确定目的接口的，设备驱动程序从不检查 IP 数据报中的目的 IP 地址。ARP 为 IP 地址到对应的硬件地址之间提供动态映射。

在以太网（ARP 只适用于局域网）中，如果本地主机想要向某一个 IP 地址的主机（路由表中的下一跳路由器或者直连的主机，注意此处 IP 地址不一定是 IP 数据报中的目的 IP）发包，但是并不知道其硬件地址，此时可利用 ARP 提供的机制来获取硬件地址，具体过程如下：

1）首先，每台主机都会在自己的 ARP 缓冲区（ARP Cache）中建立一个 ARP 列表，以表示 IP 地址和 MAC 地址的对应关系。

2）当源主机需要将一个数据包发送到目的主机时，会首先检查自己的 ARP 列表中是否存在该 IP 地址对应的 MAC 地址，如果有，就直接将数据包发送到这个 MAC 地址；如果没有，就向本地网段发起一个 ARP 请求的广播包，查询此目的主机对应的 MAC 地址。此 ARP 请求数据包里包括源主机的 IP 地址、硬件地址，以及目的主机的 IP 地址。

3）网络中所有的主机收到这个 ARP 请求之后，都会检查数据包中的目的 IP 是否和自己的 IP 地址一致。如果不相同就忽略此数据包；如果相同，则该主机首先将发送端的 MAC 地址和 IP 地址添加到自己的 ARP 列表中。如果 ARP 列表中已经存在了该 IP 的信息，则将其覆盖，然后给源主机发送一个 ARP 响应数据包，告诉对方自己是它需要查找的 MAC 地址。

4）源主机收到这个 ARP 响应数据包之后，将得到的目的主机的 IP 地址和 MAC 地址添加到自己的 ARP 列表中，并利用此信息开始数据的传输。如果源主机一直没有收到 ARP 响应数据包，则表示 ARP 查询失败。

5.3.2 数据报格式

网络上的每台主机或设备都有一个或多个 IP 地址。IP 地址是网络层的地址，在网络层，数据被组装成 IP 包。但是发送 IP 包需要物理设备的支持，即发送端必须知道目的物理地址才能将 IP 包发送出去，所以需要一种将 IP 地址映射为物理地址的机制。ARP 就是用来完成这个任务的。ARP 能够在同一个物理网络中，在给定目的主机或设备的 IP 地址的条件下，得到目的主机或设备的物理地址。ARP 的数据包格式如图 5-11 所示。

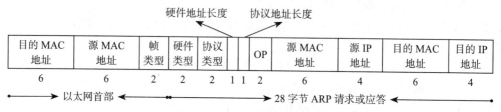

图 5-11　ARP 协议数据报格式

5.3.3 RARP

将局域网中某个主机的物理地址转换为 IP 地址，比如局域网中有一台主机只知道物理地址而不知道 IP 地址，那么可以通过 RARP 发出征求自身 IP 地址的广播请求，然后由 RARP 服务器负责回答。RARP 广泛应用于无盘工作站引导时获取 IP 地址。RARP 允许局域网的物理机器从网管服务器 ARP 表或者缓存上请求其 IP 地址。RARP 工作原理具体如下。

1）网络上的每台设备都会有一个独一无二的硬件地址，该地址通常是由设备厂商分配的 MAC 地址。PC1 从网卡上读取 MAC 地址，然后在网络上发送一个 RARP 请求的广播数据包，请求 RARP 服务器回复该 PC 的 IP 地址。

2）RARP 服务器收到 RARP 请求数据包之后，为其分配 IP 地址，并将 RARP 回应发送给 PC1。

3）PC1 收到 RARP 回应之后，就使用得到的 IP 地址进行通信。

5.4　路由算法和路由协议

路由器提供了异构网互联的机制，实现了将一个网络的数据包发送到另一个网络，路由就是指导 IP 数据包发送的路径信息。路由协议是在路由指导 IP 数据包发送过程中事先约定好的规定和标准。而路由算法的目的，则是找到一条从源路由器到目的路由器的"好"路径。本节将对路由算法和协议进行介绍。

5.4.1 概述

1. 路由算法

路由算法在路由协议中起着至关重要的作用，采用何种算法往往决定了最终的寻径结果，因此选择路由算法一定要仔细。通常需要综合考虑以下几个设计目标。

1）最优化：指路由算法选择最佳路径的能力。

2）简洁性：算法设计简洁，利用最少的软件和开销，提供最有效的功能。

3）坚固性：路由算法处于非正常或不可预料的环境中时，如硬件故障、负载过高或操作失误时，都能正确运行。由于路由器分布在网络连接点上，所以在它们出现故障时会产生很严重的后果。最好的路由器算法通常能够经受得住时间的考验，并在各种网络环境下被证实是可靠的。

4）快速收敛：收敛是在最佳路径的判断上所有路由器都达到一致的过程。当某个网络事件引起路由可用或不可用时，路由器就会发出更新信息。路由更新信息遍及整个网络，并引发重新计算最佳路径，最终达到所有路由器一致公认的最佳路径。收敛慢的路由算法会造成路径循环或网络中断。

5）灵活性：路由算法可以快速、准确地适应各种网络环境。例如，某个网段发生故障，路由算法需要能够很快发现故障，并为使用该网段的所有路由选择另一条最佳路径。

路由算法按照种类可分为以下几种：静态和动态、单路和多路、平等和分级、源路由和透明路由、域内和域间、链路状态和距离向量。

2. 路由协议

路由协议分为两种：静态路由和动态路由。

静态路由是在路由器中设置的固定的路由表。除非网络管理员干预，否则静态路由不会发生变化。静态路由不能对网络的改变作出反应。

动态路由是网络中的路由器之间相互通信，传递路由信息，利用收到的路由信息更新路由器表的过程。它能实时地适应网络结构的变化。如果路由更新信息表明发生了网络变化，那么路由选择软件就会重新计算路由，并发出新的路由更新信息。这些信息通过各个网络，引起各路由器重新启动其路由算法，并更新各自的路由表以动态地反映网络拓扑变化。动态路由适用于网络规模大、网络拓扑复杂的网络。当然，各种动态路由协议也会不同程度地占用网络带宽和 CPU 资源。

静态路由和动态路由有各自的特点和适用范围，因此在网络中动态路由通常作为静态路由的补充。当一个分组在路由器中进行寻径时，路由器首先查找静态路由，如果查到则根据相应的静态路由转发分组；否则再查找动态路由。

根据是否在一个自治域内部使用，动态路由协议分为内部网关协议（Interior Gateway Protocol, IGP）和外部网关协议（Exterior Gateway Protocol, EGP）。这里的自治域指的是一个具有统一管理机构、统一路由策略的网络。自治域内部采用的路由选择协议称为内部网关协议，常用的有 RIP、OSPF；外部网关协议主要用于多个自治域之间的路由选择，常用的是 BGP 和 BGP-4。路由协议分类如图 5-12 所示。

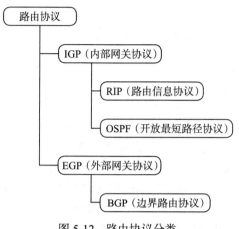

图 5-12 路由协议分类

5.4.2 最短路径优先算法

Floyd 算法和 Dijkstra 算法是用来获得图中两点最短路径的算法。Dijkstra 算法最终能够得到一个节点到其他所有节点的最短路径，而 Floyd 算法最终能够找出每对点之间的最短距离。

1. Dijkstra 算法

迪杰斯特拉算法（Dijkstra Algorithm）是典型的单源最短路径算法，用于计算一个节点到其他所有节点的最短路径。主要特点是以起始点为中心向外层扩展，直到扩展到终点为止。Dijkstra 算法是很有代表性的最短路径算法，在很多专业课程中都作为基本内容有详细的介绍，如数据结构、图论、运筹学，等等。Dijkstra 算法一般的表述通常有两种方式，一种是用永久和临时标号的方式，另一种是用 OPEN、CLOSE 表的方式，这里均采用永久和临时标号的方式。注意该算法要求图中不存在负权回路。

该算法的算法思想具体如下。

设 $G = (V, E)$ 是一个带权有向图，把图中顶点集合 V 分成两组，第一组为已求出最短路径的顶点集合（用 S 表示，初始时 S 中只有一个源点，以后每求得一条最短路径，就将加入到集合 S 中，直到全部顶点都加入到 S 中，算法就结束了），第二组为其余未确定最短路径的顶点集合（用 U 表示），按最短路径长度的递增次序依次把第二组的顶点加入 S 中。在加入的过程中，总保持从源点 v 到 S 中各顶点的最短路径长度不大于从源点 v 到 U 中任何顶点的最短路径长度。此外，每个顶点对应一个距离，S 中顶点的距离就是从 v 到此顶点的最短路径长度，U 中顶点的距离是从 v 到此顶点只包括 S 中的顶点为中间顶点的当前最短路径长度。

该算法的算法步骤具体如下。

1）初始时，S 只包含源点，即 $S=\{v\}$，v 的距离为 0。U 包含除 v 之外的其他顶点，即 $U=\{$其余顶点$\}$，若 v 与 U 中顶点 u 有边，则 $<u, v>$ 正常有权值，若 u 不是 v 的邻接点，则 $<u, v>$ 权值为 ∞。

2）从 U 中选取一个距离 v 最小的顶点 k，把 k 加入 S 中（该选定的距离就是 v 到 k 的最短路径长度）。

3）以 k 为新考虑的中间点，修改 U 中各顶点的距离；若从源点 v 到顶点 u 的距离（经过顶点 k）比原来的距离（不经过顶点 k）短，则修改顶点 u 的距离值。

4）重复步骤 2 和 3，直到所有顶点都包含在 S 中。

Dijkstra 算法的时间复杂度为 $O(n^2)$；空间复杂度取决于存储方式，邻接矩阵为 $O(n^2)$。

2. Floyd 算法

Floyd-Warshall 算法（Floyd-Warshall Algorithm）是解决任意两点间最短路径的一种算法，可以正确处理有向图或负权的最短路径问题，同时也被用于计算有向图的传递闭包。

该算法的算法思想具体如下。

Floyd 算法是一个经典的动态规划算法。用通俗的语言来描述就是，我们的目标首先是寻找从点 i 到点 j 的最短路径。从动态规划的角度来看问题就是，我们需要为这个目标重新做一个诠释（这个诠释正是动态规划最富创造力的精华所在），从任意节点 i 到任意节点 j 的最短路径不外乎两种可能，一种是直接从 i 到 j，另一种是从 i 经过若干个节点 k 到 j。所以，我们假设 Dis(i, j) 为节点 u 到节点 v 的最短路径的距离，对于每一个节点 k，我们检查 Dis(i, k) + Dis(k, j) < Dis(i, j) 是否成立，如果成立，则证明从 i 到 k 再到 j 的路径比 i 直接到 j 的路径短，我们便设置 Dis(i, j) = Dis(i, k) + Dis(k, j)，这样一来，当我们遍历完所有节点 k，Dis(i, j) 中记录的便是 i 到 j 的最短路径的距离。

该算法的算法步骤具体如下。

1）从任意一条单边路径开始。所有两点之间的距离是边的权值，如果两点之间没有边相连，则权值为无穷大。

2）对于每一对顶点 u 和 v，查看是否存在一个顶点 w 使得从 u 到 w 再到 v 比已知的路径更短。如果是则更新它。

Floyd-Warshall 算法的时间复杂度为 $O(n^3)$，空间复杂度为 $O(n^2)$。

5.4.3 内部网关协议 RIP

路由信息协议（Routing Information Protocol，RIP）是一种使用最广泛的内部网关协议（IGP）。IGP 是在内部网络上使用的路由协议（在少数情形下，也可以用于连接到因特网的网络），它可以通过不断地交换信息让路由器动态地适应网络连接的变化，这些信息包括每个路由器可以到达哪些网络、这些网络有多远等。IGP 是应用层协议，并使用 UDP 作为传输协议。

虽然 RIP 仍然被经常使用，但大多数人认为它将会而且正在被诸如 OSPF 和 IS-IS 这样的路由协议所取代。当然，我们也看到了加强型内部网关路由协议（Enhanced Interior Gateway Routing Protocol，EIGRP），其与 RIP 同属于距离矢量路由协议（Distance Vector Routing Protocol），但其是一种更具适应性的路由协议，也被更多地使用。

1. RIP 的工作原理

1）初始化——RIP 初始化时，会从每个参与工作的接口上发送请求数据包。该请求数据包会向所有的 RIP 路由器请求一份完整的路由表。该请求将通过 LAN 上的广播形式发送 LAN 或者在点到点链路发送到下一跳地址来完成。这是一个特殊的请求，其向相邻设备请求完整的路由更新。

2）接收请求——RIP 有两种类型的消息，即响应消息和接收消息。请求数据包中的每个路由条目都会被处理，从而为路由建立度量以及路径。RIP 采用跳数度量，值为 1 则意味着一个直连的网络，值为 16 则意味着网络不可达。路由器会把整个路由表作为接收消息的应答返回。

3）接收到响应——路由器接收并处理响应，它会通过对路由表项进行添加、删除或修改做出更新。

4）常规路由更新和定时——路由器以 30s 一次的频率将整个路由表以应答消息的形式发送到邻居路由器。路由器收到新路由或者现有路由的更新信息时，会设置一个 180s 的超时时间。如果 180s 没有任何更新信息，则将路由的跳数设为 16。路由器以度量值 16 宣告该路由，直到刷新计时器从路由表中删除该路由。刷新计时器的时间设为 240s，或者比过期计时器时间多 60s。Cisco 还用了第三个计时器，称为抑制计时器。接收到一个度量更高的路由之后的 180s 时间就是抑制计时器的时间，在此期间，路由器不会用它接收到的新信息对路由表进行更新，这样就能够为网络的收敛提供一段额外的时间。

5）触发路由更新——当某个路由度量发生改变时，路由器只发送与改变有关的路由，而并不会发送完整的路由表。

2. RIP 的特点

RIP 的特点具体如下。

1）仅与相邻的路由器交换信息。如果两个路由器之间的通信不经过另外一个路由器，那么这两个路由器是相邻的。RIP 规定，不相邻的路由器之间不交换信息。

2）路由器交换的信息是当前本路由器所知道的全部信息，即自己的路由表。

3）按固定时间交换路由信息，如每隔 30s，然后路由器根据收到的路由信息更新路由表（也可进行相应配置使其触发更新）。

3. RIP 的缺点

RIP 的缺点具体如下。

1）由于 15 跳为最大值，RIP 只能应用于小规模网络。

2）收敛速度慢。

3）根据跳数选择的路由，不一定是最优路由。

5.4.4 内部网关协议 OSPF

1. OSPF 的简介

OSPF 是基于链路状态的路由协议，它克服了 RIP 的许多缺陷，具体如下。

1）OSPF 不再采用跳数的概念，而是根据接口的吞吐率、拥塞状况、往返时间、可靠性等实际链路的负载能力定出路由的代价，同时选择最短、最优路由并允许保持到达同一目标地址的多条路由，从而平衡网络负荷。

2）OSPF 支持不同服务类型的不同代价，从而实现不同 QoS 的路由服务。

3）OSPF 路由器不再交换路由表，而是同步各路由器对网络状态的认识，即链路状态数据库，然后通过 Dijkstra 最短路径算法计算出网络中各目的地址的最优路由。这样 OSPF 路由器间不需要定期地交换大量数据，而只是保持着一种连接，一旦有链路状态发生变化时，才通过组播方式对这一变化做出反应，这样减轻了不参与系统的负荷。而这些正是 OSPF 强大生命力和应用潜力的根本所在。

2. OSPF 的工作原理

OSPF 是一种分层次的路由协议，其层次中最大的实体是自治系统（Autonomous System，AS），即遵循共同路由策略管理下的一部分网络实体。在每个 AS 中，网络都将划分为不同的区域。每个区域都有自己特定的标识号。主干（backbone）区域负责在区域之间分发链路状态信息。这种分层次的网络结构是根据 OSPF 的实际情况提出来的。当网络中的自治系统非常大时，网络拓扑数据库的内容就更多，所以如果不分层次的话，一方面容易造成数据库溢出，另一方面当网络中某一链路状态发生变化时，会引起整个网络中每个节点都重新计算一遍自己的路由表，这样既浪费资源与时间，又会影响路由协议的性能（如聚合速度、稳定性、灵活性等）。因此，需要把自治系统划分为多个域，每个域的内部都维持着本域一张唯一的拓扑结构图，且各域根据自己的拓扑图各自计算路由，域边界路由器将各个域的内部路由总结之后在域间扩散。这样，当网络中的某条链路状态发生变化时，此链路所在的域中的每个路由器都将重新计算本域路由表，而其他域中的路由器则只需要修改其路由表中的相应条目而无须重新计算整个路由表，这样就节省了计算路由表的时间。

OSPF 由"呼叫"协议和"可靠泛洪"机制这两个互相关联的主要部分组成。呼叫协议检测邻居并维护邻接关系，可靠泛洪算法则可以确保统一域中的所有的 OSPF 路由器始终具有一致的链路状态数据库，而该数据库构成了对域的网络拓扑和链路状态的映射。链路状态数据库中的每个条目都称为链路状态通告（Link-State Advertisements，LSA），共有 5 种不同类型的 LSA，路由器间交换信息时就是交换这些 LSA。每个路由器都维护着一个用于跟踪网络链路状态的数据库，然后各路由器的路由选择就是基于链路状态，通过 Dijkastra 算法建立起来最短路径树，用该树跟踪系统中的每个目标的最短路径。最后再通过计算域间路由、自治系统外部路由确定完整的路由表。与此同时，OSPF 可动态监视网络状态，一旦发生变化则迅速扩散以达到对网络拓扑的快速聚合，从而确定出新的网络路由表。

OSPF 的设计实现会涉及指定路由器、备份指定路由器的选举、协议包的接收和发送、泛洪机制、路由表计算等一系列问题。

3. OSPF 路由表的计算与实现

有关路由表的计算是 OSPF 的核心内容，它是动态生成路由器内核路由表的基础。在路由表条目中，应包括目标地址、目标地址类型、链路的代价、链路的存活时间、链路的类型以及下一跳等内容。OSPF 路由表的整个计算过程主要由以下 5 个步骤来完成。

1）保存当前路由表：若当前存在的路由表为无效的，则必须从头开始重新建立路由表。

2）域内路由的计算：通过 Dijkstra 算法建立最短路径树，从而计算域内路由。

3）域间路由的计算：通过检查 Summary-LSA 来计算域间路由，若该路由器连接到多个域，则只检查主干域的 Summary-LSA。

4）查看 Summary-LSA：在连到一个或多个传输域的域边界路由器中，通过检查该域内的 Summary-LSA 来检查是否有比第 2 步和第 3 步更好的路径。

5）AS 外部路由的计算：通过查看 AS-External-LSA 来计算目的地在 AS 外的路由。

通过以上步骤，OSPF 生成了路由表。但这里的路由表还不同于路由器中实现路由转发功能时所用到的内核路由表，它只是 OSPF 本身的内部路由表。因此，完成上述工作后，往往还要通过路由增强功能与内核路由表进行交互，从而实现多种路由协议的学习。

5.4.5 外部网关协议 BGP

1. BGP 的简介

边界网关协议（Border Gateway Protocol，BGP）是一种 AS 间的路由协议。BGP 系统之间可以互相交换网络可达性信息，并根据性能优先和策略约束对路由进行决策。BGP 所交换的信息包含全部 AS 路径的网络可达性信息，按照配置信息执行路由策略。当两个 AS

需要交换路由信息时，每个 AS 都必须指定一个运行 BGP 的节点，来代表 AS 与其他 AS 交换路由信息。使用 BGP 的主机一般也使用 TCP。当网络检测到某台主机发出变化时，就会发送新的路由表。

BGP 使用如下四种消息类型：

1）Open 消息：Open 消息是 TCP 连接建立之后发送的首个消息，用于建立 BGP 对等体之间的连接关系。

2）Keepalive 消息：BGP 会周期性地向对等体发出 Keepalive 消息，用来保持连接的有效性。

3）Update 消息：Update 消息用于在对等体之间交换路由信息。它既可以发布可达路由信息，也可以撤销不可达路由信息。

4）Notification 消息：当 BGP 检测到错误状态时，就会向对等体发出 Notification 消息，之后 BGP 连接会立即中断。

2. BGP 的特点

BGP 的特点可总结为以下七点，具体如下。

1）BGP 是一种外部路由协议，与 OSPF、RIP 不同，其着眼点不在于发现和计算路由，而在于控制路由的传播和选择最好的路由。

2）BGP 通过携带 AS 路径信息，可以彻底地解决路由循环问题。

3）为了控制路由的传播和路由的选择，为路由附带属性信息。

4）使用 TCP 作为其传输层协议，提高了协议的可靠性。端口号为 179。

5）BGP-4 支持无类别域间选路（Classless Inter-Domain Routing, CIDR），CIDR 的引入简化了路由聚合，简化了路由表。

6）BGP 更新时只发送增量路由，因此减少了 BGP 传播路由所占用的带宽。

7）提供了丰富的路由策略。

3. BGP 的操作

BGP 协议可以执行三类路由，分别是 AS 间路由、AS 内部路由和贯穿 AS 路由。

1）AS 间路由：AS 间路由发生在不同 AS 的两个或多个 BGP 路由器之间，这些系统的对等路由器使用 BGP 来维护一致的网络拓扑视图，AS 间通信的 BGP 邻居必须处于相同的物理网络。BGP 经常用于为因特网内提供最佳路径而做路由选择。

2）AS 内部路由：AS 内部路由发生在同一 AS 内的两个或多个 BGP 路由器之间，同一 AS 内的对等路由器用 BGP 来维护一致的系统拓扑视图。BGP 也用于决定哪个路由器作为外部 AS 的连接点。一个组织可以利用 BGP 在其自己的管理域内提供最佳路由。

3）贯穿（pass-through）AS 路由：贯穿 AS 路由发生在通过不运行 BGP 的 AS 交换数据的两个或多个 BGP 对等路由器之间。在贯穿 AS 环境中，BGP 通信既不源自 AS 内，其目的也不在该 AS 内的节点，BGP 必须与 AS 内使用的路由协议交互以成功地通过该 AS 传输 BGP 通信。

5.5 因特网组管理协议

本节将介绍用于支持主机和路由器进行多播的因特网组管理协议（IGMP）。它让一个物理网络上的所有系统都知道主机当前所在的多播组。多播路由器需要这些信息以便知道多播数据报应该向哪些接口转发。

1. IGMP 数据报

正如 ICMP 一样，IGMP 也被当作 IP 层的一部分。IGMP 报文通过 IP 数据报进行传输。不像我们已经见到的其他协议，IGMP 有固定的报文长度，没有可选数据。如图 5-13 所示即为 IGMP 报文如何封装在 IP 数据报中。

图 5-13　IGMP 报文封装

图 5-14 显示了长度为 8 字节的 IGMP 报文格式。

图 5-14　IGMP 报文格式

2. IGMP 报告与查询

多播路由器使用 IGMP 报文来记录与该路由器相连的网络中组成员的变化情况。使用规则具体如下。

1）当第一个进程加入一个组时，主机就发送一个 IGMP 报告。如果一个主机的多个进程加入同一组，则只发送一个 IGMP 报告。这个报告被发送到进程加入组所在的同一接口上。

2）进程离开一个组时，主机不发送 IGMP 报告，即便是组中的最后一个进程离开。主机直到在确定的组中已不再有组成员之后，在随后收到的 IGMP 查询中就不再发送报告报文了。

3）多播路由器定时发送 IGMP 查询以了解是否还有任何主机包含有属于多播组的进程。多播路由器必须向每个接口发送一个 IGMP 查询。因为路由器希望主机对它加入的每个多播组均发回一个报告，因此 IGMP 查询报文中的组地址被设置为 0。

4）主机通过发送 IGMP 报告来响应一个 IGMP 查询，对每个至少还包含一个进程的组均要发回 IGMP 报告。

使用这些查询和报告报文，多播路由器对每个接口均保持一个数据表，表中记录接口上至少还包含一个主机的多播组。当路由器收到要转发的多播数据报时，它只将该数据报转发到（使用相应的多播链路层地址）还拥有属于那个组的主机接口上。

3. IGMP 组播中存在的问题

（1）组播的可靠性

IP 组播使用用户数据报 UDP，然而 UDP 是尽最大能力投递的一种协议。因此，IP 组播应用势必会遇到数据包丢失和乱序的问题。为此，对于 IGMP 不同类型的应用必须对确认方式（肯定确认 ACK 和否定确认 NACK）、集中确认与分布确认、重传机制、流量控制、拥塞控制等方面综合考虑，提出解决方案。迄今为止，尽管在广域网环境中已经存在许多可靠组播协议，包括可靠组播协议（Reliable Multicast Protocol, RMP）、可扩可靠组播（Scalable Reliable Multicast, SRM）和可靠组播传输协议 RMTP。组播的可靠性研究仍然是重点研究课题之一。

（2）组播的安全性

组播安全性即只有注册的主机才能够向组发送数据和接收组播数据。然而 IP 组播很难保证这一点。首先，IP 组播使用 UDP，网络中任何主机都可以向某个组播地址发送 UDP 包；其次，Internet 缺少对于网络层的访问控制，组成员可以随时加入和退出组播组，使得组播安全性问题仍然是一个技术难点。IGMP 组播协议是 IPv4 环境下的重要协议。IGMPv1 实现简单，但是主机离开多播组延迟过大，选择查询路由器需要依赖具体的组播路由协议；IGMPv2 缺少对主机进程加入多播组的定义，制约了其应用范围。IGMPv3 的主要改进是支持源特定组播。大部分的网络设备和主机操作系统协议栈都支持 IGMPv1 和 IGMPv2，但为了适应复杂的网络需求，必须大力推进 IGMPv3 协议的应用。Windows XP 已经支持 IGMPv3，UNIX 操作系统也可以与 IGMPv1/v2 版本向后兼容，组播技术有着广阔的发展前景。

5.6 下一代网际协议 IPv6

IPv6 是 Internet Protocol Version 6 的缩写，其中 Internet Protocol 译为"互联网协议"。IPv6 是互联网工程任务组（Internet Engineering Task Force，IETF）设计的用于替代现行版本 IP 协议（IPv4）的下一代 IP 协议。本节将对 IPv6 的相关内容进行介绍。

5.6.1 IPv6 地址格式

IPv6 地址由被划分为 8 个 16 位块的 128 位组成。每个块转换为由冒号符号分隔的 4 位十六进制数字。

例如，下面给出的是以二进制格式表示并被划分为 8 个 16 位块的 128 位 IPv6 地址：
0010000000000001 0000000000000000 0011001000111000 1101111111100001
0000000001100011 0000000000000000 0000000000000000 1111111011111011

其中每个块都被转换为十六进制并由":"符号分隔：
2001:0000:3238:DFE1:0063:0000:0000:FEFB

5.6.2 IPv6 地址类型

IPv6 的地址按类型可划分为单播地址、任播地址和组播地址。

单播地址：单播地址是 IP 网络中最常见的一类地址，包含单播目标地址的分组将发送给特定主机。单播地址标识了一个单独的 IPv6 接口。

任播地址：一组接口的标识符（通常属于不同的节点）。发送到此地址的数据包被传递给该地址标识的唯一一个接口。这是按路由标准标识的最近的接口。任一广播地址取自单播地址空间，而且在语法上不能与其他地址区别开来。寻址的接口依据其配置来确定单播和任一广播地址之间的差别。

组播地址：又称多播地址，作为一组标识符，多播地址的行为/接口可能属于不同的节点集合。IPv6 数据包发送到组播地址被传递到多个接口。

5.6.3 IPv6 的数据报格式

IPv6 的数据报头格式如图 5-15 所示。

IPv6 数据报头各部分的解释具体如下。

1）版本：Internet 协议的 4 位版本号，此处为 6，表示是 IPv6 报文。

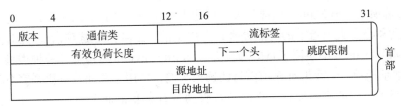

图 5-15　IPv6 数据报头格式

2）通信类：8 位通信类字段，类似于 IPv4 中的 TOS 域。

3）流标签：20 位字段，IPv6 中新增的字段。流标签可用来标记特定流的报文，以便在网络层区分不同的报文。转发路径上的路由器可以根据流标签来区分流并进行处理。由于流标签携带于 IPv6 报文头中，因此转发路由器可以不必根据报文内容来识别不同的流，目的节点同样也可以根据流标签识别流，同时由于流标签在报文头中，因此使用 IPSec 后仍然可以根据流标签进行 QoS 处理。

4）有效负荷长度：16 位无符号整数，这是紧随 IPv6 数据包头之后的其余数据包部分（用 8 位字节表示）。以字节为单位的 IPv6 载荷长度，也就是 IPv6 报文基本头以后部分的长度（包括所有扩展头部分）。

5）下一个头：8 位选定器。标识紧跟在 IPv6 数据包头后面的头的类型。使用与 IPv4 协议字段相同的值。用来标识当前头（基本头或扩展头）后下一个头的类型。此域内定义的类型与 IPv4 中的协议域值相同。IPv6 定义的扩展头由基本头或扩展头中的扩展头域链接成一条链。在这一机制下处理扩展头更高效，转发路由器只处理必须处理的选项头，因此提高了转发效率。

6）跳跃限制：8 位无符号整数。按转发包的每个节点逐一递减。如果跳跃限制递减到零，包就会被丢弃。这一点和 IPv4 中的 TTL 字段类似。

7）源地址：128 位。包初始发送者的地址。

8）目标地址：128 位。包预定接收者的地址。如果存在可选的路由头，则预定接收者不一定就是接收者。

IPv6 选项位于包中的 IPv6 数据包头和传输层头之间的单独扩展头中。在包到达其最终目标之前，包传送路径中的任何路由器都不会检查或处理大多数 IPv6 扩展头。此功能显著改进了路由器对于包含选项的包的路由性能。在 IPv4 中，只要存在任何选项，都会要求路由器检查所有的选项。

与 IPv4 选项不同，IPv6 扩展头可以为任意长度。此外，一个包可承载的选项数量也不限于 40 字节。除了 IPv6 选项的处理方式，此功能还允许将 IPv6 选项用于那些在 IPv4 中不可行的功能。

为了在处理后续选项头以及随后的传输协议时提高性能，IPv6 选项始终设置为 8 个八位字节长度的整数倍。8 个八位字节长度的整数倍可以使后续的头保持对齐。

IPv6 扩展头排列顺序如下。

1）逐跳选项头：值为 0（在 IPv6 基本头中定义）。此选项头被转发路径的所有节点处理。目前在路由告警（资源预留协议和组播侦听发现协议）与 Jumbo 帧处理中使用了逐跳选项头。路由告警需要通知到转发路径中的所有节点，需要使用逐跳选项头。Jumbo 帧是长度超过 65 535 的报文，传输这种报文需要转发路径中的所有节点都能正常处理，因此也需要使用逐跳选项头功能。

2）目的选项头：值为 60。该选项头只可能出现在两个位置：路由头前，这时此选项头可被目的节点和路由头中指定的节点处理；上层头前（任何 ESP 选项后），此时只能被目的节点处理。Mobile IPv6 中使用了目的选项头。Mobile IPv6 中新增加了一种类型的目的选项头——家乡地址选项。家乡地址选项由目的选项头携带，用于移动节点离开家乡后通知接收节点此移动节点对应的家乡地址。接收节点收到带有家乡地址选项的报文后，会把家乡地址选项中的源地址（移动节点的家乡地址）和报文中的源地址（移动节点的转交地址）交换，这样上层协议始终认为是在和移动节点的家乡地址在通信，从而实现了移动漫游功能。

3）路由头：值为 43。用于源路由选项和 Mobile IPv6。

4）分片头：值为 44。此选项头在源节点发送的报文超过源和目的之间传输路径的 MTU 的情况下，对报文分片时使用。

5）验证头（AH 头）：值为 51。用于 IPSec，提供报文验证、完整性检查。定义和 IPv4 中相同。

6）封装安全载荷头（ESP 头）：值为 50。用于 IPSec，提供报文验证、完整性检查和加密。定义和 IPv4 中相同。

7）上层报头选项，又称上层协议报头选项，如 TCP/UDP/ICMP 等。

目的报头选项最多出现两次（一次在路由报头选项前，一次在上层协议报头选项前），其他报头选项最多出现一次。但 IPv6 节点必须能够处理报头选项（逐跳报头选项除外，它规定只能紧随基本报头选项之后）的任意出现位置和任意出现次数，以保证互通性。

5.6.4　IPv6 路由选择机制

IPv6 的路由有很多不同于 IPv4 的地方，首先由于 IPv6 的地址结构运用前缀来标识路由，以及等级的体系结构，使得单播的路由与 IPv4 相比有很大的不同。除此之外，还有 QoS 保证的路由、组播路由，以及移动 IP 路由等很多方面。但是最基本的还是实现单播的机制。本节将介绍 IPv6 路由实现的基本机制。

IPv6 中实现路由主要的协议包括邻居发现协议（Neighbor Discovery：RFC2461）、IPv6 地址自动配置协议（IPv6 Stateless Address Auto configuration：RFC2462）、组播听众发现协议（Multicast Listener Discovery（MLD）for IPv6：RFC2710）和 RIP 域间路由协议（RIPng for IPv6：RFC2080）等。现在简要地介绍这些协议来了解 IPv6 的相关路由机制。

1. 邻居发现协议（Neighbor Discovery Protocol，ND）

ND 是由 IPv4 环境下的 ARP 和 ICMP 以及路由器广播（Router Advertisement）等提供的服务整合而来的。就其本质而言，ND 实际上是允许 IPv6 节点在同一链接中发现并获得本地链接（Link-layer）地址，并且能够广播不同网络参数的一系列的互补 ICMPV6 信息。即主机通过给其本地地址增加一个唯一标识的前缀，从而建立一个本地链接地址。这个地址一旦形成，主机就会发送一个邻居发现信息来确保该地址唯一。

邻居发现协议主要解决的问题具体如下。

1）路由器的发现：主机怎样发现与自己相连的路由器。

2）前缀发现：主机怎样发现链路的前缀集，并由此推断那些节点是否在线。

3）参数发现：主机知道链路的一些参数例如 MTU 等。

4）地址自动配置：节点为一个接口自动配上一个 IP 地址。

5）地址解析：类似于 ARP 的功能。

6）下一跳地址：根据路由的算法来决定下一跳的地址。
7）邻机可达性探测：探测邻机是否可达以决定路由表。
8）重复地址发现：避免地址自动配置时使用重复的地址。
9）路由重定向：路由器怎么通知主机去某目的地有一个更好的第一跳节点。

2. IPv6 地址自动配置相关协议

IPv6 的地址自动配置服务分为无状态自动配置（Stateless Auto Configuration）和全状态自动配置（Stateful Auto Configuration）。

全状态自动配置是 IPv6 继承于 IPv4 中的可选协议 DHCP（RFC2131），DHCP 实现了主机 IP 地址及其相关配置的自动设置。

而 IPv6 无状态地址自动配置（RFC2462）则是在 ND 的基础上，由主机的网卡 MAC 地址附加在链接本地地址前缀之后，产生一个链接本地单点广播地址，接着主机向该地址发出一个 ND 请求，以验证当前地址的唯一性。如果请求没有得到响应，则表明主机自我设置的单点广播地址是唯一的。否则，主机将使用一个随机产生的接口 ID 组成一个新的链接本地单点广播地址。然后，以该地址为源地址，主机向本地链接中的所有路由器以多点广播的方式发送路由器请求，主机用它从路由器得到的全局地址前缀加上自己的接口 ID 自动配置全局地址，然后就可以与网络上的其他主机通信了。

3. IPv6 路由相关协议

根据 Internet 运行 IPv4 的相关经验，在单播过程中，由于 IPv6 采用了分级地址体系结构，从一开始就严格执行分配规则和程序以及设计的层次格式，因而路由表大小是可控制的，原来的 RIP，OSPF 协议也可以在 IPv6 域的范围内只要进行一些改进，例如支持 128 位的地址等，就可以应用在未来的 IPv6 网络中。

现在的问题是 IPv6 在一开始就被要求设计成可扩展、易配置、安全的网络，它还必须解决类似于 QoS、组播、泛播、安全、移动 IP 等问题。于是在 IPv6 的地址路由机制方面就有很多的相关研究。

5.6.5 IPv4 向 IPv6 过渡

网络的普及和发展都加大了 IP 地址的耗尽，IPv4 地址空间的紧缺直接限制了 IP 技术应用的进一步发展，IPv6 应运而生。IPv4 向 IPv6 的过渡是一个必然的趋势。以下就对 IPv4 向 IPv6 的过渡技术作简单介绍。

IPv4/IPv6 过渡技术是用来在 IPv4 向 IPv6 演进的过渡期内，保证业务共存和互操作的技术，IPv4 向 IPv6 过渡的技术大体可以分为以下 3 类。

1. IPv4/IPv6 双协议栈技术

主机同时运行 IPv4 和 IPv6 两套协议栈同时支持两套协议。目前主流操作系统正处于这一转变中。双栈节点完全支持这两种协议版本，这类节点常常被称为 IPv6/IPv4 节点。这种节点和 IPv6 节点进行通信的时候，就像一个纯 IPv6 节点；而当它和 IPv4 节点通信的时候，又像一个纯 IPv4 节点。IPv6/IPv4 节点在每种协议版本下至少有一个地址。节点使用 IPv4 机制进行 IPv4 地址配置（静态配置或 DHCP），而使用 IPv6 机制进行 IPv6 地址配置（静态配置或自动配置）。

这两种协议版本都会使用 DNS 来解析名称与 IP 地址。IPv6/IPv4 节点需要有一个 DNS 解析器来同时解析这两种 DNS 记录。DNS 的 A 记录用来解析 IPv4 地址，而 DNS 的 AAAA

记录或 A6 记录将用来解析 IPv6 地址。某些情况下，DNS 只返回一个 IPv4 地址或 IPv6 地址。如果所要解析的主机是双栈主机，那么这时 DNS 将返回这两种地址。

客户端的 DNS 解析器与使用 DNS 的应用程序均具备一些配置选项，可以让我们指定这些地址使用时的顺序或筛选器。一般来讲，设计运行于双栈节点的应用程序需要一种机制来决定所通信的是 IPv6 节点还是 IPv4 节点。注意，DNS 解析器可以运行于 IPv4 网络或 IPv6 网络中，但世界上的 DNS 树多数只支持 IPv4 网络层。

2. 隧道技术

这种机制体通过 IPv4 网络建立隧道实现 IPv6 站点之间的连接。隧道技术将 IPv6 的分组封装到 IPv4 的分组中，封装后的 IPv4 分组将通过 IPv4 的路由体系传输分组报头的协议域设置为 41，指示这个分组的负载是一个 IPv6 的分组，以便在到达目的网络时恢复出被封装的 IPv6 分组并传送给目的站点。

虽然整个 IPv4 基础设施仍然是基础，但可以用隧道机制在基础设施上部署 IPv6。可以使用隧道把 IPv6 业务封装在 IPv4 数据包中，然后通过 IPv4 路由基础设施传输 IPv6 业务。通过使用 IPv6 隧道技术，可以在不升级 IPv4 核心网络的情况下使 IPv6 边缘网络互通。IPv6 既隧道既可以配置在两个边缘路由器之间，也可以配置在路由器和主机之间；但是，隧道两端的节点必须都支持 IPv4 和 IPv6 协议栈。

3. 网络地址转换/协议转换技术

除单点故障和性能问题需要解决之外，利用转换网关在 IPv4 和 IPv6 网络之间转换，以实现 IPv4 对 IPv6 的通信也是可行的。根据 IP 报头的地址和协议的不同对 IP 分组做相应的语义翻译，从而使纯 IPv4 和纯 IPv6 站点之间能够透明通信。该部分内容将在随后的 5.7 节进行详细介绍。

5.7 网络地址转换

网络地址转换（Network Address Translation，NAT）是 1994 年提出的。NAT 不仅解决了 IP 地址不足的问题，而且还能够有效地避免来自网络外部的攻击，隐藏并保护网络内部的计算机。本节将重点介绍 NAT 的相关内容。

5.7.1 NAT 的由来

互联网数字分配机构（The Internet Assigned Numbers Authority，IANA）向超大型企业/组织分配 A 类网络地址，一次一段。向中型企业或教育机构分配 B 类网络地址，一次一段。这样一种分配策略使得 IP 地址浪费很严重，很多被分配出去的地址没有真实被利用，地址消耗很快。以至于 20 世纪 90 年代初，网络专家们意识到，这样大手大脚下去，IPv4 地址很快就要耗光了。于是，人们开始考虑 IPv4 的替代方案，同时采取一系列的措施来减缓 IPv4 地址的消耗。正是在这样一个背景之下，网络地址转换（NAT）诞生了。

NAT 是一项神奇的技术，说它神奇是因为它的出现几乎使 IPv4 起死回生。在 IPv4 已经被认为行将结束历史使命之后的近 20 年时间里，人们几乎忘了 IPv4 的地址空间即将耗尽这样一个事实——在新技术日新月异的时代，20 年可算一段漫长的时间。更不用说，在 NAT 产生以后，网络终端的数量呈现了加速上升的趋势，对 IP 地址的需求剧烈增加。以此足见 NAT 技术之成功，影响之深远。

说它神奇，更因为 NAT 给 IP 网络模型带来了深远的影响，其身影遍布网络的每个角落。根据一份最近的研究报告，70%的P2P用户位于NAT网关以内。因为P2P主要运行在终端用户的个人计算机之上，这个数字意味着大多数PC都是通过NAT网关连接到Internet的。如果加上2G和3G方式联网的智能手机等移动终端，在NAT网关之后的用户远远超过了这个比例。

5.7.2 NAT的工作模型和特点

网络地址转换（NAT）就是替换IP报文头部的地址信息。NAT通常部署在一个组织的网络出口位置，通过将内部网络IP地址替换为出口的IP地址提供公网可达性和上层协议的连接能力。

RFC1918规定了三个保留地址段落：10.0.0.0～10.255.255.255、172.16.0.0～172.31.255.255、192.168.0.0～192.168.255.255。这三个范围分别处于A、B、C类的地址段，不向特定的用户分配，被IANA作为私有地址保留。这些地址可以在任何组织或企业内部使用，它们与其他Internet地址的区别就是，仅能在内部使用，不能作为全球路由地址。也就是说，出了组织的管理范围这些地址就不再有意义，无论是作为源地址，还是目的地址。对于一个封闭的组织，如果其网络不连接到Internet，就可以使用这些地址而不用向IANA提出申请，而在内部的路由管理和报文传递方式与其他网络没有差异。

对于有Internet访问需求而内部又使用私有地址的网络，就要在组织的出口位置部署NAT网关，在报文离开私网进入Internet时，将源IP替换为公网地址，通常是出口设备的接口地址。一个对外的访问请求在到达目标以后，表现为由本组织出口设备发起，因此被请求的服务端可将响应由Internet发回出口网关。出口网关再将目的地址替换为私网的源主机地址，发回内部。这样一次由私网主机向公网服务端的请求和响应就在通信两端均无感知的情况下完成了。依据这种模型，数量庞大的内网主机就不再需要公有IP地址了。

虽然实际过程远比上述的复杂，但上面的描述概括了NAT处理报文的几个关键特点，具体如下。

1）网络被分为私网和公网两个部分，NAT网关设置在私网到公网的路由出口位置，双向流量必须都要经过NAT网关。

2）网络访问只能先由私网侧发起，公网无法主动访问私网主机。

3）NAT网关在两个访问方向上完成两次地址的转换或翻译，出方向做源信息替换，入方向做目的信息替换。

4）NAT网关的存在对通信双方是保持透明的。

5）NAT网关为了实现双向翻译的功能，需要维护一张关联表，把会话的信息保存下来。

随着后面对NAT的深入描述，我们会发现这些特点是鲜明的，但又不是绝对的。其中第二个特点打破了IP架构中所有节点在通信中的对等地位，这是NAT最大的弊端，为对等通信带来了诸多问题，当然相应的克服手段也应运而生。事实上，第四点是NAT致力于达到的目标，但在很多情况下，NAT并没有做到，因为除了IP首部，上层通信协议经常会在内部携带IP地址信息。

1. 一对一的NAT

如果一个内部主机唯一占用一个公网IP，那么这种方式被称为一对一模型。此种方式下，转换上层协议就是不必要的，因为一个公网IP就能唯一对应一个内部主机。显然，这种方式对节约公网IP没有太大意义，其主要是为了实现一些特殊的组网需求。比如用户希望隐藏内部主机的真实 IP，或者实现两个 IP 地址重叠网络的通信。

2. 一对多的 NAT

NAT 最典型的应用场景是一个组织网络，在出口位置部署 NAT 网关，所有对公网的访问均表现为一台主机，这就是所谓的一对多模型。这种方式下，出口设备只占用一个由 Internet 服务提供商分配的公网 IP 地址。面对私网内部数量庞大的主机，如果 NAT 只进行 IP 地址的简单替换，就会产生一个问题：当有多个内部主机去访问同一个服务器时，根据返回的信息还不足以区分响应应该转发到哪个内部主机。此时，需要 NAT 设备根据传输层信息或其他上层协议去区分不同的会话，并且可能要对上层协议的标识进行转换，比如 TCP 或 UDP 端口号。这样 NAT 网关就可以将不同的内部连接访问映射到同一公网 IP 的不同传输层端口，通过这种方式实现公网 IP 的复用和解复用。这种方式也被称为端口转换 PAT、NAPT 或 IP 伪装，但更多时候直接被称为 NAT，因为它是最典型的一种应用模式。

3. 按照 NAT 端口映射方式分类

在一对多模型中，按照端口转换的工作方式不同，又可以进行更进一步的划分。为描述方便，以下将 IP 和端口标记为（nAddr：nPort），其中 n 代表主机或 NAT 网关的不同角色。

1）全锥形 NAT。其特点为一旦内部主机端口对（iAddr：iPort）被 NAT 网关映射到（eAddr：ePort），所有后续的（iAddr：iPort）报文就都会被转换为（eAddr：ePort）；任何一个外部主机发送到（eAddr：ePort）的报文都将会在被转换后发到（iAddr：iPort）。

2）限制锥形 NAT。其特点为一旦内部主机端口对（iAddr：iPort）被映射到（eAddr：ePort），那么所有后续的（iAddr：iPort）报文都会被转换为（eAddr：ePort）；只有（iAddr：iPort）向特定的外部主机端口对（hAddr：hPort）发送过数据，由（hAddr：hPort）发送到（eAddr：ePort）的报文将会被转发到（iAddr：iPort）。

3）对称型 NAT。其特点为 NAT 网关会把内部主机"地址端口对"和外部主机"地址端口对"完全相同的报文看作一个连接，在网关上创建一个公网"地址端口对"映射进行转换，只有收到报文的外部主机从对应的端口对发送回应的报文才能被转换。即使内部主机使用之前用过的"地址端口对"去连接不同外部主机（或端口）时，NAT 网关也会建立新的映射关系。

事实上，这些术语的引入是很多混淆的起源。现实中的很多 NAT 设备是将这些转换方式混合在一起工作的，而不单单使用一种，所以这些术语只适合描述一种工作方式，而不是一个设备。比如，很多 NAT 设备对内部发出的连接使用对称型 NAT 方式，而同时支持静态的端口映射，后者可以被看作是全锥型 NAT 方式。而有些情况下，NAT 设备的一个公网地址和端口可以同时映射到内部几个服务器上以实现负载分担，比如一个对外提供 Web 服务器的站点可能会有成百上千个服务器在提供 HTTP 服务，但是对外却表现为一个或少数几个 IP 地址。

5.7.3 NAT 的限制与解决方案

在 NAT 的实际应用过程中，依然存在着诸多的不足和限制。针对这些问题，从业者提出了许多解决方案。

1. IP 端到端服务模型

IP 的一个重要贡献是把世界变得平等。理论上，具有 IP 地址的每个站点在协议层面都有相当的获取服务和提供服务的能力，不同的 IP 地址之间没有差异。人们熟知的服务器和客户机实际上是应用协议层上的角色区分，而在网络层和传输层没有差异。一个具有 IP 地址的主机既可以是客户机，也可以是服务器，大部分情况下，这种主机既是客户机，又是服务器。端到端对等看起来是很平常的事情，但其意义并不寻常。但在以往的技术中，很多协议体系下的网络限定了终端的能力。

正是 IP 的这个开放性，使得 TCP/IP 协议族可以提供丰富的功能，为应用实现提供了广阔平台。因为所有的 IP 主机都可以以服务器的形式出现，所以通信设计可以更加灵活。使用 UNIX/Linux 的系统充分利用了这个特性，使得任何一个主机都可以建立自己的 HTTP、SMTP、POP3、DNS、DHCP 等服务。与此同时，很多应用也是把客户端和服务器的角色组合起来实现功能。

例如在网络电话（Voice over Internet Protocol，VoIP）应用中，用户端向注册服务器登录自己的 IP 地址和端口信息的过程中，主机是客户端；而在呼叫到达时，呼叫处理服务器向用户端发送呼叫请求时，用户端实际工作在服务器模式下。在语音媒体流信道建立成功中，通信双向发送语音数据，发送端是客户模式，接收端是服务器模式。而在 P2P 的应用中，一个用户的主机既是下载的客户，同时也向其他客户提供数据，是一种 C/S 混合的模型。

上层应用之所以能够这样设计，是因为 IP 协议栈定义了这样的能力。试想一下，如果 IP 提供的能力不对等，那么每个通信会话都只能是单方向发起的，这会极大地限制通信的能力。细心的读者会发现，前面介绍 NAT 的一个特性正是这样一种限制。没错，NAT 最大的弊端正在于此——破坏了 IP 端到端通信的能力。

2. NAT 的弊端

NAT 在解决 IPv4 地址短缺的问题上，并非没有副作用，其实存在很多问题。

首先，NAT 使 IP 会话的保持时效变短。因为一个会话建立之后会在 NAT 设备上建立一个关联表，在会话静默的这段时间内，NAT 网关会进行老化操作。这是任何一个 NAT 网关都必须做的事情，因为 IP 和端口资源有限，通信的需求无限，所以必须在会话结束后回收资源。

通常 TCP 会话会通过协商的方式主动关闭连接，NAT 网关可以跟踪这些报文，但总是存在例外的情况，要依赖自己的定时器去回收资源。而基于 UDP 的通信协议很难确定何时通信结束，所以 NAT 网关主要依赖超时机制回收外部端口。

通过定时器老化回收会带来一个问题，如果应用需要维持连接的时间大于 NAT 网关的设置，通信就会意外中断。因为网关回收相关转换表资源之后，新的数据到达时就会找不到相关的转换信息，必须建立新的连接。当这个新数据是由公网侧向私网侧发送时，就会发生无法触发新连接建立，也不能通知到私网侧的主机去重建连接的问题。这时候通信就会中断，不能自动恢复。即使新数据是从私网侧发向公网侧，因为重建的会话表使用的往往是不同于之前的公网 IP 和端口地址，公网侧主机也会无法对应到之前的通信上，导致用户可感知的连接中断。NAT 网关要把回收空闲连接的时间设置成不发生持续的资源流失，又维持大部分连接不被意外中断，是一件比较有难度的事情。

在 NAT 已经普及化的时代，很多应用协议的设计者已经考虑到了这种情况，所以一般会设置一个连接保活的机制，即在一段时间内没有数据需要发送时，主动发送一个 NAT 能感知到而又没有实际数据的保活消息，这么做的主要目的就是重置 NAT 的会话定时器。

其次，NAT 在实现上将多个内部主机发出的连接复用到一个 IP 上，这就使依赖 IP 进行主机跟踪的机制都失效了。如网络管理中需要的基于网络流量分析的应用无法跟踪到终端用户与流量的具体行为的关系。基于用户行为的日志分析也变得困难，因为一个 IP 被很多用户共享，如果存在恶意的用户行为，就会很难定位到发起连接的那个主机。即便有一些机制提供了在 NAT 网关上进行连接跟踪的方法，但是把这种变换关系接续起来也会困难重重。

基于 IP 的用户授权也变得不再可靠，因为拥有一个 IP 并不等于其是一个用户或主机。一个服务器也不能简单地把同一 IP 的访问视作同一主机发起的，不能进行关联。有些服务器设置有连接限制，同一时刻只接纳来自一个 IP 的有限访问（有时是仅一个访问），这会造成不同用户之间的服务抢占和排队。有时服务器端这样做是出于拒绝服务攻击（Denial of Service，DoS）防护的考虑，因为一个用户在正常情况下不应该建立大量的连接请求，过度使用服务资源会被理解为攻击行为。但是当 NAT 存在时就不能简单地按照连接数来判断。总之，因为 NAT 隐蔽了通信的一端，把简单的事情复杂化了。

下面就来深入理解一下 NAT 对 IP 端到端模型的破坏力。NAT 通过修改 IP 首部的信息变换通信的地址。但是在这个转换过程中只能基于一个会话单位。当一个应用需要保持多个双向连接时，麻烦就会很大。NAT 不能理解多个会话之间的关联性，无法保证转换符合应用需要的规则。当 NAT 网关拥有多个公有 IP 地址时，一组关联会话可能会被分配到不同的公网地址，这通常是服务器端无法接受的。更为严重的是，当公网侧的主机要主动向私网侧发送数据时，NAT 网关没有转换这个连接需要的关联表，这个数据包无法到达私网侧的主机。这些反方向发送数据的连接总有应用协议的约定或在初始建立的会话中进行过协商。但是因为 NAT 工作在网络层和传输层，无法理解应用层协议的行为，因此其对这些信息是无知的。NAT 希望自己对通信双方都是透明的，但是在这些情况下这是一种奢望。

此外，NAT 工作机制依赖于修改 IP 包头的信息，这会妨碍一些安全协议的工作。因为 NAT 篡改了 IP 地址、传输层端口号和校验和，这会导致认证协议彻底不能工作，因为认证目的就是要保证这些信息在传输过程中没有变化。对于一些隧道协议，NAT 的存在也导致了额外的问题，因为隧道协议通常用外层地址标识隧道实体，穿过 NAT 的隧道会有 IP 复用关系，在另一端需要小心处理。ICMP 是一种网络控制协议，它的工作原理也是在两个主机之间传递差错和控制消息，因为 IP 的对应关系被重新映射，ICMP 也要进行复用和解复用处理，很多情况下因为 ICMP 报文载荷无法提供足够的信息，因此解复用会失败。IP 分片机制是在信息源端或网络路径上，需要发送的 IP 报文尺寸大于路径实际能够承载的最大尺寸时，IP 层会将一个报文分成多个片断发送，然后在接收端重组这些片断恢复原始报文。IP 这样的分片机制会导致传输层的信息只包括在第一个分片中，NAT 难以识别后续分片与关联表的对应关系，因此需要特殊处理。

3. NAT 的解决方案

前面解释了 NAT 的弊端，为了解决 IP 端到端应用在 NAT 环境下遇到的问题，网络协议的设计者们创造了各种武器来进行应对。由于各种限制，这里的每一种方法都不完美，还需要在内部主机、应用程序或者 NAT 网关上增加额外的处理。

（1）应用层网关

应用层网关（Application Layer Gateway，ALG）是解决 NAT 对应用层协议无感知的一个最常用的方法，已经被 NAT 设备厂商广泛采用，成为 NAT 设备的一个必需功能。

因为 NAT 不感知应用协议，所以有必要为每个应用协议额外定制协议分析功能，这样

NAT 网关就能理解并支持特定的协议。ALG 与 NAT 形成互动关系，在一个 NAT 网关检测到新的连接请求时，需要判断该请求是否为已知的应用类型，这通常是基于连接的传输层端口信息来识别的。在识别为已知应用时，再调用相应的功能对报文的深层内容进行检查，当发现任何形式表达的 IP 地址和端口时，都将会同步转换这些信息，并且为这个新连接创建一个附加的转换表项。这样，当报文到达公网侧的目的主机时，应用层协议中携带的信息就是 NAT 网关提供的地址和端口。一旦公网侧主机开始发送数据或建立连接到此端口，NAT 网关就可以根据关联表信息进行转换，再把数据转发到私网侧的主机。

很多应用层协议实现都不限于一个初始连接（通常为信令或控制通道）加一个数据连接，很可能是一个初始连接对应很多个后续的新连接。比较特别的协议，在一次协商中会产生一组相关连接，比如实时传输协议（Realtime Transport Protocol，RTP）和实时传输控制协议（Realtime Transport Control Protocol，RTCP）规定，一个 RTP 通道建立后占用连续的两个端口：一个服务于数据，另一个服务于控制消息。此时，就需要 ALG 分配连续的端口为应用服务。

ALG 能成功解决大部分协议的 NAT 穿越需求，但是这个方法也有很大的限制。因为应用协议的数量非常多而且还在不断地发展变化之中，添加到设备中的 ALG 功能都是为特定协议的特定规范版本而开发的，协议的创新和演进要求 NAT 设备制造商必须跟踪这些协议的最近标准，同时兼容旧标准。尽管有如 Linux 这种开放平台允许动态加载新的 ALG 特性，但是管理成本仍然很高，网络维护人员也不能随时了解用户都需要什么应用。

因此，为每个应用协议开发 ALG 代码并跟踪最新标准是不可行的，ALG 只能解决用户最常用的需求。此外，出于安全性需要，有些应用类型报文从源端发出就已经加密，这种报文在网络中间无法进行分析，所以 ALG 无能为力。

（2）NAT 穿透技术

所谓穿透技术，是指通过在所有参与通信的实体上安装探测插件，以检测网络中是否存在 NAT 网关，并对不同 NAT 模型实施不同穿越方法的一种技术。穿透技术主要包括了，简单 UDP 穿透 NAT 技术（Simple Traversal of UDP Through NATs，STUN）和使用中继穿透 NAT 技术（Traversal Using Relays around NAT，TURN）。

STUN 服务器被部署在公网上，用于接收来自通信实体的探测请求，服务器会记录收到请求的报文地址和端口，并填写到回送的响应报文中。客户端根据接收到的响应消息中记录的地址和端口与本地选择的地址和端口进行比较，就能识别出是否存在 NAT 网关。如果存在 NAT 网关，客户端就会使用之前的地址和端口向服务器的另外一个 IP 发起请求，重复前面的探测。然后再比较两次响应返回的结果以判断出 NAT 工作的模式。

由前述的一对多转换模型可知，除对称型 NAT 以外的模型，NAT 网关对内部主机地址端口的映射都是相对固定的，所以比较容易实现 NAT 穿越。而对称型 NAT 为每个连接提供一个映射，使得转换后的公网地址和端口对不可预测。此时 TURN 可以与 STUN 绑定提供穿越 NAT 的服务，即在公网服务器上提供一个"地址端口对"，所有此"地址端口对"接收到的数据都会经由探测建立的连接转发到内网主机上。TURN 分配的这个映射"地址端口对"会通过 STUN 响应发给内部主机，后者将此信息放入建立连接的信令中通知通信的对端。这种穿透技术是一种通用方法，不用在 NAT 设备上为每种应用协议开发功能，其相对于 ALG 方式有一定的普遍性。但是 TURN 中继服务会成为通信瓶颈。而且在客户端中增加探针功能要求每个应用都要增加代码才能支持。

（3）中间件技术

这也是一种通过开发通用方法解决 NAT 穿越问题的努力尝试。与前者的不同之处是，NAT 网关是这一解决方案的参与者。与 ALG 的不同之处在于，客户端会参与网关公网映射信息的维护，此时 NAT 网关只要理解客户端的请求并按照要求去分配转换表，而不需要自己去分析客户端的应用层数据。其中通用即插即用协议（Universal Plug and Play，UPnP）就是这样一种方法。

UPnP 是一个通用的网络终端与网关的通信协议，具备信息发布和管理控制的能力。其中，网关映射请求可以为客户动态添加映射表项。此时，NAT 不再需要理解应用层携带的信息，只需要转换 IP 地址和端口信息即可。而客户端通过控制消息或信令发到公网侧的信息中，直接携带公网映射的 IP 地址和端口，接收端可以按照此信息建立数据连接。NAT 网关在收到数据或连接请求时，按照 UPnP 建立的表项只转换地址和端口信息，不关心内容，再将数据转发到内网。这种方案需要网关、内部主机和应用程序都支持 UPnP 技术，且组网允许内部主机和 NAT 网关之间可以直接交换 UPnP 信令才能实施。

（4）中继代理技术

准确地说，它不是 NAT 穿越技术，而是 NAT 旁路技术。简单地说，就是在 NAT 网关所在的位置旁边放置一个应用服务器，这个服务器在内部网络和外部公网分别有自己的网络连接。客户端特定的应用产生网络请求时，将定向发送到应用代理服务器。应用代理服务器根据代理协议解析客户端的请求，再从服务器的公网侧发起一个新的请求，把客户端请求的内容中继到外部网络上，返回的响应反方向中继。这项技术和 ALG 有很大的相似性，它要求为每个应用类型都部署中继代理业务，中间服务器要理解这些请求。

（5）特定协议的自穿越技术

在所有方法中最复杂也最可靠的就是自己解决自己的问题。比如密钥管理协议（Internet Key Exchange，IKE）和 Internet 协议安全性技术（Internet Protocol Security，IPSec），在设计时就考虑到了如何穿越 NAT 的问题。因为这个协议是一个自加密的协议并且具有报文防修改的鉴别能力，其他通用方法爱莫能助。因为实际应用的 NAT 网关基本上都是 NAPT 方式，所有通过传输层协议承载的报文都可以顺利通过 NAT。IKE 和 IPSec 采用的方案就是用 UDP 在报文外面再加一层封装，而内部的报文就不再受到影响。IKE 中还专门增加了 NAT 网关是否存在的检查能力以及绕开 NAT 网关检测 IKE 协议的方法。

5.7.4　NAT 的应用和实现

NAT 在当今时代的应用和实现极为广泛，在各个领域中都能看到它的身影。本节将对 NAT 的应用和实现进行介绍。

1. NAT 的应用

NAT 在当代 Internet 中被广泛采用，小至家庭网关，大到企业广域网出口甚至运营商业务网络出口。其实 NAT 在用户身边随处可见，一般家庭宽带接入的非对称数字用户线路（Asymmetric Digital Subscriber Line，ASDL）调制解调器、小办公室家庭办公室用（Small office Home office，SOHO）的路由器等都内置了 NAT 功能，Windows XP 支持网络连接共享，一个用户连接到公网可能会经过多层 NAT 而对此一无所知。很多企业也为节约 IP 费用采用 NAT 接入 Internet，但是相比家庭用户其有更复杂的需求。

（1）NAT 多实例应用

在 VPN 网络中，多实例路由意味着一个物理拓扑上承载多个逻辑拓扑，网络终端被分配到相互隔离的逻辑拓扑中，彼此之间没有路由的通路。但在访问 Internet 或者一些关键服务器资源时，被隔离的网络之间又存在共享资源的需求。NAT 的多实例实现就是跨越这种逻辑拓扑的方法，把一个空间的网络地址映射到另一个空间。

（2）NAT 的高可靠性组网

提高网络可靠性是一个广泛的需求，NAT 作为私网到公网的关键路径自然也需要高可靠性。当一个设备提供多个公网接口时，在多接口上部署 NAT 可以提供更高的带宽和多 ISP 就近访问的能力。但是，当部署多个出口时，访问的流量可能会从不匹配的接口返回，这就要求 NAT 方案具有良好的路由规划并能部署合适的策略以保证这种流量能够正确处理。在多个物理设备承担 NAT 功能时，不同设备之间的信息备份和流量分担也是一个组网难题。

（3）同时转换源和目的地址的应用

在前面我们介绍的所有 NAT 应用中，由内网向外网访问的过程中，都是将源地址进行转换而目的地址保持不变，报文反方向进入时则处理目的地址。但有一些特殊应用需要在由内向外的 IP 通路上，替换目的 IP 地址。通常，这种应用会同时替换源地址和目的地址，在经过 NAT 网关以后完成两次地址转换。当两个均规划使用私属 IP 地址范围的网络进行合并时，终端用户都不想调整自己的 IP 地址方案，又希望开放一些网络资源给彼此访问。这时就可以通过 NAT 的两次地址转换来解决路由和地址规划无法解决的问题。

2. NAT 的设备实现

NAT 作为一个 IP 层业务特性，在产品实现中与防火墙、会话管理等特性有紧密联系，这是因为 NAT 判断一个进入设备的报文是否需要 NAT 处理、判断报文是否为一个新的连接，都需要通过匹配访问控制列表规则和查询会话关联表进行判断。为了满足不同应用场景的 NAT 需求，NAT 的管理界面可向用户提供多种配置策略。按照 NAT 的具体工作方式，又可以做如下分类。

（1）静态一对一地址映射

这种工作方式下，NAT 把一个私网地址和一个公网地址做静态关联，在从内而外的方向上，将源 IP 匹配的私网 IP 替换为公网 IP，反方向则将目的 IP 匹配公网 IP 的报文替换为私网 IP。网络层以上的部分不进行替换处理，只修正校验和即可。

（2）静态多对多地址映射

这种方式与上一种类似，只是把一段私网地址映射到一段公网地址上。工作机制与前述的方式没有差别，只是简化配置工作量。

（3）动态端口映射

这是最基本的工作方式，即前面多次介绍的将一段内网地址动态翻译为一个或多个公网 IP，同时对传输层端口或其他上层协议信息进行转换，以实现 IP 复用。对由内而外的报文，替换源地址和端口，反向报文替换目的地址和端口。仅以连接公网的接口 IP 作为 NAT 转换的公网地址时，这种配置最简化，又被称为 EasyIP。当以一段公网 IP 地址作为 NAT 转换地址时，需要配置一个地址池，NAT 会自动在地址池中选择使用公网 IP。

（4）动态地址映射

这是介于静态多对多地址映射和动态端口映射方式之间的一种工作机制。当有一个私网向公网侧访问到达 NAT 网关时，NAT 网关会检查这个私网 IP 是否已经有关联的公网 IP

映射。如果已经存在,则按照转换表直接替换 IP,不修改上层协议。如果不存在关联表项,则在空闲的公网 IP 池中占用一个 IP,并写入关联表中,以后按照这个关联关系进行地址转换。当这个私网主机发起的所有对外访问均关闭或超时后,回收公网 IP。这种方式可以理解为一组内网主机抢占式地共享一个公网 IP 地址池。当公网 IP 地址池用完以后,新连接将无法建立。

(5) 静态端口映射

通过静态配置,把一个固定的私网 IP 地址和端口关联到一个公网地址和端口上。这种方式等同于前面介绍过的全锥模式,但是不需要内网主机首先发出报文。这种方式适用于在 NAT 网关上把一个知名服务(如 HTTP)映射到一个内部主机上,也称为端口转发(Port Forwarding)。

(6) 应用层网关

在所有 NAT 产品实现中,ALG 是一个必需的功能组件。但在不同的实现中,有些产品可以动态加载不同的 ALG 模块,有些产品可以提供 ALG 开关控制,有些则不提供任何用户接口。ALG 解析上层应用协议的内容,并且根据需要修改 IP 和端口相关信息,创建和维护附加的关联表项。

(7) NAT 转换关联表

无论使用的是哪一种 NAT 工作方式,都要用到地址转换关联表,在不同产品的实现中,这个关联表的存储结构和在 IP 转发中调用的方式有很大的不同。关联表中会记录源 IP、目的 IP、连接协议类型、传输层源端口、目的端口,以及转换后的源 IP、源端口,目的 IP、目的端口信息,这里的源和目的都是对应于从内网到外网的访问方向。依据 NAT 具体的工作方式,这些信息可能全部填充,也可能部分填充。例如只按照 IP 做静态映射的方式,就不需要填入任何端口的相关信息;对于静态端口映射,则只需要填入源相关的内容,而目的端的信息为空。

5.8 多协议标签交换

多协议标签交换(Multiprotocol Label Switching,MPLS)起源于 IPv4,最初是为了提高转发速度而提出的,其核心技术可扩展到多种网络协议,包括 IPv6、网际报文交换(Internet Packet Exchange,IPX)和格式等。MPLS 中的"M"指的就是支持多种网络协议。本节将对 MPLS 进行介绍。

5.8.1 MPLS 的基本概念

1. 转发等价类

MPLS 作为一种分类转发技术,将具有相同转发处理方式的分组归为一类,称为转发等价类(Forwarding Equivalence Class,FEC)。相同 FEC 的分组在 MPLS 网络中将获得完全相同的处理。

FEC 的划分方式非常灵活,可以是以源地址、目的地址、源端口、目的端口、协议类型或 VPN 等为划分依据的任意组合。例如,在传统的采用最长匹配算法的 IP 转发中,到同一个目的地址的所有报文就是一个 FEC。

2. 标签

标签是一个长度固定,仅具有本地意义的短标识符,用于唯一标识一个分组所属的

FEC。一个标签只能代表一个 FEC。

标签长度为 4 个字节，其结构如图 5-16 所示。标签共有 4 个域，具体如下。

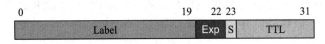

图 5-16 标签的封装结构

Label：标签值字段，长度为 20 位，用来标识一个 FEC。

Exp：3 位，保留，协议中没有明确规定，通常用作 CoS。

S：1 位，MPLS 支持多重标签。值为 1 时表示为最底层标签。

TTL：8 位，和 IP 分组中的 TTL 意义相同，可以用来防止环路。

3. 标签交换路径

一个转发等价类在 MPLS 网络中经过的路径称为标签交换路径（Label Switched Path，LSP）。在一条 LSP 上，沿数据传送的方向，相邻的 LSR（标签交换路由器）分别称为上游 LSR 和下游 LSR。如图 5-17 中，R2 为 R1 的下游 LSR，相应的，R1 为 R2 的上游 LSR。

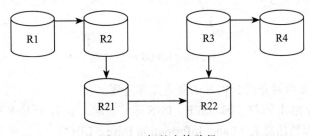

图 5-17 标签交换路径

4. 标签分发协议

标签分发协议（Label Distribution Protocol，LDP）是 MPLS 的控制协议，它相当于传统网络中的信令协议，负责 FEC 的分类、标签的分配以及 LSP 的建立和维护等一系列操作。

MPLS 可以使用多种标签发布协议，包括专为标签发布而制定的协议，如 LDP、基于约束路由的 LDP（Constraint-Based Routing using LDP，CR-LDP）；也包括现有协议扩展后支持标签发布的，如边界网关协议（Border Gateway Protocol，BGP）、资源预留协议（Resource Reservation Protocol，RSVP）。同时，还可以手工配置静态 LSP。

5. LSP 隧道技术

MPLS 支持 LSP 隧道技术。

一条 LSP 的上游 LSR 和下游 LSR，尽管它们之间的路径可能并不在路由协议所提供的路径之上，但是 MPLS 允许在它们之间建立一条新的 LSP，这样，上游 LSR 和下游 LSR 分别就是这条 LSP 的起点和终点。这时，上游 LSR 和下游 LSR 间的 LSP 就是 LSP 隧道，它避免了采用传统的网络层封装隧道。如图 5-17 中的 R2-R21-R22-R3 就是 R2、R3 间的一条隧道。

如果隧道经由的路由与逐跳从路由协议中取得的路由一致，那么这种隧道就称为逐跳路由隧道（Hop-by-Hop Routed Tunnel）；否则称为显式路由隧道（Explicitly Routed Tunnel）。

5.8.2 MPLS 的工作原理

如图 5-18 所示，MPLS 网络的基本构成单元是 LSR，由 LSR 构成的网络称为 MPLS 域。

位于 MPLS 域边缘、连接其他用户网络的 LSR 称为边缘 LSR，亦可简写为 LER（Label Edge Router），区域内部的 LSR 称为核心 LSR。核心 LSR 可以是支持 MPLS 的路由器，也可以是由 ATM 交换机等升级而成的 ATM-LSR。区域内部的 LSR 之间使用 MPLS 通信，MPLS 域的边缘由 LER 与传统 IP 技术进行适配。

分组在入口 LER 被压入标签之后，沿着由一系列 LSR 构成的 LSP 传送，其中，入口 LER 被称为 Ingress，出口 LER 被称为 Egress，中间的节点则称为 Transit。

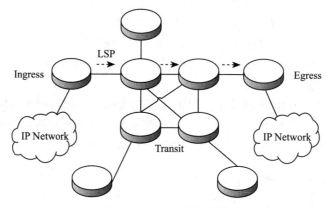

图 5-18　MPLS 网络结构

下面结合图 5-18 简要介绍 MPLS 的基本工作过程。

1）LDP 和传统路由协议（如 OSPF、ISIS 等）一起，在各个 LSR 中为有业务需求的 FEC 建立路由表和标签信息表（Label Information Base，LIB）。

2）入口 LER 接收分组，完成第三层功能，判定分组所属的 FEC，并为分组加上标签，形成 MPLS 标签分组。

3）在 LSR 构成的网络中，LSR 根据分组上的标签以及标签转发信息表（Label Forwarding Information Base，LFIB）进行转发，不对标签分组进行任何第三层处理。

4）在 MPLS 出口 LER 中去掉分组中的标签，继续进行后面的 IP 转发。

由此可以看出，MPLS 并不是一种业务或者应用，它实际上是一种隧道技术，也是一种将标签交换转发和网络层路由技术集于一身的路由与交换技术平台。这个平台不仅支持多种高层协议与业务，而且，其还在一定程度上可以保证信息传输的安全性。

如图 5-19 所示，MPLS 节点由两部分组成，具体如下。

1）控制平面（Control Plane）：负责标签的分配、路由的选择、标签转发表的建立、标签交换路径的建立、拆除等工作。

2）转发平面（Forwarding Plane）：依据标签转发表对收到的分组进行转发。

对于普通的 LSR，在转发平面只需要进行标签分组的转发，需要使用到标签转发信息表。对于 LER，在转发平面不仅需要进行标签分组的转发，也需要进行 IP 分组的转发，所以既会使用到 LFIB，也会使用到转发信息表（Forwarding Information

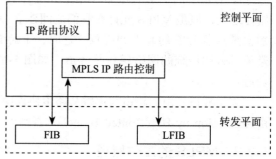

图 5-19　MPLS 节点结构示意图

Base，FIB）。

5.8.3 MPLS 的实际应用

随着专用集成电路（Application-Specific Integrated Circuit，ASIC）技术的发展，路由查找速度已经不再成为阻碍网络发展的瓶颈。这使得 MPLS 在提高转发速度方面不具备明显的优势。

但由于 MPLS 结合了 IP 网络强大的三层路由功能和传统二层网络高效的转发机制，在转发平面采用的是面向连接的方式，与现有二层网络转发方式非常相似，这些特点使得 MPLS 能够很容易地实现 IP 与 ATM、帧中继等二层网络的无缝融合，并为服务质量技术（QoS）、虚拟专用网络（Virtual Private Network，VPN）、流量工程（Traffic Engineering，TE）等应用提供更好的解决方案。

1. 基于 MPLS 的 VPN

传统的 VPN 一般是通过 GRE、L2TP、PPTP 等隧道协议来实现私有网络间数据流在公网上的传送，LSP 本身就是公网上的隧道，因此，用 MPLS 来实现 VPN 有天然的优势。

基于 MPLS 的 VPN 就是通过 LSP 将私有网络的不同分支连接起来，形成一个统一的网络。基于 MPLS 的 VPN 还支持对不同 VPN 间的互通控制。

基于 MPLS 的 VPN 支持不同分支间 IP 地址的复用，并支持不同 VPN 间的互通。与传统的路由相比，VPN 路由中需要增加分支和 VPN 的标识信息，这就需要对 BGP 进行扩展，以携带 VPN 路由信息。

2. 基于 MPLS 的流量工程

基于 MPLS 的 TE 和区分服务（Diff-Serv）特性，在保证网络高利用率的同时，可以根据不同数据流的优先级实现差别服务，从而为语音、视频等数据流提供有带宽保证的低延时、低丢包率的服务。

由于全网实施流量工程的难度比较大，因此，在实际的组网方案中往往通过差分服务模型来实施 QoS。

Diff-Serv 的基本机制是在网络边缘，根据业务的服务质量要求将该业务映射到一定的业务类别中，利用 IP 分组中的 DS 字段（由 ToS 域而来）唯一地标记该类业务，然后，骨干网络中的各节点根据该字段对各种业务采取预先设定的服务策略，以保证相应的服务质量。

Diff-Serv 的这种对服务质量的分类和 MPLS 的标签分配机制十分相似，事实上，基于 MPLS 的 Diff-Serv 就是通过将 DS 的分配与 MPLS 的标签分配过程结合来实现的。

本章小结

从本章开始，我们进入计算机网络的核心部分——网络层。网络层涉及网络中的每台主机与路由器。正因为如此，网络层协议在协议栈中是最具挑战性的协议。

本章首先整体介绍了网络层提供的服务，包括虚拟电路服务和数据报服务等。之后我们介绍了网络协议 IP，该部分包括 IPv4 协议、IP 数据报、ICMP 等，并对 IP 地址和硬件地址的关系和区别进行了分析。之后我们介绍了关于地址解析协议（ARP）和逆地址解析协议（RARP）的相关内容。路由算法和协议是网络层的重要组成，本章对此进行了详细的分析。路由算法主要包括最短路径优先算法，路由内部网关协议则包含了 RIP、OSPF 和 BGF。

最后我们介绍了因特网组管理协议（IGMP），以及下一代网络协议 IPv6 的内容。IPv6

作为新一代的协议需要大家重点掌握，所以我们重点介绍了 IPv6 的地址格式、地址类型、数据报格式、路由选择机制，以及其与 IPv4 的不同之外。为了解决 IPv4 协议的不足之处，网络地址转换（NAT）应运而生，本章对 NAT 的由来、工作模型和特点、限制和解决方案、应用和实现进行了详细的讲解。最后，我们讲解了多协议标签交换（MPLS），包括其基本概念、工作原理和实际应用等内容。

思考题

1）请概括 IPv4 和 IPv6 的异同点，并分析 IPv6 未来的发展前景以及未来可能会遇到的瓶颈和问题。

2）结合本章所学的知识，谈一谈网络层在我们的生活中有什么实际的应用和影响。

3）根据 5.4 节的内容，并结合课下自学的有关资料，总结和比较内部网关协议 RIP、OSPF 和 BGF 各自的特点。

4）使用 Wireshark 软件分析 IP 报文的结构，并回答下列问题：

a）你使用的计算机的 IP 地址是多少？

b）IP 首部有多少字节？

c）该 IP 数据报是否分段了？如何判断该 IP 数据报有没有分段？

请编写一个数据报通信程序，一端发送一个 int 型数据 1 000，另一端接收发送的数据并将它打印在屏幕上。

第 6 章 传 输 层

在 TCP/IP 协议簇中,传输层位于应用层和网络层之间。它属于面向通信部分的最高层,同时也是用户功能中的最低层。它为应用层提供服务,并接收来自网络层的服务。我们可以把传输层比喻成客户程序和服务器程序之间的联络人,它是一个进程到另一个进程的连接。传输层是 TCP/IP 协议簇中的核心,是互联网上一点到另一点传输数据的端到端的逻辑传输介质。

传输层在两个应用层之间提供进程到进程的服务,一个进程在本地主机,另一个在远程主机。使用逻辑连接提供通信,意味着两个应用层的载体可以相距很远,实现"跨洋"交流。传输层的协议主要有 TCP 和 UDP,本章将深入讨论这两个协议的工作原理和使用,并且分析两种协议对数据的封装。

6.1 传输层提供的服务

网络层协议只提供不可靠、无连接和尽力投递的服务,如果是对于可靠性要求很高的上层协议,就需要在传输层实现可靠性的保障。

上文提到过,传输层位于网络层和应用层之间,它接收来自网络层的服务,并向应用层提供服务。下面就来详细讲解传输层提供的服务。

6.1.1 进程到进程的通信

传输层协议的首要任务是提供进程到进程的通信。进程是使用传输层服务的应用层实体,也就是机器正在运行着的程序。网络层负责计算机层次的通信,网络层协议只是把报文传递到目的计算机。然而这是不完整的传递,报文仍然需要递交给正确的进程,这部分就需要由传输层来负责,传输层中的协议负责将报文传输到正确的进程。图 6-1 给出了网络层和传输层的工作范围。

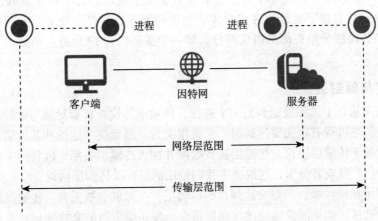

图 6-1 网络层和传输层工作范围

6.1.2 寻址

尽管有些方法可以实现进程到进程的通信，但是最常用的方法是通过客户端-服务器模式，也就是我们常说的 C/S 模式。其中客户端就是我们自己本地的主机，它经常会请求远程主机提供的服务，这台提供服务的远程主机就是我们的服务器。

客户端和服务器的服务进程通常会有相同的名字。例如，如果要从服务器上获取当前的日期和时间，那么我们需要在本地客户端运行 Daytime 进程，同时也需要在服务器上运行 Daytime 服务进程。

然而，目前的操作系统支持多用户和多程序运行的环境。一个远程计算机在同一时间可以运行多个服务器程序，就像许多本地计算机可在同一时间运行一个或多个客户应用程序一样。对通信来说，我们必须定义本地主机、本地进程、远程主机以及远程进程。计算机使用 IP 地址来定义本地主机和远程主机。为了定义进程，计算机需要第二个标识符——端口号。在 TCP/IP 协议簇中，端口号是在 0 ~ 65535 之间的 16 位整数。

客户端程序用端口号定义自己，这称之为临时端口号。临时这个词表示其是短期的，它之所以被使用是因为客户的生命周期通常很短。为了客户端-服务器程序能够正常工作，临时端口号推荐值为大于 1023。

服务器进程同时也需要一个端口号来定义自己。但是这个端口号不能随机选择。如果服务器站点的计算机运行一个服务器程序，并随机分配一个数字作为端口号，那么在客户站点的进程想访问该服务器并且使用对应的服务时，将不会知道该服务的端口号。虽然这个问题可以通过发送一个特殊分组，并请求一个特定服务的端口号来解决，但是这需要更多的额外的开销。

因此，TCP/IP 决定使用全局端口号来解决这个问题。这个全局端口号也称之为熟知端口。ICANN 已经把端口号划分为了三种范围。

1）熟知端口：端口号的范围是 0 ~ 1023。
2）注册端口：端口号的范围是 1024 ~ 49151。
3）动态端口：端口号的范围是 49152 ~ 65535。这一范围的端口号既不受控制也不需要注册，可以由任何进程使用，称为临时或私有端口号。

在 TCP/IP 协议簇中的传输层协议需要 IP 地址和端口号，它们各自在一端建立一条连接，一个 IP 地址和一个端口号结合起来称为套接字地址。为了使用互联网中的传输服务，我们需要一对套接字地址：客户套接字地址和服务器套接字地址。这四条信息是网络层分组头部和传输层分组头部的组成部分。第一个头部包含 IP 地址，而第二个头部包含端口号。

6.1.3 封装与解封装

为了将报文从一个进程发送到另一个进程，传输层协议将负责封装与解封装报文。封装在发送端发生。当进程有报文要发送时，它将报文与一组套接字地址和其他信息一起发送到传输层，这依赖于传输层协议。传输层接收数据并加入传输层头部。因特网中传输层的分组称为用户数据报、段或者分组，这取决于我们使用的是什么传输层协议。

解封装发生在接收端。当报文达到目的传输层，头部就会被丢弃，传输层将报文传递到应用层进行的进程。如果需要响应接收到的报文，发送端发送的套接字地址也要被发送到进程。封装与解封装的过程如图 6-2 所示。

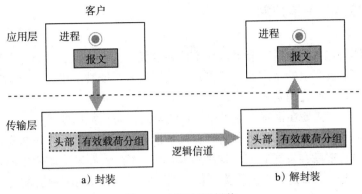

图 6-2 封装与解封装

6.1.4 多路复用与多路分解

一个实体从一个以上的源接收到数据项时，就称为多路复用；一个实体将数据项传递到一个以上的源时，就称为多路分解。源端的传输层执行多路复用，目的端的传输层执行多路分解。

图 6-3 给出了一个客户和两个服务器之间的通信示意图，客户端运行三个客户进程：P1、P2 和 P3。进程 P1 和 P3 需要将请求发送到对应的服务器进程，客户进程 P2 需要将请求发送到位于另外一个服务器的服务器进程。客户端的传输层接收到来自三个进程的三个报文并且创建了三个分组，起到多路复用器的作用。分组 1 和 3 使用相同的逻辑信道到达第一个服务器的传输层，当它们到达服务器时，传输层起到多路分解器的作用，并将报文分发到两个不同的进程。第二个服务器的传输层接收分组 2 并将它传递到相应的进程。此外，尽管只有一个报文，我们依然用到了多路分解。

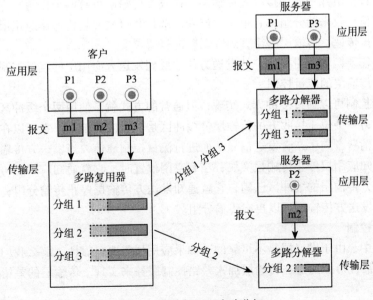

图 6-3 多路复用和多路分解

6.1.5 流量控制与差错控制

（1）流量控制

当一个实体创建数据项并且有另一个实体在消耗它们时，就会存在生产速率和消费速率的平衡问题。如果数据项的生产比消费快，那么消费者可能被淹没并且可能还要丢弃一些数据项。如果数据项生产比消费慢，那么消费者必须等待，系统就会变得低效。流量控制与第一种情况相关，我们需要在消费者端采取一定的机制来防止数据项丢失。

从生产者传递数据项到消费者有两种方式：推或拉。当发送方生产数据项时，它无须事前获得消费者的请求就会发送它们，这种传递称为"推"。如果生产者在消费者请求这些数据项之后进行发送，那么这种传递称为"拉"。图6-4给出了这两种传递类型。

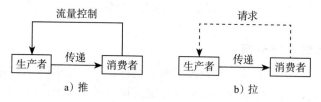

图 6-4 数据的推和拉

当生产者"推"数据项时，消费者可能被淹没并且需要相反方向的流量控制，以此来防止丢弃这些数据项。换言之，消费者需要警告生产者停止传递，并且当消费者再次准备好接收数据时通知生产者。当消费者"拉"数据项时，它会在自身做好准备时进行请求。这种情况下不需要流量控制。

在传输层通信中，我们需要处理四个实体：发送方进程、发送方传输层、接收方传输层和接收方进程。应用层的发送方进程仅仅是一个生产者，它生产报文块，并把它们推送到传输层。发送方传输层有两个作用：它既是消费者也是生产者，它消费生产者推来的报文，并将报文封装进行分组并传递到接收方传输层。接收方传输层也有两个作用：它是消费者，消费从发送方那里接收来的分组；它也是生产者，解封装报文并且传递到应用层。然而，最后的传递通常是拉传递，传输层等待直到应用层进程请求报文。

我们至少需要两种流量控制：从发送方传输层到发送方应用层的流量控制和从接收方传输层到发送方传输层的流量控制。

尽管流量控制可以通过多种方式实现，但通常的方式就是使用两个缓冲区：一个位于发送方传输层，另一个位于接收方的传输层。缓冲区是一组内存单元，它可以在发送端和接收端存储分组。消费者向生产者发送信号从而进行流量控制通信，当发送方传输层的缓冲区已满，它就会通知应用层停止传输报文块；当有空闲位置时，它就通知应用层可以再次传输报文块。当接收方传输层的缓冲区已满，它就通知发送方传输层停止传输分组；当有空闲位置时，它就通知发送方传输层可以再次传输分组。

（2）差错控制

在因特网中，由于网络层是不可靠的，如果应用层需要可靠性，那么我们需要使传输层变得可靠。可靠性可以通过在传输层加入差错控制服务来实现。传输层的差错控制负责以下几个方面。

1）发现并丢弃被破坏的分组。

2）记录丢失和丢弃的分组并重传。

3）识别重复分组并丢弃它们。

4）缓冲失序分组直到丢失的分组到达。

差错控制不像流量控制，它仅涉及发送方和接收方的传输层。我们假设在应用层和传输层之间交换的报文块是不会产生差错的。图 6-5 给出了发送方和接收方传输层的差错控制。正如传输控制一样，在大多数情况下，接收方传输层管理差错控制，它通过告知发送方传输层存在的问题来进行管理。

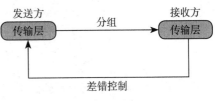

图 6-5 传输层的差错控制

差错控制需要发送方传输层知道哪个分组要被重传，并且接收方传输层需要知道哪个分组是重复的、哪个分组是失序的。如果分组是编号的，那么这个就可以实现。我们可以在传输层分组中加入一个字段来保存分组的序号。当分组被破坏或丢失，接收方传输层可按某种方式通知发送方传输层去利用序号重传分组。如果两个接收到的分组具有相同的序号，那么接收方传输层也能发现重复分组，可以通过观察序号的间隔来辨别失序分组。

分组一般按序编号，然而由于我们需要在头部包含每个分组的序号，因此需要设置一个界限。如果分组的头部允许序号最多为 m 位，那么序号范围就是 0 到 $2^m \sim 1$。例如，如果 m 是 4，那么序号范围是 0 到 15 的闭区间。然而，我们可以回绕。我们可以发送积极或者消极的信号作为差错控制，但是我们只讨论积极信号，这在传输层中最常见。接收方可以为每一组正确到达的分组发送一个确认 ACK，接收方可以简单地丢弃被破坏的分组，发送方如果使用计时器，它就可以发现丢失分组。当一个分组被发送时，发送方就开启一个计时器，如果 ACK 在计时器超时之前没有到达，那么发送方就会重发这个分组。重复的分组可以被接收方丢弃，失序的分组既可以被丢弃，也可以存储起来直到丢失的那个分组到来。

（3）流量和差错控制的组合

我们已经讨论过，流量控制要求使用两个缓冲区，一个在发送端，另一个在接收端。我们也已经讨论过差错控制要求两端均使用序号和确认号。如果需要使用两个带序号的缓冲区，一个位于发送端，一个位于接收端；那么需要将这两个缓存区结合起来。

在发送端，当分组准备发送时，我们使用下一个缓冲区空闲位置号码 x 作为分组的序号。当分组被发送时，一个分组的备份存储在内存位置 x，等待来自另一端的确认。当与被发送分组相关的确认到达时，分组被清除，内存位置空闲出来。

在接收端，当带有序号 y 的分组到达时，它被存储在内存位置 y 上，直到应用层准备好接收它。这时发送一个确认表明分组 y 的到达。

由于序号进行模 2^m 操作，因此一个环可以代表 0 到 2^m-1 的序号（见图 6-6）。缓冲区由一组片段来代表，称为滑动窗口，它随时占据环的一部分。在发送端，当一个报文被发送时，相应的片段就会被标记。当所有的片段都被标记时，则意味着缓冲区满且不能从应用层进一步接收报文。当确认到达时，相应片段将被取消标记。如果从窗口开始处有一些连续的片段没有被标记，那么窗口将会滑过这些相应序号的范围，允许更多的片段进入窗口尾部。图 6-6 给出了发送方的滑动窗口。序号以 16 为模（$m = 4$）且窗口大小为 7。请注意滑动窗口仅仅是一个抽象，实际情况是使用计算机变量来保存下一个和最后一个待发送的分组。

大多数协议使用线性形式来表示滑动窗口。虽然想法是相同的，但是它通常会占用更少的页面空间，图 6-7 给出了这种表示方法。如果将图 6-7 中每一幅图的两个端点相连接，并且弯曲它们，我们就可以得到与图 6-6 中相同的图。

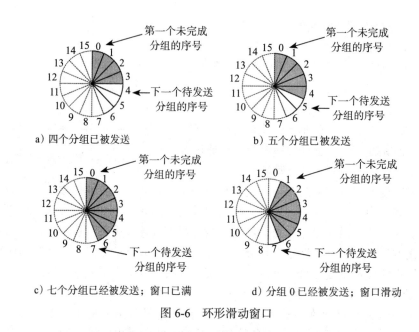

图 6-6 环形滑动窗口

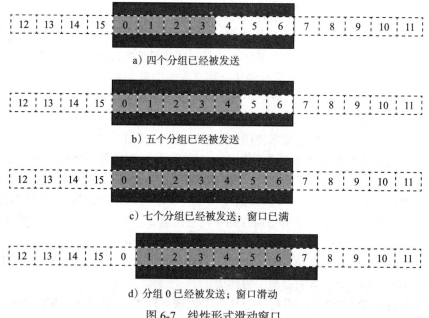

图 6-7 线性形式滑动窗口

6.2 用户数据报协议

UDP 是 User Datagram Protocol 的简称，也就是我们常说的用户数据报协议。它是一种无连接的传输层协议，提供面向事务的简单不可靠的信息传送服务。它适合于一次传输少量数据。

由于 UDP 报文没有可靠性保证、顺序保证和流量控制字段，可靠性较差。但是正因为 UDP 的控制选项较少，因此其在数据传输过程中的延迟小、数据传输效率高，适用于对可靠性要求不高的应用程序，或者可以保障可靠性的应用程序，如 DNS、TFTP、SNMP 等。

6.2.1 UDP 的用途

用户数据报协议（UDP）直接工作在 IP 的上层，在 IP 的数据报服务之上增加了端口的功能和无差错检测功能。虽然 UDP 用户数据报只能提供不可靠的交付，但是 UDP 在某些方面也有其特殊的优点，具体如下。

1）发送数据之前不需要建立连接，同时数据传输结束之后也不需要释放连接，因而减少了相应的开销以及数据发送之前的延迟。

2）UDP 没有拥塞控制，也不保证可靠交付，因此主机不需要维持具有许多参数的、复杂的连接状态表。

3）UDP 头部包含很少的字节，比 TCP 头部消耗少，传输效率高。

4）由于 UDP 没有拥塞控制，因此网络出现的拥塞不会使源主机的发送速率降低，这对某些实时应用是很重要的。很多的实时应用（如 IP 电话、实时视频会议等）均要求源主机以恒定的速率发送数据，并且允许在网络发生拥塞时丢失一些数据，但不允许数据有太大的时延。UDP 正好满足这种要求。

虽然某些实时应用需要使用没有拥塞控制的 UDP，但当很多的源主机同时都向网络发送高速率的实时视频流时，网络就有可能发生拥塞，结果是大家都无法正常接收。因此"UDP 不具有拥塞控制功能"，其可能会引起网络产生严重的拥塞问题。

还有些使用 UDP 的实时应用需要对 UDP 的不可靠传输进行适当的改进以减少数据的丢失。在这种情况下，应用进程本身可在不影响应用的实时性的前提下增加一些提高可靠性的措施，如采用前向纠错或重传已丢失的报文。

鉴于 UDP 的特点，UDP 一般用于即时通信（如 QQ 聊天等对数据准确性和丢包要求比较低，但速度必须快）、在线视频（RTSP 速度一定要快，保证视频连续，但是偶尔"花"了一个图像帧，人们还是能接受的）、网络语音电话（VoIP 语音数据包一般比较小，需要高速发送，偶尔断音或串音也没有问题），等等。

在具体实现方面，UDP 与 TCP 不同的地方具体如下。

1）不进行数据分片，保持用户数据完整投递，用户可以直接将从 UDP 接收到的数据解释为应用程序认定的格式和意义。

2）没有对 UDP 承载的整个用户数据的到达进行确认，这个确认将由用户来完成，相对于 TCP 来说这是一个缺点。

3）没有连接的概念，不提供流量控制，也不存在连接进行建立和维护。

4）进行数据校验，与 TCP 一样将保持它首部和数据的校验和，这是一个端到端的检验和，当校验和出现差错的时候，抛弃数据，没有任何动作。

6.2.2 UDP 的数据报格式

UDP 拥有两个字段，即首部字段和数据字段。首部字段只有 8 字节，由 4 个字段组成，每个字段都是 2 字节，如图 6-8 所示。头两个字段定义了源和目的端口号。第三个字段定义了用户数据报的总长度，即头部加上数据的总长度。16 位可以定义的总长度范围是 0～65535。然而总长度需要更小一些，这是因为 UDP 数据报存储在总长度为 65535 的 IP 数据报中。最后一个字段可以携带可选校验和，防止 UDP 用户数据报在传输中出错。

例如，以下是十六进制格式的 UDP 头部内容：CB84000D001C001C。

那么，源端口号就是头 4 位十六进制数字（CB84）16，这意味着源端口号就是 52100；

目的端口号是第二组 4 位十六进制数字（000D）16，这意味着目的端口号是 13；第三组 4 位十六进制数字（001C）16，定义了整个 UDP 分组的长度，长度是 28 字节，那么数据长度就是整个分组的长度减去头部长度，即 28-8=20 字节。

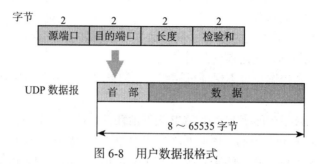

图 6-8　用户数据报格式

UDP 用户数据报首部检验和的计算方法有些特殊。在计算检验和时在 UDP 用户数据报之前要增加 12 字节的伪首部。所谓"伪首部"是因为这种伪首部并不是 UDP 用户数据报真正的首部。只是在计算检验和时，临时和 UDP 用户数据报连接在一起，得到一个过渡的 UDP 用户数据报。检验和就是按照这个过渡的 UDP 用户数据报来计算的，伪首部既不向下传送，也不向上递交。图 6-9 说明了伪首部各字段的内容。

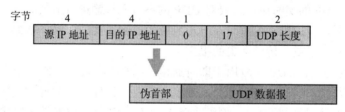

图 6-9　UDP 用户数据报伪首部

UDP 计算检验和的方法与计算 IP 数据报首部检验和的方法相似。在发送端，首先是先将全零放入检验和字段。再将伪首部以及 UDP 用户数据报（包括数据字段）看成是由许多 16 位的字串接起来的。若 UDP 用户数据报的数据部分不是偶数字节则要填入一个全零字节（但此字节不发送）。然后按二进制反码计算出这些 16 位字的和。将此和的二进制反码写入检验和字段后，发送此 UDP 用户数据报。接收端将收到的 UDP 用户数据报连同伪首部（以及可能的填充全零字节）一起，按二进制反码求这些 16 位字的和。当无差错时其结果应为全 1，否则就表明有差错出现，接收端应将此 UDP 用户数据报丢弃（也可以上交给应用层，但附上出现了差错的警告）。伪首部的第 3 个字段是全 0，第 4 个字段是 IP 首部中的协议字段的值。对于 UDP，此协议字段值为 17，第 5 个字段是 UDP 用户数据报的长度。因此我们可以看出，这样的检验和既检查了 UDP 用户数据报的源端口号、目的端口号以及 UDP 用户数据报的数据部分，又检查了 IP 数据报的源 IP 地址和目的地址。

6.2.3　UDP 的特点

（1）无连接服务

由于 UDP 是无连接协议，同一个应用程序所发送的 UDP 分组之间是独立的。这个特性可以看作优势也可以看作劣势，这要取决于应用要求。例如，如果一个客户应用需要向服务器发送一个短的请求并接收一个短的响应，那么这就是优势。如果请求和响应各自可以填充进一个数据报,那么无连接服务可能更可取,在这种情况下,建立和关闭连接的开销可能很可观。在面向连接的服务中,要达到以上目标,至少需要在客户端和服务器之间交换 9 个分组,在无连接服务中只需要交换两个分组即可。无连接服务提供了更小的延迟,面向连接服务造成了更多的延迟;如果延迟是应用的重要问题,那么无连接服务更可取。

（2）缺乏差错控制

UDP 不提供差错控制,它提供的是不可靠服务,绝大多数应用期待从传输层协议中得到可靠服务。尽管可靠服务是人们想要的,但是它可能会有一些副作用,这些副作用对某些应用来说是不可接受的。当一个传输层提供可靠服务时,如果报文的一部分丢失或者被破坏,它就需要被重传,这意味着接收方传输层不能向应用立即传送那一部分;在传向应用层的不同报文部分会有不一致的延迟。对于某些应用天生就根本注意不到这些不一致的延迟,而对于有些应用来说这些延迟确实是至关重要的。

（3）缺乏拥塞控制

UDP 不提供拥塞控制。然而,在倾向于出错的网络中 UDP 没有创建额外的通信量。TCP 可能多次重发一个发组,因此这个行为会促使拥塞发生或者使得拥塞状况加重。因此,在某些情况下,当拥塞是一个大问题时,UDP 中缺乏差错控制可以看作一个大优势。

6.3 TCP 概述

TCP（传输控制协议）是 Transmission Control Protocol 的简称,是一个提供了全双工的可靠交付的服务的协议。与 UDP 相比,TCP 显示定义了连接建立、数据传输以及连接拆除阶段来提供面向连接的服务,并使用 GBN 和 SR 协议的组合来提供可靠性。为了实现数据传输的可靠性,TCP 使用校验和、丢失或被破坏分组的重传机制、累计和选择确认以及计时器等方法,这些方法将会在本节中进行详细的介绍。

6.3.1 TCP 报文段的首部格式

一个 TCP 报文段分为首部和数据两部分,如图 6-10 所示。TCP 的全部功能都体现在它的首部的各个字段,如果没有选项,那么首部是 20 字节;如果有选项,那么首部最多是 60 字节。

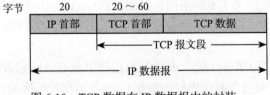

图 6-10　TCP 数据在 IP 数据报中的封装

因此 TCP 首部的最小长度是 20 字节,TCP 首部数据格式如图 6-11 所示,下面我们就来讨论某些首部字段,并结合 TCP 的主要机制来学习这些字段的意义和目的。

1）源端口地址。这是一个 16 位的字段,它定义了在主机中发送该段的应用程序的端口号。这与 UDP 头部的源端口地址的作用是一样的。

2）目的端口地址。这是一个 16 位的字段,它定义了在主机中接收该段的应用程序的端口号,这与 UDP 头部的目的端口地址的作用是一样的。目的端口和源端口既可以用来将若干高层协议向下复用,也可以用来将传输层协议向上分用。

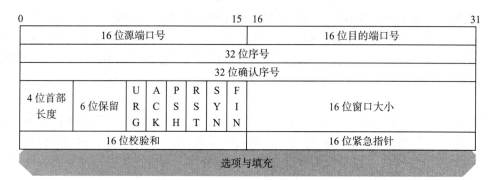

图 6-11　TCP 首部数据格式

3）序号。这个 32 位的字段定义了一个数，它将分配给段中数据的第一字节。TCP 是一种字节流传输协议，为了确保连通性，对要发送的每一字节都进行编号。序号告诉目的端，在这个序列中哪一字节是该段的第一字节。在连接建立时，每一方都使用随机数生成器产生一个初始序号，通常每一个方向的 ISN 都不同。例如，某报文段的序号字段的值是 301，而携带的数据共 100 字节，则本报文段的数据的第一字节的序号是 301，而最后一字节的序号 400。这样，下一个报文段的数据序号应当从 401 开始，因而下一个报文段的序号字段的值应为 401。

4）确认序号。这个 32 位的字段定义了段的接收方期望从对方接收的字节号。如果段的接收方成功地接收了对方发来的字节号 x，它就将确认号定义为 x+1，确认和数据可捎带一起发送。例如，正确收到了一个报文段，其序号字段的值是 301，而数据长度是 100 字节，这就表明序号在 301～400 之间的数据均已正确收到。因此在响应的报文段中应将确认序号置为 401。由于序号字段的长度为 32 位，可对 4GB（即 4 千兆字节）的数据进行编号，这样就可以保证当序号重复使用时，旧序号的数据早已在网络中消失了。

5）首部长度。这个 4 位的字段指明了 TCP 头部中共有多少个 4 字节长的字。头部的长度可以在 20 字节到 60 字节之间。因此，这个字段的值在 5（5×4 = 20）到 15（15×4 = 60）之间。

6）保留。占 6 位，保留为今后使用，但目前应置为 0。

7）控制。这个字段定义了 6 种不同的控制位或标记。在同一时间可以设置一位或多位。这些位用于进行 TCP 的流量控制、连接建立和终止、连接失败和数据传送方式等方面。它们的具体作用和意义如下。

紧急指针 URG：当 URG=1 时，表明紧急指针字段有效。它告诉系统此报文段中有紧急数据，应尽快传送（相当于高优先级的数据），而不需要按原来的排队顺序来传送。例如，已经发送了很长的一个程序要在远地的主机上运行，但后来发现了一些问题，需要取消该程序的运行，因此用户从键盘发出中断命令（Ctrl+C）。如果不使用紧急数据，那么这两个字符将存储在接收 TCP 缓存的末尾。只有在所有的数据被处理完毕之后这两个字符才被交付到接收应用进程，而当使用 URG 时，发送应用进程就告诉发送 TCP 这两个字符是紧急数据，于是发送 TCP 就将这两个字符插入到报文段数据的最前面，其余的数据都是普通数据。这时要与首部中第 5 个 32 位字中的一半"紧急指针"（Urgent Pointer）字段配合使用，紧急指针指出在本报文段中的紧急数据的最后一个字节的序号，紧急指针使接收方知道紧急数据共有多少字节，紧急数据到达接收端后，当所有紧急数据都被处理完之后，TCP 就告诉应用程序恢复到正常操作。

确认位 ACK：当 ACK=1 时确认序号字段有效，当 ACK=0 时，确认序号无效。

请求推送位 PSH：当两个应用进程进行交互式通信时，有时在一端的应用进程希望在键入一个命令后能够立即收到对方的响应。在这种情况下，TCP 就可以使用推送（push）操作，这时，发送端 TCP 将推送位 PSH 置 1，并立即创建一个报文段发送出去。接收 TCP 收到推送位置 1 的报文段，就尽快（即"推送"向前）交付给接收应用进程，而不再等到整个缓存都填满了后再向上交付。

连接复位位 RST：当 RST=1 时，表明 TCP 连接中出现了严重的差错（如由于主机崩溃或其他原因），必须释放连接，然后再重新建立传输连接。连接复位位还用来拒绝一个非法的报文段或拒绝打开一个连接。

同步序号 SYN：在连接建立时用来同步序号。当 SYN=1 而 ACK=0 时，表明这是一个连接请求报文段。对方若同意建立连接，则应在响应的报文段中使 SYN=1 和 ACK=1。因此，将同步位 SYN 置为 1，就表示这是一个连接请求或连接接收报文。

终止连接位 FIN：用来释放一个连接，当 FIN=1 时，表明此报文段的发送端的数据都已发送完毕，并要求释放传输连接。

8）窗口大小。这个字段定义对方必须维持的窗口的大小（以字节为单位）。注意，这个字段的长度是 16 位，这意味着窗口的最大长度是 65535 字节，这个值通常被称为接收窗口，它由接收方确定，此时，发送方必须服从接收端的支配。

9）校验和。这个 16 位的字段包含了校验和。TCP 校验和的计算过程与前面描述的 UDP 所采用的计算过程相同。但是，在 UDP 数据报中校验和是可选的。然而，对 TCP 来说，将校验和包含进去是强制的，起相同作用的伪头部被加到段上。对于 TCP 伪头部，协议字段的值是 6，若使用 IPv6，则相应的伪首部也要改变。

10）紧急指针。这个 16 位的字段只有当紧急标志置位时才有效，这个段包含了紧急数据。它定义了一个数，将此数加到序号上就可以得出此段数据部分中最后一个紧急字节。

11）选项。TCP 常见的选项有最大报文段长度（Maximum Segment Size，MSS）选项和 NOP（No-Operation）选项。MSS 用于指明数据字段的最大长度，数据字段的长度加上 TCP 首部的长度才等于整个 TCP 报文段的长度。MSS 值指示自己期望对方发送 TCP 报文段时那个数据字段的长度。一般认为，MSS 应尽可能大些，只要在 IP 层传输时不需要再分片就行。在连接建立的过程中，双方都将自己能够支持的 MSS 写入这一字段。在以后的数据传送阶段，MSS 取双方提出的较小的那个数值；若主机未填写这项，则 MSS 的默认值是 536 字节长。因此，所有因特网上的主机都能接受的报文段长度是 536+20=556 字节。MSS 只出现在 SYN 报文中，即 MSS 出现在 SYN=1 的报文段中。TCP 要求选项部分中的每种选项的长度必须是 4 字节的倍数，NOP 则是其中填充不足的选项，同时也可以用来分割不同的选项字段。

6.3.2 TCP 的编号与确认

TCP 工作在传输层，是一种可靠的面向连接的数据流协议，TCP 之所以可靠，是因为它保证了传送数据包的顺序。顺序是用一个序列号来保证的。响应包内也包括一个序列号，表示要求接收方准备好这个序列号的包。在 TCP 传送一个数据包时，它会把这个数据包放入重发队列中，同时启动计时器；如果收到了关于这个包的确认信息，便将此数据包从队列中删除；如果在计时器超时的时候仍然没有收到确认信息，则需要重新发送该数据包。另外，TCP 通过数据分段中的序列号来保证所有传输的数据都可以按照正常的顺序进行重组，从而保障数据传输的完整性。

TCP 为在一个连接中传输的所有数据字节编号，在每个方向上序号都是独立的。当 TCP 接收来自进程的一些数据字节时，TCP 将它们存储在发送缓冲区中并为它们编号。不必从 0 开始编码，TCP 在 0 到 $2^{32}-1$ 之间生成一个随机数作为第一字节的序号。例如，如果随机数是 1057，并且发送的全部字节个数是 6000，那么这些字节的序号就是 1057~7056。

字节被编号之后，TCP 对发送的每一个段分配一个序号。在每一个方向上序号的定义如下。

1）第一段的序号是初始序号，这是一个随机数。

2）其他段的序号是之前段的序号加上之前段携带的字节数。之后我们给出一些控制段，它们被认为是携带了一个想象字节。

例如：假设一个 TCP 连接正在传送一个 5000 字节的文件，第一个字节序号是 10001。如果数据段被分为 5 个段，每一个数据段携带 1000 字节，则每个段的序号如表 6-1 所示。

表 6-1 TCP 各段序号对应表

段号	序号	范围
1	10001	10001～11000
2	11001	11001～12000
3	12001	12001～13000
4	13001	13001～14000
5	14001	14001～15000

当一个段携带数据和控制信息时，它将使用一个序号。如果一个段没有携带用户数据，那么它在逻辑上不定义序号，虽然字段存在，但是值是无效的。然而，当有些段仅携带控制信息时也需要有一个序号用于接收方的确认，这些段用作连接建立或连接终止。

正如我们前面所讨论过的那样，TCP 中的通信是全双工的；当建立一个连接时，双方同时都能发送和接收数据。双方为字节编号，常使用不同的起始字节号。双方的序号表明了该段所携带的第一个字节的序号，也使用确认号来确认它已收到的字节。但是，确认号定义了该方预期接收的下一个字节的序号。另外，确认号是累积的，这意味着接收方记下它已安全而且完整地接收到最后一个字节的序号，然后将它加 1，并将这个结果作为确认号进行通告。在这里，术语"累积"指的是，如果一方使用 5643 作为确认号，则表示它已经接收了所有从开始到序号为 5642 的字节。但要注意的是，这并不是指接收方已经接收了 5642 字节，因为第一个字节的编号通常并不是从 0 开始的。

6.3.3　TCP 的连接管理

TCP 是一种面向连接的协议。面向连接的传输协议在源端和目的端之间建立一条虚路径，然后，属于一个报文的所有段都沿着这条虚路径发送，整个报文使用单一的虚路径有利于确认处理以及对损坏或丢失帧的重发，那么一个无连接协议如何能够面向连接呢？关键就在于 TCP 的连接是虚连接，不是物理连接。TCP 在一个较高层次上操作，TCP 使用 IP 服务向接收方传递独立的段，但它控制连接本身。如果一个段丢失了或损坏了，则重新发送它。与 TCP 不同的是，IP 并不知道这个重新发送的过程，如果一个段失序到达，则 TCP 保存它直到缺少的段到达。IP 是不知道这个重新排序过程的。

在 TCP 中，面向连接的传输需要三个过程：连接建立、数据传输和连接终止。

（1）连接建立

TCP 以全双工的方式传输数据。当两个机器中的两个 TCP 建立连接之后，它们就能够同时向对方发送报文段。这就表示，在建立连接的过程中要使每一方都能够确知对方的存在，要允许双方协商一些参数（如最大报文段长度、最大窗口大小、服务质量等），并且能够传输实体资源（如缓存大小、连接表中的项目等）进行分配。

TCP 的连接和建立采用的是客户服务端的方式。主动发起连接建立的进程称为客户（Client），而被动等待连接建立的进程称为服务器（Server），在 TCP 中的连接建立可以简单地称为三次握手。

假设主机 B 中运行了一个服务器过程，它先发出一个被动打开（passive open）命令，告诉它的 TCP 要准备接收客户进程的连接请求。然后服务器进程就处于 listen 的状态，不断检测是否有客户进程要发起连接请求，如有即做出响应。客户进程运行在主机 A 中，它先向其 TCP 发出主动打开（active open）命令，表明要向某个 IP 地址的某个端口建立传输连接，然后进行如图 6-12 所示的三次握手，其过程具体如下。

第一步：主机 A 的 TCP 向主机 B 的 TCP 发出连接请求报文段，其首部中的同步位 SYN 应置为 1，同时选择一个序号 x，表明在后面传送数据时的第一个数据字节的序号是 x。

第二步：主机 B 的 TCP 收到连接请求报文段后，如同意则发回确认。在确认报文段中应将 SYN 置为 1，确认序号应为 $x+1$，同时也为自己选择一个序号 y。

第三步：主机 A 的 TCP 收到此报文段后，还要向 B 给出确认，其确认序号为 $y+1$。主机 A 的 TCP 通知上层应用进程，连接已经建立，当主机 B 的 TCP 收到主机 A 的确认后，也通知上层应用进程，连接已建立。

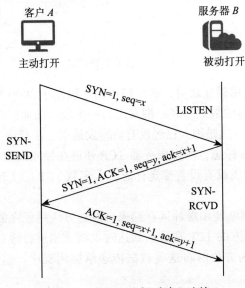

图 6-12　使用三次握手建立连接

三次握手建立连接时，发送方再次发送确认主要是为了防止已失效的连接请求报文段突然又传到了 B 从而产生错误。假定出现一种异常情况，即 A 发出的第一个连接请求报文段并没有丢失,而是在某些网络节点长时间滞留了,一直延迟到连接释放以后的某个时间才到达 B,本来这是一个早已失效的报文段,但 B 收到此失效的连接请求报文段之后,就误认为是 A 又一次发出新的连接请求,于是就向 A 发出确认报文段,同意建立连接。假定不采用三次握手,那么只要 B 发出确认,新的连接就建立了,这样 B 就会一直等待 A 发来数据,B 的许多资源就这样白白浪费了。

（2）数据传输

连接建立之后,可进行双向数据传输,客户端与服务器双方都可以发送数据和确认。这就是数据捎带确认。图 6-13 给出了一个例子。

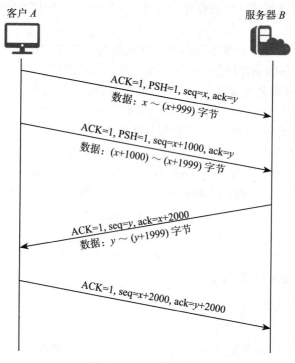

图 6-13　TCP 数据传输

在这个例子中,在连接建立之后,客户端用两个段发送 2000 字节的数据。然后,服务器用一个段发送 2000 字节的数据,客户端发送另一个段。前面三个段携带数据与确认,但是最后一个段仅携带确认,这是因为已经没有数据发送了。注意序号与确认序号的数值,客户端发送的数据段有 PSH 标志,所以服务器 TCP 知道在接收到数据时立刻传递给服务器。另一方面,来自服务器的段没有设置推送标志。大多数 TCP 的实现都有可选标志,可设置或不设置。

可以看到,发送方 TCP 使用缓冲区存储来自发送方应用程序的数据流。发送方的 TCP 可以选择段的大小。接收方的 TCP 在数据到达时也将数据进行缓存,并当应用程序准备就绪时或当接收端 TCP 认为方便时将这些数据传递给应用程序。这种灵活性增加了 TCP 的效率。

但是,在有些情况下,应用程序并不需要这种灵活性。例如,应用程序与另一方应用程序进行交互式通信,一方的应用程序打算将其击键操作发给对方应用程序,并希望接收到立即响应。数据的延迟传输和延迟传递对这个应用程序来说是不可接受的。

TCP 可以处理这种情况。发送端的应用程序可请求推送操作，这就表示发送端的 TCP 不必等待发送窗口被填满。它创建一个段就立即将其发送，发送端的 TCP 还必须设置推送位以告诉接收端的 TCP，这个段所包含的数据必须尽快地传递给接收应用程序，而不是等待更多数据的到来。这意味着将面向字节的 TCP 改为面向块的 TCP，但是 TCP 可以选择使用或不使用这个特性。

（3）连接终止

由于 TCP 连接是全双工的，因此每个方向都必须单独进行关闭。这个原则是当一方完成它的数据发送任务之后就能发送一个 FIN 来终止这个方向的连接。收到一个 FIN 只意味着这一方向上没有数据流动，一个 TCP 连接在收到一个 FIN 后仍能发送数据。首先进行关闭的一方将执行主动关闭，而另一方将执行被动关闭。关闭连接的时候 TCP 采用四次挥手来关闭连接，如图 6-14 所示。

第一步：数据传输结束后，主机 A 的应用进程先向其 TCP 发出释放连接请求，不再发送数据。TCP 通知对方要释放从 A 到 B 的连接，将发往主机 B 的 TCP 报文段首部的终止位 FIN 置为 1，序号 u 等于已传送数据的最后一字节的序号加 1。

第二步：主机 B 的 TCP 收到释放连接通知后发出确认，其序号为 u+1，同时通知应用进程，这样 A 到 B 的连接就释放了，连接处于半关闭状态。主机 B 不再接收主机 A 发来的数据，但主机 B 还向 A 发送数据，主机 A 若要正确接收数据则仍需要发送确认。

第三步：在主机 B 向主机 A 的数据发送结束之后，其应用进程就通知 TCP 释放连接。主机 B 发出的连接释放报文段必须将终止位置为 1，并使其序号 w 等于前面已经传送过的数据的最后一字节的序号加 1，还必须重复上次已发送过的 ACK=u+1。

第四步：主机 A 对主机 B 的连接释放报文段发出确认，将 ACK 置为 1，ACK=w+1，seq=u+1。这样才把从 B 到 A 的反方向连接释放掉，主机 A 的 TCP 再向其应用进程发送报告，整个连接已经全部释放。

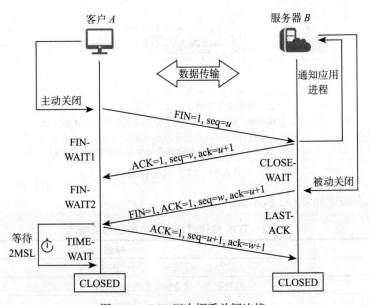

图 6-14　TCP 四次挥手关闭连接

四次挥手释放连接时，客户 A 等待 2MSL，第一是为了保证 A 发送的最后一个 ACK 报文段能够到达 B。这个 ACK 报文段有可能丢失，因而使处在 LAST-ACK 状态的 B 收不到对已发送的 FIN 和 ACK 报文段的确认。B 会超时重传这个 FIN 和 ACK 报文段，而 A 就能在 2MSL 时间内收到这个重传的 ACK+FIN 报文段，接着 A 重传一次确认。第二，就是防止上面提到的已失效的连接请求报文段出现在本连接中，A 在发送完最后一个 ACK 报文段后再经过 2MSL，就可以使本连接持续的时间内所产生的所有报文段都从网络中消失。

连接的建立和释放所要求的步骤可以用一个有限状态机来表达，该状态机有 11 种状态。每一种状态中都存在一些合法的事件，当合法事件发生的时候，可能需要采取某个动作。当其他事件发生的时候，则报告一个错误，TCP 建立与释放的变迁如图 6-15 所示。

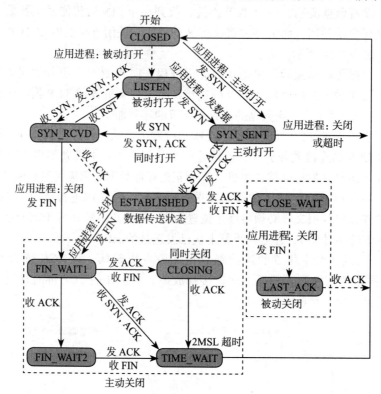

图 6-15　TCP 状态转换图

其中的状态描述如表 6-2 所示。

表 6-2　TCP 传输过程中主机的状态及描述

状态	描述
CLOSED	关闭状态，没有连接活动或正在进行
LISTEN	监听状态，服务器正在等待连接进入
SYN RCVD	收到一个连接请求，尚未确认
SYN SENT	已经发出连接请求，等待确认

(续)

状态	描述
ESTABLISHED	连接建立，正常数据传输状态
FIN WAIT 1	（主动关闭）已经发送关闭请求，等待确认
FIN WAIT 2	（主动关闭）收到对方关闭确认，等待对方关闭请求
TIMED WAIT	完成双向关闭，等待所有分组死掉
CLOSING	双方同时尝试关闭，等待对方确认
CLOSE WAIT	（被动关闭）收到对方关闭请求，已经确认
LAST ACK	（被动关闭）等待最后一个关闭确认，并等待所有分组死掉

客户进程变迁的过程具体如下。

连接建立：假设一个主机的客户进程发起连接请求（主动打开），这时本地 TCP 实体就会创建传输控制块（TCB），发送一个 SYN 为 1 的报文，进入 SYN_SENT 状态。当收到来自进程的 SYN 和 ACK 时，TCP 就发送出三次握手中的最后一个 ACK，进而进入连接已经建立的状态 ESTABLISHED。

连接释放：设运行客户进程主机本地 TCP 实体发送一个 FIN 置为 1 的报文，等待着确认 ACK 的到达，此时状态变为 FIN_WAIT_1。当运行客户进程主机收到确认 ACK 时，则一个方向的连接已经关闭，状态变成 FIN_WAIT_2。当运行客户进程的主机收到运行服务器进程的主机发送的 FIN 置为 1 的报文后，应响应确认 ACK 时，这是另一个连接关闭。但此时 TCP 还要等待一段时间后才删除原来建立的连接记录，返回到初始的 CLOSED 状态，这是为了保证原来连接上的所有分组都从网络中消失。

服务器进程变迁的过程具体如下。

连接建立：服务器进程被动打开，进入监听状态 LISTEN。当收到 SYN 置为 1 的连接请求报文后，发送确认 ACK，并且报文中的 SYN 也置为 1，然后进入 SYN_RCVD 状态。在收到三次握手最后一个确认 ACK 时，就转为 ESTABLISHED 状态。

连接释放：当客户进程的数据已经传送完毕，就发出 FIN 置为 1 的报文给服务器进程，进入 CLOSE_WAIT 状态。服务器进程发送 FIN 报文段给客户进程，状态变为 LAST_ACK 状态，当收到客户进程的 ACK 时，服务器进程就释放连接，删除连接记录，回到原来的 CLOSED 状态。

6.4 TCP 可靠传输的实现

TCP 是可靠的数据传输协议。如前文所述，可靠性体现在接收到数据后返回一个确认，但是不能完全避免可能有数据和确认都丢失的情况出现。解决这个问题的办法是提供一个发送的重传定时器：如果定时器溢出时还没收到确认，它就重传这个报文段。

但是，如何定义超时的时间间隔呢？如何确定重传的频率呢？对于 TCP 来说，关键之处在于超时和重传的策略。因此本节将介绍 TCP 的重传机制并举例说明 TCP 的重传过程。

6.4.1 TCP 重传相关概念

TCP 可靠性中最重要的一个机制是处理数据超时和重传。TCP 要求在发送端每发送一个报文段，就启动一个定时器并等待确认信息；接收端成功接收新数据后就会返回确认信息。若在定时器超时之前数据未能被确认，TCP 就认为报文段中的数据已丢失或损坏，需要对报文段中的数据重新组织和重传。尽管超时重传的概念十分简单，但是在实现中，TCP 处理超时重传的机制与其他可靠性协议相比是相当复杂的。

在介绍 TCP 重传之前需要介绍几个概念，具体如下。

（1）超时重传时间（Retransmission Timeout，RTO）

影响超时重传机制协议效率的一个关键参数是重传超时时间。RTO 的值被设置过大或者过小都会对协议造成不利的影响。如果 RTO 设置得过大将会使发送端经过较长时间的等待才能发现报文段丢失，降低了连接数据传输的吞吐量；另一方面，若 RTO 过小，则发送端尽管可以很快地检测出报文段的丢失，但也可能将一些延迟大的报文段误以为是丢失，造成不必要的重传，浪费了网络资源。

如果底层网络的传输特性是可预知的，那么重传机制的设计相对来说就简单得多，可根据底层网络的传输时延的特性选择一个合适的 RTO，使协议的性能得到优化，但是 TCP 的底层网络环境是一个完全异构的互联网结构。在实现端到端的通信时，不同端点之间传输通路的性能可能存在着巨大的差异，而且同一个 TCP 连接在不同的时间段上，也会由于不同的网络状态具有不同的时延。

因此，TCP 必须适应两个方面的时延差异：一个是达到不同目的端的时延的差异，另一个是统一连接上的传输时延随业务量负载的变化而出现的差异。为了处理这种底层网络传输特性的差异性和变化性，TCP 的重传机制相对于其他协议显然也将更为复杂，其复杂性主要表现在对超时时间间隔的处理上。为此，TCP 使用自适应算法以适应互联网分组传输时延的变化，这种算法的基本要点是 TCP 监视每个连接的性能（即传输时延），由此每一个 TCP 连接推算出合适的 RTO 值，当连接时延性能发生变化时，TCP 也能够相应地自动修改 RTO 的设定，以适应这种网络的变化。

（2）传输往返时间（Round Trip Time，RTT）

对于一个连接而言，若能够了解端点间的传输往返时间，则可根据 RTT 来设置一个合适的 RTO。显然，在任何时刻连接的 RTT 都是随机的，无法事先预知。TCP 通过测量来获得连接当前 RTT 的一个估计值，并以该 RTT 估计值为基准来设置当前的 RTO。自适应重传算法的关键就在于对当前 RTT 的准确估计，以便适时调整 RTO。

为了收集足够的数据来精确地估算当前的 RTT，TCP 对每个报文都记录下发送出的时间和收到的确认时间。每一个（发送时间，确认时间）对都可以计算出一个 RTT 测量值的样本。TCP 为每一个活动的连接都维护一个当前的 RTT 估计值。该值是对已经过去的一个时间段内该连接的 RTT 值的加权平均，并作为 TCP 对连接当前实际的 RTT 值的一种估计，RTT 估计值将在发送报文段时被用于确定报文段的 RTO。为了保证它能够比较准确地反映当前的网络状态，每当 TCP 通过测量获得了新的 RTT 样本时，都将对 RTT 的估计值进行更新。不同的更新算法或参数可能获得不同的特性。

有了超时就要有重传，但是就算是重传也是有策略的，而不是将数据简单的发送。数据在传输的时候不能只使用一个窗口协议，还需要有一个拥塞窗口来控制数据的流量，使得数据不会一下子都跑到网络中引起拥塞。拥塞窗口最初使用指数增长的速度来增加自身的窗口，直到发生超时重传，再进行一次微调。拥塞避免算法和慢启动门限就是为此而生的。

所谓的慢启动门限就是说，当拥塞窗口超过这个门限的时候，采用拥塞避免算法，而在门限以内就采用慢启动算法。通常拥塞窗口记作 cwnd，慢启动门限记作 ssthresh。

6.4.2 TCP 重传机制

TCP 重传时间的设定采用了一种自适应算法。这种算法记录每一个报文段发出的时间以及收到相应的确认报文段的时间。将各个报文段的往返时延样本加权平均就得出报文段的平均往返时延 T,每测量到一个新的往返时间样本,就会在接下来重新计算一次平均往返时延:

$$\text{平均往返时延 } T = a \times (\text{旧的往返时延 } T) + (1-a) \times (\text{新的往返时延样本})$$

在上式中,$0<a<1$。若 a 很接近于 1,则表示新算出的往返时延 T 和原来的值相比变化不大,从而对新的往返时延样本的影响不大(T 值更新较慢)。若选择 a 接近于 0,则表示加权计算的往返时延 T 受新的往返时延样本的影响较大(T 值的更新较快)。典型的 a 值为 7/8。

显然,计时器设置的重传时间应略大于上面得出的平均往返时延,即

$$\text{重传时间} = b \times \text{平均往返时延}$$

这里 b 是一个大于 1 的系数,实际上,系数 b 是很难确定的,若取 b 很接近于 1,则发送端可以很及时地重传丢失的报文段,因此效率可以得到提高。但若报文段并未丢失而仅仅是增加了一点时延,那么过早地重传未收到确认的报文段,反而会加重网络的负担。因此 TCP 原先的标准推荐将 b 值取为 2。但是上面所说的往返时间的测量,实现起来相当复杂,如图 6-16 所示。

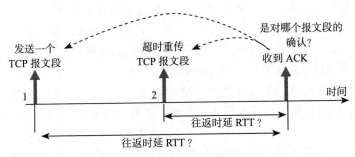

图 6-16 TCP 往返时间测量

发送出一个 TCP 报文段 1,设定的重传到了,但还没有收到确认。于是重传此报文段,即图中的报文段 2,后来收到了确认报文段 ACK。现在的问题是:如何判断出此确认报文段是对原来的报文段 1 的确认,还是对重传的报文段 2 的确认?

由于重传的报文段 2 和原来的报文段 1 完全一样,因此源站在收到确认之后,就无法做出正确的判断了。若收到的确认是对重传报文段 2 的确认,但被源站当成是对原来的报文段 1 的确认,那么这样计算出的往返时延样本和重传时间就会偏大。如果后面再发送的报文段又是经过重传后才收到确认报文段,那么按此方法得出的重传时间就会越来越长。同样,若收到的确认是对原来的报文段 1 的确认,但被当成是对重传报文段 2 的确认,则由此计算出的往返时延样本和重传时间都会偏小,这就必然会更加频繁地导致报文段的重传,有可能使重传时间越来越短。

根据以上所述,Karn 提出了一个算法,在计算平均往返时延时,只要报文段重传了,就不再采用其往返时延样本,这样得出的平均往返时延和重传时间当然就较准确。但是,这又引起了新的问题。设想出现了这样的情况,报文段的时延突然增大了很多,因此在原来得出的重传时间内,不会收到确认报文段,于是就重传报文段,但是根据 Karn 的算法,不考

虑重传的报文段的往返时延样本，这样，重传的时间就会无法更新，因此，对 Karn 算法进行修正的方法是：报文段重传一次，就将重传时间增大一些：

$$新的重传时间 = Y（旧的重传时间）$$

系数 Y 的典型值是 2，当不再发生报文段的重传时，才根据报文段的往返时延更新平均往返时延和重传时间的数值。实践证明，这种策略较为合理。

同时对于拥塞重传情况的出现进行讨论。对于一个给定的连接，初始化 cwnd 为 1 个报文段，ssthresh 为 65535 字节。TCP 输出例程的输出不能超过 cwnd 和接收方通告窗口的大小。拥塞避免是发送方使用的流量控制，而通告窗口则是接收方进行的流量控制。前者是发送方感受到的网络拥塞的估计，而后者则与接收方在该连接上的可用缓存大小有关。当拥塞发生时（超时或收到重复确认），ssthresh 被设置为当前窗口大小的一半（cwnd 和接收方通告窗口大小的最小值，但最少为两个报文段）。此外，如果是超时引起了拥塞，则 cwnd 被设置为 1 个报文段，这就是慢启动。当新的数据被对方确认时，就增加 cwnd，但增加的方法依赖于是否正在进行慢启动或拥塞避免。如果 cwnd 小于或等于 ssthresh，则正在进行慢启动，否则正在进行拥塞避免。慢启动一直持续到回到当拥塞发生时所处位置的半时候才停止，然后转为执行拥塞避免。

快速重传和快速恢复算法是在数据丢包情况下给出的一种修补机制。一般来说，重传发生在超时之后，但是如果发送端接收到 3 个以上的重复 ACK，就应该意识到，数据丢了，需要重新传递。这个机制是不需要等到重传定时器溢出的，所以称为快速重传，它可以避免发送端因等待重传计时器的超时而空闲较长时间，以此增加网络吞吐量。而重新传递以后，因为使用的不是慢启动而是拥塞避免算法，所以这又称为快速恢复算法。

当收到第 3 个重复的 ACK 时，将 ssthresh 设置为当前拥塞窗口 cwnd 的一半。重传丢失的报文段。设置 cwnd 为 ssthresh 加上 3 倍的报文段大小。每次收到另一个重复的 ACK 时，cwnd 增加 1 个报文段大小并发送 1 个分组（如果新的 cwnd 允许发送）。当下一个确认新数据的 ACK 到达时，设置 cwnd 为 ssthresh（在第 1 步中设置的值）。这个 ACK 应该是在进行重传后的一个往返时间内对步骤 1 中重传的确认。另外，这个 ACK 也应该是对丢失的分组和收到的第 1 个重复的 ACK 之间的所有中间报文段的确认，这一步采用的是拥塞避免。ICMP 不会引起重新传递，TCP 会坚持使用自己的定时器，但是 TCP 会保留下 ICMP 的错误并且通知用户。

6.4.3 TCP 可靠传输示例

为了方便描述可靠传输原理，假定数据传输只在一个方向上进行，即 A 发送数据，B 给出确认。TCP 的滑动窗口是以字节为单位的，先假定 A 收到 B 发来的确认报文字段，其中窗口是 20 字节，而确认号是 31 字节（表明 B 期望接收到的下一个序号是 31，序号 30 之前的数据已经收到了），如图 6-17 所示。

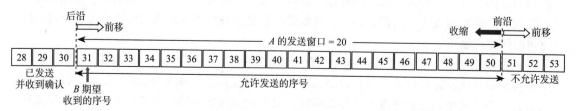

图 6-17 客户机 A 的发送窗口

发送窗口表示：在没有收到 B 确认的情况下，可以把窗口内的数据连续发送出去。凡是已经发送过的数据，在未收到确认之前都必须暂时保留，以便超时重传时使用。

发送窗口的特点具体如下。

1）发送窗口里面的序号表示允许发送的序号（如 31～50）。

2）发送窗口的位置由窗口的前沿和后沿的位置共同确定。发送窗口的后沿可能不动（没有收到确认），或者前移（收到新的确认）。发送窗口的前沿通常是不断地向前移动，但也可能不动。

现在假定 A 发送了序号为 31～41 的数据，如图 6-18 所示，可以看出要描述一个发送窗口的状态需要三个指针 P1、P2 和 P3。小于 P1 的是已发送并收到确认的部分，大于 P3 的是不允许发送的部分。

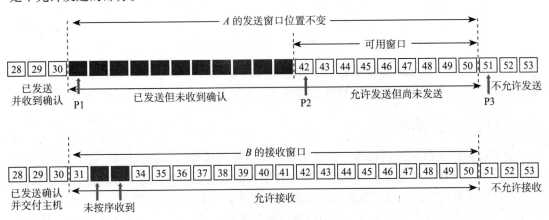

图 6-18 客户机 A 的数据发送过程

P3−P1=A 的发送窗口（又称为通知窗口）

P2−P1=已发送但尚未收到确认的字节数

P3−P2=允许发送但尚未收到的字节数（又称为可用窗口或有效窗口）

B 的接收窗口大小为 20。在接收窗口外面，到 30 号为止的数据均发送过确认并交付主机使用，因此 B 不再保留（之前的数据）。

如图 6-19 所示，B 收到了 32 和 33 的数据。这些数据没有按序到达，因为序号为 31 的数据没有收到。由于 B 只能对按序到达的数据中的最高序号给出确认，因此 B 的发送的确认号仍然是 31，而不能是 32 或 33。现在假定 B 收到序号为 31 的数据并把序号为 31～33 的数据交付给了主机，然后 B 删除这些数据。接着把接收窗口向前移动 3 个序号，同时对 A 发出确认。其窗口值仍为 20，但确认号为 34，表明 B 已经接收到序号到 33 为止的数据。而 B 收到的 37、38、40 的数据没有按序到达，先暂存在接收窗口中。

如果按照以上的方式进行数据发送，当发送窗口已满，可用窗口减小到 0 时，则使得发送停止。如果发送窗口内的所有数据都正确到达 B，而发出的确认由于网络问题没有到达 A，为了保证传输，此时 A 只能认为 B 还没有收到这部分数据。于是 A 经过一段时间过后（由超时计时器控制）将会重传这部分数据，直到收到 B 的确认为止。

如果收到的报文段无差错，只是未按序号，中间还缺少一些序号的数据，则采用选择确认（Selective ACK，SACK）的方法来传送缺少的数据，而不用重传已经正确接收到的数据。

选择确认的工作原理是：当接收方收到了前面的字节流不连续的两个字节块，如果这些字节的序号都在接收窗口之内，那么接收方就会先收下这些数据，但要把这些信息准确地告诉给发送方，使发送方不要再重复发送这些已经收到的数据。

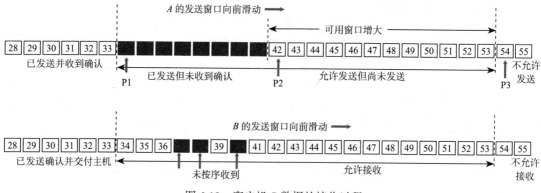

图 6-19 客户机 B 数据的接收过程

TCP 首部没有哪个字段能够提供上述这些字节块的边界信息。如果要使用选择确认，那么在建立 TCP 连接时，就要在 TCP 首部的选项上加上"允许 SACK"的选项。

6.5 TCP 流量控制

为了提高报文段的传输效率，TCP 采用大小可变的滑动窗口进行流量控制。窗口大小的单位是字节，在 TCP 报文段首部的窗口字段写入的数值就是当前为对方设置的窗口数值。发送窗口在连接建立时由双方商定。但在通信的过程中，接收端可根据自己的资源情况，随时动态地将对方调整为发送窗口。这种由接收端控制发送端的做法，在计算机网络中经常使用，在 TCP 中接收端的接收窗口总是等于发送端的发送窗口，因此一般就只使用发送窗口这个词汇。这一点和数据链路层中的滑动窗口很不一样。在不使用选择重传 ARQ 时，通常接收双方的接收窗口都是 1，而发送窗口则是由帧编号的位数来确定的，流量控制平衡了生产者创建数据的速率与消费者使用数据的速率。

图 6-20 给出了从发送方进程到发送方 TCP、从发送方 TCP 到接收方 TCP 以及从接收方 TCP 上升到接收方进程的数据（路径 1、2 和 3）传输过程。然而，流量控制反馈却是从接收方 TCP 传输到发送方 TCP 并且从发送方 TCP 上升到发送方进程（路径 4 和 5）。绝大多数 TCP 的实现不提供从接收方进程到接收方 TCP 的流量控制反馈；无论何时，当接收方进程准备好了，具体实现就会让接收方进程从接收方 TCP 中拉数据。换言之，接收方 TCP 控制发送方 TCP；发送方 TCP 控制发送方进程。从发送方 TCP 到发送方进程（路径 5）的流量控制反馈的实现方式是：当窗口已满，它简单拒绝发送方 TCP 的数据。这意味着，我们对于流量控制的讨论集中于由接收方 TCP 发向发送方 TCP 的反馈。

要想了解 TCP 的流量控制机制，首先要了解窗口的四种主要相关状态，具体如下。

（1）窗口打开

为了实现流量控制，TCP 迫使发送方和接收端调整它们的窗口大小，尽管当连接建立时两方的缓冲区大小是固定的。当更多的数据从发送方到来时，接收端窗口关闭；当更多的数据被进程拉过来时，打开窗口。我们假设它不会收缩。发送窗口的打开、关闭和收缩由接收方控制。当一个新的确认允许发送窗口关闭时，发送窗口关闭。当接收方通知的接收窗口（receiver window, rwnd）大小允许发送方窗口打开时，即（新 ackNo+ 新 rwnd）>（上一个

ackNo+ 上一个 rwnd）时，发送窗口打开。这种情况没有发生的事件中，发送窗口收缩。

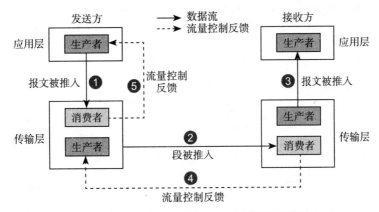

图 6-20　TCP 中的数据流和流量控制反馈

（2）窗口收缩

如前所述，接收窗口不能收缩。另一方面，如果接收方为 rwnd 定义了导致窗口收缩的数值，那么发送窗口可以收缩。然而，一些实现不允许发送窗口收缩。这个限制不允许发送窗口的右沿向左移动，换言之，为了防止发送窗口收缩，接收方需要保持上一个和新的确认之间以及上一个和新 rwnd 值之间的关系如下：

$$新\ ackNo + 新\ rwnd \geq 上一个\ ackNo + 上一个\ rwnd$$

不等式左侧表示与序号空间相关的右沿位置；右边给出了右沿的旧位置。这个关系表示右沿不能向左移动。不等式是对接收端的命令，它使接收端检查自己的通告。然而，需要注意的是，只有当 $S_f < S_n$ 时不等式才是有效的；我们需要记住所有的计算都是模 2 的 32 次幂。

（3）窗口关闭

我们说过，不鼓励将右沿向左移动来收缩发送窗口。然而有一个例外，接收方可以通过发送 rwnd 为 0 来临时关闭窗口。这只会在某些原因下发生，即接收方在一段时间内不想接收来自发送方的任何数据。在这种情况下，发送方并不真的收缩窗口大小，但是它停止发送数据直到新的通告到达。我们将在后面看到，即使当窗口因为来自接收方的命令而关闭了，发送方也总是可以发送一个 1 字节数据的数据段，这称为探测，用来防止死锁。

（4）糊涂窗口综合症

当发送方应用程序缓慢创建数据时，或者当接收方应用程序缓慢消耗数据时，或者两者同时发生时，在滑动窗口操作中可能会发生一个严重的问题。任何这种情况都会导致以很小的段发送数据，这会降低操作的效率。例如，如果 TCP 发送一个只包含 1 字节数据的段，则意味着 41 字节数据报（20 字节 TCP 头部以及 20 字节 IP 头部）仅仅传输了 1 字节用户数据。此时，开销是 41（数据报大小）/1（实际传输数据大小），这表示我们使用网络容量非常低效。在考虑到数据链路层和物理层开销之后这种低效则更为严重。这个问题称为糊涂窗口综合症（Silly Window Syndrome）。

下面就来通过图 6-21 所示的例子说明如何利用可变窗口大小进行流量控制。

设主机 A 向主机 B 发送数据。双方确定的窗口值是 400。再设每一个报文段为 100 字节长，序号的初始值为 1（图 6-21 中第一个箭头上的 SEQ=1）。图 6-21 中右边的注释可帮助理解整个过程。我们应该注意到，主机 B 进行了 3 次流量控制，第一次将窗口减小为 300

字节，第二次又减为 200 字节，最后减至 0，即不允许对方再发送数据了。这种暂停状态将持续到主机 B 重新发出一个新的窗口值为止。

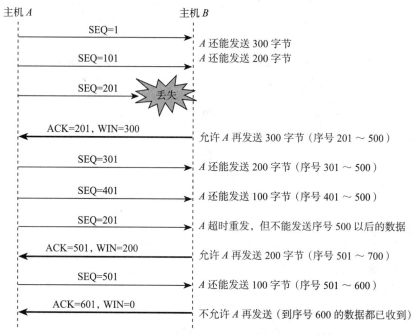

图 6-21　TCP 利用可变窗口进行流量控制示例

实现流量控制并非仅仅为了使接收端来得及接收。如果发送端发出的报文过多会使网络负荷过重，由此会引起报文段的时延增大。但报文段时延的增大，将使主机不能及时地收到确认。因此会重传更多的报文段，而这又会进一步加剧网络的拥塞。为了避免发生拥塞，就需要 TCP 采用一定的拥塞控制策略来适当地降低发送速率。关于 TCP 拥塞控制的策略将在 6.6 节进行详细介绍。

6.6　TCP 拥塞控制

拥塞是指网络传输中对资源的需求超过了可用的资源。若网络中许多资源同时供应不足，那么网络的性能就会明显变坏，整个网络的吞吐量也会随着负荷的增大而下降。但是由于硬件问题以及用户不断增长的需求，所以在网络中拥塞的发生是不可避免的。同时，鉴于网络传输的动态性的特点，拥塞也是一个动态问题，我们也没办法采用一个静态方案去解决拥塞问题。

所以在网络传输中要采用一定的拥塞控制来防止将过多的数据注入网络中，这样可以使网络中的路由器或链路不至于过载。拥塞控制所要做的都有一个前提：网络能够承受现有的网络负荷。拥塞控制是一个全局性的过程，会涉及所有的主机、路由器，以及与降低网络传输性能有关的所有因素。拥塞控制也需要付出一定的代价，它需要获得网络内部流量分布的信息。在实施拥塞控制之前，还需要在节点之间交换信息和各种命令，以便选择控制的策略和实施控制，这样就产生了额外的开销。拥塞控制还需要将一些资源分配给各个用户单独使用，使得网络资源不能更好地实现共享。

6.6.1 TCP 拥塞控制相关概念

（1）拥塞窗口

当我们讨论 TCP 中的流量控制时，我们曾提到过接收方使用 rwnd 的数值来控制发送窗口，它在每个沿相反方向传递的段中都被通告。使用这个策略可以保证接收窗口不会被接收字节溢出（没有终端拥塞）。然而，这并不意味着中间缓冲区、路由器中的缓冲区不会变得拥塞。路由器可能从不止一个发送端接收数据。无论路由器的缓冲多大，它都可能被数据淹没，这将导致特定 TCP 发送方丢弃某些段。换言之，在另一端不存在拥塞，但是可能在中间存在拥塞。TCP 需要担心中间的拥塞，因为很多丢失段都可能导致差错控制。更多的段丢失意味着再次重发相同的段，导致拥塞更严重，并且最终导致通信崩溃。TCP 是使用 IP 服务的端到端协议，路由器中的拥塞是在 IP 域内，并且应该由 IP 解决，然而，IP 是一个没有拥塞控制的简单协议，TCP 自身需要为这个问题负责。TCP 不能忽略网络中的拥塞问题，它不能过分激进地向网络中发送段。正如之前提到的，这样激进的结果只能伤害 TCP 自身。TCP 也不能过于保守，每个时间间隔只发送少量的段，因为这意味着没有利用好网络可用带宽。TCP 需要定义当没有拥塞时的加速数据传输策略以及当检测到拥塞时的减速策略。TCP 使用称为拥塞窗口（congestion window, cwnd）的变量来控制段的发送数量，这个变量的值由网络中的拥塞情况所控制。cwnd 变量和 rwnd 变量一起定义了 TCP 中的发送窗口大小。第一个变量与中间的拥塞相关（网络）；第二个变量与终端的拥塞相关。实际窗口的大小是这两者中的最小值：

实际窗口大小 =Min（发送窗口，拥塞窗口）

上式表明，发送端的发送窗口取"发送窗口"和"拥塞窗口"中较小的一个。在未发生拥塞的稳定工作状态下，接收端通知的窗口和拥塞窗口是一致的。

（2）拥塞检测

在讨论 cwnd 的值如何被设置和改变之前，我们需要描述 TCP 发送方如何检测到网络中可能存在的拥塞。TCP 发送方使用两个事件作为网络中拥塞的标志：超时和接收到三次重复 ACK。第一个是超时（Time-out），如果一个 TCP 发送方在超时之前没有接收到对于某个段或某些段的 ACK，那么它就假设相应段或相应那些段都丢失了，并且丢失是由拥塞引起的。另一个事件是接收到三次重复 ACK，即接收到四个带有相同确认号的 ACK。

当 TCP 接收方发送一个重复 ACK，这是段已经被延迟的信号；但是发送三次重复 ACK 则是丢失段的标志，这可能是由于网络拥塞造成的。然而，在三次重复 ACK 的情况下拥塞的严重程度要低于超时情况。当接收方发送三次重复 ACK 时，这意味着一个段丢失，但是三个段已经被接收到，网络或者轻微拥塞或者已经从拥塞中恢复。我们将在稍后给出一个较早版本的 TCP，称为 Taho TCP，它对这两种事件（超时和三次重复 ACK）的处理是相似的，但是之后的 TCP 版本，称为 Reno TCP，处理这两种事件的方式就有所不同了。

（3）TCP 吞吐量

TCP 的吞吐量是基于拥塞窗口的行为，如果 cwnd 是 RTT 的常数（平直直线）函数，那么吞吐量可以很容易计算出来。这个不实际的假设得出的吞吐量 =cwnd/RTT。在这个假设中，在 RTT 时间内，TCP 发送一个 cwnd 字节的数据并接收到对它们的确认。然而在实际情况中 TCP 的行为，并不是理想的常数（平直直线）函数；它更像是锯齿，有很多最大值和最小值。如果每个齿都完全相同，那么我们可以说吞吐量 =[(maximum+minimum)]/RTT。然而，我们知道最大值是最小值的两倍，因为在每次拥塞检测中，cwnd 的数值都被设为之前值的一半。因此吞吐量可以计算为：

$$吞吐量 = 0.75\ W_{max}/RTT$$

其中 W_{max} 是当拥塞发生时窗口大小的平均值。

6.6.2 TCP 拥塞控制算法

TCP 处理拥塞的一般策略基于三个算法：慢启动、拥塞避免、快速重传与快速恢复。在给出 TCP 在连接中如何从一种算法转到另一种算法之前，我们先讨论每一种算法。

（1）慢启动：指数增加

慢启动（slow-start）算法是基于拥塞窗口大小（cwnd）的思想，它以最大段长度（MSS）开始，但是每当一个确认到达时它只增加一个 MSS。如我们之前所讨论的，MSS 是连接建立期间由同名的最大段长度选项协商产生的值。这个算法的名字会让人产生误导，认为算法启动慢，但它是以指数增长的。为了表示这个思想，下面以图 6-22 为例来说明。我们假设 rwnd 比 cwnd 大得多，因此发送窗口大小永远等于 cwnd。我们也假设每个段的长度都是相同的，并携带 MSS 字节。为了简单起见，我们也忽略延迟 ACK 策略并假设每个段单独被确认。发送方以 cwnd=1 开始。这意味着发送方仅能发送一个段。当第一个 ACK 到达后，被确认的段从窗口中清除，这意味着现在的窗口中有一个空段槽。拥塞窗口的大小也增加 1，因为收到确认，标志着网络中没有拥塞，窗口的大小现在是 2。在发送两个段并接收到两个独立的确认之后，现在拥塞窗口的大小是 4，以此类推。换言之，在这个算法中拥塞窗口的大小是到达 ACK 数量的函数，即如果一个 ACK 到达，则 cwnd=cwnd+1。用这样的方法逐步增大发送方的拥塞窗口 cwnd，可以使分组注入网络的速率更加合理。

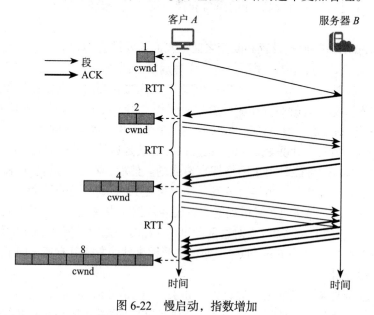

图 6-22 慢启动，指数增加

如果我们按照往返时间（RTT）观察 cwnd 的大小，那么我们会发现其增长速率是指数的，这是一个非常激进的方法。慢启动不能一直继续下去，肯定存在一个停止该阶段的阈值。发送方保存一个称为慢启动阈值（slow-start threshold，ssthresh）的变量。当窗口中的字节达到这个阈值时，慢启动停止且开始下一个阶段。然而，我们已经提到过慢启动策略在延迟确认的情况下会更慢。对于每个 ACK，cwnd 值就增加 1。因此，如果两个段被累积确认则 cwnd 大小只增加 1 而不是 2。增长仍是指数级的，但是它不是 2 的幂；对于确认了两个段的 ACK，它是 1.5 的幂。

（2）拥塞避免：加性增加

如果我们一直采用慢启动算法，那么拥塞窗口的大小将按指数规律增大，为了在拥塞发生之前避免拥塞，必须降低指数增长的速度。TCP 定义了另一个算法，称为拥塞避免（congestion avoidance），这个算法是加性增加 cwnd，而不是指数增加。当拥塞窗口的大小到达慢启动的阈值时，这种情况下 cwnd=i，慢启动阶段停止且加性增加阶段开始。在这个算法中，每次整个"窗口"的所有段都被确认（一次传输），拥塞窗口才增加 1。窗口是 RTT 期间传输的段的数量。图 6-23 说明了这个概念。

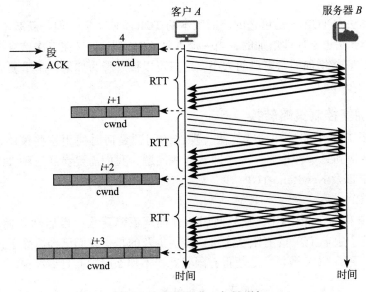

图 6-23 拥塞避免，加性增加

发送方以 cwnd=4 开始。这意味着发送方只能发送 4 个段。在 4 个 ACK 到达之后，被确认的段被从窗口中清除，这意味着现在窗口中有一个空闲段。拥塞窗口也增加 1，窗口大小现在为 5。在发送 5 个段并接收到 5 个确认之后，拥塞窗口的大小变为 6，其余以此类推。换言之，这个算法中拥塞窗口的大小也是到达的 ACK 数量的方程，它由下式决定：如果一个 ACK 到达，则 cwnd=cwnd+（1/cwnd）。

换言之，窗口大小每次只增加 MSS 的 1/cwnd（以字节为单位）。窗口中所有段都需要被确认，才能使窗口增加 1 个 MSS 字节。如果我们按照往返时间（RTT）观察 cwnd 的大小，那么我们会发现其增长速率以每次往返时间为单位是线性的，这比慢启动方法保守多了。

（3）快速重传与快速恢复

在拥塞避免阶段，当发生超时时，cwnd 重新置 1，进入慢启动，这将导致过大减小发送窗口尺寸，这在很大程度上降低了 TCP 连接的吞吐量。为了完善 TCP 的性能，又引入了快速重传和快速恢复机制。

快速重传算法首先要求接收方每收到一个失序的报文段后就立即发出重复确认（重复发

送对前面有序部分的确认），而不是等待自己发送数据时才进行稍待确认，也不是累积收到的报文发送累积确认，如果发送方连续收到三个重复确认，就应该立即重传对方未收到的报文段（若收到重复确认，则说明后面的报文段都送达了，只有中间丢失的报文段未送达）。

快速恢复算法与快速重传算法配合使用，其过程有如下两个要点。

1）当发送方连续收到三个重复确认时，就把慢开始门限减半，这是为了预防网络发生拥塞。注意，接下来不执行慢开始算法。

2）由于发送方现在认为网络很可能没有发生特别严重的阻塞（如果发生了严重阻塞的话，就不会一连有好几个报文段到达接收方，因而也不会导致接收方连续发送重复确认），因此其与慢开始的不同之处是现在不执行慢开始算法（即拥塞窗口的值不设为1个MSS），而是把拥塞窗口的值设为慢开始门限减半后的值，而后开始执行拥塞避免算法，线性地增大拥塞窗口。

快速恢复算法在TCP中是可选的。旧版本的TCP不使用它，但是新版本使用。像拥塞避免一样，这个算法也是加性增加的，当一个重复ACK到达时（在三次重复ACK触发使用这个算法之后），它将增加拥塞窗口的大小。这点可以被解释为如果一个重复ACK到达，则cwnd=cwnd+（1/cwnd）。

6.6.3 TCP拥塞控制策略转换

我们讨论了TCP中的三种拥塞算法。现在的问题是何时使用这些策略，并且TCP何时从一种策略转换到另一种策略。为了回答这些问题，我们需要参照三种TCP版本：Taho TCP、Reno TCP以及NewReno TCP。

（1）Taho TCP

早期的TCP称为Taho TCP，它只使用两种拥塞策略算法：慢启动和拥塞避免。如图6-24给出的是这个版本TCP的有限状态机。需要提及的是，我们已经删除了一些琐碎行为，例如增加和重置重复ACK数量，这使得有限状态机不那么臃肿而且更简单。

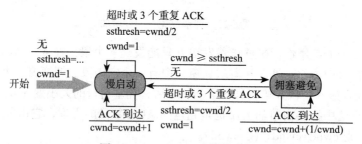

图6-24 Taho TCP有限状态机

Taho TCP用相同的方式对待拥塞检测的两种情况，即超时和三次重复ACK。在这个版本中，连接建立时TCP启动慢启动算法，并将变量ssthresh设置为之前协商好的数值（通常是MSS的倍数），将cwnd设置为1MSS。在这种状况下，如前所述，每次ACK到达，拥塞窗口增加1。我们知道这个策略很激进并且窗口是指数级增加的，这可能会导致拥塞。如果检测到拥塞（发生超时或三次重复ACK），则TCP立即中断这个激进的增长，并将阈值限定为当前cwnd的一半，重置拥塞窗口为1，从而重启一个新的慢启动。换言之，不仅TCP从零开始，而且它还学到了如何调整阈值。如果在达到阈值时还没有检测到拥塞，那么TCP知道已经到达目标的顶点；它不应该继续以此速度增加。它将进入拥塞避免状态并继续这种状态。在拥塞避免状态，每当 ACK 数目等于当前已接收的窗口大小时，拥塞窗口大小增加 1。例如，如果现在窗口的大小是 5MSS，那么在窗口大小变为 6MSS 之前，需要再接收 5 个 ACK。注意，在这种状态下，没有拥塞窗口大小的上限；除非检测到拥塞，拥塞窗口的保守加性增加将会继续，直到数据传输阶段结束。如果在这个状态下检测到拥塞，TCP 再次将 ssthresh 的值重置为 cwnd 的一半，并进入慢启动状态。尽管这个版本的 TCP 中，ssthresh 的大小在每次拥塞检测中都在不断调整，但是这并不意味着它必然变得比之前的数值小。例如，当 TCP 处于拥塞避免阶段且 cwnd 是 20 时，如果初始 ssthresh 数值为 8MSS 且检测到拥塞，那么现在的新 ssthresh 的数值为 10，这意味着它增加了。

（2）Reno TCP

一个新版 TCP 称为 Reno TCP，在拥塞控制有限状态机中加入了新的状态，即快速恢复状态。这个版本使用不同的方法处理拥塞检测的两种情况，即超时和三次重复 ACK。在这个版本中，如果发生超时，TCP 进入慢启动状态（如果它已经处于该状态，则开始新的一轮）；另一方面，如果三次重复 ACK 到达，则 TCP 进入快速恢复阶段，并且只要有更多的重复 ACK 到达，它就保持这种状态。快速恢复状态是一种介于慢启动和拥塞避免之间的状态。它像慢启动，其中 cwnd 以指数增长，但是 cwnd 以 ssthresh 加 3MSS（而不是 1）开始。当 TCP 进入快速恢复阶段，可能发生三种主要事件。如果重复 ACK 继续到达，那么 TCP 将保持这种状态，但是 cwnd 是呈指数增长的。如果发生超时，那么 TCP 就假设网络中有真实的拥塞，并进入慢启动状态。如果一个新的（非重复）ACK 到达，TCP 就进入拥塞避免阶段，但是将 cwnd 的大小减小到 ssthresh 值，好像三次重复 ACK 没有发生过一样，并且转换是从慢启动状态到拥塞避免状态。图 6-25 给出了一个 Reno TCP 的简化有限状态机，其中 cwnd 的单位为 MSS。

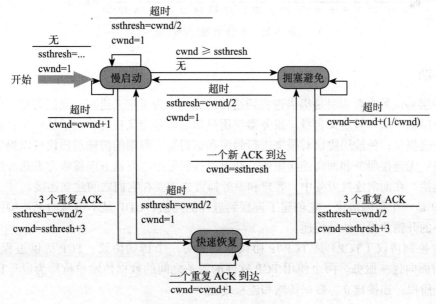

图 6-25　Reno TCP 有限状态机

（3）NewReno TCP

NewReno TCP 在 Reno TCP 基础上进行了额外优化。在这个版本中，当三次重复 ACK 到达时，TCP 检查在当前窗口中是否有一个以上的段丢失。当 TCP 接收到三次重复 ACK 时，它将重传丢失段直到一个新的 ACK（非重复）到达。当检测到拥塞时，如果新的 ACK 定义了窗口的末端，那么 TCP 就可以确定只有一个段丢失。然而，如果 ACK 数定义了重传段和窗口末端之间的一个位置，那么被 ACK 定义的段也可能丢失了。NewReno TCP 重传这个段以避免接收到关于这个段的越来越多的重复 ACK。

在这三种 TCP 版本中，Reno TCP 版本是如今最普遍的版本。在这个版本的绝大多数情况下，通过观察三次重复 ACK，可以检测并处理拥塞，即使有一些超时事件，TCP 也会通过激进的指数增长从中恢复。换言之，在长时间的 TCP 连接中，如果我们忽略在快速恢复期间的慢启动状态和短暂指数增长，那么当 ACK 到达（拥塞避免）时 TCP 拥塞窗口为 cwnd=cwnd+（1/cwnd），并且当检测到拥塞时 cwnd=cwnd/2，好像 SS 不存在且 FR 的长度减小为 0。第一个称为加性增加；第二个称为乘性减少。这意味着在经过初始慢启动状态后，拥塞窗口大小遵循锯齿样式，称为加性增加、乘性减少（additive increase，multiplicative decrease，AIMD），如图 6-26 所示。

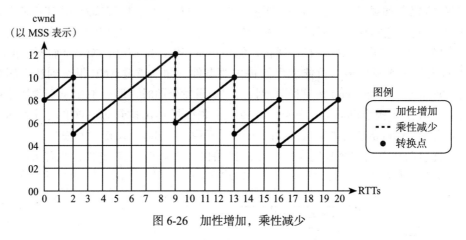

图 6-26 加性增加，乘性减少

本章小结

传输层协议的主要职责是提供进程到进程的通信。为了定义进程，我们需要端口号，客户程序使用临时端口号定义自身。服务器使用熟知端口号定义自身。为了从一个进程向另一个进程发送报文，传输层协议对报文进行封装和解封装。源端的传输层协议可以提供两种类型的服务：无连接服务和面向连接服务。在无连接服务中，发送方向接收方发送分组，而没有建立连接。在面向连接服务中，客户和服务器首先需要在它们之间建立连接。

UDP 是一个传输协议，它创建了进程到进程的通信。UDP 是不可靠的无连接协议，它需要很小的开销并提供快速传递。

传输控制协议（TCP）是 TCP/IP 协议簇中的另一个传输协议、TCP 提供进程到进程、全双工的面向连接服务。两个使用 TCP 软件的服务之间的数据传输单位称为段。TCP 连接包含三个阶段：连接建立、数据传输和连接终止。

思考题

1）试说明传输层的作用。

2）为什么在 TCP 首部中有一个首部长度字段，而 UDP 的首部中就没有这个字段？并说明各个字段的作用。

3）与 TCP 相比，UDP 进行数据传输具有什么优势。

4）TCP 采用了哪些策略保证了数据传输的可靠性。

5）主机 A 和 B 使用 TCP 通信。在 B 发送过的报文段中，有这样连续的两个 ACK：ACK=120 和 ACK=100。这可能吗（前一个报文段确认的序号还大于后一个的）？试说明理由。

6）TCP 在进行流量控制时是以分组的丢失作为产生拥塞的标志。有没有不是因拥塞而引起的分组丢失的情况，如有，请列举三种情况。

7）说明 TCP 的"三次握手"和"四次挥手"具体的过程。

8）编写 Linux 下 UDP 服务器套接字程序，程序运行时服务器等待客户的连接，一旦连接成功，则显示客户的 IP 地址、端口号，并向客户端发送字符串。

9）有一个 TCP 连接，当它的拥塞窗口大小为 64 个分组大小时超时，假设该线路往返时间 RTT 是固定的，即为 3s，不考虑其他开销，即分组不丢失，该 TCP 连接在超时后处于慢开始阶段的时间是多少秒？

10）编写 Linux 下 TCP 服务器套接字程序，程序运行时服务器等待客户的连接，一旦连接成功，则显示客户的 IP 地址、端口号，并向客户端发送字符串。

第 7 章 应 用 层

应用层的许多协议都是基于客户/服务器方式的。即使是对等通信方式，其本质上也是一种特殊的客户/服务器方式。这里再明确一下，客户和服务器都是指通信中所涉及的两个应用进程。客户/服务器方式所描述的是进程之间服务和被服务的关系。这里最主要的特征就是：客户是服务请求方，服务器是服务提供方。

下面首先讨论许多应用协议都要使用的域名系统。在介绍了文件传输协议和远程登录协议之后，将重点介绍万维网的工作原理及其主要协议。由于万维网的出现使因特网得到了飞速的发展，因此万维网在本章中占有最大的篇幅，也是本章的重点。接着我们讨论用户最常用的因特网电子邮件；最后，介绍有关网络管理方面的问题以及网络编程的有关知识。

7.1 应用层提供的服务

为了向用户提供有效的网络应用服务，应用层需要确立相互通信的应用程序或进程的有效性并提供同步，需要提供应用程序或进程所需要的信息交换和远程操作，需要建立错误恢复的机制以保证应用层数据的一致性。应用层为各种实际网络应用所提供的通信支持服务统称为应用服务组件（Application Service Element，ASE）。

不同的 ASE 可以方便地让各种实际的网络应用与下层进行通信。其中，有 3 个重要的 ASE，分别是关联控制服务组件（Association Control Service Element，ACSE）、远程操作服务组件（Remote Operation Service Element，ROSE）和可靠传输服务组件（Reliable Transfer Service Element，RTSE）。ACSE 可以将通信两端用户所使用的应用程序名关联起来，用于在两端应用程序之间建立、维护和终止连接；ROSE 采用类似远程过程调用的请求/应答机制实现远程操作；RTSE 则通过先将数据转化为 8 位字节串，然后将数据串分解为多个段，最后将每段传送到表示层，以便发送时在分段之间建立检查点。通过表示层服务，RTSE 使用会话层活动管理服务来管理数据分段的传输。

除了以上提到的 3 个应用服务组件之外，OSI/RM 体系结构的应用层提供了 5 种不同的网络应用类型来实现不同的应用需求，分别是报文处理系统（Message Handling System，MHS）、文件传输/存取和管理（File Transfer，Access and Management，FTAM）、虚拟终端协议（Virtual Terminal Protocol，VTP）、目录服务（Directory Service，DS）、事务处理（Transaction Processing，TP）、远程数据库访问（Remote Database Access，RDA）。但由于目前 OSI/RM 体系结构只是起到参考模型的作用，因此实际的网络应用并未按照上述协议实现。而在 TCP/IP 体系结构中的应用层却正好相反，其拥有许多主流的应用层协议和基于这些协议实现的 TCP/IP 应用。

TCP/IP 体系结构中的应用层解决了 TCP/IP 网络应用存在的共性问题，包括与网络应用相关的支撑协议和应用服务两大部分。其中的支撑协议包括域名系统（DNS）、动态主机配置协议（DHCP）、简单网络管理协议（SNMP）等；典型的应用服务包括 Web 浏览服务、E-mail 服务、文件传输访问服务、远程登录服务等。另外，还有一些与这些典型网络应用服务相关的协议,包括超文本传输协议(HTTP)、简单邮件传输协议(SMTP)、文件传输协议(FTP)、简单文件传输协议(TFTP)和远程登录(Telnet)等。

进行软件编码之前,应当对应用程序有一个宽泛的体系结构计划。记住,应用程序的体系结构明显不同于网络的体系结构。从应用程序研发者的角度来看,网络体系结构是固定的,并为应用程序提供了特定的服务集合。另一方面,应用程序体系结构由应用程序研发者设计,规定了如何在各种端系统上组织该应用程序。在选择应用程序体系结构时,应用程序研发者很可能利用现代网络应用程序中所使用的两种主流体系结构之一:客户/服务器体系结构或对等(P2P)体系结构。

在客户/服务器体系结构中,有一个总是打开的主机称为服务器,它服务于来自许多其他称为客户的主机的请求。一个经典的例子是 Web 应用程序,其中总是打开的 Web 服务器服务于来自浏览器的请求。当 Web 服务器接收来自某客户对某对象的请求时,它向该客户发送请求的对象作为响应。值得注意的是,利用客户/服务器体系结构,客户之间不直接通信;例如,在 Web 应用中,两个浏览器并不直接通信。客户/服务器体系结构的另一个特征是该服务器具有固定的、众所周知的地址,该地址称为 IP 地址。因为该服务器具有固定的、众所周知的地址,并且因为该服务器总是打开的,因此客户总是能够通过向该服务器的 IP 地址发送分组来与其联系。具有客户/服务器体系结构的著名的应用程序包括 Web、Telnet 和电子邮件。

一个 P2P 体系结构对位于数据中心的专用服务器具有最小的依赖。相反,应用程序在间断连接的主机对之间使用直接通信,这些主机对被称为对等方。这些对等方并不为服务提供商所有,而是为用户控制的桌面机和膝上机所有,大多数对等方一般驻留在家庭、大学和办公室。因为这种对等方通信不必通过专门的服务器,所以该体系结构被称为对等方到对等方的结构。许多目前流行的、流量密集型应用都是 P2P 体系结构的应用。这些应用包括文件共享(如 BitTorrent)、对等方协助下载加速器(如迅雷)、因特网电话(如 Skype)和 IPTV(如"迅雷看看"和 PPstream)。

P2P 体系结构最引人入胜的特性之一是它的自扩展性。例如,在一个 P2P 文件共享应用中,尽管每个对等方都由于请求文件而产生工作量,但每个对等方通过向其他对等方分发文件也为系统增加了服务能力。P2P 体系结构也是成本有效的,因为它们通常不需要庞大的服务器基础设施和服务器带宽。然而,未来 P2P 应用将面临三个挑战:

1) ISP 友好。大多数住宅 ISP 已经受制于"非对称的"带宽应用,也就是说,下载比上载要多得多。但是,P2P 视频流和文件分发应用改变了从服务器到住宅 ISP 的上载流量,因而给 ISP 带来了巨大的压力。未来 P2P 应用需要设计对 ISP 友好的模式。

2) 安全性。因为它们的高度分布和开放特性,P2P 应用对安全带来了挑战。

3) 激励。未来 P2P 应用的成功也取决于说服用户自愿向应用提供带宽、存储和计算资源,这对激励设计带来了挑战。

7.2 域名系统

7.2.1 域名系统概念

域名系统(DNS)是因特网使用的命名系统,用来把便于人们使用的机器名字转换为 IP 地址。域名系统其实就是名字系统。为什么不叫"名字"而叫"域名"呢?这是因为在这种因特网的命名系统中使用了许多的"域",因此就出现了"域名"这个名词。"名字系统"没有说清要用在什么地方,而"域名系统"则很明确地指出这种系统是用在因特网中的。

许多应用层软件经常直接使用域名系统(DNS),但计算机的用户只是间接而不是直接使用域名系统。

用户与因特网上的某个主机通信时,显然不愿意使用很难记忆的长达32位的二进制主机地址。即使是点分十进制 IP 地址也不太容易记忆。相反,大家更愿意使用比较容易记忆的主机名字。早在 ARPANET 时代,整个网络上只有数百台计算机,那时使用一个称为 hosts 的文件,列出所有主机名字和相应的 IP 地址。只要用户输入一个主机名字,计算机就可很快地把这个主机名字转换成机器能够识别的二进制 IP 地址。

为什么机器在处理 IP 数据报时要使用 IP 地址而不是使用域名呢?这是因为 IP 地址的长度是固定的 32 位,而域名的长度并不是固定的,机器处理起来比较困难。

7.2.2 因特网的域名结构

早期的因特网使用了非等级的名字空间,其优点是名字简短。但当因特网上的用户数量急剧增加时,用非等级的名字空间来管理一个很大的而且经常变化的名字集合是非常困难的。因此,因特网后来就采用了层次树状结构的命名方法,就像全球邮政系统和电话系统那样。采用这种命名方法,任何一个连接在因特网上的主机或路由器,都有一个唯一的层次结构的名字,即域名。这里,"域"是名字空间中一个可被管理的划分。域还可以划分为子域,而子域还可以继续划分为子域的子域,这样就形成了顶级域、二级域、三级域,等等。

从语法上讲,每一个域名都是由标号序列组成的,而各标号之间用点隔开。例如,中央电视台用于收发电子邮件的计算机的域名由三个标号组成,其中标号 com 是顶级域名,标号 cctv 是二级域名,标号 mail 是三级域名。

DNS 规定,域名中的标号都是由英文字母和数字组成的,每一个标号不超过 63 个字符,也不区分大小写字母。标号中除连字符之外不能使用其他的标点符号。级别最低的域名写在最左边,而级别最高的顶级域名写在最右边。由多个标号组成的完整域名总共不超过 255 个字符。DNS 既不规定一个域名需要包含多少个下级域名,也不规定每一级的域名代表什么意思。各级域名由其上一级域名管理机构管理,而最高的顶级域名则由 ICANN 进行管理。用这种方法可使每一个域名在整个因特网范围内是唯一的,并且也容易设计出一种查找域名的机制。

7.2.3 DNS 工作机理概述

本节将概括一下 DNS 的工作过程,我们的讨论将集中在主机名到 IP 地址转换服务方面。

假设运行在用户主机上的某些应用程序需要将主机名转换为 IP 地址。这些应用程序将调用 DNS 的客户端,并指明需要被转换的主机名。用户主机上的 DNS 接收到信息后,向网络中发送一个 DNS 查询报文。所有的 DNS 请求和回答报文均使用 UDP 数据报经端口 53 发送。经过若干毫秒到若干秒的时延之后,用户主机上的 DNS 将接收到一个提供所希望映射的 DNS 回答报文。这个映射结果则被传递到调用 DNS 的应用程序中。因此,从用户主机调用应用程序的角度来看,DNS 是一个提供简单、直接的转换服务的黑盒子。但事实上,实现这个服务的黑盒子非常复杂,它由分布于全球的大量 DNS 服务器以及定义了 DNS 服务器与查询主机通信方式的应用层协议组成。

DNS 的一种简单设计是在因特网上只使用一个 DNS 服务器，该服务器包含所有的映射。在这种集中设计中，客户直接将所有查询直接发往一个 DNS 服务器，同时该 DNS 服务器对所有的查询客户做出响应。尽管这种设计的简单性非常具有吸引力，但它并不适用于当今的因特网，因为因特网拥有的主机数量巨大。这种集中式设计的问题包括：

1）单点故障。如果该 DNS 服务器崩溃，则整个因特网都将瘫痪！
2）通信容量。单个 DNS 服务器不得不处理所有的 DNS 查询。
3）远距离的集中式数据库。单个的 DNS 服务器不可能"邻近"所有查询客户。如果我们将单台 DNS 服务器放在纽约市，那么来自澳大利亚的所有查询都必须传播到地球的另一边，中间也许还要经过低速和拥塞的链路，这将导致严重的时延。
4）维护。单个的 DNS 服务器将不得不为所有的因特网主机保留记录。这不仅会使这个中央数据库变得非常庞大，而且它还不得不为解决每个新添加的主机而频繁更新。

总的来说，在单一 DNS 服务器上运行集中式数据库完全没有可扩展的能力。因此，DNS 采用了分布式的设计方案。事实上，DNS 是一个在因特网上实现分布式数据库的优秀范例。

1. 分布式、层次数据库

为了处理扩展性问题，DNS 使用了大量的 DNS 服务器，它们以层次方式组织，并且分布在全世界范围内。没有一台 DNS 服务器拥有因特网上所有主机的映射。相反，该映射分布在所有的 DNS 服务器上。大致说来，有 3 种类型的 DNS 服务器：根 DNS 服务器、顶级域（top-level domain，TLD）DNS 服务器和权威 DNS 服务器。这些服务器以图 7-1 中所示的层次结构组织起来。为了理解这 3 种类型的 DNS 服务器的交互方式，假定一个 DNS 客户要决定主机名 www.amazon.com 的 IP 地址，那么将发生下列事件。客户首先与根服务器之一联系，它将返回顶级域名 com 的 TLD 服务器的 IP 地址。然后客户与这些 TLD 服务器之一联系，返回一个权威服务器的 IP 地址 amazon.com。最后客户与一个权威服务器 amazon.com 联系，它为主机名 www.amazon.com 返回其 IP 地址。很快，我们将更为详细地考察 DNS 查找过程。不过我们先仔细看一下这 3 种类型的 DNS 服务器。

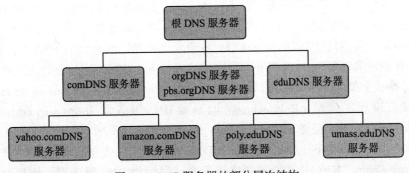

图 7-1　DNS 服务器的部分层次结构

1）根 DNS 服务器。在因特网上有 13 个根 DNS 服务器，它们中的大部分均位于北美洲。图 7-2 中显示的是一张 2012 年的根 DNS 服务器分布图。尽管我们将这 13 个根 DNS 服务器中的每个都视为单个的服务器，但每台"服务器"实际上都是一个冗余服务器的网络，以提供安全性和可靠性。

2）顶级域 DNS 服务器。这些服务器负责顶级域名（如 com、org、net、edu 和 gov）以及所有国家的顶级域名（如 uk、fr、ca 和 jp）。Verisign Global Registry Services 公司维护 com 顶级域的 TLD 服务器；Educause 公司维护 edu 顶级域的 TLD 服务器。

3）权威 DNS 服务器。在因特网上具有公共可访问主机的每个组织机构都必须提供公共可访问的 DNS 记录，这些记录将这些主机的名字映射为 IP 地址。一个组织机构的权威 DNS 服务器收藏了这些 DNS 记录。一个组织机构能够选择实现它自己的权威 DNS 服务器以保存这些记录；另一种方法是，该组织能够支付费用，让这些记录存储在某个服务提供商的一个权威 DNS 服务器中。多数大学和大公司自行实现和维护它们自己基本和辅助的权威 DNS 服务器。

图 7-2　2012 年的 DNS 根服务器（名称、组织和位置）

根、TLD 和权威 DNS 服务器都处在 DNS 服务器的层次结构中。还有另一类重要的 DNS，称为本地 DNS 服务器。一个本地 DNS 服务器严格来说并不属于服务器的层次结构，但它对层次结构来说是重要的。每个 ISP 都有一台本地 DNS 服务器。当主机与某个 ISP 连接时，该 ISP 将提供一台主机的 IP 地址，该主机具有一台或多台本地 DNS 服务器的 IP 地址。通过访问 Windows 或 UNIX 的网络状态窗口，能够容易地确定本地 DNS 服务器的 IP 地址。主机的本地 DNS 服务器通常"邻近"本主机。对某机构 ISP 而言，本地 DNS 服务器可能与主机在同一个局域网中；对于某居民区 ISP 来说，本地 DNS 服务器常与主机相隔不超过几台路由器。当主机发出 DNS 请求时，该请求将被发往本地 DNS 服务器，它起着代理的作用，并将该请求转发到 DNS 服务器层次结构中，下面我们将进行更为详细地讨论。

我们来看一个简单的例子，假设主机 cis.poly.edu 想知道主机 gaia.cs.umass.edu 的 IP 地址。同时假设理工大学（Polytechnic）的本地 DNS 服务器为 dns.poly.edu，并且 gaia.cs.umass.edu 的权威 DNS 服务器为 dns.umass.edu。如图 7-3 所示，主机 cis.poly.edu 首先向它的本地 DNS 服务器 dns.poly.edu 发送一个 DNS 查询报文。该查询报文含有被转换的主机名 gaia.cs.umass.edu。本地 DNS 服务器将该报文转发到根 DNS 服务器。该根 DNS 服务器注意到其 edu 前缀并向本地 DNS 服务器返回负责 edu 的 TLD 的 IP 地址列表。该本地 DNS 服务器再次向这些 TLD 服务器之一发送查询报文。该 TLD 服务器注意到其前缀为 umass.edu，并用权威 DNS 服务器的 IP 地址进行响应，该权威 DNS 服务器是负责马萨诸塞大学的 dns.umass.edu 的。最后，本地 DNS 服务器直接向 dns.umass.edu 重发查询报文，dns.umass.edu 用 gaia.umass.edu 的 IP 地址进行响应。注意，在本例中，为了获得一台主机名的映射，共发送了 8 份 DNS 报文——4 份查询报文和 4 份回答报文。我们将在后面介绍利用 DNS 缓存减少这种查询流量的方法。

前面的例子假设 TLD 服务器知道用于主机的权威 DNS 服务器的 IP 地址。一般而言，这种假设并不总是正确的。相反，TLD 服务器只是知道中间的某个 DNS 服务器，该中间 DNS 服务器依次查询才能知道用于该主机的权威 DNS 服务器。例如，再次假设马萨诸塞大学有一台用于本大学的 DNS 服务器，它称为 dns.umass.edu。同时假设该大学的每个系都有自己的 DNS 服务器，每个系的 DNS 服务器都是本系所有主机的权威服务器。在这种情况下，当中间 DNS 服务器 dns.umass.edu 收到了对某主机的请求时，该主机名是以 cs.umass.edu 结尾，它向 dns.poly.edu 返回 dns.cs.umass.edu 的 IP 地址，后者是所有以 cs.umass.edu 结尾的主机的权威服务器。本地 DNS 服务器 dns.poly.edu 则向权威 DNS 服务器发送查询，该权威 DNS 服务器将请求的映射发送给本地 DNS 服务器，该本地服务器依次向请求主机返回该映射。在这个例子中，共发送了 10 份 DNS 报文。

图 7-4 所示的例子利用了递归查询和迭代查询。从 cis.poly.edu 到 dns.poly.edu 发出的查询都是递归查询，因为该查询请求 dns.poly.edu 以自己的名义获得映射。而后继的 3 个查询是迭代查询，因为所有的回答都是直接返回给 dns.poly.edu 的。从理论上讲，任何 DNS 查询都既可以是迭代的也可以是递归的。例如，图 7-4 显示了一条 DNS 查询链，其中的所有查询都是递归的。实践中，查询通常遵循图 7-3 中的模式。从请求主机到本地 DNS 服务器的查询都是递归的，其余的查询是迭代的。

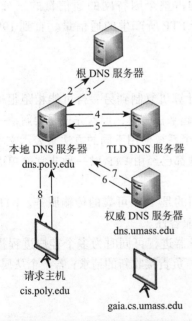

图 7-3　各种 DNS 服务器的交互

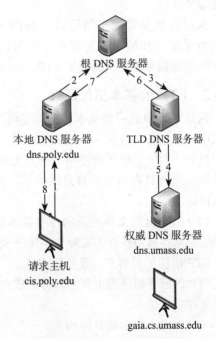

图 7-4　DNS 中的递归查询

2. DNS 缓存

至此，我们的讨论还没有涉及 DNS 的一个非常重要的角色：DNS 缓存。实际上，为了改善时延性能并减少在因特网上到处传输的 DNS 报文数量，DNS 广泛使用了缓存技术。DNS 缓存的原理非常简单。在一个请求链中，当某个 DNS 服务器接收一个 DNS 回答时，它能将该回答中的信息缓存在本地存储中。例如，在图 7-3 中，每当本地 DNS 服务器 dns.poly.

edu 从某个 DNS 服务器接收到一个回答时，它能够缓存包含在该回答中的任何信息。如果在 DNS 服务器中缓存了一台主机名/IP 地址对，那么另一个对相同主机名的查询到达该 DNS 服务器时，该 DNS 服务器就能够提供所要求的 IP 地址，即使它不是该主机名的权威服务器。由于主机和主机名与 IP 地址间的映射并不是永久的，因此 DNS 服务器在一段时间后将丢弃缓存的信息。

举一个例子，假定主机 apricot.poly.edu 向 dns.poly.edu 查询主机名 cnn.com 的 IP 地址。此后（假设过了几个小时），Polytechnic 理工大学的另外一台主机（如 kiwi.poly.edu）也向 dns.poly.edu 查询相同的主机名。因为有了缓存，该本地 DNS 服务器可以立即返回 cnn.com 的 IP 地址，而不必查询任何其他 DNS 服务器。本地 DNS 服务器也能够缓存 TLD 服务器的 IP 地址，因而其允许本地 DNS 绕过查询链中的根 DNS 服务器。

7.3 文件传输协议和简单文件传输协议

7.3.1 FTP 概念

因特网上使用最广泛的文件传输服务使用文件传输协议（File Transfer Protocol，FTP）。FTP 提供交互式访问，允许客户指明文件的类型与格式，并允许文件具有存取权限。更重要的是，由于隐藏了独立计算机系统的细节，FTP 适用于异构体系——它能在任意的计算机之间传输文件。

在因特网发展的早期阶段，用 FTP 传送文件约占整个因特网的通信量的三分之一，而由电子邮件和域名系统所产生的通信量还要小于 FTP 所产生的通信量。直到 1995 年，WWW 的通信量才首次超过了 FTP。

7.3.2 FTP 的基本工作原理

网络环境中的一项基本应用就是将文件从一台计算机复制到另一台可能相距很远的计算机中。虽然将文件从一个系统传送到另一个系统看起来很简单，但首先还是要解决一些问题。例如，两个系统可能使用不同的文件名约定；两个系统使用不同的方法来表示文本和数据；两个系统具有不同的目录结构等。所有这些问题都已经由 FTP 以一种非常简单而巧妙的方法解决了。

FTP 只是提供文件传送的一些基本服务，它使用的是 TCP 可靠的传输服务。FTP 的主要功能是减少或消除在不同操作系统下处理文件的不兼容性。

FTP 使用的是客户/服务器方式。一个 FTP 服务器进程可同时为多个客户进程提供服务。FTP 的服务器进程由两大部分组成：一个主进程，负责接收新的请求；若干个从属进程，负责处理单个请求。

主进程的工作步骤具体如下。

1）打开熟知端口（端口号为 21），使客户进程能够连接到该端口。

2）等待客户进程发出连接请求。

3）启动从属进程来处理客户进程发来的请求。从属进程对客户进程的请求处理完毕后即可终止，但从属进程在运行期间根据需要还可能会创建一些其他的子进程。

4）回到等待状态，继续接收其他客户进程发来的请求。主进程与从属进程的处理是并发进行的。

FTP 的工作情况如图 7-5 所示。客户有三个组件：用户接口、客户控制进程和客户数据传输进程。服务器有两个组件：服务器控制进程和服务器数据传输进程。

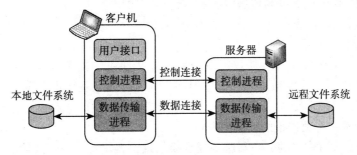

图 7-5　FTP 的工作情况示意图

在进行文件传输时，FTP 的客户和服务器之间要建立两个并行的 TCP 连接——"控制连接"和"数据连接"。控制连接是在控制进程之间进行的，而数据连接是在数据传输进程之间进行的。控制连接在整个会话期间一直保持打开状态，FTP 客户发出的传送请求通过控制连接发送给服务器端的控制进程，但控制进程并不负责传送文件。实际负责传输文件的是"数据连接"。服务器端的控制进程在接收到 FTP 客户发送来的文件传输请求后就创建"数据传送进程"和"数据连接"，用来连接客户端和服务器端的数据传送进程。数据传送进程实际完成的是文件的传送，在传送完毕之后关闭"数据传送连接"并结束运行。由于 FTP 使用了一个分离的控制连接，因此 FTP 的控制信息是带外传送的。

当客户进程向服务器进程发出建立连接请求时，要寻找连接服务器进程的熟知端口（21），同时还要告诉服务器进程自己的另一个端口号码，用于建立数据传送连接。接着，服务器进程用自己传送数据的熟知端口（20）与客户进程所提供的端口号码建立数据传送连接。由于 FTP 使用了两个不同的端口号，因此数据连接与控制连接不会出现发送混乱。

使用两个独立的连接的主要好处是使协议更加简单和更容易实现，同时在传输文件时还可以利用控制连接。

7.3.3　简单文件传输协议

TFTP（Trivial File Transfer Protocol）即简单文件传输协议，最初是用于引导无盘系统（通常是工作站或 X 终端）。虽然 TFTP 也使用客户/服务器方式，但其与使用 TCP 的 FTP 不同，为了保持简单和短小，TFTP 使用 UDP 数据报，因此 TFTP 需要有自己的差错改正措施。TFTP 只支持文件传输而不支持交互。TFTP 没有一个庞大的命令集，没有列目录的功能，也不能对用户进行身份鉴别。

TFTP 的主要优点有两个。第一，TFTP 可用于 UDP 环境。例如，当需要将程序或文件同时向许多机器下载时就需要使用 TFTP。第二，TFTP 代码所占的内存较小。这对较小的计算机或某些特殊用途的设备来说是很重要的。这些设备不需要硬盘，只需要固化 TFTP、UDP 和 IP 的小容量只读存储器即可。当接通电源后，设备执行只读存储器中的代码，在网络上广播一个 TFTP 请求。网络上的 TFTP 服务器就会发送响应，其中包括可执行二进制程序。设备收到此文件后将其放入内存，然后开始运行程序。这种方式增加了灵活性，也减少了开销。

TFTP 的主要特点如下。

1）每次传送的数据报文都有 512 字节的数据，但最后一次可以不足 512 字节。

2）数据报文按顺序编号，从 1 开始。
3）支持 ASCII 码或二进制传送。
4）可对文件进行读或写。
5）使用很简单的首部。

TFTP 的工作很像停止等待协议，发送完一个文件块后就等待对方的确认，确认时应指明所确认的块编号。发完数据后在规定时间内收不到确认就要重发数据 UDP。发送确认 UDP 的一方若在规定时间内收不到下一个文件块，也要重发确认 UDP。这样就可以保证文件的传送不会因某一个数据报的丢失而失败。

在开始工作时，TFTP 的客户与服务器交换信息，客户发送一个读请求报文或写请求报文给服务器进程，服务器进程的熟知端口号码为 69。TFTP 服务器进程要选择一个新的端口和 TFTP 客户进程进行通信。若文件长度恰好为 512 字节的整数倍，则在文件传送完毕之后，还必须在最后发送一个只含首部而无数据的数据报文。若文件长度不是 512 字节的整数倍，则最后传送数据报文中的数据字段一定不满 512 字节，这正好可作为文件结束的标志。

7.4 远程登录协议

TELNET 是一个简单的远程终端协议，它也是因特网的正式标准。用户通过 TELNET 就可在其所在地通过 TCP 连接注册到远程的另一个主机上。TELNET 能将用户的击键传到远地主机，同时也能将远程主机的输出通过 TCP 连接返回到用户屏幕。这种服务是透明的，因为用户感觉好像键盘和显示器是直接连在远程主机上的一样。因此，TELNET 又称为终端仿真协议。

TELNET 并不复杂，以前应用得很多。现在由于 PC 的功能越来越强，用户已较少使用 TELNET 了。

TELNET 也使用客户/服务器方式。在本地系统运行 TELNET 客户进程，而远程主机则运行 TELNET 服务器进程。和 FTP 的情况相似，服务器中的主进程等待新的请求，并产生从属进程来处理每一个连接。

TELNET 能够适应许多计算机和操作系统的差异。例如，对于文本中一行的结束，有的系统使用 ASCII 码的回车，有的系统使用换行，还有的系统使用两个字符，即回车 – 换行。又如，在中断一个程序时，许多系统使用 Control-C，但也有系统使用 ESC 键。为了适应这种差异，TELNET 定义了数据和命令应怎样通过因特网。这些定义就是所谓的网络虚拟终端（Network Virtual Terminal，NVT）。图 7-6 说明了 NVT 的意义。客户软件把用户的击键和命令转换成 NVT 格式，并送交服务器。服务器软件把收到的数据和命令从 NVT 格式转换成远程系统所需的格式。向用户返回数据时，服务器把远程系统的格式转换为 NVT 格式，本地客户再从 NVT 格式转换到本地系统所需的格式。

NVT 格式的定义很简单。所有的通信都使用一字节。在运转时，NVT 使用 7 位 ASCII 码传送数据，而当高位置 1 时则用作控制命令。ASCII 码共有 95 个可打印字符和 33 个控制字符。所有可打印字符在 NVT 中的意义和在 ASCII 码中的意义一样。但 NVT 只使用了 ASCII 码的控制字符中的几个。此外，NVT 还

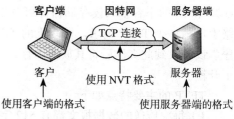

图 7-6　TELNET 使用网络虚拟终端 NVT 格式

定义了两字符的 CR-LF 为标准的行结束控制符。当用户键入回车键时，TELNET 的客户就把它转换为 CR-LF 再进行传输，而 TELNET 服务器要把 CR-LF 转换为远程机器的行结束字符。

TELNET 的选项协商使 TELNET 客户和 TELNET 服务器可商定使用更多的终端功能，协商的双方是平等的。

7.5 电子邮件

电子邮件或者更常用的 E-mail 已经存在 30 多年了。由于其比纸质信件更快更便宜，因此电子邮件成为自早期 Internet 出现以来使用最广泛的应用。在 1990 年以前，它主要被用于学术界。在整个 20 世纪 90 年代，它普及起来并呈指数形式增长，以至于每天发送的电子邮件数量远远超过了传统的纸质邮件数量。其他形式的网络通信，比如即时消息和 IP 语音在近 10 年也有了极大的发展，但是电子邮件仍然是 Internet 通信的主要负载。电子邮件广泛地应用于业界公司内部的通信，例如，分散在世界各地的员工们就一个复杂项目进行协同。遗憾的是，像纸质信件一样，电子邮件用于邮寄宣传品或者垃圾邮件的比例越来越大，某些邮箱中甚至 10 封邮件里面有高达 9 封是垃圾邮件。

电子邮件协议在其使用期间经历了很大的演变。第一个电子邮件系统由文件传输协议和约定组成，规定每个邮件的第一行必须给出收件人地址。随着时间的推移，文件传输和电子邮件的分歧越来越大，最终电子邮件从文件传输中分离出来并增加了许多功能，例如发送一个邮件给一组收件人的功能。在 20 世纪 90 年代，多媒体功能变得非常重要，邮件可以包括图像和其他非文字材料。相应地，阅读电子邮件的程序也变得更为复杂，从单纯的基于文本阅读转变成了图形用户界面，并且为用户增加了在任何地方都能通过笔记本电脑访问邮件的能力。最后，随着垃圾广告邮件的盛行，邮件阅读器和邮件传输协议现在必须具备发现这些不想要的邮件并删除它们的能力。

在我们对电子邮件的描述中，将集中在用户之间如何移动邮件，而不去说明邮件阅读程序。然而，在描述了整体架构之后，我们会介绍电子邮件系统中面向用户的那一部分，因为它是为大多数读者所熟悉的。

7.5.1 体系结构和服务

本节将简要说明电子邮件系统是如何组织的以及它们可以做什么。电子邮件系统的体系结构如图 7-7 所示。它包括两类子系统：用户代理和邮件传输代理。人们通过用户代理阅读和发送电子邮件；邮件传输代理负责将用户邮件从源端移动到目的地。我们将邮件传输代理非正式地称为邮件服务器。

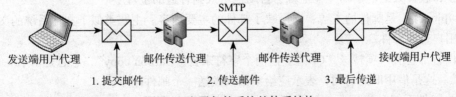

图 7-7 电子邮件系统的体系结构

用户代理是一个程序，用户通过它与电子邮件系统交互。用户代理提供了一个图形界面，有时是一个基于文本和基于命令的接口。它包括了撰写邮件、回复邮件、显示入境邮件信息的手段，同时还提供了如何过滤、搜索和删除邮件的组织方式。把新邮件发送给邮件系统，并通过它传递的行为称为邮件提交。

有些用户代理可能会自动完成对邮件的处理，预测用户想要什么。例如，为了提取出垃圾邮件或者降低可能是垃圾邮件的优先级，入境邮件可能会先被过滤。某些用户代理还包括了一些先进功能，比如安排电子邮件的自动回复。用户代理运行在用户阅读邮件的同一台计算机上。这只是另一个程序，而且或许只能运行一段时间。

邮件传输代理通常是系统进程。它们运行在邮件服务器的后台，并始终保持运行状态。它们的工作是通过系统自动地将电子邮件从发送端移动到收件人处，采用的协议是简单邮件传输协议。这是邮件传输的必经之路。

SMTP 最早通过一个连接发送邮件、返回传递状态和任何错误的报告。对许多应用来说，确认交付非常重要，甚至可能具有法律上的意义。

邮件传输代理还实现了邮件列表功能，一个邮件的完全相同副本会被传递给电子邮件地址列表中的每一个人。其他功能还包括抄送、秘密抄送、高优先级电子邮件、秘密电子邮件；如果主要收件人当前不方便接收邮件，那么可指定另一个接收者，由其阅读邮件并代替回复邮件的能力。

将用户代理和邮件传输代理衔接起来的是邮箱，以及电子邮件的标准格式。邮箱存储用户收到的电子邮件。邮箱由邮件服务器负责维护，用户代理只需要向用户展示邮箱中的内容即可。要做到这一点，用户代理需要向邮件服务器发送操纵邮箱的命令，包括检查邮箱内容、删除邮件等。在这样的体系结构下，一个用户可以在多台计算机上使用不同的用户代理来访问同一个邮箱。

电子邮件系统的一个关键思想是将信封与邮件内容区分开来。信封将消息封装成邮件，它包含了传输消息需要的所有信息，例如目标地址、优先级和安全等级，所有这些都有别于消息本身。消息传输代理则根据信封进行路由，就好像邮局的做法一样。

信封内的消息由两部分组成：邮件头和邮件体。邮件头包含用户代理所需的控制信息。邮件体则完全提供给收件人，代理和邮件传输代理都不在意邮件体包含了什么信息。

7.5.2 电子邮件的信息格式

一个电子邮件分为信封和内容两大部分。用户写好首部后，邮件系统自动地将信封所需的信息提取出来并写在信封上。所以用户不需要填写电子邮件信封上的信息。

邮件内容首部包括一些关键字，后面加上冒号。最重要的关键字是：To 和 Subject。

"To："后面填入一个或多个收件人的电子邮件地址。在电子邮件软件中，用户把经常通信的对象姓名和电子邮件地址写到地址簿中。当撰写邮件时，只需打开地址簿，点击收件人的名字，收件人的电子邮件地址就会自动地填入到合适的位置上。

"Subject："是邮件的主题，它反映了邮件的主要内容。主题类似于文件系统的文件名，可便于用户查找邮件。

邮件首部还有一项抄送"Cc："。这两个字符来自"Carbon copy"，意思是留下一个"复写副本"。这是借用旧的名词，表示应给某某人发送一个邮件副本。

有些邮件系统允许用户使用关键字 Bcc 来实现盲复写副本。这是使发件人能将邮件的副本发送给某人，但不希望此事为收件人知道。Bcc 又称为暗送。

首部关键字还有"From"和"Date"，表示发件人的电子邮件地址和发信日期。这两项一般都由邮件系统自动填入。

另一个关键字是"Reply-To",即对方回信所用的地址。这个地址可以与发件人发信时所用的地址不同。例如,有时到外地借用他人的邮箱给自己的朋友发送邮件,但仍希望对方将回信发送到自己的邮箱。这一项可以事先设置好,不需要在每次写信时进行设置。

7.5.3 简单邮件传输协议

简单邮件传输协议(SMTP)规定了在两个相互通信的 SMTP 进程之间应如何交换信息。由于 SMTP 使用的是客户/服务器方式,因此负责发送邮件的 SMTP 进程就是 SMTP 客户,而负责接收邮件的 SMTP 进程就是 SMTP 服务器。至于邮件内部的格式、邮件如何存储,以及邮件系统应以多快的速度来发送邮件,SMTP 并未做出规定。

SMTP 规定了 14 条命令和 21 种应答信息。每条命令由 4 个字母组成,而每一种应答信息一般只有一行信息,由一个 3 位数字的代码开始,后面附上简单的文字说明。下面通过发送方和接收方的邮件服务器之间的 SMTP 通信的三个阶段介绍几个主要的命令和响应信息。

1. 建立连接

发件人的邮件被发送到发送邮件服务器的邮件缓存中后,SMTP 客户就会每隔一定的时间扫描一次邮件缓存。如发现有邮件,就使用 SMTP 的熟知端口号码(25)与接收方邮件服务器的 SMTP 服务器建立 TCP 连接。在连接建立之后,接收方 SMTP 服务器要发出"220 Service ready"。然后,SMTP 客户向 SMTP 服务器发送 HELO 命令,并附上发送方的主机名。SMTP 服务器若有能力接收邮件,则回答"250 OK",表示已做好接收准备。若 SMTP 服务器不可用,则回答"421 Service not available"。

如在一定时间内发送不了邮件,则邮件服务器会把这个情况通知到发件人。

SMTP 不使用中间的邮件服务器。不管发送方和接收方的邮件服务器相隔多远,也不管在邮件的传送过程中要经过多少个路由器,TCP 连接总是在发送方和接收方这两个邮件服务器之间直接建立。当接收方邮件服务器出现故障不能工作时,发送邮件服务器只能等待一段时间后再尝试和邮件服务器建立 TCP 连接,而不能先找一个中间的邮件服务器建立 TCP 连接。

2. 邮件发送

邮件的传送从 MAIL 命令开始。MAIL 命令后面有发件人的地址,如 MAIL FROM: <zhangsan@dlut.edu.cn>。若 SMTP 服务器已经准备好接收邮件,则回答"250 OK"。否则,返回一个代码,指出原因,如 451(处理时出错)、452(存储空间不够)、500(命令无法识别)等。

下面跟着一个或多个 RCPT 命令,取决于是把同一个邮件发送给一个收件人还是多个收件人,其格式为 RCPT TO:<收件人地址>。RCPT 是 recipient(收件人)的缩写。每发送一个 RCPT 命令,都应当有相应的信息从 SMTP 服务器返回。如"250 OK",表示指明的邮箱在接收方的系统中;或"550 No sunch user here",即不存在此邮箱。

RCPT 命令的作用就是:先了解接收方系统是否已经做好接收邮件的准备,然后才发送邮件。这样做是为了避免通信资源的浪费,不至于发送了很长的邮件以后才知道是因为地址错误造成发送失败。

再下面就是 DATA 命令,表示要开始传送邮件的内容了。SMTP 服务器返回的信息是:"354 Stat mail input;end with <CRLF>.<CRLF>"。这里 <CRLF> 是"回车换行"的意思。

若不能接收邮件，则返回 421（服务不可用）、500（命令无法识别）等。接着，SMTP 客户就发送邮件的内容。发送完毕后，再发送"<CRLF>.<CRLF>"表示邮件内容结束。实际上，在服务器端看到的可打印字符只是一个英文的句点。若邮件收到了，则 SMTP 服务器返回信息"250 OK"，或返回差错代码。

虽然 SMTP 使用 TCP 连接试图使邮件的传送变得可靠，但它并不能保证不丢失邮件。也就是说，使用 SMTP 传送邮件只能可靠地将邮件传送到接收方的邮件服务器。之后，接收方的邮件服务器也许会出现故障，使收到的邮件全部丢失。然而基于 SMTP 的电子邮件通常都被认为是可靠的。

3. 连接释放

邮件发送完毕之后，SMTP 客户应发送 QUIT 命令。SMTP 服务器返回的信息是"221(服务关闭)"，表示 SMTP 同意释放 TCP 连接。邮件传送的全部过程立即结束。

这里再强调一下，使用电子邮件的用户看不见以上这些过程，所有这些复杂过程都被电子邮件的用户代理屏蔽了。

7.5.4 邮局协议 POP3 和 IMAP

1. POP3

POP3 是一个极为简单的邮件访问协议。因为该协议非常简单，故其功能相当有限。当用户代理打开了一个到邮件服务器端口 110 上的 TCP 连接之后，POP3 就开始工作了。随着 TCP 连接的建立，POP3 按照三个阶段进行工作：特许、事务处理以及更新。在第一个阶段即特许阶段，用户代理发送用户名和口令以鉴别用户。在第二个阶段即事务处理阶段，用户代理取回报文，同时用户代理还能进行如下操作：对报文做删除标记、取消报文删除标记以及获取邮件的统计信息。在第三个阶段即更新阶段，它出现在客户发出了 quit 命令之后，目的是结束该 POP3 会话。这时，该邮件服务器将删除那些被标记为删除的报文。

在 POP3 的事务处理过程中，用户代理发出一些命令，服务器对每个命令做出回答。回答可能有两种：+OK（有时后面还跟有服务器到客户的数据），被服务器用来指示前面的命令是正常的；-ERR，被服务器用来指示前面的命令出现了某些差错。

特许阶段有两个主要的命令：user<user name> 和 pass<password>。为了了解这两个命令，可以用 Telnet 登录到 POP3 服务器的 110 端口，然后发出这两个命令。假设邮件服务器的名字为 mailServer，那么你将看到类似的过程：

```
telnet mailServer 110
+OK POP3 server ready
+OK
Pass hungry
+OK user successfully logged on
```

如果命令拼写错了，该 POP3 服务器将返回一个 -ERR 报文。

现在我们来看一下事务处理过程。使用 POP3 的用户代理通常被用户设置为"下载并删除"或者"下载并保留"方式。POP3 用户代理发出的命令序列取决于用户代理程序被配置为这两种工作方式的哪一种。使用"下载并删除"方式，用户代理发出 list、retr 和 dele 命令。举例来说，假设用户在他的邮箱里有两个报文。在下面的对话中，C(代表客户) 是用户代理，S(代表服务器) 是邮件服务器。事务处理过程类似于如下。

```
C：list
S：1 498
S：2 912
S：.
C：retr 1
S：(blah blah ...
S：............
S：.........blah)
S：.
C：dele 1
C：retr 2
S：(blah blah ...
S：............
S：.........blah)
S：.
C：dele 2
C：quit
S：+OK POP3 server signing off
```
用户代理首先请求邮件服务器列出所有存储的报文的长度。接着，用户代理从邮件服务器取回并删除每封邮件。注意，在特许阶段以后，用户代理仅使用四个命令：list、rete、dele 和 quit。在处理 quit 命令之后，POP3 服务器进入更新阶段，从用户的邮箱中删除邮件 1 和 2。

使用"下载并删除"的方式存在的问题是，邮件接收方 Bob 可能是移动的，他可能希望从多个不同的机器访问邮件报文，如从办公室的 PC、家里的 PC 或他的便携机来访问邮件。"下载并删除"方式将根据这 3 台机器对 Bob 的邮件报文进行划分，Bob 如果先在他办公室的 PC 上收取了一封邮件，那么晚上他回家后，通过他的便携机将不能再收取该邮件。使用"下载并保留"方式，用户代理下载某些邮件后，该邮件仍保留在邮件服务器上。这时，Bob 就能通过不同的机器重新读取这些邮件，他能在工作时收取一封报文，并在工作完回家后再次访问它。

在用户代理与邮件服务器之间的 POP 会话期间，该 POP3 服务器还保留了一些状态信息，特别是记录了哪些用户报文被标记为删除了的信息。然而，POP3 服务器并不在 POP3 会话过程中携带状态信息。会话中不包括状态信息大大简化了 POP3 服务的实现。

2. IMAP

使用 POP3 访问时，一旦 Bob 将邮件下载到本地主机后，他就能建立邮件文件夹，并将下载的邮件放入该文件夹中。然后 Bob 就可以删除报文，在文件夹之间移动报文，并查询报文。但是，这种文件夹和报文存放在本地主机上的方式，会给移动用户带来问题，因为这类用户更喜欢使用一个远程服务器上的层次文件夹，这样他就可以从任何一台机器上对所有报文进行访问。POP3 不可能做到这一点，POP3 协议没有为用户提供任何创建文件夹并为报文指派文件夹的方法。

为了解决这类问题，因特网邮件访问协议（IMAP）应运而生。和 POP3 一样，IMAP 是一个邮件访问协议,但是它比 POP3 具有更多的特色,不过也比 POP3 复杂得多。

IMAP 服务器把每个报文与一个文件夹联系起来,当报文第一次到达服务器时,它与收件人的 INBOX 文件夹关联。收件人则能够把邮件移到一个新的、用户创建的文件夹中,进行阅读邮件、删除邮件等操作。IMAP 为用户提供了创建文件夹以及将邮件从一个文件夹移动到另一个文件夹的命令。IMAP 还为用户提供了在远程文件夹中查询邮件的命令,按指定条件去查询匹配的邮件。值得注意的是,与 POP3 不同,IMAP 服务器还维护了 IMAP 会话的用户状态信息,例如,文件夹的名字以及哪些报文与哪些文件夹关联。

IMAP 的另一个重要特性是它具有允许用户代理获取报文组件的命令。例如,一个用户代理可以只读取一个报文的报文首部,或一个多部分 MIME(Multipurpose Internet Mail Extensions)报文的一部分。当用户代理和其邮件服务器之间使用低带宽连接的时候,这个特性就会非常有用。使用这种低带宽连接时,用户可能并不想取回他邮箱中的所有邮件,尤其要避免可能包含音频或视频片段的大邮件。

7.5.5 多用途因特网邮件扩充(MIME)

1. MIME 概述

前面所讲述的电子邮件协议 SMTP 具有以下缺点。

1)SMTP 不能传送可执行文件或其他的二进制对象。人们曾试图将二进制文件转换为 SMTP 使用的 ASCII 文本,例如流行的 UNIX UUencode/UUdecode 方案,但均未形成正式标准或事实上的标准。

2)SMTP 限于传送 7 位的 ASCII 码,造成许多非英语国家的文字无法传送。即使在 SMTP 网关将 EBCDIC 码转换为 ASCII 码时也会遇到一些麻烦。

3)SMTP 服务器会拒绝超过一定长度的邮件。

4)某些 SMTP 的实现并没有完全按照 SMTP 的因特网标准。常见的问题如下:

- 回车、换行的删除和增加。
- 超过 76 个字符时的处理:截断或自动换行。
- 后面多余空格的删除。
- 将制表符 Tab 转换为若干个空格。

在这种情况下就提出了多用途因特网邮件扩充(MIME)。MIME 并没有改动或取代 SMTP,它增加了邮件主体的结构,并定义了传送非 ASCII 码的编码规则。也就是说,MIME 邮件可在现有的电子邮件程序和协议下传送。图 7-8 表示了 MIME 和 SMTP 的关系。

MIME 主要包括以下三部分内容。

1)5 个新的邮件首部字段。这些字段提供了有关邮件主体的信息。

2)定义了许多邮件内容的格式,对多媒体电子邮件的表示方法进行了标准化。

3)定义了传送编码,可对任何内容格式进行转换,而不会被邮件系统改变。

为适应任意数据类型和表示,每个 MIME 报文均包含告知收件人数据类型和使用编码的信息。MIME 将增加的信息加入到邮件首部中。下面是

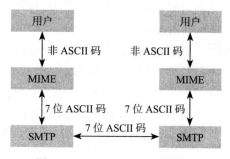

图 7-8 MIME 和 SMTP 的关系

MIME 增加的 5 个新的邮件首部的名称及其意义。

1）MIME-Version：标志 MIME 的版本。现在的版本号是 1.0。若无此行，则为英文文本。

2）Content-Description：这是可读字符串，说明此邮件主体是图像、音频或视频。

3）Content-Id：邮件的唯一标识符。

4）Content-Transfer-Encoding：在传送时邮件的主体是如何编码的。

5）Content-Type：说明邮件主体的数据类型和子类型。

2. 内容传送编码

下面将介绍三种常用的内容传送编码（Content-Transfer-Encoding）。

最简单的编码就是 7 位 ASCII 码，而且每行不能超过 1 000 个字符。MIME 对这种由 ASCII 码构成的邮件主体不进行任何转换。

另一种编码称为 quoted-printable，这种编码方法适用于所传送的数据中只有少量的非 ASCII 码，例如汉字。这种编码方法的要点就是对于所有可打印的 ASCII 码，除特殊字符等号（"="）外，都不改变。等号（"="）和不可打印的 ASCII 码以及非 ASCII 码的数据的编码方法是：先使用两个十六进制数字表示每个字节的二进制代码，然后在前面加上一个等号（"="）。例如，汉字"系统"的二进制编码是 1 101 111 10 110 101 11 001 101 10 110 011（共 32 位，但这 4 字节都不是 ASCII 码），其十六进制数字表示为 CFB5CDB3。用 quoted-printable 编码表示为 "=CF=B5=CD=B3"，这 12 个字符都是可打印的 ASCII 字符，它们的二进制编码需要 96 位，与原来的 32 位相比，开销高达 200%。而等号（"="）的二进制代码为 00 111 101，即十六进制的 3D，因此等号（"="）的 quoted-printable 编码为 "=3D"。

对于任意的二进制文件，可用 base64 编码。这种编码方法是先把二进制代码划分为一个个 24 位长的单元，然后把每一个 24 位单元划分为 4 个 6 位组。每一个 6 位组按以下方法转换成 ASCII 码。6 位二进制代码共有 64 种不同的值，从 0 到 63。用 A 表示 0，用 B 表示 1，等等。26 个大写字母排列完毕后，接下去再排列 26 个小写字母，再后面是 10 个数字，最后用 "+" 表示 62，用 "/" 表示 63。再用两个连在一起的等号 "==" 和一个等号 "=" 分别表示最后一组的代码只有 8 位或 16 位。回车和换行都忽略，它们可在任何地方插入。

3. 内容类型

MIME 标准规定 Content-Type 说明必须含有两个标识符，即内容类型和子类型，中间用 "/" 分开。

MIME 标准定义了 7 个基本内容类型和 15 种子类型。除了内容类型和子类型，MIME 允许发件人和收件人自己定义专用的内容类型。但为避免可能出现的名字冲突，标准要求为专用的内容类型选择的名字要以字符串 X- 开始。表 7-1 列出了 7 种内容类型和 15 种子类型，以及简单的说明。

表 7-1 可出现在 MIME Content-Type 说明中的类型及其意义

内容类型	子类型	说明
Text（文本）	plain	无格式的文本
	richtext	有少量格式命令的文本
Image（图像）	gif	GIF 格式的静止图像
	jpeg	JPEG 格式的静止图像
Audio（音频）	basic	可听见的声音

(续)

内容类型	子类型	说明
Video（视频）	mpeg	MPEG 格式的影片
Application（应用）	octet-stream	不间断的字节序列
	postscript	PostScript 可打印文档
Message（报文）	rfc822	MIME RFC 822 邮件
	partial	为传输把邮件分割开
	external-body	邮件必须从网上获取
Multipart（多部分）	mixed	按规定顺序的几个独立部分
	alternative	不同格式的同一邮件
	parallel	必须同时读取的几个部分
	digest	每一个部分都是一个完整的 RFC 822 邮件

在 MIME 的内容类型中，Multipart 是很有用的，因为它给邮件增加了相当大的灵活性。MIME 标准为 Multipart 定义了四种可能的子类型，每个子类型都包括重要的功能。

1）mixed 子类型允许单个报文含有多个相互独立的子报文，每个子报文可有自己的类型和编码。mixed 子类型报文使用户能够在单个报文中附上文本、图形和声音，或者用额外数据段发送一个备忘录，类似商业信笺含有的附件。在 mixed 后面还要用到一个关键字，即 "Boundary="，此关键字定义了分隔报文各部分所用的字符串，只要在邮件的内容中不会出现这样的字符串即可。当某一行以两个连字符 "--" 开始，后面紧跟上述的字符串，就表示下面开始了另一个子报文。

2）alternative 子类型允许单个报文含有同一数据的多种表示。当给多个使用不同硬件和软件系统的收件人发送备忘录时，这种类型的 Multipart 报文就会很有用。例如，用户可同时使用普通的 ASCII 文本和格式化的形式发送文本，从而允许拥有图形功能的计算机用户在查看图形时选择格式化的形式。

3）parallel 子类型允许单个报文含有可同时显示的各个子部分（例如，图像和声音子部分必须一起播放）。

4）digest 子类型允许单个报文含有一组其他报文（如从讨论中收集电子邮件报文）。

7.6 简单网络管理协议

随着网络技术的飞速发展，网络的数量也越来越多。而网络中的设备来自各个不同的厂家，如何管理这些设备就变得十分重要。

基于 TCP/IP 的网络管理包含两个部分：网络管理站（也叫管理进程，manager）和被管的网络单元（也叫被管设备）。被管设备种类繁多，例如路由器、X 终端、终端服务器和打印机等。这些被管设备的共同点就是都运行 TCP/IP 协议。被管设备端和管理相关的软件称为代理程序（agent）或代理进程。管理站一般都是带有彩色监视器的工作站，可以显示所有被管设备的状态（例如，连接是否掉线、各种连接上的流量状况等）。

管理进程和代理进程之间的通信可以采用两种方式。一种是管理进程向代理进程发出请求，询问一个具体的参数值。另外一种方式是代理进程主动向管理进程报告有某些重要的事件发生。当然，管理进程除了可以向代理进程询问某些参数值以外，还可以按要求改变代理进程的参数值（例如，把默认的 IP TTL 值改为 64）。

基于 TCP/IP 的网络管理包含 3 个组成部分，具体如下。

1）一个管理信息库（Management Information Base，MIB）。管理信息库包含所有代理进程的所有可被查询和修改的参数。RFC 1213 定义了第二版的 MIB，称为 MIB-II。

2）关于 MIB 的一套公用的结构和表示符号，称为管理信息结构（Structure of Management Information，SMI）。

3）管理进程和代理进程之间的通信协议，称为简单网络管理协议（Simple Network Management Protocol，SNMP）。

简单网络管理协议（SNMP）中的管理程序和代理程序按客户/服务器的方式工作。管理程序运行 SNMP 客户程序，而代理程序运行 SNMP 服务器程序。在被管对象上运行的 SNMP 服务器程序不停地监听来自管理站的 SNMP 客户程序的请求。一旦发现请求，就立即返回管理站所需的信息，或者执行某个动作。在网管系统中，往往是一个客户程序与很多服务器程序进行交互。

关于网络管理有一个基本的原理，即：若要管理某个对象，就必须给该对象添加一些软件或硬件，但这种"添加"对原有对象的影响应尽量小。

SNMP 正是按照这样的基本原理来设计的。

SNMP 发布于 1988 年。OSI 虽然在此之前就已制定出了许多的网络管理标准，但当时却没有符合 OSI 网管标准的产品。SNMP 最重要的指导思想就是要尽可能简单。SNMP 的基本功能包括监视网络性能、检测分析网络差错和配置网络设备等。在网络正常工作时，SNMP 可实现统计、配置和测试等功能。当网络出现故障时，可实现各种差错检测和恢复功能。经过近二十年的使用，SNMP 不断修订完善，现在的版本是 SNMP v3，而前两个版本分别是 SNMP v2 和 SNMP v1，但一般可简称为 SNMP。SNMP v3 已成为因特网的正式标准。SNMP v3 最大的改进就是安全特性。也就是说，只有被授权的人员才有资格执行网络管理的功能和读取有关网络管理的信息。

若网络元素使用的不是 SNMP 而是另一种网络管理协议，那么 SNMP 就无法控制该网络元素。这时可使用委托代理。委托代理能提供如协议转换和过滤操作等功能对被管对象进行管理。

7.7 动态主机配置协议

为了使协议软件更加通用的和便于移植，协议软件的编写者不会把所有细节都固定在源代码中。相反，他们把协议软件参数化，使得在很多台计算机上都有可能使用同一个经过编译了的二进制代码。一台计算机和另一台计算机的区别都可以通过不同的参数来体现。在协议软件运行之前，必须给每一个参数赋值。

在协议软件中为这些参数赋值的动作称为协议配置。一个协议软件在使用之前必须是已正确配置的，具体的配置信息有哪些则取决于协议栈。例如，连接到因特网计算机的协议软件需要配置的项目如下。

1）IP 地址。
2）子网掩码。
3）默认路由器的 IP 地址。
4）域名服务器的 IP 地址。

这些信息通常存储在一个配置文件中，计算机在引导过程中可以对这个文件进行存取。

但是，对于一个无盘工作站或者一个有盘计算机在第一次引导时应该如何处理呢？

在无盘计算机的情况下，操作系统和联网软件可以存储在只读存储器（ROM）中。但是制造厂家并不知道 IP 地址等信息，这些信息取决于该机器所连接到的网络。因此这些信息不能存储在 ROM 中。

还有一种情况就是计算机可能经常改变在网络上的位置（尤其是便携式计算机的大量使用，有时在家中上网，有时在实验室上网），用人工进行协议配置既不方便，又容易出错。因此需要采用自动协议配置的方法。

因特网曾使用过一种引导程序协议 BOOTP，它需要人工进行协议配置，因此 BOOTP 被淘汰了。现在广泛使用的是动态主机配置协议（Dynamic Host Configuration Protocol，DHCP），它提供了一种机制，称为即插即用联网（plug-and-play networking）。这种机制允许一台计算机加入新的网络和获取 IP 地址而不用手工参与。

DHCP 对运行客户软件和服务器软件的计算机都适用。当运行客户软件的计算机移至一个新的网络时，就可以使用 DHCP 获取其配置信息而不需要手工干预。DHCP 给运行服务器软件且位置固定的计算机指派一个永久地址，当计算机重新启动时其地址不改变。

DHCP 使用客户/服务器模式。需要 IP 地址的主机在启动时就向 DHCP 服务器广播发送发现报文（DHCPDISCOVER）（将目的 IP 地址全都置为 1，即 255.255.255.255），这时该主机就成为 DHCP 客户。发送广播报文是因为现在还不知道 DHCP 服务器在什么地方，因此要发现（DISCOVER）DHCP 服务器的 IP 地址。这个主机目前还没有自己的 IP 地址，因此他将 IP 数据报的源 IP 地址设为全 0。这样，本地网络上的所有主机都能收到这个广播报文，但只有 DHCP 服务器才对此广播报文进行回答。DHCP 服务器先在其数据库中查找给计算机设置的配置信息。若找到，则返回找到的信息；若找不到，则从服务器的 IP 地址池（address pool）中取一个地址分配给该计算机。DHCP 服务器的回答报文称为提供报文（DHCPOFFER），表示提供了 IP 地址等配置信息。

但是，我们并不希望在每个网络上都设置一个 DHCP 服务器，因为这样会造成 DHCP 服务器数量太多。所以，现在是每一个网络至少有一个 DHCP 中继代理（relay agent，通常是一台路由器，见图 7-9），它配置了 DHCP 服务器的 IP 地址信息。当 DHCP 中继代理收到主机 A 以广播形式发送的发现报文之后，中继代理就以单播方式向 DHCP 服务器转发此报文，并等待其回答。收到 DHCP 服务器回答的提供报文之后，DHCP 中继代理再把此提供报文发回给主机 A。需要注意的是，图 7-9 是一个示意图。实际上，DHCP 报文只是 UDP 用户数据报的数据，它还要加上 UDP 首部、IP 数据报首部以及以太网的 MAC 帧的首部和尾部后，才能在链路上传送。

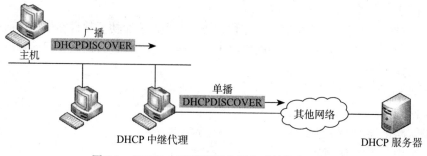

图 7-9　DHCP 中继代理以单播方式转发发现报文

DHCP 服务器分配给 DHCP 客户的 IP 地址是临时的，因此 DHCP 客户只能在有限的时间内使用这个分配到的 IP 地址。DHCP 称这段时间为租用期（lease period），但是并没有规定租用期应为多长时间或者至少为多长时间，这个数值由 DHCP 服务器自己决定。例如，一个校园网的 DHCP 服务器可以将租用期设定为 1 小时。DHCP 服务器再给 DHCP 发送的提供报文的选项中给出租用期的数值。租用期用 4 字节的二进制数字表示，单位是秒。因此，可供选择的租用期范围大小可从 1 秒到 136 年。DHCP 客户也可以在自己发送的报文中（例如，发现报文）提出对租用期的要求。

DHCP 的详细工作过程见图 7-10。DHCP 客户使用的 UDP 端口是 68，而 DHCP 服务器使用的 UDP 端口是 67。这两个 UDP 端口都是熟知端口。

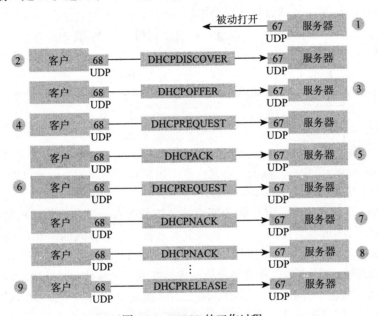

图 7-10 DHCP 的工作过程

下面按照图 7-10 中的注释编号（1～9）进行简单的解释。

① DHCP 服务器被动打开 UDP 端口 67，等待客户端发来的报文。

② DHCP 客户从 UDP 端口 68 发送 DHCP 发现报文。

③ 凡收到 DHCP 发现报文的 DHCP 服务器都发出 DHCP 提供报文，因此 DHCP 客户可能会收到多个 DHCP 提供报文。

④ DHCP 客户从几个 DHCP 服务器中选择其中一个，并向所选择的 DHCP 服务器发送 DHCP 请求报文。

⑤ 被选择的 DHCP 服务器发送确认报文 DHCPACK。从这时起，DHCP 客户就可以使用这个 IP 地址了。这种状态称为已绑定状态，因为 DHCP 客户端的 IP 地址和硬件地址已经完成绑定，并且可以开始使用已得到的临时 IP 地址了。DHCP 客户现在要根据服务器提供的租用期 T 设置两个计时器 T_1 和 T_2，它们的超时使用时间分别是 $0.5T$ 和 $0.875T$。达到超时时间时，就要请求新的租用期。

⑥ 租用期过了一半（T_1 时间到）后，DHCP 发送请求报文 DHCPREQUEST 要求更新租用期。

⑦ DHCP 服务器若同意，则发回确认报文 DHCPACK，DHCP 客户得到了新的租用期，重新设置计时器。

⑧ DHCP 服务器若不同意，则发回否认报文 DHCPNACK，这时 DHCP 客户必须立即停止使用原来的 IP 地址，而必须重新申请 IP 地址（回到步骤②）。若 DHCP 服务器不响应步骤⑥的请求报文 DHCPREQUEST，则在租用期过了 87.5% 时（T_2 时间到），DHCP 客户必须重新发送请求报文 DHCPREQUEST（重复步骤⑥），然后继续后面的步骤。

⑨ DHCP 客户可以随时提前终止服务器提供的租用期，这时只需要向 DHCP 服务器发送释放报文 DHCPRELEASE 即可。

DHCP 适合于经常移动位置的计算机。当计算机使用 Windows 操作系统时，从计算机主机控制面板的网络图标就可以找到某个连接中的网络下面的菜单，找到 TCP/IP 后点击其"属性"按钮，若选择"自动获得 IP 地址"和自动获得"DNS 服务器地址"，就表示使用的协议是 DHCP。

7.8 万维网

7.8.1 万维网的工作原理

Web 的思想最早由 Tim Berners-Lee 在 1989 年于 CERN（European Organization for Nuclear Research，欧洲原子研究中心）提出。它允许多个研究者在欧洲的不同地点访问彼此的研究。商业化的 Web 出现在 20 世纪 90 年代早期。

今天的 Web 是信息宝库，其中称为网页的文档分布在全世界，并且相关的文档链接在一起。Web 的流行和成长与前面介绍过的两个术语有关：分布式的（distributed）和链接的（linked）。分布式允许 Web 增长。世界上每个 Web 服务器都可以增加一个新的网页到这个宝库中并向所有因特网用户宣告，而这不会使服务器超载。链接使得一个网页与另一个存储在世界某个地方的主机上的网页相互引用。网页的链接通过使用一个称为超文本（hypertext）的概念而实现，这个概念在因特网出现之前的很多年就已经被引入进来了，其思想是当一个链接出现在文档中时，可利用一台机器自动获取存储在系统中的另一个文档。Web 用电子方式实现了这个思想：当用户点击这个链接时允许获取被链接的文档。现在，超文本这个术语的含义已经由一开始的被链接的文本文档变成了超媒体（hypermedia），这表示网页可以是文本文档、图片、音频文件或视频文件。

超媒体与超文本的区别在于文档内容不同。超文本文档仅包含文本信息，而超媒体文档还包含以其他方式表示的信息，如图形、图像、声音、动画，甚至活动视频图像。

分布式的和非分布式的超媒体系统有很大的区别。在非分布式系统中，各种信息都驻留在单个计算机的磁盘中。由于各种文档都可从本地获得，因此这些文档之间的链接可进行一致性检查。所以，一个非分布式超媒体系统能够保证所有的链接都是有效的和一致的。

Web 的用途已经不只是获取被链接的文件。现在，它更多地用于电子购物和游戏。比如，一个用户可以在任何时候使用网络来收听广播节目或收看电视节目，而不必只有在这些节目播出的时候才能收听或收看。

如今，WWW 是一个分布式客户/服务器服务。使用浏览器的用户可以访问一个正在服务器上运行的服务。服务则分布在很多称为站点（site）的地点上。每一个站点有一个或多个文档，它们称为网页。每个网页（web page）可以包含一些到其他网页的链接，那些被链接的网页可以在同一个站点也可以在其他站点。换言之，一个网页可以是简单的也可以是复合的。简单网页没有链接；复合网页有一个或多个链接。每个网页都是一个有名字和地址的文件。

假设我们需要获取一个科学文档，这个文档包含了到另一个文本文件和一幅大图片的引用。图 7-11 说明了这个场景。

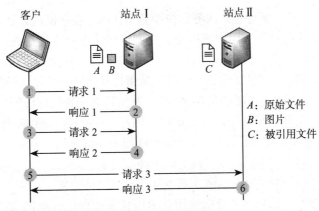

图 7-11 www 获取文档

主文档和图片存储在同一个站点的两个不同文件中（文件 A 和文件 B）；被引用的文本文件被存储在另一个站点（文件 C）。由于我们正在处理三个不同的文件，如果想看到全部文档就需要三项事务。第一项事务（请求/响应）获取主文档的一份拷贝（文件 A），这个文件有对于第二个和第三个文件的引用（指针）。当获得和浏览主文档的拷贝时，用户可以单击图片的引用来触发第二项事务并获取图片（文件 B）的拷贝。如果用户需要看到被引用的文本文件的内容，就单击这个链接（指针）触发第三项事务并获取文件 C 的拷贝。注意，尽管文件 A 和文件 B 都存储在站点 I 上，但它们是有不同名称和地址的独立文件，需要两项事务才能获取它们。我们需要记住，文件 A、B 和 C 是独立的网页，它们各自都有独立的名称和地址。对于文件 B 或 C 的引用尽管包含在文件 A 中，但并不意味着不能单独地获取每一个文件。第二个用户可以用一项事务来获取文件 B。第三个用户可以用一项事务获取文件 C。

从以上介绍可以看出，万维网必须解决以下几个问题。

1）怎样标记分布在整个因特网上的万维网文档？
2）用什么样的协议来实现万维网上的各种链接？
3）怎样使不同作者创作的不同风格的万维网文档都能在因特网上的各种主机上显示出来，同时使用户清楚地知道在什么地方存在着链接？
4）怎样使用户能够很方便地找到所需的信息？

为了解决第一个问题，万维网使用统一资源定位符（Uniform Resource Locator，URL）来标志万维网上的各种文档，并使每一个文档在整个因特网的范围内具有唯一的标识符 URL。为了解决上述第二个问题，就要使万维网客户程序与万维网服务器程序之间的交互遵守严格的协议，这就是超文本传输协议（HyperText Transfer Protocol，HTTP）。HTTP 是一个应用层协议，它使用 TCP 连接进行可靠的传送。为了解决上述第三个问题，万维网使用超文本标记语言（HyperText Markup Language，HTML），使得万维网页面的设计者可以很方便地使用链接从本页面的某处链接到因特网上的任何一个万维网页面，并且能够在自己的主机屏幕上将这些页面显示出来。最后，用户可使用搜索工具在万维网上方便地查找所需的信息。

7.8.2 统一资源定位符

1. URL 的格式

对于互联网上的网站，无论它的服务器位于哪里，用户在联网的计算机的浏览器中输入这个网站的网址后都可以轻易访问到该网站，或者该网站上的对应页面。这就是 Web 网站上所有资源的统一定位标识特征——URL。URL 标识一个互联网的资源，并指定对其进行操作或取得该资源的方法。这里所说的"资源"是指在互联网上可以访问的任何对象，包括文件目录、文件、文档、图片、图像、音/视频，甚至是电子邮件地址等。

URL 相当于一个文件名在网络范围的扩展。因此，URL 是与因特网相连的机器上的任何可访问对象的一个指针。因为访问不同对象所使用的协议不同，所以 URL 还指出了读取某个对象时所使用的协议。URL 一般由以下四个部分组成：

<协议>://<主机>:<端口>/<路径>

URL 的第一部分是<协议>，指出使用什么协议来获取该万维网文档。常用的协议就是 HTTP（超文本传输协议），其次是 FTP（文件传输协议）。

在<协议>后面必须写上"://"，不能省略。之后是第二部分<主机>，它指出了这个万维网文档位于哪一个主机上。这里的<主机>就是指该主机在因特网上的域名。再后面是第三和第四部分<端口>和<路径>，有时可省略。

下面我们简单介绍一下使用得最多的一种 URL。

2. 使用 HTTP 的 URL

访问万维网网点时要使用 HTTP。HTTP 的 URL 的一般形式是：

http://<主机>:<端口>/<路径>

HTTP 的默认端口号是 80，通常可省略。若再省略文件的<路径>项，则 URL 就是指到因特网上的某个主页（home page）。主页是一个很重要的概念，它可以是以下几种情况之一。

1）一个 WWW 服务器的最高级别的页面。

2）某一个组织或部门的一个定制的页面或目录。从这样的页面可链接到因特网上的与本组织或部门有关的其他站点。

3）由某个人自己设计的描述他本人情况的 WWW 页面。

例如，要查找有关清华大学的信息，可以先进入清华大学的主页，其 URL 为：

http://www.tsinghua.edu.cn

这里省略了默认的端口号 80。我们从清华大学的主页入手，就可以通过许多不同的链接找到清华大学各个部门的信息。

更复杂一些的路径是指向层次结构的从属页面。例如：

http://www.tsinghua.edu.cn/chn/yxsz/index.htm

是清华大学的"院系设置"页面的 URL。注意，上面的 URL 中使用了指向文件的路径，而文件名就是最后的 index.htm。后缀 htm（有时可写为 html）表示这是一个用超文本标记语言 HTML 写出的文件。

虽然 URL 里面的字母不区分大小写，但有的页面为了使读者看起来方便，故意采用了一些大写字母，实际上这对使用 Windows 的 PC 用户是没有关系的。

用户使用 URL 并非只能访问万维网的页面，而且还能够通过 URL 使用其他的因特网应用程序，如 FTP 或 USENET 新闻组等。更重要的是，用户在使用这些应用程序时，只使用一个程序，即浏览器。这显然是非常方便的。

7.8.3 超文本传输协议和安全超文本传输协议

1. HTTP 的操作过程

HTTP 是一个面向文本（text-oriented）的应用层协议，所使用的服务端口是 TCP 的 80 端口（这就是 HTTP 服务的传输层地址），通信双方就是在这个端口上进行通信的。当然，这个端口是可以更改的，但目前互联网上的 Web 服务器使用的都是这个默认的 80 端口。每个 Web 服务器都有一个应用进程，时刻监听着 80 端口的用户访问请求。当有用户请求（以 HTTP 请求报文方式）到来时，它会尽快做出响应（以 HTTP 响应报文方式），返回用户访问的页面信息。当然，这一切都建立在传输层创建好对应的 TCP 连接的基础之上。

至于何时关闭 TCP 连接，则要视所使用的 HTTP 版本而定。在 HTTP/1.0 及以前的版本中，经历每一个请求 – 应答过程后就会关闭所使用的 TCP 连接，单击新的链接后又会重新建立新的 TCP 连接。这种 HTTP 服务方式称为非持续连接（no-persistent connection）。而在 HTTP/1.1 版本以后，HTTP 允许在同一个 TCP 连接基础上访问同一网站服务器上的多个不同页面，仅当用户关闭对应的网站时，对应的网站 TCP 传输连接才关闭，称为持续连接（persistent connection），持续连接模式的 Web 服务访问的基本流程如图 7-12 所示。

图 7-12　持续连接模式的 Web 服务访问的基本流程

从图 7-12 中可以看出，HTTP 服务的访问主要是指 HTTP 消息的传递，其中包括 Web 用户向 Web 服务器提交的 HTTP 请求报文和 Web 服务器向 Web 用户返回的 HTTP 响应报文。

2. 代理服务器

HTTP 支持代理服务器（proxy server）。代理服务器是一台计算机，能够保存最近请求的响应的副本。HTTP 客户端向代理服务器发送请求。代理服务器检查本地高速缓存。如果高速缓存中不存在响应报文，代理服务器就向相应的服务器发送请求。返回的响应会发送到代理服务器中，并且进行存储，以用于其他客户端将来的请求。

代理服务器降低了原服务器的负载，减少了通信量并降低了延迟。但是，为了使用代理服务器，必须配置客户端访问代理服务器而不是目标服务器。请注意，代理服务器既可作为一个服务器又可作为一个客户。当它收到客户的请求并有一个要发送给客户的响应时，它将作为服务器并且发送响应给客户。当它收到客户的请求但没有要发送给客户的响应时，会首先作为客户然后发送请求给目标服务器。当响应被接受，它又作为服务器并发送响应给客户。下面我们用具体例子来说明它的作用，先来看一下图 7-13。

图 7-13a 是校园网不使用代理服务器的情况。这时校园网中所有的 PC 都通过 2Mbit/s 专线链路（R_1-R_2）与因特网上的源点服务器建立 TCP 连接。因而校园网各 PC 访问因特网

的通信量往往会使这条 2Mbit/s 的链路过载，从而使得时延大大增加。

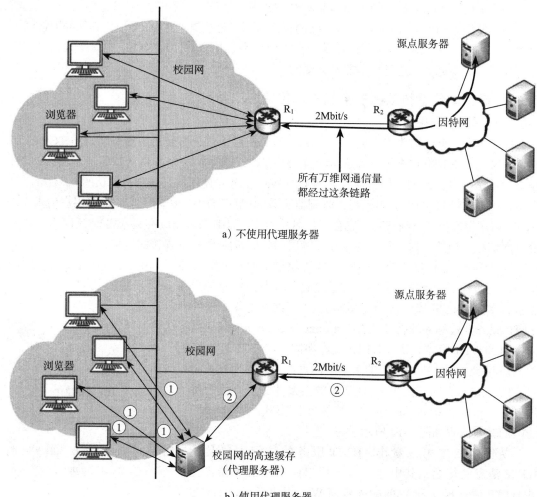

图 7-13 代理服务器的作用

图 7-13b 是校园网使用代理服务器的情况。这时，访问因特网的过程如下。

1) 校园网 PC 中的浏览器向因特网的服务器请求服务时，先和校园网的代理服务器建立 TCP 连接，并向代理服务器发出 HTTP 请求报文（图 7-13b 中的①）。

2) 若代理服务器已经存放了所请求的对象，代理服务器就把这个对象放入 HTTP 响应报文中返回给 PC 的浏览器。

3) 否则，代理服务器就代表发出请求的用户浏览器，与因特网上的源点服务器（origin server）建立 TCP 连接（如图 7-13b 中的②所示），并发送 HTTP 请求报文。

4) 源点服务器把所请求的对象放在 HTTP 响应报文中返回给校园网的代理服务器。

5) 代理服务器收到这个对象后，先复制在自己的本地存储器中（留待以后使用），然后再把这个对象放在 HTTP 响应报文中，通过已建立的 TCP 连接（图 7-13b 中的①）返回给请求该对象的浏览器。

我们注意到，代理服务器有时是作为服务器（当接收浏览器的 HTTP 请求时），但有时却是作为客户（当向因特网上的源点服务器发送 HTTP 请求时）。

在使用代理服务器的情况下，由于有相当大的一部分通信量局限在校园网的内部，因此，2Mbit/s 专线链路（R_1-R_2）上的通信量大大减少，因而减少了访问因特网的时延。

3. HTTP 的报文结构
（1）请求报文

在建立好 TCP 传输连接后，Web 客户端首先要向 Web 服务器发送 HTTP 请求报文，请求打开指定的网站或页面。一个 HTTP 请求报文包括请求行（request line）、请求头部（request header）行、空行和实体主体（entity body）行 4 个部分，如图 7-14 所示。HTTP 报文中各字段是没有固定长度的。下面对这 4 个组成部分分别进行说明。

1）请求行。

HTTP 请求报文中的"请求行"是由"请求方法""URL"和"协议版本"3 个字段组成的，它们之间均以空格进行分隔。这部分是必不可少的。在请求行的最后有一个回车控制符和一个换行控制符（一起以"CRLF"表示），使下面的请求头部信息在下一行显示。

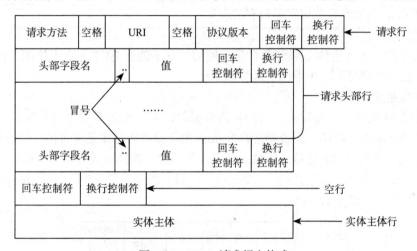

图 7-14 HTTP 请求报文格式

"请求方法"字段指示本请求报文中所使用的 HTTP 操作（其实就是指所使用的 HTTP 命令），具体如表 7-2 所示（注意，全是大写字母，不能为小写）。其中最常用的是 GET 和 POST 两种方法。

表 7-2 HTTP 请求方法

请求方法	含义说明
GET	请求服务器发送在 URL 字段中指定的 Web 页面。URL 的根部分是相对服务器的根目录的，总以"/"前缀开始，下同
HEAD	请求读取 URL 字段指定的 Web 页面的头部信息，而不是全部的 Web 页面。利用这一方法可以得到一个页面的最后修改时间或者其他头部信息
PUT	请求在 URL 路径下存储一个 Web 页面，与 PUT 方法相反
POST	在 URL 所指定的 Web 服务器后面附加一个以 URI 格式命名的资源，以便可以为 Web 服务器提供更多的信息，如在服务器上张贴一条海报消息
DELETE	删除 URL 字段指定的 Web 页面，当然最终能否删除成功还会受到用户权限的限制
TRACE	指明这是一个用来进行环回测试的请求报文，用于调试
CONNECT	用于连接代理服务器
OPTIONS	请求查询一些特定的选项信息

2）请求头部行。

HTTP 请求头部包括一系列"请求头"和它们所对应的值，指出允许客户端向服务器传递请求的附加信息以及客户端自身的信息。当打开一个网页时，浏览器要向网站服务器发送一个 HTTP 请求头，然后网站服务器根据 HTTP 请求头的内容生成当次请求的内容并发送给浏览器，这就是 HTTP 请求报文中的"请求头"的作用。

HTTP 请求报文的"请求头部"是由一系列的行组成的，每行包括"头部字段名"和"值"两个字段，它们之间用英文冒号"："分隔，但也可以没有"请求头部"。每一行的最后都有一个回车控制符和一个换行控制符（一起以"CRLF"表示），使下一个请求头在下一行显示。许多请求头都允许客户端指定多个可接收的"值"字段选项，有时甚至可以对这些"值"字段选项进行排名，多个选项间以逗号分隔。

3）空行。

在 HTTP 请求报文的最后一个请求头后是一个空行，发送回车符和换行符（一起以"CRLF"表示），通知服务器以下不再有请求头。

4）实体主体行。

请求报文中"实体主体"部分通常是不用的。它不能在 GET 方法中使用，仅在 POST 方法中用于向服务器提供一些用户凭据信息。

（2）响应报文

Web 服务器收到客户端发来的 HTTP 请求报文，通过服务器处理后会返回一个 HTTP 响应报文给出请求的客户端，以告知客户端 Web 服务器对客户端请求所做出的处理。例如，是否允许此次请求的 HTTP 连接、出现了什么连接错误、错误代码和错误原因等。HTTP 响应报文也由四部分组成，分别是响应（Response）行、响应头部（Response Header）行、空行和实体主体行，如图 7-15 所示。

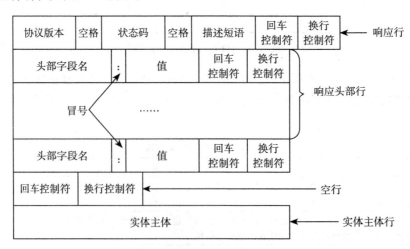

图 7-15 HTTP 响应报文格式

HTTP 响应报文中的"空行"部分只有一个回车控制符和一个换行控制符，其目的就是空一行显示下面的主体信息。"实体主体行"部分也基本不用。

1）响应行。

在 HTTP 响应报文的"响应行"中主要有 3 个字段，分别是"协议版本""状态码"和"描述短语"，它们之间用空格分隔。最后还有一个回车控制符和一个换行控制符（一起用

"CRLF"表示)。其中"协议版本"字段用来显示 Web 服务器使用的 HTTP 版本。"状态码"字段比较重要。它用一个 3 位数表示不同的状态,如请求是否被接收,以及没有被接收的原因,共有 5 组取值,如表 7-3 所示。"描述短语"字段是对应状态码的简短描述。

"响应行"的最后也是一个回车控制符和一个换行控制符,然后换行进入到下面的"响应头部行"部分。

表 7-3 HTTP 响应报文中的"状态码"类型

状态码类型	含义说明	示例
1xx	指示类响应,表示请求已接收,继续处理	100= 服务器同意处理客户请求
2xx	成功类响应,表示请求已被成功接收	200= 请求成功;204= 无内容,也表示请求成功
3xx	重定向类响应,表示要完成请求必须进行更进一步的操作	301= 指示页面已重定向了
4xx	客户端错误类响应,表示客户端请求有语法错误或请求无法实现	400= 客户请求有语法错误,不能被服务器所理解;404= 请求资源不存在
5xx	服务器端错误类响应,表示服务器未能实现所需的请求	500= 服务器发生了不可预测的错误;503= 服务器当前不能处理客户端的请求,过一段时间再试

2) 响应头部行。

HTTP 响应报文中的"响应头部行"允许服务器传递不能放在状态行中的附加响应信息,以及关于服务器的信息和对 URI 所标识的资源进行下一步访问的信息。

HTTP 响应报文的"响应头部行"由一系列行组成,每行均包括"头部字段名"和"值"两个字段,它们之间用英文冒号":"分隔。每一行的最后都有一个回车控制符和一个换行控制符,使下一个响应头在下一行显示。许多响应头都允许服务器指定多个返回的"值"字段选项,有时甚至可以对这些选项的"值"字段选项进行排名,多个选项间以"/"分隔。

4. 在服务器上存放用户的信息

上面已经讲过,HTTP 是无状态的。这样做虽然简化了服务器的设计,但在实际工作中,一些万维网站点却常常希望能够识别用户。例如,在网上购物时,一个顾客要购买多种物品。当他把选好的一件物品放入"购物车"后,还要继续浏览和选购其他物品。因此,服务器需要记住用户的身份,使他接着选购的物品能够放入同一个"购物车"中,这样就便于集中结账。有时,某些万维网站点也可能想限制某些用户的访问。要做到这点,可以在 HTTP 中使用 Cookie。Cookie 原意是"小甜饼"(广东人用方言音译为"曲奇"),目前尚无标准译名,在这里 Cookie 表示在 HTTP 服务器和客户之间传递的状态信息。现在很多网站都已广泛使用 Cookie。

Cookie 是这样工作的。当用户张三浏览某个使用 Cookie 的网站时,该网站的服务器就为张三产生一个唯一的识别码,并以此作为索引在服务器的后端数据库中产生一个项目。接着在给张三的 HTTP 响应报文中添加一个称为 Set-cookie 的首部行。这里的"首部字段名"就是"Set-cookie",而后面的"值"就是赋予该用户的"识别码"。例如,这个首部行如下:

```
Set-cookie: 12345678
```

当张三收到这个响应时,其浏览器就在它管理的特定 Cookie 文件中添加一行,其中包括这个服务器的主机名和 Set-cookie 后面给出的识别码。当张三继续浏览这个网站时,每发送一个 HTTP 请求报文,其浏览器就会从其 Cookie 文件中取出这个网站的识别码,并放到 HTTP 请求报文的 Cookie 首部行中:

```
Cookie: 12345678
```

于是，这个网站就能够跟踪用户 12 345 678（张三）在该网站的活动。需要注意的是，服务器并不需要知道这个用户的姓名张三和其他的信息。但服务器能够知道用户 12 345 678 在什么时间访问了哪些页面，以及访问这些页面的顺序。如果张三是在网上购物，那么这个服务器就可以为张三维护一个所购物品的列表，使张三在结束这次购物时可以一起付费。

如果张三在几天后再次访问这个网站。那么浏览器会在其 HTTP 请求报文中继续使用首部行 Cookie：12 345 678，而这个网站服务器根据张三过去的访问记录可以向他推荐商品。如果张三已经在该网站登记过和使用过信用卡付费，那么这个网站就会保存张三的姓名、电子邮件地址、信用卡号码等信息。这样，当张三继续在该网站购物时，只要还使用同一个计算机上网，由于浏览器产生的 HTTP 请求报文中都携带了同样的 Cookie 首部行，服务器就可以利用 Cookie 来验证这是用户张三，因此以后张三在这个网站购物时就不必重新在键盘上输入姓名、信用卡号码等信息，这对顾客来说显然是很方便的。

尽管 Cookie 能够简化用户网上购物的过程，但 Cookie 的使用引起了很多争议。有人认为，Cookie 会把计算机病毒带到用户的计算机中，其实这是对 Cookie 的误解。Cookie 只是一个小小的文本文件，而不是计算机的可执行程序，因此不可能传播计算机病毒，也不可能用来获取用户计算机硬盘中的信息。对于 Cookie 的另一个争议，是关于用户隐私的保护问题。例如，网站服务器知道了张三的一些信息，就有可能把这些信息出卖给第三方。Cookie 还可用来收集用户在万维网网站上的行为。这些都属于用户个人的隐私。有些网站为了使顾客放心，就公开声明他们会保护顾客的隐私，绝对不会把顾客的识别码或个人信息出售或转移给其他厂商。

在网上进行过浏览的用户可以在 Cookie 的文件夹中看到这些 Cookie 文件。对于使用 Windows XP 的用户可在 C 盘的文件夹 "Documents and Settings" 中继续打开使用自己的 "用户名" 的文件夹，然后就可以看到 "Cookies" 文件夹，里面就是存放 Cookie 文件的地方。用户不仅能看到 Cookie 识别码，而且还可以看到是哪个网站发送过来的 Cookie 文件。

为了让用户有拒绝或接受 Cookie 的自由，用户可在浏览器中自行设置接受 Cookie 的条件。例如，在浏览器 IE6.0 中，点击工具栏中的 "工具" 按钮，找到 "Internet 选项"，再点击 "隐私"，就可以看见菜单栏的左边有一个可上下滑动的标尺，它包含六个位置。最高的位置是阻止所有 Cookie，而最低的位置是接受所有 Cookie。中间的位置则是在不同的条件下可以接受 Cookie。用户可根据自己的情况对 IE 浏览器进行必要的设置。

5. HTTPS 协议详解

HTTPS 以保密为目标进行研发，简单来讲就是 HTTP 的安全版。HTTPS 安全基础是 SSL 协议，因此加密的详细内容请看 SSL，其全称为 Hypertext Transfer Protocol over Secure Socket Layer。它是一个 URI scheme，句法与 "http:" 体系类似。它使用了 HTTP，但 HTTPS 存在不同于 HTTP 的默认端口及一个加密/身份验证层（在 HTTP 与 TCP 之间）。这个协议最初由网景公司进行研发，其提供了身份验证与加密通信方法，现在它被广泛应用于互联网上安全敏感的通信，例如交易支付方面。SSL 极难窃听，对中间人攻击提供了一定的合理保护。HTTPS 默认使用 TCP 端口 443（HTTP 默认使用 TCP 端口 80），也可以指定其他 TCP 端口。要使协议正常运作，至少服务器必须有 PKI 证书，而客户端则不一定。它的加密强度依赖于软件的正确实现，以及服务器和客户端双方加密算法的支持。即便 HTTPS 被正确实现，仍有以下人为因素需要注意。

1）冒充网站。

2）钓鱼攻击。制造与原网站相似的假冒网址，并诱导客户访问，常见例子是仿制银行网站。

3）中间人攻击。在通信线路中途篡改证书，从而充当网站客户双方的中间人，这样就可知道全部通信内容。检查证书才有可能发现中间人的存在。

4）冒充客户。由于证书费用昂贵，通常只有网站服务器拥有证书。客户身份往往得不到验证。在 TLS 1.1 之前，SSL 证书仅能对应 IP，使得 HTTPS 无法在虚拟主机（仅有域名）上正常运作。现在的 TLS 1.1 早已完全支持基于域名的虚拟主机。

6. HTTPS 和 HTTP 的区别

HTTPS 协议需要到 CA 申请证书，一般免费证书很少，需要交费。HTTP 是超文本传输协议，信息是明文传输，HTTPS 则是具有安全性的 SSL 加密传输协议。HTTP 和 HTTPS 使用的是完全不同的连接方式，使用的端口也不一样，前者是 80，后者是 443。HTTP 的连接很简单，是无状态的。HTTPS 协议是由 SSL+HTTP 协议构建的可进行加密传输、身份认证的网络协议，比 HTTP 协议更安全。

HTTPS 解决的问题如下。

1）信任主机的问题。采用 HTTPS 的服务器必须从 CA 申请一个用于证明服务器用途类型的证书。该证书只有用于对应的服务器的时候，客户端才信任此主机。所以，对于目前所有的银行系统网站，关键部分应用的都是 HTTPS。客户通过信任该证书，从而信任该主机。虽然这种做法的效率很低，但是银行更侧重于安全。

2）通信过程中的数据泄密和被篡改。HTTPS 的服务端和客户端之间的所有通信都是加密的。具体而言，是客户端产生一个对称的密钥，通过服务器的证书来交换密钥。对于一般意义上的握手过程，所有的信息往来都是加密的，第三方即使截获也没有任何意义，因为第三方没有密钥。少数情况下会要求客户端也必须拥有一个证书。目前，少数个人银行的专业版采用的就是这种做法，具体证书可以用 U 盘作为一个备份的载体。

HTTPS 一定是烦琐的。HTTP 只有一个 get 和一个 response，而由于 HTTPS 还有密钥和确认加密算法的需要，单握手就需要 6～7 个往返。

7.8.4 超文本标记语言

在 Web 上可获得的超媒体文档称为网页。组织或者个人的主网页称为主页（homepage）。由于网页可以包含许多项，因此必须谨慎地定义它的格式，从而使得浏览器能够解释网页的内容。特别地，浏览器必须能够区别那些任意的文本、图形以及链接到其他网页的指针。更为重要的是，网页的作者应该能够描绘该通用文档的外观（如各项的排列次序）。

每一个包含超媒体文档的网页都采用一个标准的表示方式。该标准称为超文本标记语言（HyperText Markup Language，HTML），它允许作者给出一个通用的向导行来显示并说明网页的内容。

HTML 是一个标记语言，这是因为它并不包括详细的格式指令。例如，尽管 HTML 包含了允许作者说明文本大小、所用字体或者行宽等扩充信息，但是许多作者仅仅用数字 1 至 6 来说明重要级别。浏览器对每个级别都选择一个适当的字体与显示尺寸。同样，HTML 并不精确地说明浏览器如何标记一个项是可选的——一些浏览器在可选项下添加下划线，另外一些则以不同的颜色来显示可选项,还有一些两者都采用。概括起来具体如下。

Web 文档采用超文本标记语言来表示。与说明详细的文档格式相反,HTML 允许文档包含用于显示的通用向导行,并且允许浏览器来选择细节。因而,两种浏览器对同一个 HTML 文档也许会有不同的显示。

HTML 定义了许多用于排版的命令,即"标签"(tag)。例如,<I> 表示后面开始用斜体字排版,而 </I> 则表示斜体字排版到此结束。HTML 将各种标签嵌入到万维网的页面中,从而构成所谓的 HTML 文档。HTML 文档是一种可以用任何文本编辑器(例如,Windows 的记事本 Notepad)创建的 ASCII 码文件。应该注意的是,仅当 HTML 文档是以 .html 或 .htm 为后缀时,浏览器才对这样的 HTML 文档的各种标签进行解释。如果 HTML 文档改以 .txt 为其后缀,则 HTML 解释程序就不对标签进行解释,而浏览器只能看见原来的文本文件。

并非所有的浏览器都支持所有的 HTML 标签。若某一个浏览器不支持某一个 HTML 标签,则浏览器将忽略此标签,但在一对不能识别的标签之间的文本仍然会被显示出来。

下面是一个简单的例子,用来说明 HTML 文档中标签的用法。在每一个语句后面的花括号中的字是提供给读者看的注释,在实际的 HTML 文档中并没有这种注释。

```
<HTML>                              {HTML 文档开始}
    <HEAD>                          {首部开始}
        <TITLE>一个 HTML 的例子</TITLE>   {"一个 HTML 的例子"是文档的标题}
    </HEAD>                         {首部结束}
    <BODY>                          {主体开始}
        <H1>HTML 很容易掌握</H1>        {"HTML 很容易掌握"是主体的 1 级题头}
        <P>这是第一个段落。</P>          {<P> 和 </P> 之间的文字是一个段落}
        <P>这是第二个段落。</P>          {<P> 和 </P> 之间的文字是一个段落}
    </BODY>                         {主体结束}
</HTML>                             {HTML 文档结束}
```

把上面的 HTML 文档存入 D 盘的文件夹 HTML,文件名是 HTML-example.html(注意,没有文档中的注释部分)。当浏览器读取了该文档后,就按照 HTML 文档中的各种标签,根据浏览器所使用的显示器的尺寸和分辨率大小,重新进行排版并显示出来。

目前,已经开发出了很好的制作万维网页面的软件工具,使我们能够像使用 Word 字处理器那样方便地制作各种页面。即使我们用 Word 字处理器编辑了一个文件,但只要在"另存为(Save As)"时选取文件后缀为 .htm 或 .html,就可以很方便地把 Word 的 .doc 格式文件转换为浏览器可以显示的 HTML 格式的文档。

HTML 允许在万维网页面中插入图像。一个页面本身带有的图像称为内含图像(inline image)。HTML 标准并没有规定该图像的格式。实际上,大多数浏览器都支持 GIF 和 JPEG 文件。很多种格式的图像占据的存储空间太大,因而这种图像在因特网传送时就会很浪费时间。例如,一幅位图文件(.bmp)可能要占用 500～700KB 的存储空间。但若将此图改存为经压缩的 .gif 格式,则可能只有十几个千字节,这样就大大减少了存储空间。

HTML 还规定了链接的设置方式。我们知道,每个链接都有一个起点和终点。链接的起点说明在万维网页面中的什么地方可引出一个链接。在一个页面中,链接的起点可以是一个字或几个字,或者是一幅图,或者是一段文字。在浏览器所显示的页面上,链接的起点是很容易识别的。以文字作为链接的起点时,这些文字往往用不同的颜色显示(例如,一般的文字用黑色字时,链接起点往往使用蓝色字),甚至还加上下划线(一般由浏览器来设置)。

当我们将鼠标移动到一个链接的起点时，表示鼠标位置的箭头就变成了一只手。这时只要点击鼠标，这个链接就会被激活。

链接的终点可以是其他网站上的页面。这种连接方式称为远程连接。这时必须在 HTML 文档中指明链接到的网站的 URL。有时链接可以指向本计算机中的某一个文件或本文件中的某处。这称为本地链接。这时必须在 HTML 文档中指明链接的路径。

实际上，现在这种链接方式已经不再局限于应用在万维网文档中。在常用的 Word 文字处理器的工具栏中，也设有"插入超链接"的按钮。只要点击这个按钮，就可以看到设置超链接的窗口。用户可以很方便地在自己写的 Word 文档中设置各种链接的起点和终点。

7.9 多媒体传输

7.9.1 实时传输协议

1. RTP 基础

RTP（Real-time Transport Protocol，实时传输协议）通常运行在 UDP 之上。发送端在 RTP 分组中封装媒体块，然后在 UDP 报文段中封装该组，再将该报文段递交给 IP。接收端从 UDP 报文段中提取出这个 RTP 分组，然后从 RTP 分组中提取出媒体块，并将这个块传递给媒体播放器来解码和呈现。

假设要考虑使用 RTP 来传输语音，假设语音源采用了 64kbit/s 的 PCM 编码。再假设应用程序在 20ms 块中收集这些编码数据，也就是一个块中有 160 字节。发送端在每个语音数据块的前面加上一个 RTP 首部，这个首部包括音频编码的类型、序号和时间戳。RTP 首部通常是 12 字节。音频块和 RTP 首部一起形成 RTP 分组。然后向 UDP 套接字接口发送该 RTP 分组。在接收端，应用程序从它的套接字接口收到该 RTP 分组，从 RTP 分组中提取出该音频块，并且使用 RTP 分组的首部字段来解码和播放该音频块。

如果一个应用程序集成了 RTP——而非一个提供负载类型、序号或者时间戳的专用方案，则该应用程序可以更容易地与其他网络的多媒体应用程序进行互操作。例如，如果两个不同的公司都开发了 VoIP 软件，并且它们的产品中都集成了 RTP，则希望使用一种 VoIP 产品的用户能够和使用另一种 VoIP 产品的用户进行通信。

应该强调的是，RTP 并不提供任何机制来确保数据的及时交付，或者提供其他服务质量保证：它甚至不保证分组的交付，或者防止分组的失序交付。RTP 封装的内容仅为端系统所见。路由器不区分携带 RTP 分组的 IP 数据报和不携带 RTP 分组的 IP 数据报。

RTP 允许为每个源（例如一台照相机或者一个麦克风）分配独立 RTP 分组流。例如，对于有两个参与者的视频会议，可能需要打开 4 个 RTP 流，即两个流传输音频、两个流传输视频。然而，在编码过程中，很多流行的编码技术都将音频和视频捆绑在了单个流中。当音频和视频与编码器捆绑时，每个方向只产生一个 RTP 流。

RTP 分组并不局限用于单播应用之中，它们也可以在一对多和多对多的多播树上发送。对于一个多对多的多播会话，所有的会话发送方和源通常都使用同样的多播组来发送它们的 RTP 流。在一起使用的 RTP 多播流，如视频会议应用中从多个发送方发出的音频和视频流，同属于一个 RTP 会话。

2. RTP 分组首部字段

如图 7-16 所示，4 个主要的 RTP 分组首部字段分别是有效载荷类型、序号、时间戳和同步源标识符字段。

图 7-16 RTP 首部字段

RTP 分组中的有效载荷类型字段的长度是 7 位。对于音频流,有效载荷类型字段用于指示所使用的音频编码类型(例如 PCM、适应性增量调制、线性预测编码)。如果发送方在会话过程中决定改变编码,则发送方可以通过该有效载荷类型字段来通知接收方这种变化。发送方可能要通过改变该编码来提高语音质量或者减小 RTP 流比特率。表 7-4 列出了当前 RTP 支持的一些音频有效载荷类型。

表 7-4 RTP 支持的一些音频有效载荷类型

有效载荷类型编号	音频格式	采样速率	速率
0	PCMµ 律	8kHz	64kbit/s
1	1 016	8kHz	4.8kbit/s
3	GSM	8kHz	13kbit/s
7	LPC	8kHz	2.4kbit/s
9	G.722	16kHz	48～64kbit/s
14	MPEG 音频	90kHz	—
15	G.728	8kHz	16kbit/s

对于一个视频流,有效载荷类型用于指示视频编码类型(例如运动 JPEG、MPEG1、MPEG2、H.261)。发送方也可以在会话期间动态改变视频编码。表 7-5 列出了当前 RTP 支持的一些视频有效载荷。

表 7-5 RTP 支持的一些视频有效载荷类型

有效载荷类型编号	视频格式	有效载荷类型编号	视频格式
26	运动 JPEG	32	MPEG1 视频
31	H.261	33	MPEG2 视频

其他重要的字段分别如下。

- **序号字段**:序号字段长度为 16 位。每发送一个 RTP 分组,则该序号增加 1,而且接收方可以用该序号来检测丢包和恢复分组序列。例如,如果应用的接收方收到的 RTP 分组流在序号 86 和 89 之间存在一个间隙,那么接收方就会知道分组 87 和 88 丢失了。接收方将设法隐藏该丢失数据。
- **时间戳字段**:时间戳字段的长度为 32 位。它反映了 RTP 数据分组中的第一字节的采样时刻。如我们在上一节所见,接收方能够使用时间戳来去除网络中引入的分组时延抖动,提供接收方的同步播放。时间戳是从发送方的采样时钟中获得的。举例来说,对于音频的每个采样周期(例如,对于 8kHz 的采样时钟,每 125μs 为一个周期),时间戳时钟增加 1;如果该音频应用产生由 160 个编码采样组成的块,那么当源激活时,对每个 RTP 分组时间戳增加 160。即使源未激活,该时间戳时钟也将继续以恒定的速率增加。
- **同步源标识符**(Synchronization Source,SSRC):SSRC 字段的长度为 32 位,它表示 RTP 流的源。通常在 RTP 会话中,每个流都有一个不同的 SSRC。SSRC 不是发送方的 IP 地址，而是当新的流开始时，源随机分配的一个数。两个流被分配相同 SSRC 的概率是很小的。如果出现这种情况，那么这两个源应该选择一个新的 SSRC 值。

7.9.2　实时传输控制协议

实时传输控制协议（RTCP）是与 RTP 配合使用的协议，实际上，RTCP 也是 RTP 不可分割的一部分。

RTCP 的主要功能是包括服务质量的监视与反馈、媒体间的同步，以及多播组中成员的标志。RTCP 分组也使用 UDP 来传送，但 RTCP 并不对音频 / 视频分组进行封装。由于 RTCP 分组很短，因此可把多个 RTCP 分组封装在一个 UDP 用户数据报中。RTCP 分组周期性地在网上传送，它带有发送端和接收端对服务质量的统计信息报告。

表 7-6 所示的是 RTCP 使用的 5 种分组类型，它们都使用同样的格式。

表 7-6　RTCP 的 5 种分组类型

类型	缩写表示	意义
200	SR	发送端报告
201	RR	接收端报告
202	SDES	源点描述
203	BYE	结束
204	APP	特定应用

结束分组（BYE）表示关闭一个数据流。

特定应用分组（APP）使应用程序能够定义新的分组类型。

接收端报告分组（RR）使接收端周期性地向所有的点用多播方式进行报告。接收端每收到一个 RTP 流，就产生一个接收端报告分组 RR。RR 分组的内容包括：所收到的 RTP 流的 SSRC、该 RTP 流的分组丢失率、在该 RTP 流中的最后一个 RTP 分组的序号和分组到达时间间隔的抖动等。

发送 RR 分组有两个目的。第一，可以使所有的接收端和发送端了解当前网络的状态。第二，可以使所有发送 RTCP 分组的站点自适应地调整自己发送 RTCP 分组的速率，使得起控制作用的 RTCP 分组不会过多地影响传送应用数据的 RTP 分组在网络中的传输。通常是使 RTCP 分组的通信量不超过网络中数据分组的通信量的 5%，而接收端报告分组的通信量又应小于所有 RTCP 分组的通信量的 75%。

发送端报告分组（SR）使发送端周期性地向所有接收端用多播方式进行报告。发送端每发送一个 RTP 流，就要发送一个发送端报告分组 SR。SR 分组的主要内容包括：该 RTP 流的 SSRC、该 RTP 流中新产生的 RTP 分组的时间戳和绝对时钟时间、该 RTP 流包含的分组数和该 RTP 流包含的字节数。

绝对时钟时间是必要的，因为 RTP 要求每一种媒体使用一个流。例如，要传送视频图像和相应的声音就需要传送两个流。有了绝对时钟时间就可以进行图像和声音的同步。

源点描述分组 SDES 给出了会话中参加者的描述，其中包含参加者的规范名 CNAME。规范名是参加者的电子邮件地址的字符串。

7.9.3　会话发起协议

虽然 H.323 系列现在已被大部分生产 IP 电话的厂商所采用，但由于 H.323 过于复杂，不便于发展基于 IP 的新业务，因此 IETF 的 MMUSIC 工作组制定了另一套较为简单且实用的标准，即会话发起协议（SIP），目前其已成为因特网的建议标准。SIP 使用的是 KISS 原则：保持简单、傻瓜式操作。

SIP 的出发点是以因特网为基础，而把 IP 电话视为因特网上的新应用。因此，SIP 只涉及 IP 电话所需的信令和有关服务质量的问题，而没有提供像 H.323 那样多的功能。SIP 没有强制使用特定的编解码器，也不强制使用 RTP。实际上，大家还是选用 RTP 和 RTCP 作为配合使用的协议。

SIP 使用文本方式的客户/服务器协议。SIP 系统只有两种构件，即用户代理和网络服务器。用户代理包括两个程序，即用户代理客户 UAC 和用户代理服务器 UAS，前者用来发起呼叫，后者用来接收呼叫。网络服务器分为代理服务器和重定向服务器。代理服务器接收来自主叫用户的呼叫请求，并将其转发给被叫用户或下一跳代理服务器，下一跳代理服务器再把呼叫请求转发给被叫用户。重定向服务器不接收呼叫，它通过响应告诉客户下一跳代理服务器的地址，由客户按此地址向下一跳代理服务器重新发送呼叫请求。

SIP 的地址十分灵活。它可以是电话号码，也可以是电子邮件地址、IP 地址或其他类型的地址。但一定要使用 SIP 的地址格式，例如以下几种地址。

- 电话号码 SIP：zhangsan@8625-87 654 321
- IPv4 地址 SIP：zhangsan@201.12.34.56
- 电子邮件地址 SIP：zhangsan@dlut.edu.cn

与 HTTP 相似，SIP 是基于报文的协议。SIP 使用了 HTTP 的许多首部、编码规则、差错码以及一些鉴别机制。它比 H.323 具有更好的可扩展性。

SIP 的会话共有三个阶段：建立会话、通信和终止会话。图 7-17 给出了一个简单的 SIP 会话的例子。图中的建立会话阶段和终止会话阶段，使用的都是 SIP，而中间的通信阶段则使用 RTP 这样的传送实时话音分组的协议。

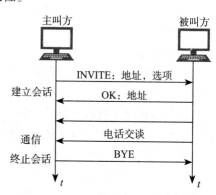

图 7-17 一个简单的 SIP 会话的例子

在图 7-17 中，主叫方先向被叫方发出 INVITE 报文，这个报文中含有双方的地址信息以及其他一些信息。被叫方如接收呼叫，则发回 OK 响应，而主叫方再发送 ACK 报文作为确认。然后双方就可以通话了。当通话完毕时，双方中的任何一方都可以发送 BYE 报文以终止这次的会话。

SIP 有一种跟踪用户的机制，可以找出被叫方使用的 PC 的 IP 地址。为了实现跟踪，SIP 使用登记的概念。SIP 定义一些服务器作为 SIP 登记器。每一个 SIP 用户都有一个 SIP REGISTER 报文，向登记器报告现在使用的 IP 地址。SIP 登记器和 SIP 代理服务器通常运行在同一台主机上。

图 7-18 说明了 SIP 登记器的用途。主叫方把 INVITE 报文发送给 SIP 代理服务器。这个 INVITE 报文中只有被叫方的电子邮件地址而没有其他 IP 地址。SIP 代理服务器就向 SIP 登记器发送域名系统 DNS 查询，然后从回答报文找到被叫方的 IP 地址。代理服务器把得到的被叫方的 IP 地址插入主叫方发送的 INVITE 报文中，转发给被叫方。被叫方发送 OK 响应，然后主叫方发送 ACK 报文，这样就完成了会话的建立。

如果被叫方没有在这个 SIP 登记器进行过登记，那么这个 SIP 登记器就发回重定向报文，指示 SIP 代理服务器向另一个 SIP 登记器重新进行 DNS 查询，直到找到被叫方为止。

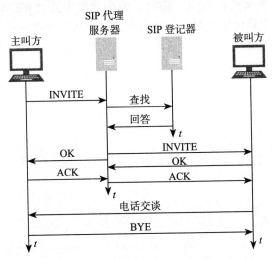

图 7-18　跟踪被叫方的机制

SIP 还有一个配套协议是会话描述协议（SDP）。SDP 在电话会议的场景下特别重要，因为电话会议的参加者是动态地加入和退出的。SDP 详细地指明了媒体编码、协议的端口号以及多播地址。SDP 直到现在也是因特网建议标准。

7.9.4　综合服务 IntServ 与区分服务 DiffServ

1. 综合服务 IntServ

最初试图在因特网中将提供的服务划分为不同类别的是 IETF 提出的综合服务 IntServ 和资源预留协议 RSVP。

IntServ 可对单个的应用会话提供服务质量的保证，其主要特点有如下两个。

1）资源预留。一个路由器需要知道不断出现的会话已经预留了多少资源。

2）呼叫建立。一个需要服务质量保证的会话首先必须保证在源点到终点的路径上的每一个路由器都要预留足够的资源，以保证其端到端的服务质量的要求。因此，在一个会话开始之前必须先有一个呼叫建立过程，它需要其分组传输路径上的每一个路由器都参加。每一个路由器都要确定该会话所需的本地资源是否够用，同时还不能影响已经建立的会话的服务质量。

IntServ 定义了两类服务，具体如下。

1）有保证的服务，可保证一个分组在通过路由器时的排队时延有一个严格的上限。

2）受控负载的服务，可以使应用程序得到比通常的"尽最大努力"更加可靠的服务。

IntServ 包含四个组成部分，具体如下。

1）资源预留协议（RSVP），它是 IntServ 的信令协议。

2）接纳控制，用来决定是否同意对某一资源的请求。

3）分类器，用来对进入路由器的分组进行分类，并根据分类的结果把不同类别的分组放入特定的队列。

4）调度器，根据服务质量的要求决定分组发送的前后顺序。

一个会话首先必须声明它所需要的服务质量，以便路由器能够确定是否有足够的资源来满足该会话的需求。资源预留协议（RSVP）在进行资源预留时采用了多播树的方式。发送端发送 PATH 报文给所有的接收端指明通信量的特性。每个中间的路由器都要转发 PATH 报文，而接收端用 RESV 报文进行响应。路径上的每个路由器对 RESV 报文的请求都可以拒绝或接受。当请求被某个路由器拒绝时，路由器就向接收端发送一个差错报文，从而终止这一信令过程。当请求被接受时，链路带宽和缓存空间就被分配给这个分流组，而相关的流状态信息就保留在路由器中。"流"是多媒体通信中的一个常用的名词，一般定义为"具有同样的源 IP 地址、源端口号、目的 IP 地址、目的端口号、协议标识符及服务质量需求的一连串分组"。

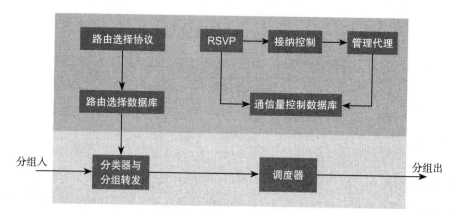

图 7-19 IntServ 体系结构在路由器中的实现

IntServ 体系结构分为前台和后台两个部分。如图 7-19 所示，下半部分为前台部分，包括两个功能块，即分类器与分组转发和分组调度器。每一个进入路由器的分组都要通过这两个功能块。后台部分位于图的上半部分，包括四个功能块和两个数据库。这四个功能块具体介绍如下。

1）路由选择协议：负责维持路由选择数据库，由此可查找出对应于每一个目的地址和每一个流的下一跳地址。

2）RSVP 协议：为每一个流预留必要的资源，并不断地更新通信量控制数据库。

3）接纳控制：当产生一个新的流时，RSVP 就调用接纳控制功能块，以确定是否有足够的资源可供这个流使用。

4）管理代理：用来修改通信量控制数据库和管理接纳控制功能块，包括设置接纳控制策略等。

综合服务 IntServ 体系结构存在的主要问题如下。

1）状态信息的数量与流的数目成正比。例如，对于 OC-48 链路上的主干网路由器，通过 64kbit/s 的音频流的数目就超过了 39 000 个。如果对数据率再进行压缩，则流的数目就会更多。因此在大型网络中，按每个流进行资源预留会产生很大的开销。

2）IntServ 体系结构复杂。若要得到有保证的服务，所有的路由器都必须装有 RSVP、接纳控制、分类器和调度器。这种路由器称为 RSVP 路由器。在应用数据传送的路径中，只要有一个路由器是非 RSVP 路由器，那么整个服务就又变为"尽最大努力交付"了。

3）综合服务 IntServ 所定义的服务质量等级数量太少，不够灵活。

2. 区分服务 DiffServ

由于综合服务 IntServ 较为复杂，很难在大规模的网络中实现，因此 IETF 提出了一种新的策略,即区分服务 DiffServ。区分服务有时也简写为 DS,因此,具有区分服务功能的节点就称为 DS 节点。

区分服务 DiffServ 的要点具体如下。

1) DiffServ 力图不改变网络的基础结构,而在路由器中增加区分服务的功能。因此,DiffServ 将 IP 中原有的 8 位 IPv4 的服务类型字段和 IPv6 的通信量类字段重新定义为区分服务 DS(见图 7-20)。路由器根据 DS 字段的值来处理分组的转发。因此,利用 DS 字段的不同数值就可以提供不同等级的服务质量。根据因特网的建议标准,DS 字段现在只使用其中的前 6 位,即区分服务码点 DSCP。后面的两位目前不使用,记为 CU。因此,由 DS 字段的值所确定的服务质量实际上是由 DS 字段中 DSCP 的值来确定的。

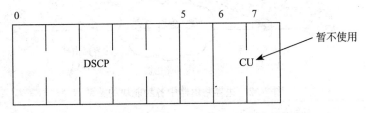

图 7-20 区分服务码点 DSCP 占 DS 字段的前 6 位

在使用 DS 字段之前,因特网的 ISP 要和用户商定一个服务等级协定 SLA。在 SLA 中会指明被支持的服务类别和每一类别所允许的通信量。

2) 网络被划分为许多个 DS 域。一个 DS 域在一个管理实体的控制下可实现同样的区分服务策略。DiffServ 将所有的复杂性放在 DS 域的边界节点中,而使 DS 域内部路由器的工作尽可能简单。边界节点可以是主机、路由器或防火墙等。为了简单起见,下面只讨论边界节点是边界路由器的情况。图 7-21 给出了 DS 域、边界路由器和内部路由器的示意图,图中标有 B 的路由器都是边界路由器。

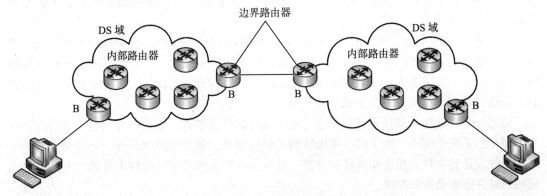

图 7-21 DS 域、边界路由器和内部路由器的示意图

3) 边界路由器的功能较多,可分为分类器和通信调节器两大部分。调节器又由标记器、整形器和测定器三个部分组成。分类器可根据分组首部中的一些字段对分组进行分类,然后将分组交给标记器。标记器根据分组的类别设置 DS 字段的值。以后在分组的转发过程中,就根据 DS 字段的值使分组得到相应的服务。测定器根据事先商定的 SLA 不断测定分组流的速率,然后确定应采取的行动,例如,可重新打标记或交给整形器进行处理。整形器中设有缓存队列,可以将突发的分组峰值速率平滑为较均匀的速率,或者丢弃一些分组。在分组

进入内部路由器之后，路由器就根据分组的 DS 值进行转发。图 7-22 给出了边界路由器中各功能块之间的关系。

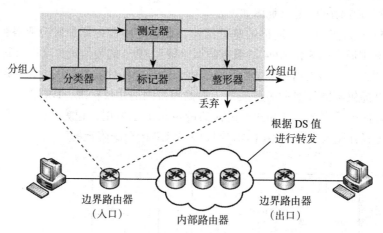

图 7-22　边界路由器中各功能块的关系

4）DiffServ 提供了一种聚合功能。DiffServ 不是为网络中的每一个流维持供转发时使用的状态信息，而是把若干个流根据其 DS 值聚合成少量的流。路由器对相同 DS 值的流都按相同的优先级进行转发，从而大大简化了网络内部的路由器的转发机制。区分服务 DiffServ 不需要使用 RSVP 信令。

本章小结

本章讲述了应用层所提供的服务、所包含的协议、要解决的问题，等等。

本章首先介绍了域名系统（DNS），并从域名系统的概念、域名结构、域名服务器等方面介绍了域名系统。DNS 是因特网的命名系统，用于把便于人们使用的机器名字转换为 IP 地址。

接下来，本章介绍了文件传输协议中的 FTP 和 TFTP。FTP 是因特网上使用得最广泛的文件传输协议。TFTP 是一个很小且易于实现的文件传输协议。接着又讲述了远程终端协议 TELNET，TELNET 是一个简单的远程终端协议，用户用 TELNET 就可在其所在地通过 TCP 连接注册到远程的另一个主机上。

然后，本章从电子邮件系统的概念、电子邮件的信息格式、发送和接收电子邮件的协议等方面介绍了电子邮件。电子邮件是因特网上使用最多、最受用户欢迎的一种应用，电子邮件把邮件发送到收件人使用的邮件服务器，并放在收件人邮箱中，收件人可随时上网到自己使用的邮件服务器读取邮件。

由于万维网的使用最广泛，本章着重讲解了万维网。其中包含万维网的工作原理、统一资源定位符（URL）、超文本传输协议（HTTP）、超文本标记语言（HTML）。万维网并非特殊的计算机网络，它是一个大规模的、联机式的信息储藏所，万维网使用链接的方法可以非常方便地从因特网上的一个站点访问另一个站点，从而主动地按需获取丰富的信息。

本章的最后讲述了多媒体传输，包括实时传输协议（RTP）、实时传输控制协议（RTCP）、会话发起协议（SIP）、综合服务 IntServ 与区分服务 DiffServ。RTP 为实时应用提供端到端的传输，但不提供任何服务质量的保证。RTCP 是与 RTP 配合使用的协议，其主要的功能是服务质量的监视与反馈、媒体间的同步以及多播组中成员的标志。SIP 的出发点是以因特网为基础，把 IP 电话视为因特网上的新应用。IETF 提出的综合服务 IntServ 可将因特网提供的服务划分为不同的类别，IntServ 还可对单个的应用会话提供服务质量的保证。由于 IntServ 比较复杂，因此 IETF 提出了一种新的策略，即区分服务 DiffServ，区分服务有时也简称为 DS，DS 力图不改变网络的基础结构，但会在路由器中增加区分服务的功能。

思考题

1）因特网的域名结构是怎样的？它与目前的电话网的号码结构有何异同？

2）FTP 的主要工作过程是怎样的？为什么说 FTP 是带外传送控制信息？

3）TFTP 与 FTP 的主要区别是什么？分别用在什么场合？

4）考虑一个 HTTP 客户要获取一个给定 URL 的 Web 页面。该 HTTP 服务器的 IP 地址一开始时并不知道。在这种情况下，除了 HTTP 之外，还需要传输层和应用层的哪些协议？

5）远程登录 TELNET 的主要特点是什么？什么叫作虚拟终端 NVT？

6）浏览器同时打开多个 TCP 连接进行浏览的优缺点各是什么？请说明理由。

7）试简述 SMTP 通信的三个阶段的过程。

8）SMTP 中的 MAIL FROM 与该邮件报文自身中的"From:"之间有什么不同？

第 8 章 新型网络架构

基于对计算机网络的体系结构及各层次内容的学习，我们需要进一步了解网络领域的研究工作是如何进行的，以及应用研究领域的最新发展。本章我们将从以下三个方面对新型网络架构知识进行讲解：内容分发网络、延时容忍网络，以及软件定义网络。

8.1 内容分发网络

内容分发网络是一种以降低互联网访问时延为目的，在网络边缘或核心交换区域部署内容代理服务，通过全局负载调度机制进行内容分发的新型覆盖网络体系。随着多媒体网络流及实时交互技术的兴起，现今内容分发网络已成为互联网的核心应用之一。

8.1.1 内容分发网络概述

随着高带宽消耗的 Internet 服务的不断涌现，单纯依赖高性能数据中心的网络结构已经无法为广泛分布于全球的用户提供可靠的服务，同时日益增长的流量以及服务器与客户端能力与资源的不对称性也促使了内容分发技术的产生。20 世纪 90 年代后期，网络拥塞成为当时制约互联网性能的最主要因素，因此研究人员提出了内容分发网络（Content Delivery Networks，CDN）技术以提升互联网边缘的用户的访问体验。

在当前 Internet 上构建一层内容分发覆盖网络对改进互联网性能有着诸多优势：1）减少链路中的重复流量，短传输路径，从而缓解互联网的流量压力；2）部署多个内容副本服务器，以降低源服务器负载；3）提升内容提供商的服务质量与服务可靠性等。

内容分发网络将 Internet 用户与 Internet 资源提供商之间的通信分割为两个部分：1）用户与内容分发网络中的内容副本服务器之间的交互；2）内容副本服务器与源内容服务器之间的交互。这种分离将源服务商面向用户的服务交付与内容分发网络，显著降低了源服务商的操作成本、部署难度以及管理复杂性，同时催生出了内容分发网络的巨大市场。

新兴的内容分发网络技术已引起国内外研究机构和 IT 业界的广泛重视。自 2002 年以来，美国计算机协会 ACM 数据通信专业组（Special Interest Group on Data Communication，SIGCOMM）和国际万维网大会（The International Conference of World Wide Web）等顶级学术会议开始关注内容分发网络。同时，美国大型电信运营商 AT&T 于 2002 年推出了 CDN 流媒体内容分发架构。2006 年，国际电信联盟（International Telecommunication Union，ITU）将 CDN 纳入互联协议电视（Internet Protocol Television，IPTV）标准化文档体系之内。互联网工程任务小组（Internet Engineering Task Force，IETF）也制定了多项涉及内容分发网络技术的标准化文档，如 RFC3040、RFC3466、RFC3835 和 RFC3866。Spagna 等人分别从缓存服务器位置部署、路由请求机制、内容副本放置策略及内容定位四个方面提出了设计高分布式内容分发网络的关键因素。国内对内容分发网络研究的关注和相关工作还较少。清华大学尹浩等人与中国最大的内容分发网络提供商 ChinaCache 建立了联合实验室，对 CDN 进行长期的研究，并在文献中对内容分发网络进行了简要的综述。北京邮电大学杨戈等人针对内容分发网络中的流媒体技术进行了综述。鉴于内容分发网络在当前互联网所占的比重日趋增大，为深入理解内容分发网络的功能结构与部署机制，对其研究方向进行总体把握，并促进国内在该方向上的研究，对内容分发网络进行综述具有重大的意义。

内容分发网络作为运行于整个互联网上的覆盖网，主要致力于解决互联网中的服务质量优化。一般而言，一个典型的内容分发网络将多个内容存储服务器部署于不同地理位置的互联网服务提供商（Internet Service Provider，ISP）域中，包括网络接入点（Point of Presence）与骨干交换中心域。这些内容存储服务器统一由全局内容管理服务器管辖，并依据用户的访问体验动态调整内容路由策略，以优化服务负载、流量压力等网络性能。IETF 在 RFC3466 中将内容分发网络定义为内容网络中的一种：一个典型的内容分发网络由请求路由（Request-Routing）系统、内容存储代理服务器（Surrogate）、内容分布（Distribution）系统与审计（Accounting）系统构成。Vakali 等人定义内容分发网络应当至少包括四个部分：内容代理服务器、内容路由转发系统、内容分布设施与审计机制。在综合前述内容的基础上，可对内容分发网络进行如下定义：以改善网络服务质量为目的的，在网络边界或核心交换区域部署内容代理服务并通过内容路由、全局负载调度、分布式存储与系统审计进行管理的覆盖网络。

内容分发网络可分为四个功能结构，具体如下：1）内容外包组件（content outsourcing unit）将数据从源服务端推送到代理服务端；2）内容分发组件（content delivery unit）将数据从代理服务端分发至用户端；3）请求路由组件（request routing unit）通过特定的算法将用户请求转发到合适的代理服务端；4）管理组件（management unit）对上述三个组件的信息数据进行收集、分析并对系统进行自优化。

典型的内容分发网络工作流程为互联网用户首先向资源定位服务器发送内容请求，定位服务器收到请求后根据当前的内容路由策略将其转发至低延迟低负载的内容代理服务器，最后内容代理服务器将所请求的内容传输至用户。内容分发网络在传统的客户/服务器（Client/Server，C/S）模式中增加了数据分发层与全局服务管理层，其中数据分发层将内容提供商的资源进一步推向了距离用户更近的区域，有效地缩短了互联网的传输距离和访问时延，同时减少了互联网中的重复流量，大幅降低了源服务器的负载压力。在管理服务层中，内容管理服务负责对源内容进行分类与整合，把复杂的源数据分割为可缓存与不可缓存，以优化内容的存储机制；分布式数据管理负责对源数据进行分布式存储与更新；全局负载服务通过实时收集分析内容代理服务器的访问情况动态调节资源定位算法；数据分析审计负责对整体网络日志进行分析以促进整个内容分发网络的性能优化，以及作为商业化内容分发网络的计费数据来源。内容分发网络在当前已有成熟的商业化运营模式，影响其定价的主要因素有：带宽消耗率、流量分布的种类、内容副本的空间大小、内容代理服务器的数量及相关的稳定性可靠性与安全性。商业化内容分发网络的核心竞争优势在于扩展性、安全性、可靠性与服务性能。

内容分发网络体系可以分为硬件设备层、交互协议层与应用服务层三个层次：硬件设备层包括各种内容分发服务管理机群、分布式数据库与网络转发设备；交互协议层分为内部交互与外部交互两个部分；服务管理层是内容分发网络的核心部分，包括资源路由与定位、全局负载均衡、资源分发、存储模式与安全性管理等。

8.1.2 内容分发网络关键技术

Internet 流量的指数性增长以及用户对网络速度的需求已促使网络资源分发的准确性、

可用性、可靠性等成为互联网技术的关键问题。在20世纪90年代,由于网络接入带宽的限制,研究人员提出采用代理缓存技术提升网络性能。缓存技术具有显著的优势:通过缩短资源在网络中的传输距离降低带宽消耗与网络拥塞,进而提高资源可用性与服务可靠性。然而代理技术具有较强的本地局部性,其对于整个互联网的效率提升作用有限。当前的代理缓存技术主要是以层次结构缓存为主,来改进服务性能与减少带宽消耗。继代理缓存技术之后,研究人员提出了一种服务场概念,但是服务场依旧只是在源服务器附近部署服务机群与4~7层交换机等对网络请求进行分发。

随着Web技术的不断推进,静态页面在整个互联网流量中的比重持续下降,动态交互数据与多媒体共享资源的迅猛增长导致了代理缓存技术很难满足这些内容分发的需求。更关键的一点还在于近源的部署策略并不能很好地解决类似于瞬间拥塞的现象。之后有研究者为解决在整个互联网中长距离传输的时延与网络拥塞问题,提出了内容分发网络这种新型的覆盖网络结构,并依托该项新技术建立了全球最大的内容分发网络服务提供商Akamai。在经历10余年的技术改进之后,内容分发网络已经发展到第4代,表8-1给出了它的演化过程。

表 8-1 内容分发网络演化进程

	时间	业务对象	简要描述
第一代CDN(Web-based)	1998—2002	静态/动态网络数据	主要针对静态/动态Web页面进行分发
第二代CDN(Video on demand-based)	2002—2006	多媒体数据	主要针对大数据量的媒体流进行分发
第三代CDN(P2P-assisted)	2006—至今	共享类数据	通过与P2P网络融合,降低服务端负载等
第四代CDN(cloud-based)	2009—至今	整合型数据	通过与云计算平台融合,解决资源整合,服务统一管理等问题

内容分发网络的迅猛发展促使国内外研究机构、业界厂商与国际相关组织开始进行标准化文档的制定。互联网工程任务组IETF早在2001年就将内容分发网络内容写进RFC规范中,国际电信联盟(ITU)、互联网流媒体联盟(Internet Streaming Media Alliance,ISMA)、欧洲电信标准化协会(European Telecommunications Standards Institute,ETSI)均随后在其标准化文件中对内容分发网络进行了阐述。2009年中国电信研究院报告指出全球内容分发网络市场年均复合增长率(Compound Annual Growth Rate,CAGR)达到了44.6%,并预测到2013年其市场规模将达到45亿美元。

内容分发网络作为内容网络的一种,内容路由策略的优劣将直接影响整个内容分发网络的性能。内容路由主要负责将用户请求通过一定的路由算法重定向至最靠近用户的内容代理服务器上,并通过给定的资源选择策略达到内容的快速分发的目的。内容路由主要分为两个部分:1)资源路由算法,即通过监测当前网络的各项性能指标与服务负载压力,选择最佳的内容代理服务器进行响应;2)请求转发机制,即依据哪种策略对服务请求进行转发。

典型的内容分发网络资源路由流程具体如下。

1)用户向请求解析服务器进行资源请求。

2)全局性能监测服务机群收集并分析分布于互联网中的内容代理服务机群的服务质量以及网络链路中的各项性能参数。

3)节点选择服务器根据实时性能监视服务的反馈信息,动态调整选择算法与资源定位策略。

4)解析服务器通过资源定位的结果,将用户请求转发至最佳的内容代理服务器。

5）内容代理服务器将数据发送至用户。

1. 资源路由算法

请求路由属于应用层路由策略，其思想是根据应用层服务的需求，对资源请求进行相应的转发。路由算法主要分为静态与动态两大类：静态路由是指当内容分发网络部署之后，对于用户的请求将根据给定的路由转发策略重定向至内容代理服务器，该算法不随网络状态与服务负载发生变化；动态路由是指实时监视网络参数与服务端负载，动态修改转发策略，尽可能保证当前服务维持在最佳状态。

静态路由策略通常依据用户的访问距离或跳数作为节点选择度量。采用传输距离与服务器历史负载信息作为服务节点选择的依据，对请求进行转发。这种方法在性能上优于轮询，然而由于没有对链路进行监测，由此对用户的服务质量并不高。

动态路由策略主要是通过被动收集或主动探测的方式对网络状态与用户访问质量进行监测，自适应修正路由转发机制。研究型内容分发网络 Globule 采用网络邻近性及周期性更新的传输距离动态改变路由算法。但由于网络探测的准确性较低且没有考虑流量对延迟的影响从而导致整体性能都较低。使用改进的边界网关协议（Border Gateway Protocol，BGP）将内容索引加入协议首部可以提升查找效率。

由于内容分发网络的商业化，工业界对资源路由算法也较为重视。思科公司的分布式重定向器（Distributed Director）把自治系统（Autonomous System，AS）域内距离、AS 域间距离与端到端延迟作为动态转发算法的计算权值。Akamai 公司则在多个层面对转发算法进行优化，包括内容代理服务器负载、传输路径上的带宽占用率、当前服务质量（可靠性、延迟等）等。

资源路由算法的优劣将直接影响内容分发网络的服务质量，静态路由策略不具备网络感知能力，其在性能上远低于动态策略。动态策略由于其对各项度量指标进行实时监测，在线更新选择算法，大幅度提升了内容分发网络的性能，但其开销与预测准确性还有待提升。如何降低监测代价，以及提高对于网络状态的预测能力将是一个具有挑战性的研究课题。

2. 请求转发机制

路由转发是资源路由中的另一项重要组成，其主要描述的是请求转发的实现机制。主要可分为基于协议转发、基于 URL 转发、基于泛播转发与基于 P2P 索引四类。其中基于 P2P 索引的转发机制主要由 P2P 混合内容分发网络使用，单纯分发 Web 数据的内容分发网络并不采用该类方法。

基于 DNS 的转发机制是当前应用最广泛的请求转发策略，在典型的 DNS 转发机制中，用户将所请求资源的 URL 发送至域名服务器，域名服务器根据当前资源路由算法的结果将请求转发至内容代理服务器。互联网域名服务系统的层次结构也促使该策略成为内容分发网络商的首选。当前的内容分发网络商在分发网络内部署多级域名解析服务器，通过层次结构的分流降低网络消耗与访问延迟。然而，基于 DNS 的转发机制由于 DNS 本身的安全威胁可能会导致服务故障。基于 HTTP 的转发策略是使用 HTTP 首部字段对请求进行转发。与 DNS 转发机制类似，HTTP 的通用性意味着该机制的易用性。这种策略主要用于 Web 机群内的请求处理，如 HTTP 代理等。

基于 URL 的转发机制主要用于源服务器将请求转发至内容代理服务器的过程，该方法主要是将 Web 页面上的元素进行分类，将大量的静态数据转发至内容代理服务器，动态交互数据则由源服务器返回给用户。

泛播转发策略可以分为 IP 层泛播与应用层泛播两大类。Alzoubi 等人重新审视了 IP 泛播技术在内容分发网络中的应用，指出 IP 泛播技术由于缺乏外界感知能力而无法提供较好的服务质量，并提出了一种基于负载感知的 IP 泛播内容分发网络体系。泛播技术的优势在于可以利用有限的 IP 地址空间获得良好的分发性能，然而随着内容代理服务器数量的增多，泛播路由表的变动开销迅速增大，使得维护代价过高。使用具备一定存储能力的路由器作为资源缓存节点，可以采用多播技术提升内容分发效率。

P2P 混合的内容分发网络主要采用基于 P2P 索引转发策略对请求进行重定向。Rodriguez 等人认为互联网的研究重心在于如何更好地分发网络数据，并对 P2P 网络过去十年的进展进行简述，指出内容分发网络与 P2P 相结合是未来的重要研究课题。Mori 等对 P2P 混合的内容分发网络进行了性能评价，并指出这种混合型内容分发网络可能由于 ISP 的干预而影响实际的分发质量。P2P 混合的内容分发网络的转发机制是由 P2P 的索引机制决定的，主要分为中心化（Centralized directory）、分布式散列表（Distribute Hash Table）与广播式（Broadcast）三类。在混合内容分发网络中，用户请求转发策略依赖于 P2P 网络，而且由于用户端性能远低于服务机群，因此这种转发策略大多作为商业化内容分发网络的辅助机制。

总体而言，请求转发策略是根据内容分发网络的结构决定的，对于云内容分发网络体系，如何更加有效地结合云的性能优势与 P2P 网络的连通性还有待进一步研究。

8.2 延时容忍网络

近年来，无线网络的发展非常迅速，已经逐渐成为人们日常生活中不可或缺的一部分。技术的发展也推动着人们对新型的网络进行研究，更多类型的无线网络为了能够适应新的应用场景而出现，如星际网络、卫星网络、野生动物监测网络，等等。在这些新型的无线网络中，传统的数据传输所依赖的端到端的连接通常是不稳定的，这就提出了如何在这样的网络中进行可靠数据传输的新问题。

TCP 和其他很多传输协议都是基于这样的假设：发送者和接收者通过某网络路径长期连接在一起，否则协议会失效，数据也不能被传输。但并非每一个网络都能保证有端到端的路径，这些网络之间的连接是间断性的。要在这类网络中传输数据是一件很棘手，同时又极具挑战性的事情。为了解决这一问题，延时容忍网络的概念应运而生。

在一些网络中，当存在工作链路的时候，交换数据的工作仍然能够通过将它们存储在节点后转发实现，这种技术称为消息交换。最终，数据会被延迟送到目的地。结构基于此方法的网络称为延时容忍网络（Delay-Tolerant Network 或 Disruption-Tolerant Network，DTN）。延时容忍网络是一系列的端到端连接不稳定的网络的统称，它采用了"存储－等待－转发"模式来进行数据传输。随着延时容忍网络应用的场景越来越多，延时容忍网络也在逐渐成为学术界的研究热点，研究者们提出了许多新的技术以保证数据的可靠传输，这些技术包括了新的数据链路层协议、新的路由算法、新的传输层协议、数据集束（Bundle）层协议，等等。

延时容忍网络的概念是在 2003 年最早提出的，随后研究者们不断地进行研究工作，成立了著名的 DTN research group，并且由 IETF 在 2007 年推出了两个关于延时容忍网络的 RFC，分别为 RFC4838 和 RFC5050。延时容忍网络保证数据顺利传输主要依靠的是所谓的"存储－等待－转发"机制，即将无法迅速传输出去的数据暂时存储在节点的缓存内，在遇到下一个合适的下一跳节点或目的地时再将数据传输出去。"存储－等待－转发"的机制在延时容忍网络中由 Bundle 层这个延时容忍网络的关键层次来实现，Bundle 层的技术细节在 RFC5050 中已经被规范化。

DTN 的灵感产生自在空间中发送包的想法。空间网络必须应对间歇性的通信和很长的延迟。Kevin Fall 发现这些用于空间网络的想法也能够被应用于间歇性连接很常见的地球网络中。这个模型对通信过程中存储和延迟时有发生的因特网作了一个有用的总结。数据传输就像是在邮政系统中传输的电子邮件一样，而非像在路由器中的包交换一样。2002 年以来，DTN 的结构得到了更新，DTN 模型的应用也得到了发展。相关学者研究了该模型，发现它能够以较小的代价提供足够的能力，同时，DTN 模型提供的能力是传统端到端模型提供的能力的两倍。

延迟容忍网络所具有的高延迟、低传输率、间歇型连接、节点频繁移动等特性，使得传统的基于 TCP/IP 的端到端通信的互联网技术无法很好地为其提供服务。传统网络与 DTN 特性的对比如表 8-2 所示。

表 8-2　TCP/IP 网络与 DTN 的对比

网络类型 \ 网络特性	传统网络（TCP/IP）	延迟容忍网络（DTN）
端到端的连接	传输层提供	未提供
数据传输率	高	低
连接时间	持续的双向的端到端的连接	周期性或者间断性的连接
传输错误率	低的端到端的数据传输错误率	数据传输错误率高，丢包频繁
传播延迟	网络传播时延小	由于网络分割，传播时延大

面对着延迟容忍网络以上所述的特性，若仍然使用传统的 TCP/IP 体系结构，就会造成极大的传输延时甚至传输消息几乎不可达的网络通信状态。为了使这种网络更好地与现有 Internet 之间实现相互操作，并改善网络的传输性能，现有学者已经提出了延迟容忍网络的新型架构——面向消息的覆盖层体系结构。此后所提出的绝大部分 DTN 路由均是在此架构的基础上提出的。

8.2.1　DTN 架构

传统互联网研究专门工作组基于受限网络提出了一个与以往不同的结构——DTN 体系结构标准。该体系结构在传统 TCP/IP 网络模型的基础上，于应用层和传输层之间定义了一个支持异步传输的面向消息的端到端的网络覆盖层——数据集束（Bundle）层，该层通过"存储–转发"模式来克服受限网络中经常出现的中断。DTN 体系模型提供的服务虽然同电子邮件的服务很类似，但其与电子邮件服务相比，DTN 体系模型在安全能力、路由、命名的设置等方面都得到了大大加强。Bundle 层基于网络互操作性的特征设计了一种灵活性很高的命名机制，该机制是根据统一资源识别符设计的，利用该命名机制还可以将不同的命名和寻址模式进行封装，为实现网络逐跳的可靠交付及可选端到端的确认提供了可能，此外，Bundle 层为保护网络中的设备在未授权的情况下不能够被使用，其增加了一个基本可选的安全模型。Bundle 层还加入了能够在各个底层协议之间进行相互操作的类似于网关的功能，其提供的持久存储设备可完成存储转发功能，这种机制在一定程度上克服了互联异构网络中存在的通信中断问题，存储转发也成为克服该问题的基本方法。图 8-1 展示了 Internet 和 DTN 体系结构的对比。

1. DTN 协议栈

图 8-2 所展示的是建立在基于 IP 的网络搭建的具有普遍性的 DTN 协议栈。其中 TCP 集中层提供了一个 Bundle 层对于底下协议的接口，使 Bundle 层能够在各种协议如 UDP 和 TCP 之上运行。

应用层
传输层
网络层
数据链路层
物理层
Internet
应用层
Bundle 层
传输层
网络层
数据链路层
物理层
DTN

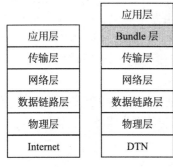

图 8-1　Internet 和 DTN 体系结构对比

Bundle 协议
直接集中适应层
TCP 集中层
TCP
传输层控制协议
（应用广泛，但实现来一）
IP
数据链接层

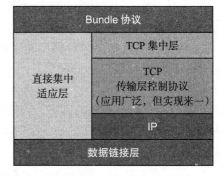

图 8-2　DTN 协议栈示意图

DTN 协议层次结构和普通网络的不同之处主要在于延时容忍网络中多出来一个 Bundle 层，Bundle 层主要负责实现延时容忍网络的存储转发功能，同时 Bundle 层中也需要实现路由功能。通常 DTN 协议层次结构如图 8-3 所示。

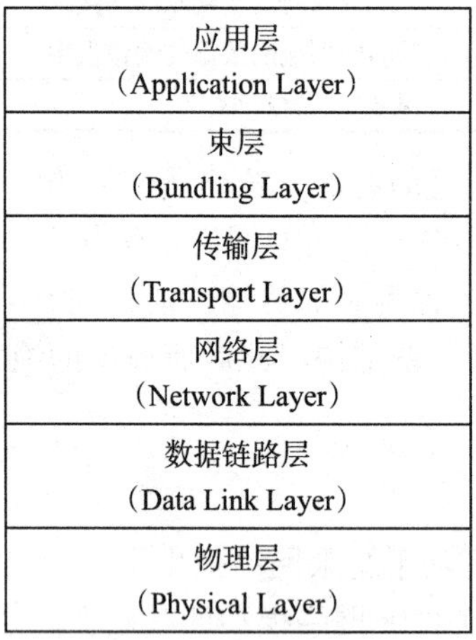

应用层
（Application Layer）
束层
（Bundling Layer）
传输层
（Transport Layer）
网络层
（Network Layer）
数据链路层
（Data Link Layer）
物理层
（Physical Layer）

图 8-3　DTN 协议层次结构示意图

在延时容忍网络的各个层次中，除了 Bundle 层之外，其余的底层协议都是和延时容忍网络的应用场景相关的，由于延时容忍网络可能跨越多个不同的网络，Bundle 层在某些时候还需要提供一定的协议转换功能。

在整个延时容忍网络协议栈结构中，可以看出最重要的就是延时容忍网络区别于其他网络的独特的 Bundle 层协议栈，它需要完成“存储－等待－转发”的功能，并且需要有路由算法模块来支撑数据包的转发，还需要在数据缓存溢出的时候进行合理的数据包丢弃。关于 Bundle 层协议和延时容忍网络路由算法的现状和研究将在下面的章节中详细分析。另外支持上方协议栈的数据链路层协议也是非常重要的，它依据应用网络的不同而不同。在星际网络或卫星网络中，通常延时容忍网络使用国际空间数据系统咨询委员会（Consultative Committee for Space Data Systems，CCSDS）协议族中的点对点数据链路层协议；而在传感器网络或稀疏点对点网络中通常使用载波侦听多路访问（Carrier Sense Multiple Access，CSMA）协议族或时分多址（Time Division Multiple Access，TDMA）协议。不同的数据链路层协议将在很大程度上影响到网络的整体性能。

2. DTN 网关

DTN 体系结构包含区域和 DTN 网关的概念，如图 8-4 所示。该例子中列举了四个区域（A、B、C、D），在 B 区域中有一个驻存于公交车上的 DTN 网关，它在 DTN 网关 3 和网关 5 之间周期性地运动。在 D 区域中同样有一个提供了周期性联通的近地轨道卫星链路（LEO），与可能由于交通拥堵或者出现其他延迟的公车相比，卫星链路的突发状况会更频繁。

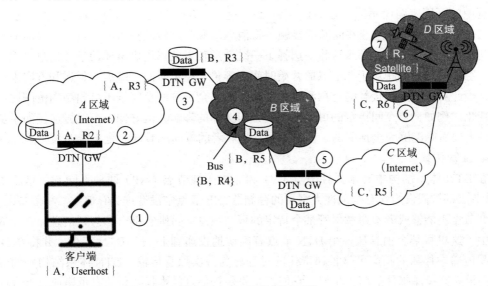

图 8-4 DTN 网关区域互联

区域边界是不同种网络协议和寻址族之间的互联点。标准规定中，位于同一区域的两个节点一般使用存在于本区域的协议进行通信而不需要 DTN 网关的参与。我们希望少数区域类型（例如：类似因特网、点对点模式移动、周期性中断等）可以为每一个相同的类型实现类似的底层协议栈。DTN 网关的概念同 Metanet 提出的"Waypoint"定义以及最初美国高级研究计划署（ARPANET）设计的网关描述都是一致的。Waypoint 的概念可描述为数据要进入某个区域必须首先访问的一个点。该点可以提供基本的特定区域间的编码转换以及实施一些策略和控制。跨越两个区域的一个 DTN 网关逻辑上包括两个部分，每一部分都类似于建立在特定链路层协议之上的 ARPANET 网关，基于一个邻近区域的相应传输协议之上。虽然它们都运行在传输层之上，但是，DTN 网关和 ARPANET 网关与注重可靠消息路由相比更关注于选择最优的分组交换策略。DTN 网关负责在永久存储器上存储信息，当需要可靠传输时需要网关对不同的传输进行映射，并且将全局通用的名字元组解析为局部通用名字，用于本区域和相邻区域的通信。DTN 网关也可能通过身份验证和访问控制检查流量到达来确保转发是被允许的。

3. 邮政服务和路径选择

在 DTN 中各种资源都具有有限性，因此综合考虑该类网络服务模型的可实施性、有效性、可理解性和网络资源合理分配的必要性，DTN 的服务模型结构不可以太过复杂。研究者们从美国邮政提供的服务类型中得到了启发灵感，采纳了其中一个服务类型子集——邮政服务类型。邮政服务系统首先已经被广大的用户所熟悉,易于理解和接受;其次它是一个典型的非交互式服务网络,适用于受限网络环境。DTN 根据服务类型的要求选择了几个能够直观易懂的核心邮政服务作为受限网络的服务类型,具体为以下几种服务类型:高/中/低优先级递送。

(1)递送通知(notification of mailing)。
(2)投递送达:信息到达目的节点后,返回确认信息。
(3)投递记录:信息在投递的过程中所使用的路由信息。

DTN 体系结构是为不存在端到端路径的网络所设计的,这类网络中的链路途径和传统因特网中的可固定路由不同。在 DTN 中,路由是由一串时间独立的节点间的接触(在通信范围之内)组成的,通过这些间断的接触可将消息从源节点转发到目的节点。如果能够度量节点间接触的可预测性,那么这将为选择下一跳消息转发节点提供重要的参考信息。而节点间的接触一般是使用相对于源节点的开始时间、容量、结束时间、端点、延迟和方向来进行描述,因此对于节点间接触的可预测性的度量是从完全可预测至完全不可预测的范围内进行连续变化。例如,节点间接触的可预测性受方向选择的影响,就好像一个拨号连接如果从拨号者的方向看是能够完全预测的,但是如果从接收者的方向来看却完全不能够预测。

4. 保管传输

在 DTN 体系结构中有永久性节点(P)和非永久性节点(NP)两种不同的信息路由节点。P 节点都被假设为含有永久性大容量的存储器,NP 节点中没有这类存储器。一般情况下,除非 P 节点不能够或者不愿意保管某个特定的报文消息,否则它都会参与到信息保管传输的过程中。这里将某个消息从一个 DTN 节点有确认地投递到下一个 DTN 节点,并将在 DTN 节点间传递中伴随的相应可靠投递责任的过程称为一次保管传输。DTN 体系结构中的保管传输的模式同投递邮件的模式相似,它们都是将保管信息的责任托付给有承诺或者有合同约定的人或部门。

保管传输的概念在 DTN 体系结构中是十分重要的,这主要是由于保管传输可以防止数据出现高丢失率的情况发生,特别是在端节点没必要再保存已经被保管传输到下一跳 DTN 节点的数据副本的情况下。由于它担负着解除网络中资源受限的端节点依然维护端到端连接状态的责任,因此其作用更为突出。对于网络中必须要进行端到端确认的节点,通过激活"投递确认"的选项功能即可满足要求。将传统因特网中的端到端可靠投递语义同 DTN 中逐跳可靠性的投递方法相对比,我们可能会很自然地认为逐跳方法的可靠性较弱。而研究者们通过观察,发现在大多数情况下当端节点不能够长时间保持在连接状态时,通过使用保管传输方式传递的数据的机会可能会超过端到端方式可靠传递的机会,并且端到端确认选项同端到端可靠性的语义存在一致性,因此他们认为保管传输的可靠性并不一定比典型的端到端的可靠性差。保管传输和端到端传输可靠性的关系,可以看作当端节点移动时对可靠性的优化。

DTN 中的保管转发一方面为跟踪需要特殊处理的 Bundle 和识别参与转发的节点提供了一种方法;另一方面还提供了一种加强消息递送可靠性的途径。基于下层网络可靠递送协议的保管转发,为 Bundle 从一个节点可靠转发到下一个节点提供了一种方法。当请求了保管转发,Bundle 层就会启动超时和重传机制,以及相应的保管者到保管者的确认信号机制,这样就加强了消息递送的可靠性。如果应用程序没有请求保管转发,则 Bundle 层的超时和重传机制就不会被启用,这时候 Bundle 的传输就仅仅依靠下层协议的可靠性。DTN 中保管转发的过程如图 8-5 所示。

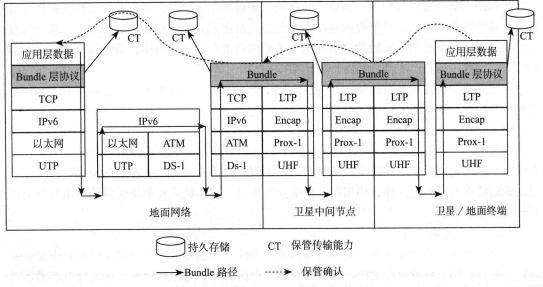

图 8-5　DTN 数据保管传输过程

8.2.2　DTN 的路由算法与路由性能评估

综合分析已有的研究成果，人们在 DTN 路由协议的设计中采用了多种方法或机制，例如：采用不同的策略或多种策略混合应用来提高数据传输的可靠性或时效性，应用节点的历史移动信息来计算节点相遇的概率，使用社会网络分析方法来识别更佳的用于转发消息的中间节点，等等。大部分路由协议都采取尽力传输的原则来转发数据，以最大化 DTN 的数据传输性能。

1. 现有路由算法分类

由于路由算法设计的初衷不同，针对的延迟容忍网络环境不一，因此延迟容忍网络路由算法针对的网络通信环境甚广，并且至今没有统一的标准对已有的路由算法进行划分。通过仔细揣摩研究各延迟容忍网络路由的特性与关键技术，已经有学者提出了对已有的路由算法的初步划分，如图 8-6 所示。

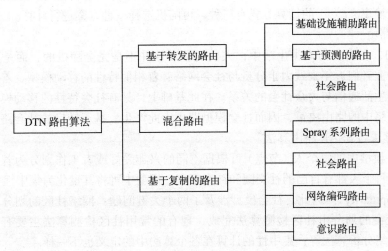

图 8-6　延迟容忍网络路由分类图

根据路由算法实现过程中在网络上传播的数据包的副本数量，现有的路由算法总体上可划分为基于转发的路由、基于复制的路由和混合式路由三大类。而在此基础之上，基于转发的路由又可细分为基础设施辅助路由、基于预测的路由和社会性路由；基于复制的路由又可细分为喷发式系列路由、社会路由、意识路由和网络编码路由。其中由于社会路由的特殊属性，部分社会路由使用转发机制而其他社会路由算法则采用复制技术，因此将不同属性的社会路由算法划分在不同的路由分类中。

（1）基于转发的路由

与传统的 TCP/IP 网络路由类似，在基于转发机制的路由中，在路由的过程中每个消息有且仅有一个副本，节点仅转发该消息副本而不保存该消息副本。在不同的网络环境中，节点的运动特性与模式不一样，根据网络中节点的布局与移动模式在基于转发的路由基础上可划分为以下三类。

1）基础设施辅助路由。

在某些延迟容忍网络场景下，部分节点的运动模式是已知的，基础设施辅助路由就是针对这一类路由网络环境而产生的。在基础设施辅助路由中，通过确定和掌握部分节点的运动特性而在网络场景中部署固定的移动设施从而缓解延迟容忍网络中恶劣的通信环境。

2）基于预测的路由。

在机会主义的延迟容忍网络场景中，节点的移动模式与运动特性是完全随机而不可预知的。为提高路由算法在此类场景中的路由性能，基于预测的技术被应用于此类路由场景中。基于预测的路由算法将根据历史网络信息计算并预测未来网络知识，例如消息被成功转发的概率，节点下次相遇的时间等。这类路由算法的代表为 PER 路由协议。PER 路由通过预测节点间下次连接时间点的概率分布而得出节点成功转发消息的概率，根据该概率值的高低选取消息的中继节点。PER 路由算法中，将节点的移动模型模拟为齐次时间的半马尔科夫过程模型，任意两个节点在某一时刻的相遇概率可以通过计算来得出。当节点 c 需要从其队列中转发一个消息（消息的目的节点为 d）时，它将为当前所有与其相连接的节点（cn）计算一个概率度量 $f(x)$，并且包含节点本身。当前节点然后选择一个具有最高的传输率的节点作为下一跳。

$f(x)$ 表示如果节点 i 选择节点 x 作为下一跳的节点进行消息转发时，该消息能够转发到目的地的传输率。$f(x)$ 的计算方式有三种，可随机选择一种方案进行计算。

3）社会路由。

众所周知，在真实的人类生活中，人们的移动性并不是完全随机的，而是具有一定的社会特性。研究者们近年来致力于分析与社会网络有着相似特性的移动模型，着重研究和调查人们的日常生活通信与大众社会的关系。在此基础上，具有社会特性的移动模型被用于辅助延迟容忍网络中的路由决策，因而社会模型路由由此产生。基于转发的社会路由的代表为 SimBet 路由算法与 SSAR 路由算法。

社会网络模型中的每个人（节点）可根据不同的兴趣爱好或者工作划分为若干个网络社区（节点簇）；每个人都有自己的社交圈和社交频率，模型中可将其量化为集中性（centrality）与流行性（popularity）。因此，社会模型涉及了两个关键问题：网络社区的划分和集中性的计算。网络社会的划分由社区检测算法完成，现有的常用社区检测算法主要有 K-CLIQUE 算法和加权网络分析算法等；集中性的计算在各个算法中的定义也不一样。

（2）基于复制的路由

基于复制的路由机制中，节点使用携带并转发（carry-and-forward）消息副本的机制。这样在一个消息的路由过程中，消息的中继节点会保存消息的副本并进行独立的转发，因而在整个通信网络中会产生多个该消息副本。这一解决方案能有效地提高消息成功转发率，并降低平均网络时延，但却较大地牺牲了网络资源。

传染式机会主义路由（Epidemic）是基于复制的洪泛路由的开山之作。在 Epidemic 路由中，网络中的每个节点都将自己缓冲区中存在的消息副本转发给它所有偶遇到的节点。这一路由算法能在网络资源良好（尤其是节点 Buffer 缓冲区容量充足）的延迟容忍网络环境下使得消息传输成功率达到 100%。然而由于 Epidemic 洪泛消息副本所带来的极大的网络资源开销，一旦网络资源有限时，它的工作性能将受到很大的限制。

基于 Epidemic 路由算法资源开销改善的不同方案，可将基于复制的路由算法简单划分成四类，下面就来分类介绍详细的路由算法及其思想。

1）喷发式系列路由。

为降低 Epidemic 的资源开销，有学者提出新的路由策略——喷发式（Spray）路由。在 Spray 策略中，向网络数据包中喷发一定数量的消息数据包副本，且每个副本在网络中都可独立路由到目的地。因此，Spray 路由策略将产生一定的经计算的合理数量的副本以确保和控制消息传送过程中对网络资源的开销量。

第一个喷发式路由算法名为"Spray-and-Wait"，其对每个消息数据包的网络路由都分成两个阶段：喷发阶段和等待阶段。在喷发阶段，向网络中喷发指定数量的数据包副本，每次通信时节点转发 1 个或者自己消息副本数量的 1/2 个消息副本给连接节点，直到消息副本数量为 1 则进入等待传输阶段；等待传输阶段中，消息的载体直到遇到目的节点才以直接递交的形式传输消息。此后，又进一步提出基于该算法的改进版——spray and focus 路由，路由分为喷射与聚焦两个阶段，喷射阶段不变，而在聚焦阶段，消息的载体将根据节点的效用值选择合适的中继节点转发消息。

2）基于复制的社会路由。

基于复制的社会路由中，路由的网络模型与基于转发的社会路由相同，不同的是这类路由采用泛洪的副本复制机制进一步增加了消息的成功递交率。当前此类路由的主要代表有 Bubble 路由和 Social Cast 路由。

3）意识路由。

为提高除数据包成功递交率的性能指标之外的其他指标，比如数据包传输的平均时延、能量和带宽消耗等，延迟容忍网络研究学者们相继提出了意图路由（RAPID）、能量优化路由和其他一些意识导向的 DTN 路由。数据包的效用值根据不同的路由度量使用相应的计算方式，由此影响路由决策，因而 RAPID 路由称为"意图路由"。

4）网络编码路由。

网络编码路由中，数据分片重组与网络编码机制被用于 DTN 路由以降低网络资源消耗。在网络编码路由的代表路由中，每个消息包在其创建的源节点上被分为 K 个数据包碎片。然后这 K 个数据包碎片在网络中独立地复制与转发，而且中继节点不再是简单的转发数据包，而是对数据包中的消息以特定的编码方式进行处理，组合成新的消息再进行转发。最后，当目的节点获取的编码数据包已经包含了所有的 K 个数据包碎片后才将这 K 个元数据包分片解码并重组，完成消息的成功递交。通过这样的编码分片方式，实质上是对 DTN

间断连接特性、无线信道等予以补偿的机制，而节点的缓冲区与通信的资源消耗可以得到控制。尽管网络编码路由是以长时间地等待目的节点接收到充分数量的编码数据包碎片为代价，然而网络编码在机会主义 DTN 中，尤其是在带宽与节点缓冲区受限时被证实有着较高的路由性能。

（3）混合式路由

部分 DTN 研究者们提出了混合式路由，在一个路由协议中结合使用转发与泛洪（复制）机制。这样的路由机制可以看作是在提高消息到达率与降低网络开销之间的平衡。通过分析 DTN 各个场景的移动模式，研究者们将网络划分为一系列的节点簇（或者节点组），并在此基础上提出混合式的 DTN-MANET 路由协议。HYMAD 为此类路由机制中的代表，它结合基础设施辅助路由与社会路由的思想，将连接性好的节点组合成类似于社区的节点簇，允许传统的 MANETS 与 DTN 在不同的区域中共存。

2. 路由性能评估

DTN 路由在设计与改进时，需要根据自己所研究的不同 DTN 的特性考虑路由的关键性能，主要体现在：可靠的传输率和可容忍的延迟、合理的资源分配、适度的资源消耗。因此，路由性能需要考虑以下关键问题。

1）路由使用复制抑或转发技术？

复制技术即携带并转发（carry-and-forward）机制，每个消息数据包在网络中存在多个该消息数据包的副本。复制技术有助于增加消息的成功转发率，但由于多个消息数据包副本的独立转发，占用网络带宽与节点缓冲区的资源消耗大。直接转发机制中，消息从创建到成功转发的过程中，最多存在消息的一个副本，这就大大降低了网络资源的消耗，但也在一定程度上降低了其他路由指标性能。

2）路由决策的主要影响因子有哪些？

简单的路由算法直接泛洪，即将消息转发至所有相遇节点；部分路由使用先验知识或者本地消息函数化机制作为路由决策选择性转发以减少直接泛洪路由带来的巨大的网络资源消耗。根据不同的 DTN 场景，不同的影响因子被用于路由决策，比如连接相关信息（节点的连接状态，节点的连接度，节点的历史连接等）、节点的移动率、消息数据包属性（包括数据包转发优先级、数据包的传输延迟、数据包的目的节点等），节点缓冲区空间、节点能量等。

3）节点缓冲区如何管理？

在资源弥足珍贵的 DTN 中，节点消息缓冲区的管理将直接影响到路由的效率。最简单的管理方法为 FIFO 机制，而部分路由提出了对消息按照一定的优先级存储并转发。使用什么样的缓冲区管理制度，对于不同的 DTN 场景有着不同的意义，比如某些场景下，要求消息的公平性转发，如何管理缓冲区才能有效达到公平性转发数据包？除此之外，当缓冲区空间不足时应如何应对？如果当消息缓冲区满后选择性地丢包，那么首先应删除哪些数据包？这些都是缓冲区管理的关键问题。

4）消息成功传输后是否回发确认字符（Acknowledgement，ACK），如何回发？

在使用复制技术的路由中，消息成功转发后及时回发 ACK 有助于缓冲区与网络带宽等网络资源的高效利用。某些路由算法使用 flooding 的方式泛洪 ACK，将消息的 ACK 包泛洪至整个网络而要求存在数据包副本的相应节点停止对该数据包进行转发并删除该副本。但简单的泛洪可想而知又会带来一定的网络开销，如何将 ACK 请求及时有效地回发给拥有该消息副本的节点是关键问题之一。

8.3 软件定义网络

在路由器和交换机内部运行的分布式控制和传输网络协议是允许信息以数据包的形式在世界范围内传递的关键技术。传统的 IP 网络虽然早已被广泛采用，但其结构复杂且难以管理。为了表达所需的高级网络策略，网络运营商需要使用低级别，通常是供应商特定的命令来分别配置每个单独的网络设备。除去配置的复杂性之外，网络环境还必须承受动态的故障并能够适应负载的变化。然而在当前 IP 网络中几乎不存在自动重新配置和响应机制。因此，在这样一个动态的环境中实施所需策略是一项非常具有挑战性的工作。由于目前的网络是垂直整合的，因此这项工作就变得更加复杂。在传统网络中，控制平面和数据平面被捆绑在了网络设备的内部，这就降低了网络的灵活性，阻碍了网络基础架构的创新和演进。例如由 IPv4 到 IPv6 的过渡从十多年前就开始了，但在很大程度上其仍然不完整，这一点则证明了这一挑战。由于当前 IP 网络的惯性，新的路由协议可能需要 5~10 年才能被完全设计、评估和部署。同样，设计一种能够改变互联网架构（例如，取代 IP）的高效策略也被认为是一项艰巨任务，即在实践中根本不可行。最终这种情况将使运营 IP 网络的资金和运营费用增加。

软件定义网络（Software-Defined Networking, SDN）是一种新兴的网络模式，有望能够改变当前网络基础设施的局限性。首先，它通过将网络的控制逻辑（控制平面）与底层路由器和转发流量（数据平面）的交换机分开，以此来打破垂直整合。第二，随着控制和数据平面的分离，网络交换机成为简单的转发设备，控制逻辑在逻辑上集中的控制器（或网络操作系统）中实现，简化了策略实施以及网络配置和演进。

8.3.1 软件定义网络的背景和概念

1. 软件定义网络的背景

随着网络的快速发展，传统互联网出现了如传统网络配置复杂度高等诸多问题，这些问题说明网络架构需要革新，可编程网络的相关研究为 SDN 的产生提供了可参考的理论依据。主动网络允许数据包携带用户程序，并能够由网络设备自动执行。用户可以通过编程方式动态地配置网络，以达到方便管理网络的目的。然而由于需求低、协议兼容性差等问题，其并未在工业界实际部署。4D 架构将可编程的决策平面（即控制层）从数据平面分离，使控制平面逻辑中心化与自动化，其设计思想产生了 SDN 控制器的雏形。借鉴计算机系统的抽象结构，未来的网络结构将存在转发抽象、分布状态抽象和配置抽象这三类虚拟化概念。转发抽象剥离了传统交换机的控制功能，将控制功能交由控制层来完成，并在数据层和控制层之间提供了标准接口，以确保交换机完成识别转发数据的任务。控制层需要将设备的分布状态抽象成全网视图，以便众多应用能够通过全网信息进行网络的统一配置。配置抽象进一步简化了网络模型，用户仅需要通过控制层提供的应用接口对网络进行简单配置，就可以自动完成转发设备的统一部署。因此，网络抽象思想解耦了路径依赖，成为数据控制分离且接口统一架构（即 SDN）产生的决定因素。此外，众多标准化组织已经加入到 SDN 相关标准的制订当中。专门负责订制 SDN 接口标准的著名组织是开放网络基金会（Open Networking Foundation, ONF），该组织制定的 OpenFlow 协议业已成为 SDN 接口的主流标准，许多运营商和生产厂商都是根据该标准进行研发。互联网工程任务组（IETF）的 ForCES 工作组、互联网研究专门工作组（Internet Research Task Force, IRTF）的 SDNRG 研究组以及国际电信联盟远程通信标准化组织（ITU Telecommunication Standardization Sector, ITU-T）的多个工作组同样也针对 SDN 的新方法和新应用等展开研究。标准化组织的跟进，促使了 SDN 市场的快速发展。

2. 软件定义网络的概念

SDN 起源于 2006 年斯坦福大学的 Clean Slate 研究课题。2009 年，Mckeown 教授正式提出了 SDN 概念。其利用分层的思想，通过将网络设备控制层与数据层分离开来，从而实现网络流量的灵活控制，为核心网络及应用的创新提供良好的平台。在控制层，包括具有逻辑中心化和可编程的控制器，可掌握全局网络信息，方便运营商和科研人员管理配置网络和部署新协议等。在数据层，包括哑的（dumb）交换机（与传统的二层交换机不同，专指用于转发数据的设备），交换机仅提供简单的数据转发功能，可以快速处理匹配的数据包，以适应流量日益增长的需求。两层之间采用开放的统一接口（如 OpenFlow 等）进行交互。控制器通过标准接口向交换机下发统一标准规则，交换机仅需按照这些规则执行相应的动作即可。因此，SDN 技术能够有效地降低设备的负载，协助网络运营商更好地控制基础设施，降低整体运营和成本，成为最具前途的网络技术之一。因此，SDN 被 MIT 列为"改变世界的十大创新技术之一"。

传统网络架构与 SDN 架构的比较如图 8-7 所示。与传统网络相比，SDN 的基本特征有三点，具体如下。

1）控制与转发分离。转发平面由受控转发的设备组成，转发方式以及业务逻辑由控制层上的控制应用所控制。

2）控制平面与转发平面之间采用开放的统一接口，SDN 为控制层提供开放可编程的接口。通过这种方式，控制应用只需要关注自身的逻辑，而不需要关注底层更多的实现细节。

3）逻辑上的集中控制。逻辑上的集中控制层可以控制多个转发面设备，也就是控制整个物理网络，因而可以获得全局的网络状态视图，并根据该全局网络状态视图实现对网络的优化控制。

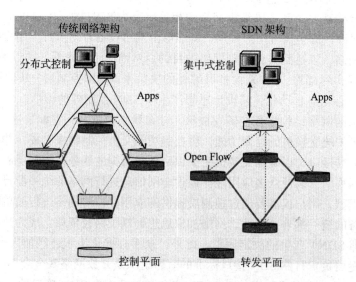

图 8-7　传统网络架构与 SDN 架构比较

8.3.2　软件定义网络的架构

针对不同的需求，许多组织提出了相应的 SDN 参考架构。SDN 架构先由 ONF 组织提出，并已经成为学术界和产业界普遍认可的架构。除此之外，欧洲电信标准化组织（European Telecommunications Standards Institute，ETSI）提出的 NFV 架构也随之发展起来了，该体系架构主要针对运营商网络，并得到了业界的支持。由各大设备厂商和软件公司共同提出了 OpenDaylight，其目的是为了具体实现 SDN 架构，以便用于实际部署。

ONF 组织最初在白皮书中提到 SDN 体系结构，并于 2013 年底发布新版本，其架构如图 8-8 所示。SDN 由下到上（或称由南向北）分为数据平面、控制平面和应用平面。数据平面与控制平面之间利用 SDN 控制数据平面接口（Control-Data-Plane Interface，CDPI）进行通信，CDPI 具有统一的通信标准，目前主要采用 OpenFlow 协议。控制平面与应用平面之间由 SDN 北向接口（Northbound Interface，NBI）负责通信，NBI 允许用户按实际需求定制开发。数据平面由交换机等网络元素组成，各网络元素之间由不同规则形成的 SDN 网络数据通路形成连接。控制平面包含逻辑中心的控制器，负责运行控制逻辑策略，维护全网视图。控制器将全网视图抽象成网络服务，通过访问 CDPI 代理来调用相应的网络数据通路，并为运营商、科研人员以及第三方等提供易用的 NBI，方便这些人员订制私有化应用，实现对网络的逻辑管理。应用平面包含了各类基于 SDN 的网络应用，用户无须关心底层设备的技术细节，仅通过简单的编程就能实现新应用的快速部署。CDPI 负责将转发规则从网络操作系统发送到网络设备，它要求能够匹配不同厂商和型号的设备，而并不影响控制层以及以上的逻辑。NBI 允许第三方开发个人网络管理软件和应用，为管理人员提供更多的选择。网络抽象特性允许用户可以根据需求选择不同的网络操作系统，而并不影响物理设备的正常运行。

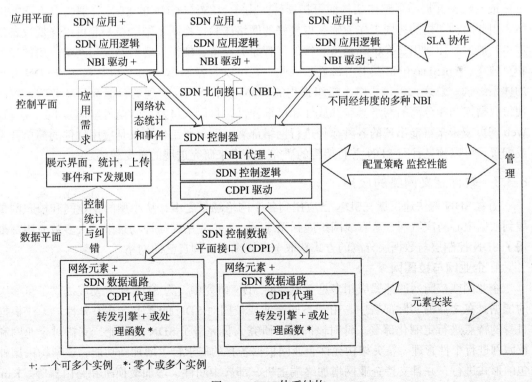

图 8-8 SDN 体系结构

NFV 是针对运营商网络出现的问题而提出的 SDN 解决方案。网络运营商的网络由专属设备来部署，随着各种新型网络服务的产生，这些专属设备的功能变得更加繁杂，而管理这些繁杂的硬件设备会造成运营成本及能耗的增加，从而导致运营商网络的发展遇到瓶颈。针对上述问题，NFV 将传统网络设备的软件与硬件相分离，使网络功能更新独立于硬件设备。为此，NFV 采用了资源虚拟化的方式，在硬件设备中建立一个网络虚拟层，负责将硬件资源虚拟化，形成虚拟计算资源、虚拟存储资源和虚拟网络资源等，运营商通过软件来管理这些虚拟资源。由于采用的是通用硬件设备，NFV 降低了设备成本，减少了能耗，缩短了新网络服务的部署周期，从而能更好地适应网络运营商的发展需求。在接口设计方面，NFV 既可以基于非 OpenFlow 协议，又能与 OpenFlow 协同工作，同时还支持 ForCES 等多种传统接口标准化协议，以便适应网络运营商对设备的不同需求，并与 ONF 的 SDN 保持相对独立的发展。OpenDaylight 的目标是通过 SDN 的开源开发，推进业界可部署方案的具体实施，其架构由设备厂商提出并得到了众多 IT 软件厂商的支持。考虑到兼容性问题，OpenDaylight 继承了 SDN 的架构形式，同时又结合了 NFV 的特点。架构共分为 3 个层次，分别是网络应用与业务流程（即应用层）、控制平台（即控制层）、物理与虚拟网络设备（即数据层）。OpenDaylight 的控制平台直接由自带的 Java 虚拟机实现。针对不同的网络任务，控制器自身携带了一系列可插入模块，并兼容第三方模块以增强 SDN 的功能。与 ONF 的 SDN 架构大的不同之处在于：OpenDaylight 控制器的南向接口除了支持 OpenFlow 协议之外，还支持 NETCONF 等配置协议和 BGP 等路由协议，并支持生产厂商的专有协议（如思科的 OnePK 协议）。为了能够处理不同的标准协议，OpenDaylight 增加了服务抽象层，它负责将不同的底层协议标准转换成 OpenDaylight 控制层所理解的请求服务，保持了底层协议的透明性，并提高了整体架构的可扩展性。由于 NFV 与 ONF 的 SDN 分别负责不同的网络，因此两种架构的协同工作能够获得更好的网络体验，将两者结合在一起可以降低设备的成本。通过利用通用交换机等设备和软件代替原有设备，使得设备的升级与网络应用的拓展相对独立。OpenDaylight 具有开源性，因此，它可以兼容 SDN、NFV 以及未来与 SDN 并行的体系结构。总之，无论是哪个组织提出的 SDN 体系结构，实现的目标都是一致的。SDN 使得数据控制相分离的网络具有开放性和可编程性，科研人员及运营商可以通过 PC、手机、Web 网页或未来可能出现的各种途径进行网络部署，而部署工作也仅是应用软件的简单开发或配置。可以预见针对 SDN 并行架构的研究，是未来研究进展的重要趋势之一。

8.3.3 软件定义网络的应用

随着 SDN 的快速发展，SDN 已应用到各个网络场景之中，从小型的企业网和校园网扩展到数据中心与广域网，从有线网扩展到无线网。无论应用在何种场景中，大多数应用都采用了 SDN 控制层与数据层分离的方式获取全局视图来管理自己的网络。

1. 企业网与校园网

企业网或校园网的部署应用多见于早期的 SDN 研究中，为 SDN 研究发展提供了可参考的依据。在之后的实际部署中，由于不同企业或校园对 SDN 的需求存在差异性，无法根据自身的特点进行定制化部署。针对该问题，研究人员完善了 SDN 的功能，支持对企业网和校园网进行个性管理。精灵架构允许企业网根据各自的需求自主增加新功能，该架构采用外包的形式进行，并且支持企业网增加终端主机、部署中间件、增加交换机和路由器等。Kim 等人进一步研究了如何利用 SDN 改善网络管理，以更好地支持校园网的部署。网络部署一致性问题同样引起了关注，用户通过 SDN 管理网络时仍然会出现网络转发拓扑循环和无效配置等问题。OF.CPP 则利用 ACID（数据库事务正确执行的四要素）思想较好地修复了这些问题，有利于企业网络统一部署。第二代中国教育和科研计算机网（China Education and Research Network II，CERNET2）采用4over6技术将百所院校连接在一起，提供了IPv4应用和IPv6应用接入和互通互访等服务。4over6描述了IPv4网络向IPv6网络过渡的技术，它借鉴了SDN网络虚拟化的思想，将IPv4网络和IPv6网络从数据层分离出来。由于IPv4和IPv6传输数据的基本原理相同，因此数据层能够对IPv4和IPv6两者都提供传输服务，实现转发抽象。同时，还可分别为IPv4服务提供商和IPv6服务提供商提供更方便的管理机制，便于IPv4网络向IPv6网络进行迁移，以满足所有IPv6网络过渡的需求。

2. 数据中心与云

除了在企业网与校园网部署之外，数据中心由于设备繁杂且高度集中等特点，相关SDN部署同样面临着严峻的挑战。早期部署在数据中心的实例为基于NOX的SDN网络，随后，在数据中心的部署应用得到了极大的发展。其中，性能和节能是部署过程中重点考虑的两个方面。数据中心成千上万的机器需要很高的带宽，如何合理利用带宽、节省资源、提高性能，是数据中心的另一个重要问题。Cui等人通过对每台路由器和服务器进行信息缓存，利用SDN掌握全网缓存信息，能够有效解决数据中心的数据传输冗余问题。在数据中心，每个路由器和服务器都可以进行信息缓存。当两台服务器第1次通信时，所在路径的路由器会将信息缓存下来。当服务器再次发起相关通信时，为了获取近距离的缓存，SDN会根据全网信息给出最优缓存任务分配。此时，服务器无须到目的地址去获取信息，从而消除了数据传输冗余。Hedera采用的是OpenFlow交换机，其通过中央控制器掌握数据中心的全局信息，以方便控制器优化带宽，比起等价多路径（Equal-Cost Multipath Routing，ECMP）技术其可提升至4倍的带宽能力。DevoFlow考虑避免数据中心交换机对控制器有过多的干扰，将大多数流处理放到交换机上处理，从而提高了数据中心传输的整体性能。zUpdate则利用SDN确保在数据中心几乎无任何性能影响的情况下更新设备。节能一直是数据中心研究中不容忽视的问题。由于数据中心具有大规模互联网服务稳定性和高效性等特性，其常以浪费能源为代价。然而通过关闭暂时没有流量的端口，仅能节省少量的能耗，更有效的办法是通过SDN掌握全局信息能力，实时关闭暂未使用的设备，当有需要时再打开，这样将会节省约一半的能耗。利用率低同样会导致数据中心能耗较高。在数据中心，每个流在每个时间片通过独占路由的方式，可提高路由链路的利用率。利用SDN掌握全网信息，公平调度每个流，使路由链路得到充分利用，进而节省了数据中心的能量。有了数据中心作保障，用户可以通过云网络方便地进行网络管理。不过基于云环境的网络拓扑是多变的，而通过SDN可以获取全局信息，实现云网络管理。IBM针对云网络管理提出了云控制器和网络控制器结合的SDN架构。云控制器用于方便用户配置信息、管理物理资源、设置虚拟机和分配存储空间等。网络控制器则用来将云控制器收集的指令转换成SDN设备可识别的指令。为了能够完成两个控制器之间的交互，IBM提供了一种共享图算法库NetGraph。该库支持多种网络服务，包括广播、路由计算、监控、服务质量及安全隔离等。此外，SDN可以有效改善云性能，保证流量负载均衡。

3. 广域网

广域网连接着众多数据中心，这些数据中心之间的高效连接与传输等流量工程问题，是众多大型互联网公司努力的目标。为了能够提供可靠的服务，应确保当任意链路或路由出现问题时仍能使网络高效运转。传统的广域网以牺牲链路利用率为代价，使得广域网的平均利用率仅为30%～40%，繁忙时的链路利用率也仅为40%～60%。为了提高利用率，Google

公司搭建了基于 SDN 架构的 B4 系统。该系统利用 SDN 获取全局信息，并采用 ECMP 散列技术来保证流量平衡，实现对每个私人应用的平等对待，确保每位用户的应用不会受到其他用户应用的影响。近些年实际的运行测试结果表明：该系统的资源使用率可高达几乎 100%，长期使用率稳定在平均 70% 的水平之上。此外，由于 B4 系统采用的是 Google 公司的专用设备，可以保证提升利用率的效果达到最佳。与 B4 系统的基本原理类似，微软公司的 SWAN 系统同样也是利用 SDN 体系结构实现数据中心间高效的利用率。它的实现手段具体如下，当通过 SDN 全网信息观测到某条链路需求较低时，SWAN 控制数据层的数据通路迅速切换至该链路来传输数据，从而保持所有链路长时间的高效利用率。SDN 技术保障了 SWAN 能够进行全局观测以及流量工程的合理运用，确保资源利用率长期处于 60% 以上。相对于 B4 系统，SWAN 系统采用的是传统设备，更便于设备的更新与维护，更利于该系统的普及。

4. 无线网

SDN 技术从研究初期就开始部署在无线网络之中，目前已广泛应用于无线网络的各个方面。OpenRoads 利用 OpenFlow 和 NOX 在校园网搭建了无线 SDN 平台，该平台分别在 WiFi 热点和 WiMAX 基站增加 OpenFlow 设备，并使用 NOX 控制器与 OpenFlow 设备进行无线通信。Odin 则利用 SDN 技术在企业网上搭建无线局域网（WLAN），将企业 WLAN 服务作为网络应用来处理，以确保网络的可管可控特性。SDN 同样可以简化设计和管理 LTE 网络。Li 等人采用在转发设备上建立代理的方式来缓解控制器负载、降低响应时延等，从而方便用户使用 LTE 网络。OpenRadio 讨论了可编程的无线数据平面问题，它将无线网络分成处理平面（即数据层）和决策平面（即控制层），并设计了可编程的无线接口。通过 OpenRadio，运营商仅需要编写相应的数据转发规则，降低了对无线网络配置的复杂度。无线接入网（wireless access network）一般采用分布式算法来管理频谱（如 2.4G 和 5G）和切入任务，设备规模比较大时，这样的工作就会变得十分复杂。SoftRAN 可利用 SDN 的全局信息快速、准确地协调基站 WAN 所管理的无线接入设备，合理分配频谱资源，降低传输能耗。

8.3.4 未来的工作及挑战

SDN 目前已经得到了各方面的关注，不仅学术界对 SDN 的关键技术进行了深入研究，而且在产业界也已经开始了大规模的应用。SDN 技术的出现带来了诸多机遇，同时也面临着更多的挑战。

1. SDN 可扩展性研究

可扩展性决定了 SDN 的进一步发展。OpenFlow 协议成为 SDN 普遍使用的南向接口规范，然而 OpenFlow 协议并不成熟，版本仍在不断更新之中。由于 OpenFlow 对于新应用的支持力度不足，因此需要借助交换机的软硬件技术增强支持能力，这样就为接口抽象技术和支持通用协议的相关技术带来了发展契机。然而，应用的差异性增加了通用北向接口设计的难度，需要考虑灵活性与性能的平衡。提供数学理论支持的抽象接口语言成为一种研究趋势。分布式控制器结构避免了单点失效的问题，提升了单一控制时网络的性能。然而，分布式控制器带来的同步和热备份等相关问题还需要进一步加以探索。

2. SDN 规模部署与跨域通信

鉴于 SDN 的种种优势，大规模部署 SDN 网络势在必行。实现由传统网络向 SDN 网络的转换，可以通过增量部署的方式来完成大规模部署 SDN，需要充分考虑网络的可靠性、节点失效和流量工程等问题，以适应未来网络的发展需求。此外，大规模 SDN 网络还存在跨域通信问题，如果不同域则属于不同的经济利益实体，SDN 将无法准确获取对方域内的全部网络信息，从而导致 SDN 域间路由无法达到全局最优。因此，SDN 跨域通信将是亟待解决的问题之一。

3. 传统网络与 SDN 共存问题研究

随着 SDN 的持续发展，传统网络将与 SDN 长期共存。为了使 SDN 设备与传统网络设备相兼容，节约成本，大多数设备生产厂商选择在传统设备中嵌入 SDN 相关协议，这样就造成了传统网络设备更加臃肿。采用协议抽象技术可确保各种协议安全、稳定地运行在统一模块中，从而可以减轻设备负担，成为兼容性研究进展的趋势之一。中间件（MiddleBox）在传统网络中扮演着重要的角色，例如网络地址转换（NAT）可以缓解 IPv4 地址危机问题、防火墙可以保证安全问题等。然而中间件种类繁多，且许多设备都被中间件屏蔽，无法灵活配置，从而造成 SDN 与传统网络无法兼容。建立标签机制，统一管理中间件，将逻辑中间件路由策略自动转换成所需的转发规则，以实现对存在中间件网络的高效管理。

4. SDN 在数据中心的应用研究

SDN 具有集中式控制、全网信息获取和网络功能虚拟化等特性，利用这些特性，可以解决数据中心出现的各种问题。例如在数据中心网络中，可以利用 SDN 通过全局网络信息消除数据传输冗余，也可以利用 SDN 网络功能虚拟化特性达到数据流可靠性与灵活性的平衡。可以预见，SDN 在数据中心提升性能和绿色节能等方面仍然扮演着十分重要的角色。

5. 借鉴 SDN 思想融合 IPv6 过渡机制

传统互联网面临着 IPv4 地址耗尽的问题，解决这个问题最有效的办法是全网使用 IPv6 地址。然而 IPv4 互联网规模大、服务质量高，短时间内难以实现全网 IPv6。为了实现平滑过渡，IPv6 过渡技术成为当前互联网的热点。现存的 IPv6 过渡机制种类繁多，适用场景有限。利用 SDN 掌握全局信息的能力来融合各种过渡机制，可以充分提升过渡系统的灵活性，最终实现 IPv6 网络的快速平稳过渡。因此，SDN 将成为 IPv6 过渡技术中可借鉴的指导思想之一。

6. SDN 与其他新型网络架构融合

SDN 与其他新型网络架构融合，可以使两种架构形成互补，推动未来网络的进一步发展。例如，主动网络具有可编程性，虽然并未得到实际应用，但是该结构允许执行环境（即控制层）直接执行代码，具有很强的灵活性。借鉴主动网络可执行代码的思想，SDN 可编程的灵活性将得到进一步增强。信息中心网络（Information-Centric Networking，ICN）是另一个未来的互联网发展方向，它采用了信息驱动的方式。ICN 中同样存在数据转发与控制信息耦合的问题。在 ICN 中利用 SDN 技术分离控制信息，融合两种技术优势，将成为未来网络值得探讨的问题。

7. SDN 网络安全

传统的网络设备是封闭的，然而开放式接口的引入会产生新一轮的网络攻击形式，造成 SDN 的脆弱性。由控制器向交换机发送蠕虫病毒、通过交换机向控制器进行分布式拒绝服务攻击、非法用户恶意占用整个 SDN 网络带宽等，都会导致 SDN 全方位瘫痪。安全的认证机制和框架、安全策略的制定（如 OpenFlow 协议的 TLS）等，将成为 SDN 安全发展的重要保证。此外，SDN 的研究促进了业界的变革。SDN 网络虚拟化技术缩短了网络配置周期，显著提升了新协议和新设备的部署效率。SDN 开放式的研究降低了生产成本，扩充了生产规模，为中小型设备商带来了拓展市场和扩大生存空间的机遇。SDN 技术变革使得各运营商和设备商的利益被再一次划分，这将造就又一批业界巨头的产生。SDN 对传统网络设备市场占有率的冲击同样不容小觑，不具备 SDN 功能的传统路由器和交换机，其市场份额将被全面压缩，芯片厂商因此推出了具有 SDN 功能的芯片，在利益划分竞争中抢得先机。良好的 SDN 操作界面及易用的编程语言，加快了软件公司市场份额的竞争脚步。SDN 还为网络公司的各种应用业务提供了新的解决方案，使他们获得了拓展市场的良机。

    SDN 是当前网络领域热门和具发展前途的技术之一。作为新兴的技术，之所以能够得到长足的发展，在于它具有传统网络无法比拟的优势：首先，数据控制解耦合使应用升级与设备更新换代相互独立，加快了新应用的快速部署；其次，网络抽象简化了网络模型，将运营商从繁杂的网络管理中解放出来，能够更加灵活地控制网络；最后，控制的逻辑中心化使用户和运营商等可以通过控制器获取全局网络信息，从而优化网络，提升网络性能。鉴于 SDN 巨大的发展潜力，学术界深入研究了数据层及控制层的关键技术，并将 SDN 成功地应用到企业网和数据中心等各个领域。然而，SDN 要想成为下一代互联网主流技术还需要克服许多困难，包括 SDN 可扩展性、规则部署与跨域通信等关键性难题。因此，发挥 SDN 所具备的优势，尽量避免存在的风险，成为 SDN 未来发展的重要任务。只有这样，才能真正成为引领网络未来的互联网技术。

本章小结

    随着移动通信技术、宽带技术的发展，现代计算机网络的前沿技术已经是日新月异。网络使通信和信息共享变得更加容易。本章就现代计算机网络前沿技术进行分析，介绍了内容分发网络、延时容忍网络及软交换技术，并且探索了其未来的发展方向。

    内容分发网络是一种以降低互联网访问时延为目的，在网络边缘或核心交换区域部署内容代理服务，通过全局负载调度机制进行内容分发的新型覆盖网络体系。

    延迟容忍网络又称容迟网络，是指一类特殊的网络，在该网络中，端到端的路径通常很难建立，网络中的消息传播具有很大的延时，使得传统因特网上基于 TCP/IP 的协议很难适用于该网络。

    软件定义网络是一种新型网络创新架构，通过将网络设备控制面与数据面分离开来，从而实现网络流量的灵活控制，为核心网络及应用的创新提供了良好的平台，被 MIT 列为"改变世界的十大创新技术之一"。

思考题

    1）CND 的演化进程是什么？为什么会发生这样的演化？你认为其接下来会如何发展？
    2）请简述一下典型的内容分发网络资源路由流程。
    3）为什么要提出延时容忍网络这个概念？
    4）简述延迟容忍网络的特点，它与传统网络的区别在哪里？
    5）什么是保管传输，其优点是什么？
    6）在评估路由性能时都需要考虑哪些问题？
    7）SDN 架构与传统网络架构相比有何特点？其优势在哪里？
    8）SDN 参考架构都有哪些？与 SDN 的兼容性如何？各自又有哪些特点？

第 9 章 网络前沿专题

本章我们将从以下四个方面对网络前沿知识进行讲解：网络安全、软交换技术、网络虚拟化和移动自组织网络。

9.1 网络安全

随着计算机网络规模的不断扩大以及各种新业务的兴起，如电子商务、网上银行和电子钱包的快速发展，网络在人们的生活中起到了越来越重要的作用，但同时，威胁网络安全的潜在危险也在增加。网络使通信和信息共享变得更加容易，伴随着网络的扩张和功能的丰富，网络安全问题会变得更加复杂，网络系统也会面临新的漏洞和隐患，因此，网络安全一直是大家最为关心和需要随时考虑的问题。

9.1.1 网络安全描述

从网络运行和管理者的角度来看，他们希望对本地网络信息的访问、读写等操作进行保护和控制，避免出现病毒、非法存取、拒绝服务、网络资源非法占用和非法控制等安全问题；对安全保密部门来说，他们希望对非法的、有害的或涉及国家机密的信息进行过滤和截堵，避免机要信息的泄露对社会产生危害，对国家造成巨大的损失；对日常使用网络的我们来说，希望在一个安全的媒体上进行通信和交易，确保通信对象通信内容不被篡改和破坏。因此，网络安全（计算机网络安全）不仅包括计算机上信息存储和读取的安全性，还要考虑信息通信传输过程的安全性，即网络节点处的安全和通信链路上的安全共同构成了网络系统的安全，如图 9-1 所示。从图 9-1 中可以看出，网络安全可以表述为：通信安全+主机安全，本质是网络信息的安全，具体是指网络系统中的硬件、软件及其系统中的数据受到保护，不因偶然的或者恶意的原因遭受到破坏、更改、泄露，系统连续可靠正常地运行，网络服务不中断。

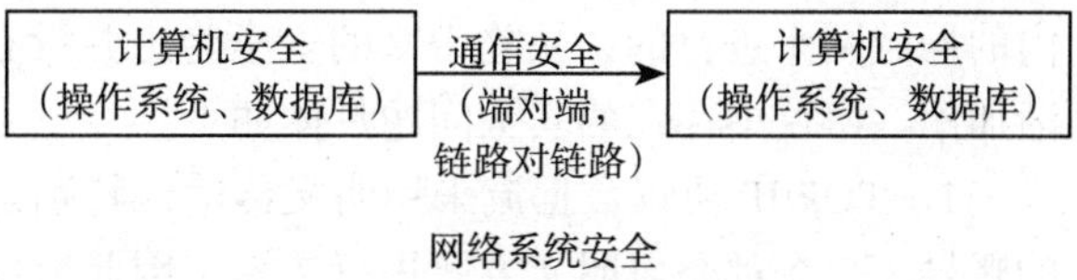

图 9-1 网络系统安全

网络安全主要具有以下几个特性。

1）保密性：指网络信息不泄露给非授权用户、实体，避免被其非法利用，即信息只为授权用户所使用。保密性是在可靠性和可用性的基础上，保障网络信息安全的重要手段。常用的保密技术包括物理保密，即利用各种物理方法，如限制、隔离、掩蔽、控制等措施，保护信息不被泄露；防窃听，即使对手侦收不到有用的信息；防辐射，即防止有用信息以各种途径辐射出去；信息加密，即在密钥的控制下，用加密算法对信息进行加密处理，即使对手得到了加密后的信息也会因为没有密钥而无法获取有效信息。

2）完整性：指数据未经授权不能进行改变，信息在存储或传输的过程中保持不被修改、不被破坏和丢失。完整性是一种面向信息的安全性，它要求保持信息的原样，即信息的正确生成、存储和传输。影响网络信息完整性的主要因素有设备故障、误码、人为攻击和计算机病毒等。保障网络信息完整性的主要方法有协议、纠错编码方法、密码校验和方法、数字签名和公证等。

3）可用性：指网络系统可被授权实体访问并按需求使用。可用性应满足身份识别与确认、访问控制、审计跟踪、业务流控制等功能。对可用性的攻击包括网络环境下拒绝服务、破坏网络和有关系统的正常运行等。

4）可靠性：指网络信息系统能够在规定的条件下和规定的时间内完成规定的功能。可靠性是所有网络信息系统的建设和运行目标，可靠性测度主要有：抗毁性、生存性和有效性。

5）不可抵赖性：也称作不可否认性，在网络信息系统的信息交互过程中，确信参与者的真实同一性，对自己的行为及行为发生的时间不可否认或抵赖。通过进行身份认证和数字签名可以避免用户对交易行为的抵赖，通过数字时间戳可以避免用户对行为发生的抵赖。

6）可控性：指对网络信息的传播及内容具有控制能力的特性。

网络信息安全的核心是通过计算机、网络、密码技术和安全技术，保护在网络系统中传输、交换和存储的消息的保密性、完整性和可用性等。主要目的是确保网络传输的信息到达目的计算机后没有被篡改和发生丢失的情况，而且只有授权者可以获取响应信息。简言之，就是通过利用一个安全策略从物理安全和逻辑安全两个方面来保证网络系统的安全。而安全策略的基础是安全机制，数学原理决定安全机制，安全机制决定安全技术，安全技术决定安全策略。

9.1.2 影响网络安全的主要因素

影响网络安全的主要因素除 TCP/IP 协议本身的缺陷之外，还有黑客攻击、病毒和系统漏洞。本节我们将对各个因素作具体介绍。

1. TCP/IP 协议本身的缺陷

计算机设备在连接网络之前，都会在系统内部设置网络通信协议，如果协议内容上没有考虑安全因素，则会增大网络环境中的运营风险。网络通信协议在设计初期，是针对小范围内的局域网来进行的，缺陷带来的安全隐患并没有暴露，但连接到互联网中，风险隐患会逐渐加深。协议中存在的安全问题具体如下。

1）TCP/IP 协议数据流采用明文传输，特别是在使用 FTP、TELNET 和 HTTP 时，用户的账号、口令都是以明文方式进行传输，因此数据信息很容易被在线窃听、篡改和伪造。

2）源地址欺骗（Source Address Spoofing），TCP/IP 协议是用 IP 地址作为网络节点的唯一标识，而节点的 IP 地址又不是完全固定的，因此攻击者可以在一定范围内直接修改节点的 IP 地址，冒充某个可信节点的 IP 地址进行攻击。

3）源路由选择欺骗（Source Routing Spoofing），IP 数据包为测试设置了一个选项——IP Source Routing，该选项可以直接指明到达节点的路由，从而使攻击者可以利用这一选项进行欺骗，进行非法连接。

4）路由选择信息协议攻击（Routing Information Protocol Attacks），RIP 用来在局域网中发布动态路由信息，它是为局域网中的节点提供一致路由选择和可达性信息而设计的，但节点对收到的信息不进行真实性检查，因此攻击者可以在网上发布错误路由信息，利用 ICMP 的重定向信息欺骗路由器或主机，实现对网络的攻击。

5）鉴别攻击（Authentication Attacks），目前防火墙系统只能对 IP 地址、协议端口进行鉴别，而无法鉴别登录用户身份的有效性。

6）TCP 序列号欺骗，由于 TCP 序列号可以预测，因而攻击者可以构造一个 IP 对网络的某个可信节点进行攻击。

2. 黑客攻击

黑客是威胁计算机网络运行安全的主要因素。黑客通过入侵对方的计算机来盗取用户的隐私信息，或者破坏设备中的重要资料，系统在受到攻击后可能会出现异常，不能正常使用。一般有以下几种攻击手段。

1）拒绝服务攻击：通过使系统关键资源过载，从而使受害工作站停止部分或全部服务，拒绝服务攻击的典型方法有泛洪攻击（SYN Flood）和封包洪流（Ping Flood）等类型的攻击。

2）非授权访问尝试：攻击者对被保护文件进行读、写或执行的尝试，包括为获得被保护访问权限所做的尝试。

3）预攻击探测：在连续的非授权访问尝试过程中，攻击者为了获得网络内部的信息及网络周围的信息，通常使用这种攻击尝试，典型示例包括端口扫描和 IP 半途扫描等。

4）系统代理攻击：这种攻击是针对单个主机发起的，而并非整个网络。

3. 病毒

病毒与黑客攻击不同，可以自动在网络中传播，同样是由黑客编写破坏程序，在网络环境中病毒可以实现自我复制，无限制地攻击系统漏洞设备。病毒进入计算机后，会对系统内部数据进行篡改，接入网络的端口也会发生变化。用户在操作设备的过程中，一些重要的账号与密码会被记录。受病毒影响，计算机的反应速度会逐渐降低，浏览网页会时常出现崩溃的现象，甚至还可能会损坏计算机硬件。

4. 系统漏洞

计算机能够遭受到病毒以及黑客的攻击，与自身系统中存在的漏洞有很大关系。网络环境中的病毒问题是不能避免的，想要提升计算机的使用安全性，需要对计算机的防御能力进行加强。系统自身含有漏洞会给病毒提供入侵的空间，使用过程中用户一旦浏览了带病毒的网页，便会发生危险，计算机使用异常。系统中存在的风险使用者一般是很难发现的。

9.1.3 网络安全主要技术

网络安全是一个系统工程，需要全方位防范。防范不仅需要被动防御，同时也需要主动防御。每一种网络安全服务和机制都可能由不同种安全技术来实现，每一种网络安全技术也可能为不同的安全策略所用。网络安全主要包含以下几种安全技术。

1）认证技术：通过认证进行用户身份的识别，通常是在允许用户访问网络资源之前进行，一般采用用户名和口令等方法。认证方式一般分为两种，即第三方信任和直接信任，防止信息被非法窃取或伪造。认证主要解决 3 个问题——你了解什么（密码），你有什么（智能卡、Java 卡），你是谁（生物统计学，如指纹、虹膜识别）。当账号被黑客盗取，由于不了解基本信息，无法正确填写，也不会对用户账号安全带来威胁；当病毒进入计算机系统中，如果对文件安全产生了威胁，系统会对这一异常状况进行反锁，用户了解到情况后可以积极地采取治理措施，对病毒进行查杀。

2）加密技术：加密是保障信息安全最关键和最基础的技术手段和理论基础。常用的加密技术分为软件加密和硬件加密，各有其长。对称密钥（包括分组密码和流密码）即加密和解密使用同样的密钥，目前有数据加密标准算法（Data Encryption Standard，DES）、三重数据加密标准算法（Triple Data Encryption Standard，3DES）、高级加密标准（Advanced Encryption Standard，AES）等，缺点是密钥长度短、密码空间小，"穷举"方式进攻的代价小，它的机制就是采取初始置换、密钥生成、乘积变换、逆初始置换等几个环节。非对称密钥加密方法加密和解密使用不同的密钥，即公开密钥和秘密密钥。公开密钥（公钥）用于机密性信息的加密；秘密密钥（私钥）用于对加密信息的解密，主要有 RSA 算法、Diffie-Hellman 密钥交换协议/算法，其优点在于易实现密钥管理，便于数字签名，不足之处是算法较复杂，加密解密花费时间长。从目前实际的安全防范应用中，尤其是信息量较大、网络结构较复杂时，通常采用对称密钥加密技术。为了防范密钥受到各种形式的黑客攻击，如基于 Internet 的联机运算，即利用许多台计算机采用"穷举"的方式来破译密码。因此，密钥的长度越来越长。目前一般密钥的长度为 64 位或 128 位，实践证明它是安全的，同时也满足计算机的速度。

3）防火墙技术：安全防护技术中最常用的当属计算机防火墙。该技术由软件和硬件设备组合而成，在内部网和外部网之间、专用网与公共网之间的界面上构造保护屏障，通过在网络边界上建立相应的网络通信监控系统来隔离内部和外部网络，以阻挡来自外部的网络入侵。防火墙技术可以保护脆弱的服务，控制对系统的访问，集中地进行安全管理，增强保密性，记录和统计网络利用数据以及非法使用数据情况。常用的防火墙技术主要有分组过滤技术、代理服务技术和网络地址转换技术。

4）入侵检测技术：利用防火墙技术，经过仔细的配置，通常能在内外网之间提供安全的网络保护，降低网络安全风险。但由于性能的限制，防火墙通常不能提供实时的入侵检测能力。入侵检测系统可以提供实时的入侵检测及采取相应的防护手段，如记录证据用于跟踪和恢复、断开网络连接等。它不仅能对付来自内部网络的攻击，还能缩短攻击者入侵的时间。入侵检测系统一般由数据提取、数据分析和结果处理三个功能模块组成，其工作原理是，首先，数据收集模块收集主机上的日志信息、变动信息、网络上的数据信息，甚至是流量变化等系统的不同环节手机数据，并对这些数据进行简单的处理，如过滤、标准化等，然后将经过处理的数据提交给数据分析模块。数据分析模块是整个入侵检测系统的核心，它通过分析数据特征来判断此活动是否为入侵，并根据分析的结果产生事件，传递给结果处理模块。结果处理模块根据预定的策略对检测到的行为及时做出响应，包括切断网络连接、记录并报告检测过程结果等。

5）安全扫描技术：安全扫描技术是一类重要的网络安全技术，与防火墙、入侵检测系统相互配合，能够有效提高网络的安全性。通过对网络的扫描，网络管理员可以了解网络的安全配置和运行的应用服务，及时发现安全漏洞，客观评估网络风险等级。网络管理员可以根据扫描的结果更正网络安全漏洞和系统中的错误配置，在黑客攻击前进行防范。如果说防火墙和网络监控系统是被动的防御手段，那么安全扫描就是一种主动的防范措施，可以有效避免黑客攻击行为，做到防患于未然。

6）主动防御技术：入侵防御系统（Intrusion Prevention System，IPS）是一种主动的、积极的入侵防范、阻止系统。不仅能实现检测攻击，还能有效阻断攻击，提供深层防护，注重主动防御。IPS 部署在网络的进出口处，当检测到攻击企图后，它会自动地将攻击包丢掉或采取措施将攻击源阻断，其设计宗旨是预先对入侵活动和攻击性网络流量进行拦截，以避免其造成损失，而不是简单地在恶意流量传送时或传送后才发出警报。IPS 通过一个网络端口接收来自外部系统的流量，经过检查确认其中不包含异常活动或可疑内容之后，再通过另外一个端口将它传送到内部系统中,这样,有问题的数据包以及所有来自同一数据流的后续数据包,就都能在 IPS 设备中被清除掉。IPS 在网络边界检查到攻击包的同时将其直接抛弃,则攻击包将无法到达目标,从而可以从根本上避免黑客的攻击。

9.1.4 网络安全模型

为了帮助用户适应不断变化的网络环境,发现网络服务器和设备中的新漏洞,不断查明网络中存在的安全风险和威胁,要求网络是一个可适应性开环式网络,即系统需要具有互联网扫描功能、系统扫描功能、数据库扫描功能、实时入侵监控功能和系统安全决策功能。只有动态的网络才是一个高安全性的网络,P^2DR 安全模型是美国 ISS 公司提出的动态网络安全体系的代表模型,也是动态安全模型的雏形,图 9-2 为 P^2DR 可适应网络安全模型。

P^2DR 的基本思想是:以安全策略为核心,通过一致性检查、流量统计、异常分析、模式匹配以及基于应用、目标、主机、网络的入侵检查等方法进行安全漏洞检测,检测使系统从静态防护转化为动态防护,为系统快速响应提供了依据,当发现系统有异常时,根据系统安全策略快速作出响应,从而达到保护系统安全的目的。P^2DR 安全模型可以描述为"安全 = 风险分析 + 执行策略 + 系统实施 + 漏洞监视 + 实时响应"。

在新的网络安全模型 P^2DR 中,网络安全可以给出如下新的定义:及时的检测和处理。设系统检测时间为 D_t,系统的响应时间为 R_t,系统的保护时间为 P_t,如果 $P_t > D_t + R_t$,则认为系统是安全的。

美国国防部提出了"信息安全保障"(Information Security Assurance)的概念,它由 4 部分组成,即防护(Protect)、检测(Detect)、反应(React)和恢复(Restore),简称 PDRR 原则。图 9-3 为 PDRR 安全模型。

图 9-2　P^2DR 可适应网络安全模型

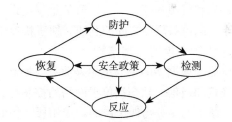

图 9-3　PDRR 网络安全模型

9.2 软交换技术

随着通信网络技术的飞速发展,人们对于宽带及新的增值业务的要求也在迅速增长。在传统公共交换电话网络(Public Switched Telephone Network,PSTN)中,用户信息传送和处理、业务连接及控制功能集中在单个网关设备之中,呼叫控制与业务提供是不可分离的,它们都在交换机内部实现。对于不同的业务,要有相应的交换设备来控制呼叫的建立。这就使得网络利用率低、不易扩展、可靠性差,难以满足日益增多的新业务,造成在传统 PSTN 中发展增值业务的困难。而且,随着网络融合、业务融合的发展趋势,市场竞争也由简单的网络规模竞争、价格竞争发展为高层次的业务竞争、网络服务竞争。为了增强企业竞争力,顺应市场发展,人们提出网络功能分布实现的理论,将网络业务提供及呼叫控制能力从交换机上分离出来。只要将呼叫控制标准化,就很容易被人们引用和控制,任何人都根本不用关心底层交换的过程如何,新的业务就可以利用此标准接入网络,这就是软交换技术。利用软交换技术可以为用户提供更加灵活、多样的现有业务和增值业务,为用户提供更加个性化的服务。

9.2.1 软交换技术概述

软交换是面向网络融合的新一代多媒体业务全面解决方案,它在继承的基础上突破了目前仅在单一业务网络之间进行互通的思想局限。软交换通过优化网络结构不但实现了网络的融合,更重要的是实现了业务的融合,使得分组交换网络能够继承原有电路交换网中丰富的业务功能,并可以在全网范围内快速提供原有网络难以提供的新业务。可以说,软交换已经朝着个人通信的理想——在任何时间、任何地点、以任何方式、与任何人实现通信——迈出了重要的一步,对通信网络的发展具有重大的意义和深远的影响。

我国信息产业部对软交换的定义为:"软交换是网络演进以及下一代分组网络的核心设备之一,它独立于传送网络,主要完成呼叫控制、资源分配、协议处理、路由、认证、计费等主要功能,同时还可以向用户提供现有电路交换机所能提供的所有业务,并向第三方提供可编程能力。"

从广义上讲,软交换是指以软交换设备为控制核心的软交换网络。它包含 4 个功能层面:接入层、传送层、控制层和应用层。

从狭义上讲,软交换特指位于控制层的软交换设备。

9.2.2 软交换体系结构

软交换打破了传统的封闭交换结构,采用横向组合模式、开放的接口和通用的协议,构成了一个开放的、分布的和多厂家应用的系统结构。采用软交换和分组承载有利于网络结构的优化和资源的整合,可以避免重复建设,降低投资成本和运维费用。其开放的体系结构有利于不同设备厂商之间的互通,便于快速生成业务。这些都是传统电信网络所无法比拟的。

1. 软交换的网络结构

软交换网络的主要思想是业务与控制、传输与接入相分离,各实体间通过标准的协议进行连接和通信。软交换位于网络的控制层,提供各种业务的呼叫控制、连接以及部分应用业务。整个网络分为四个层面:应用层、控制层、传送层和接入层,如图 9-4 所示。

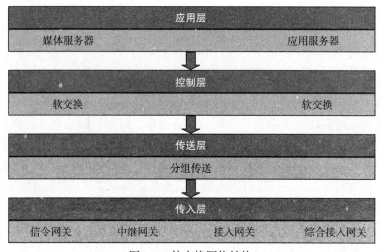

图 9-4 软交换网络结构

(1) 接入层

接入层也称为边缘接入层或媒体接入层，由各种网关设备组成。该层的主要作用是利用各种接入设备实现不同用户的接入，并实现不同信息格式之间的转换，功能类似于传统程控交换机中的用户模块或中继模块。接入层设备具体如下。

媒体网关（Media Gateway，MG）：是将一种网络上传输的信息的媒体格式转换为适合在另一种网络上传输的媒体格式的设备。把各种用户或网络接入到核心网络，是各种网关的统称。根据网关在网络中位置的不同，媒体网关又可分为如下几种网关。

中继网关（Trunking Gateway，TG）：是传统电路交换网和分组交换网之间的网关，主要针对传统的 PSTN/ISDN 的中继接入，将其媒体流接入到 ATM 或 IP 网络中。

接入网关（Access Gateway，AG）：也称驻地网关，主要负责各种用户或接入网的综合接入，包括 PSTN/ISDN 用户接入、ADSL 用户接入、以太网接入、V5 接入等接入方式。

无线接入网关（Wireless Gateway，WG）：实现无线用户的接入。

信令网关（Signaling Gateway，SG）：通过电路与 No.7 信令网相连，将窄带的 No.7 信令转换为可以在分组网上传送的信令。

综合接入设备（Integrated Access Device，IAD）：是一种小型的接入层设备，它可向用户同时提供模拟端口和数据端口，以实现用户的综合接入。

智能终端（Intelligent Terminal，IT）：目前主要是指 H.323 和 SIP 终端，如 IP PBX、IP Phone、PC 等。

媒体资源服务器（Media Resource Server，MRS）：一种特殊的网关设备，类似于传统智能网中的智能外设。它的功能主要分为两大块，一是向软交换网络中的用户提供各种录音通知等语音资源，二是为多方呼叫、语音或视频会议等业务提供会议桥资源。

(2) 传送层

传送层也称为核心传送层或传输服务层，实际上就是公共传送平台，代替了传统电路交换中的交换矩阵，也可视为软交换的承载网络。负责将软交换网络内的各类信息由源传送到目的地，将接入层中的各种网关设备、控制层中的软交换设备及业务应用层中的各种服务器设备等连接起来。采用分组形式，为各种不同的业务和媒体流提供公共传送平台。目前传送层由基于密集型光波复用（Dense Wavelength Division Multiplexing，DWDM）传送网连接骨干 ATM 交换机或骨干 IP 路由器构成。

(3) 控制层

控制层也称为网络控制层，实际上就是软交换机。软交换主要负责进行呼叫控制，即完成呼叫连接的建立、监视和拆除，相当于传统电路交换机中呼叫处理模块所完成的功能。软交换只负责信令和呼叫控制，无传输功能，也就是说，只有在呼叫建立和断开时，两个用户之间才通过信令或协议与软交换发生交互，而其他时间，两个用户之间的语音、视频或者其他媒体流，并不经过软交换。

(4) 应用层

应用层也称为业务应用层，该层的主要功能是在纯呼叫建立之上为用户提供附加增值业务，同时提供业务和网络的管理功能，即提供软交换网络各类业务所需要的业务逻辑、数据资源及媒体资源。该层采用开放、综合的业务应用平台，利用应用服务器灵活地为用户提供各种增值业务，同时提供相应业务的生成和维护环境。业务应用层包括的主要设备具体如下。

应用服务器（Application Server）：负责各种增值业务和智能业务的逻辑产生和管理，并提供各种开放的 API，为第三方业务的开发提供创作平台。应用服务器是一个独立的组件，与控制层的软交换无关，从而实现业务与呼叫控制的分离，其有利于新业务的引入。

特征服务器（Feature Server）：用于提供与呼叫过程密切相关的一些能力，如呼叫等待、快速拨号、在线拨号等，其提供的特性通常与某一类特征有关。

策略服务器（Policy Server）：完成策略管理功能，定义各种资源接入和使用的标准，对网络设备的工作进行动态干预，包括可支持的排队策略、丢包策略、路由规则以及资源分配和预留策略等。

认证、授权和计费服务器（Authority Authentication and Accounting Server，AAA）：负责提供用户的认证、管理、授权和计费功能。

目录服务器（Directory Server）：为用户提供各种目录查询功能，通过数据库查询多种信息，如地址、电话号码、邮政编码、火车时刻、购物指南等。

数据库服务器（Database Server，DS）：存储网络配置和用户数据。

业务控制点（Service Control Point，SCP）：SCP 是 No.7 信令网与智能网的概念，用来存储用户数据和业务逻辑，主要功能是接收查询信息并查询数据库，进行各种译码，启动不同的业务逻辑，实现各种智能呼叫。

网管服务器（Network Management Server，NMS）：使用、配置、管理、监视软交换设备的工具集合，提供网络管理功能。

2．软交换的功能结构

软交换是多种逻辑功能实体的集合，其提供综合业务的呼叫控制、连接以及部分业务功能，是下一代电信网中语音/数据/视频业务呼叫、控制和业务提供的核心设备，也是目前电路交换网向分组网演进的主要设备之一。软交换的主要设计思想是业务/控制分离，各实体之间通过标准的协议进行连接和通信。

（1）业务提供功能

软交换能够提供 PSTN/ISDN 交换机提供的业务，包括话音业务、多媒体业务等基本业务和补充业务；可以与现有智能网配合提供现有智能网提供的业务；可以提供可编程的、逻辑化控制的、开放的 API 协议，实现与外部应用平台的互通，以便于第三方业务的快速接入。

（2）地址解析/路由功能

软交换设备可以完成 E.164 地址至 IP 地址、别名地址至 IP 地址的转换功能，同时也可完成重定向的功能。

（3）网管与计费功能

跟传统电信设备一样，软交换实现的管理功能为配置管理、故障管理和安全管理等，包括话务拥塞控制、业务质量控制、故障管理与恢复、告警管理等。同时，软交换具有采集详细话单及复式计次功能，并能够按照运营商的需求将话单传输到相应的计费中心。

（4）呼叫控制功能

呼叫控制功能是软交换的重要功能之一。软交换呼叫控制功能独立于底层承载协议，可以为基本呼叫的建立、维持和释放提供控制功能，包括呼叫处理、连接控制、智能呼叫触发检出和资源控制等。

（5）业务交换功能

业务交换功能与呼叫控制功能相结合，提供了呼叫控制功能和业务控制功能（Switching

Controller Foundation，SCF）之间通信所要求的一切功能。业务交换功能主要包括业务控制触发的识别以及与 SCF 间的通信，管理呼叫控制与 SCF 之间的信令，按要求修改呼叫/连接处理功能，在 SCF 控制下处理 IN 业务请求，业务交互作用管理等。

（6）媒体网关接入功能

媒体网关接入功能可以认为是一种适配功能。它可以通过 H.248 协议将各种媒体网关接入软交换系统，如 PSTN/ISDN、IP 中继媒体网关、ATM 媒体网关、用户媒体网关、无线媒体网关、数据媒体网关等，完成 H.248 协议功能。同时，它还可以直接与 H.323 终端和 SIP（会话发起协议）客户端终端进行连接，以提供相应的服务。

（7）互连互通功能

软交换是一个开放的、多协议的实体，软交换的多协议支持功能和下一代网络的开放式结构，满足了不同网络之间的互通功能。例如软交换应可以通过信令网关实现分组网与现有 7 号信令网的互通，软交换可以通过信令网关与现有智能网互通，为用户提供多种智能业务；允许 SCF 控制 VoIP（Voice over Internet Protocol）呼叫且对呼叫信息进行操作（如号码显示等）；软交换可以通过软交换中的互通模块，采用 H.323 协议与现有 H.323 体系的 m 电话网进行互通；软交换可以通过软交换中的互通模块。采用 SIP 实现与未来 SIP 网络体系的互通，软交换可以采用 SIP 或 BICC 协议与其他软交换设备进行互连互通；软交换提供 IP 网内 H.248 终端、SIP 终端和 MGCP 终端之间的互通。

9.2.3 软交换技术相关协议

在软交换的功能中，我们知道软交换是一个开放的、多协议的实体，其包含很多协议。以下就来介绍软交换技术中比较重要的三个协议。

1. H.248/Megaco

媒体网关控制协议（Media Gateway Control protocol，H.248/Megaco），是用于物理分开的多媒体网关单元控制的协议，能把呼叫控制从媒体转换中分离出来。H.248/Megaco 是 ITU-T 研究组和 IETF 共同制定的，用于替代 MGCP 的协议。因此，IETF 定义的 Megaco 与 ITU 推荐的 H.248 相同。

H.248/Megaco 说明了媒体网关（MG）和媒体网关控制器（MGC）之间的联系。媒体网关负责媒体格式变换以及 PSTN 和 IP 两侧通路的连接，而媒体网关控制器则负责根据收到的信令控制媒体网关的连接建立和释放。H.248/Megaco 就是 MGC 实现对 MG 控制功能的控制协议。从 VOIP 结构和网关控制的关系来看，H.248/Megaco 与 MGCP 在本质上相当相似，但是 H.248/Megaco 加入了电信级设备应该考虑的因素，丰富了术语和参数，加强了 MGC 和 MG 的管理功能，因此 H.248 成为电信级设备首选的网关控制协议。

H.248/Megaco 包含两个基本组成部分：终端点（termination）和关联（context）。其中终端点将发送或接收一个或多个数据流，而关联则表明了在一些终节点之间的连接关系。H.248 通 过 Add、Modify、Subtract、Move、AuditValue、AuditCapability、Notify 和 ServiceChange8 个命令完成对终节点和关联之间的操作，从而完成呼叫的建立和释放。

2. 会话发起协议

会话发起协议（Session Initiation Protocol，SIP）是 IETF 提出的一个应用层的信令控制协议，用于创建、修改和释放一个或多个参与者的会话。这些会话好似 Internet 多媒体会议、IP 电话或多媒体分发。会话的参与者可以通过组播（multicast）、网状单播（unicast）或两者的混合体进行通信。

SIP 是类似于 HTTP 的基于文本的协议。SIP 可以减少应用特别是高级应用的开发时间。由于基于 IP 的 SIP 利用了 IP 网络，固定网运营商也会逐渐认识到 SIP 技术对于他们的深远意义。

SIP 独立于传输层。因此，底层传输可以是采用 ATM 的 IP。SIP 使用用户数据报协议以及传输控制协议，将独立于底层基础设施的用户灵活地连接起来。SIP 支持多设备功能调整和协商。如果服务或会话启动了视频和语音，则仍然可以将语音传输到不支持视频的设备，也可以使用其他设备功能，如单向视频流传输功能。

3. SIGTRAN 协议

SIGTRAN 是 IETF 的信令传送工作组 SIGTRAN 所建立的一套在 IP 网络上传送 PSTN 信令的传输控制协议。SIGTRAN 支持 PSTN 信令应用的标准原语接口，利用标准的 IP 传送协议作为低层传送信令，是 NGN 中重要的传输控制协议之一。SIGTRAN 定义了一个比较完善的 SIGTRAN 协议堆栈，分为 IP 层、信令传输层、信令适配层和信令应用层，共四层，其中每层所含内容具体如下。

- IP 层：IP。
- 信令传输层：SCTP。
- 信令适配层：SUA、M3UA、M2UA/M2PA、IUA、V5UA。
- 信令应用层：TCAP、TUP、ISUP、SCCP、MTP3、Q931/QSIG、V5.2。

不同的信令应用层需要不同的信令适配层，但 IP 层和信令传输层是共享和相同的。信令适配层与信令应用层的对应关系具体如下。

- SUA 对应 TCAP。
- M3UA 对应 TUP、ISUP、SCCP、TCAP。
- M2UA/M2PA 对应 MTP3。
- IUA 对应 Q931/QSIG。
- V5UA 对应 V5.2。

（1）流控制传输协议

流控制传输协议（Stream Control Transmission Protocol，SCTP）是一个面向连接的传输层协议，采用了类似 TCP 的流量控制和拥塞控制算法，通过自身的证实与重发机制来保证用户数据在两个 SCTP 端点间可靠传送。相对于 TCP 等其他传输协议，SCTP 传输时延小，可避免某些大数据对其他数据的阻塞，具有更高的可靠性和安全性。

（2）M3UA 协议

M3UA（MTP3 User Adaptation）表示消息传递部分（Message Transfer Part，MTP）第三级用户的适配层协议，提供信令点编码和 IP 地址的转换。用于在软交换与信令网关之间实现七号信令协议的传送，支持在 IP 网上传送 MTP 第三级的用户消息，包括 ISUP、TUP 和 SCCP 消息，事务处理能力应用部分（Transaction Capabilities Application Part，TCAP）消息作为信令连接控制协议的净荷可由 M3UA 透明传送。

（3）M2UA/M2PA 协议

M2UA/M2PA 是 MTP 第二级用户对等层间的适配层协议。

（4）IUA 协议

IUA（ISDN User Adaptation Layer）是综合业务数字网（Integrated Services Digital

Network，ISDN）Q.931 用户适配层协议。它的主要功能是适配传送 ISDN 的用户信息给 IP 数据库，提供 ISDN 的网管互通功能。

（5）SUA 协议

SUA 是信令连接控制协议用户适配层协议。SUA 与 M3UA 不同，它直接实现了 TCAP over IP 功能。它的主要功能是，适配传送 SCCP 的用户信息给 IP 数据库，提供 SCCP 的网管互通功能。

9.2.4 软交换的应用

软交换既可以作为独立的下一代网络部件分布在网络的各处，为所有媒体提供基本业务和补充业务，也可以与其他增强业务节点结合，形成新的产品形态。正是由于软交换的灵活性，才使得它可以应用在各个领域。

在电路领域，软交换与媒体网关及信令网关相结合，完成控制转换和媒体接入转换，提供现有的 PSTN 中的基本业务和补充业务。软交换技术的引入除了对现有 PSTN 话音业务实现全面的继承以外，还包括基于 SIP 的宽带多媒体业务、PSTN 与因特网业务结合衍生的业务，以及用户个性化业务。

在电路分组领域，软交换可与分组终端互通，实现分组网与电路网的互通。如在 H.323 呼叫中，软交换可视为 H.323 终端；在 SIP 呼叫中，可视为用户代理。

在智能网领域，软交换与媒体网关相结合，完成 SSP 功能；与现有智能网的服务控制点相结合，提供各种智能业务。此时，软交换需要实现智能网的基本呼叫状态模型和 L323 或 SIP 状态机的转换。

软交换在业务创新方面有着 PSTN 和因特网等单一网络无法比拟的优势。传统 PSTN 由于终端智能和带宽的限制，无法实现多种灵活的业务逻辑和多媒体业务。由于业务逻辑控制和网络智能控制在 PSTN 内的每个交换机上都呈现出分散式、节点式分布，并且用户数据由各自归属的交换机管理，从而导致某些业务难以开展。此外，PSTN 的终端种类非常单一并且没有智能，业务的智能完全由交换机实现，因此一直以来难以实现用户对业务的个性化定制。引入以软交换技术为核心的下一代网络（Next Generation Network，NGN）则在业务实现的简单性和灵活性上有了本质的改变。NGN 的业务逻辑控制和网络智能控制在软交换和应用服务器等少量网元上集中部署，因此可以方便地在全网实现业务部署和业务升级，NGN 对广域虚拟交换机的实现就非常容易。由于 NGN 引入了对等性控制协议（SIP），使得终端的智能大大提高，目前市场上已经出现了丰富多彩的 SIP 智能终端。终端智能的提高及媒体承载能力的加强使得用户对业务的个性化定制成为可能。如 NGN 的"呼叫屏蔽"这一特性，用户可以对不同的来话进行筛选性的监控，可以在不同时间对不同来话实施不同的应答策略，应答的方式也不仅仅局限于接听、转发、挂断等传统方式，而是包括了话音应答、问候音播放、语音信箱转接、电子邮件转接、网页推送等多种不同的应答方式。这种灵活性在传统 PSTN 上是无法实现的。NGN 不但在业务实现的简易性和灵活性上有独到之处，并且能够实现许多 PSTN 无法实现的业务，而且具有业务的唯一性。NGN 的业务能力主要包括如下几点。

1）全面继承 PSTN 传统话音业务（包括基本话音业务、电话补充业务、CENTREX 业务、ISDN PRI 补充业务、IN 类业务等）。

2）基于 SIP 的宽带多媒体业务。

3）PSTN 与因特网相结合的业务（即 PINT 业务，如点击拨号、点击传真、WEB800、ICW 等）。

4）用户可定制的个性化业务。

9.3 网络虚拟化

在过去三十年中，互联网在支持分布式应用和各种网络技术上取得了很大的成功。但是，它的广泛普及却成为它前进道路上最大的阻碍。由于多供应商性质，采用新架构或者对现有架构的修改需要竞争利益相关者的共识。这样的结果是，互联网架构变得局限于简单增量更新，并且部署新网络技术变得越来越困难。

为了防止这种僵化，网络虚拟化已经被"提拔"为未来的多元化特征互联网范例，多元化的方法考虑将虚拟化作为架构的基本属性本身。他们认为网络虚拟化可以消除互联网的僵化势力，刺激创新。

9.3.1 网络虚拟化概述

如果网络环境允许同一物理基板上的多个虚拟网络共存，则该网络环境支持网络虚拟化。网络虚拟化环境中的每个虚拟网络都是虚拟节点和虚拟链路的集合。基本上，虚拟网络是底层物理网络资源的子集。网络虚拟化通过将传统互联网服务提供商（Internet Service Provider，ISP）的角色一分为二（管理物理基础设施的基础设施提供商和通过聚合创建虚拟网络的服务提供商）来提供网络环境中的功能解耦。

具体来说，网络虚拟化就是在一个物理网络上模拟出多个逻辑网络来，服务提供商可以通过有效地共享和利用底层网络资源，为最终用户在这些虚拟网络上部署和管理定制的端到端服务。这种动态环境将促进多个并存的异构网络架构的部署，而不会在现有的互联网中发现固有的局限性。

然而，网络虚拟化这个研究领域大多还未被探索。在虚拟网络的实例化、操作和管理等方面的一些技术挑战要么没有实质性的进展，要么就还需要进一步的关注。虚拟网络引出了广泛的理论、实践上的开放性问题和独特的挑战。

9.3.2 常见网络虚拟化形式

基于网络的虚拟化方法是在网络设备之间实现存储虚拟化功能，具体包括以下几种方式。

1）基于互联设备的虚拟化：基于互联设备的方法如果是对称的，那么控制信息和数据将在同一条通道上；如果是不对称的，则控制信息和数据将在不同的路径上。在对称的方式下，互联设备可能会成为瓶颈，但是多重设备管理和负载平衡机制可以减缓瓶颈的矛盾。同时，在多重设备管理环境中，当一个设备发生故障时，也比较容易支持服务器实现故障接替。但是，这将产生多个孤岛，因为一个设备仅控制与它所连接的存储系统。非对称式虚拟存储比对称式更具可扩展性，因为数据和控制信息的路径是分离的。

基于互联设备的虚拟化方法能够在专用服务器上运行，使用标准操作系统，如 Windows、Linux 或供应商提供的操作系统。这种方法运行在标准操作系统中，具有基于主机方法的诸多优势——易使用、设备便宜。许多基于设备的虚拟化提供商也提供了附加的功能模块来改善系统的整体性能，能够获得比标准操作系统更好的性能和更完善的功能，但需要更高的硬件成本。但是，基于设备的方法也继承了基于主机虚拟化方法的一些缺陷，因为它仍然需要一个运行在主机上的代理软件或基于主机的适配器，任何主机的故障或不适当的主机配置都可能导致访问到不被保护的数据。同时，异构操作系统间的互操作性仍然是一个问题。

2）基于路由器的虚拟化：基于路由器的方法是在路由器固件上实现存储虚拟化功能。供应商通常也通过提供运行在主机上的附加软件来进一步增强存储管理能力。在此方法中，路由器被放置于每个主机到存储网络的数据通道中，用来截取网络中任何一个从主机到存储系统的命令。

9.3.3 虚拟专用网络

虚拟专用网络（Virtual Private Network，VPN）被定义为通过一个公用网络（通常是因特网）建立一个临时的、安全的连接，是一条穿过混乱的公用网络的安全、稳定的隧道。使用这条隧道可以对数据进行几倍加密以达到安全使用互联网的目的，如图 9-5 所示。VPN 属于远程访问技术，简单地说就是利用公用网络架设专用网络。例如某公司员工出差到外地，他想访问企业内网的服务器资源，这种访问就属于远程访问。

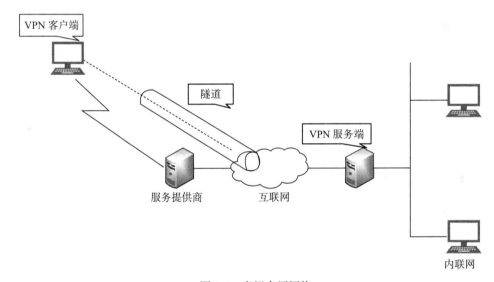

图 9-5　虚拟专用网络

在传统的企业网络配置中，要进行远程访问，租用数据网专线的通信方案必然会导致高昂的网络通信和维护费用。对于移动用户（移动办公人员）与远端个人用户而言，一般会通过拨号线路（Internet）进入企业的局域网，但这样必然会带来安全上的隐患。

让外地员工访问到内网资源，利用 VPN 来解决该问题的方法就是在内网中架设一台 VPN 服务器。外地员工在当地连上互联网之后，通过互联网连接 VPN 服务器，然后通过 VPN 服务器进入企业内网。为了保证数据安全，VPN 服务器和客户机之间的通信数据都进行了加密处理。有了数据加密，就可以认为数据是在一条专用的数据链路上进行安全传输，就如同专门架设了一个专用网络一样，但实际上 VPN 使用的是互联网上的公用链路，因此 VPN 称为虚拟专用网络，其实质上就是利用加密技术在公网上封装出一个数据通信隧道。有了 VPN 技术，用户无论是在外地出差还是在家中办公，只要能上互联网就能利用 VPN 来访问内网资源，这就是 VPN 在企业中应用得如此广泛的原因。

VPN 的实现有很多种方法，常用的有以下四种。

1）VPN 服务器：在大型局域网中，可以通过在网络中心搭建 VPN 服务器的方法实现 VPN。

2）软件 VPN：可以通过专用的软件实现 VPN。

3）硬件 VPN：可以通过专用的硬件实现 VPN。

4）集成 VPN：某些硬件设备，如路由器、防火墙等，都含有 VPN 功能，但是一般拥有 VPN 功能的硬件设备通常都比没有这一功能的要贵。

VPN 的技术特点具体如下。

（1）安全保障

虽然实现 VPN 的技术和方式有很多，但所有的 VPN 均应保证通过公用网络平台传输数据的专用性和安全性。在安全性方面，由于 VPN 直接构建在公用网上，实现简单、方便、灵活，但同时其安全问题也更为突出。企业必须确保其 VPN 上传送的数据不被攻击者窥视和篡改，并且要防止非法用户对网络资源或私有信息的访问。

（2）服务质量保证

VPN 网应当为企业数据提供不同等级的服务质量保证。不同的用户和业务对服务质量保证的要求差别较大。在网络优化方面，构建 VPN 的另一个重要需求是充分有效地利用有限的广域网资源，为重要数据提供可靠的带宽。广域网流量的不确定性使其带宽的利用率很低，在流量高峰时会引起网络阻塞，使实时性要求较高的数据得不到及时发送，而在流量低谷时又会造成大量的网络带宽空闲。

VPN 网通过流量预测与流量控制策略，可以按照优先级实现带宽管理，使得各类数据能够被合理地先后发送，并预防阻塞的发生。

（3）可扩充性和灵活性

VPN 必须能够支持通过 Intranet 和 Extranet 的任何类型的数据流，方便增加新的节点，支持多种类型的传输介质，可以满足同时传输语音、图像和数据等新应用对高质量传输以及带宽增加的需求。

（4）可管理性

从用户的角度和运营商的角度应可方便进行管理、维护。VPN 管理的目标为：降低网络风险、具有高扩展性、高经济性、高可靠性等优点。事实上，VPN 管理主要包括安全管理、设备管理、配置管理、访问控制列表管理等内容。

VPN 的主要优点具体如下。

1）建网快速方便：用户只需将各网络节点采用专线方式从本地接入公用网络，并对网络进行相关配置即可。

2）降低建网投资：由于 VPN 是利用公用网络作为基础而建立的虚拟专网，因而可以避免建设传统专用网络所需的高额软硬件投资。

3）节约使用成本：用户采用 VPN 组网，可以大大节约链路租用费及网络维护费用，从而降低企业的运营成本。

4）网络安全可靠：实现 VPN 主要采用国际标准的网络安全技术，通过在公用网络上建立逻辑隧道及网络层的加密，避免网络数据被修改和盗用，保证了用户数据的安全性及完整性。

5）简化用户对网络的维护及管理：大量的网络管理及维护工作是由公用网络服务提供商来完成的。

VPN 的主要缺点具体如下。

1）企业不能直接控制基于互联网的 VPN 的有关性能。机构必须依靠提供 VPN 的互联网服务提供商来保证服务的运行。这个因素使得企业与互联网服务提供商之间签署一个服务级协议变得非常重要，需要签署一个保证各种性能指标的协议。

2）企业创建和部署 VPN 线路并不容易。这种技术需要高水平地理解网络以及网络安全问题，需要认真地规划和配置。因此，选择互联网服务提供商来负责运行 VPN 的大多数事情是一个好主意。

3）不同厂商的 VPN 产品和解决方案总是不兼容的，因为许多厂商不愿意或者不能遵守 VPN 技术标准。因此，混合使用不同厂商的产品可能会出现技术问题。另一方面，使用一家供应商的设备可能会提高成本。

4）当使用无线设备时，VPN 会有安全风险。当用户在接入点之间漫游的时候，任何使用高级加密技术的解决方案都有可能会被攻破。

9.3.4 无线网络虚拟化

随着多种无线通信技术的日益成熟和多样化移动服务的大量涌现，未来无线网络将呈现出密集部署、多样业务、异构网络并存的多样化形态。在复杂的网络环境下，多种无线网络技术的兼容性、用户对不同无线网络的选择、异构网间切换等问题，是制约无线网络发展的新挑战。无线网络虚拟化技术的提出为异构无线网络提供了一种有效的管理方式，通过对网络资源的抽象、统一表征、资源共享和高效复用，来实现异构无线网络的共存与融合。无线网络虚拟化可使复杂多样的网络管控功能从硬件中解耦出来，抽取到上层做统一的管理，从而降低网络管控成本，提升网络管控的效率。

一般来说，无线网络虚拟化主要是由无线电频谱资源、无线网络基础设施、无线虚拟资源和无线虚拟化控制器四个主要部分组成。图 9-6 为无线网络虚拟化框架。

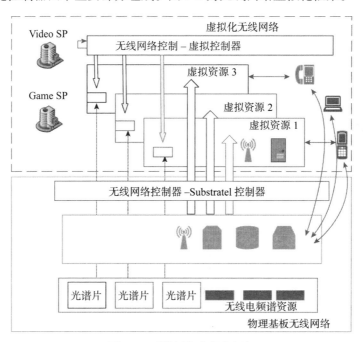

图 9-6 无线网络虚拟化框架

1）无线电频谱资源：无线电频谱资源是无线通信中最重要的资源之一。通常，无线电频谱资源是指许可频谱或一些专用的自由频谱。到目前为止，无线电频谱将其范围从专用频谱扩展到白光谱，这就意味着所有者未使用的空闲频谱可被其他人使用。

2）无线网络基础设施：无线网络基础设施是指整个无线物理基站网络，包括站点、基站、无线接入点（局域网、交换机、路由器等）以及传输网络。

3）无线虚拟资源：无线虚拟资源由无线切片创建的网络基础设施和频谱的多个虚拟片段组成。

4）无线虚拟化控制器：无线虚拟化控制器包括无线网络控制器和 Substratel 控制器，用于实现服务提供商（Service Provider，SP）可用的虚拟切片的可定制性、可管理性和可编程性。

无线网络虚拟化可以基于特定的业务模式开发。实现无线网络虚拟化需要满足一些要求。根据虚拟化的范围，这些要求可以分为基本要求和附加要求。

（1）基本要求

1）共存：在无线网络虚拟化中，物理基础设施应允许多个独立的虚拟资源共享在基板物理网络上。实际上，虚拟化网络的目的是使多个系统在同一物理资源上运行。

2）灵活性、可管理性和可编程性：这是无线网络虚拟化的基本要求。

3）隔离：隔离需要确保任何配置、任何特定虚拟网络的定制、拓扑变化、错误配置以及离开都不能影响和干扰其他共存部分。换句话说，隔离意味着一个虚拟切片的任何改变，如最终用户的数量、最终用户的移动性甚至信道状态的波动等，都不应该导致其他切片的资源分配发生任何的改变。事实上，虚拟切片或虚拟网络彼此之间是透明的，或者我们可以说它们从来不知道其他虚拟切片的存在。这一点类似于现代移动网络中用户之间的复用，但又不完全一样。另外，在无线网络，特别是蜂窝网络中，一个小区的任何改变都可能对相邻小区引入高干扰，最终造成的用户的移动性可能会导致特定区域的不稳定性。因此，与有线网络相比，无线网络的隔离将变得更加困难和复杂。

（2）附加要求

1）异构性：由于存在许多共存无线电接入技术，无线网络虚拟化应该允许异构性。而基板物理网络不仅包含有线网络，而且还包括异构无线网络。

2）重设计性和可扩展性：无线网络虚拟化中的基础架构应具有能够支持越来越多的并存虚拟网络或某些切片虚拟资源的能力。

3）稳定性和收敛性：对于虚拟无线网络，稳定性和收敛性可通过减少误差来降低误差的影响。

由于无线网络包括各种不同的技术，因此难以通过特定属性呈现无线网络虚拟化的启用技术。因此，我们将描述以下分类方法，并将其用作分类法来对无线网络虚拟化的启用技术进行分类。

1）无线接入技术：与有线网络不同，无线网络中的无线接入技术是不同的，并且通常彼此之间不兼容。目前的大部分技术主要集中在基于 802.11 的网络、蜂窝网络和异构网络等。

2）隔离级别：无线网络虚拟化的启用技术也可以根据隔离级别进行分类。隔离级别指的是将众多服务提供商彼此隔离的最小资源单元。

3）控制方法：控制方法也可以用于对启用技术进行分类。集中控制、分布式控制和混合控制是实现无线网络虚拟化的可能的控制方法。

4）目的：最初网络虚拟化被提出用于实验目的，其中多个协议需要在同一基础设施上同时运行。商业市场中的网络虚拟化可以被认为是成功实验的延伸。因此，从目的的角度来看，启用技术可以分为实验和商业这两个方面。

尽管无线网络虚拟化具有潜在的愿景，但在广泛部署无线网络虚拟化之前，许多重大的研究难题仍然有待解决。

9.4 移动自组织网络

20 世纪 90 年代，人们对移动自组织网络的研究兴趣迅速增长。这些能在无基础设施的情况下通信、具有动态特性的网络需要新的网络策略来实现，从而提供高效的端到端通信。这些网络在不同的场景下有着不同的应用，像是战场和灾难的恢复等，许多不同的组织和机构都在研究 MANETs（Mobile Ad Hoc Networks，移动自组织网络）。MANETs 采用传统的 TCP/IP 结构来提供端到端通信。然而，由于它们的移动性和无线网络有限的资源，TCP/IP 模型中的每一层都需要重新定义或修改，通过这种方法有效地在 MANETs 中发挥作用。MANETs 的路由开发是一项极具挑战性的任务，其受到了大量研究者的关注。因此，针对 MANETs 的不同路由协议开始大量出现，提出协议的每个研究者都认为自己的策略在学术上是经过深思熟虑的，比其他许多策略都要成熟，是为特定网络场景考虑的，是对许多不同策略的改进。因此，很难确定哪些协议在不同的网络场景下表现最好，比如节点密度和流量增加的时候。

9.4.1 路由协议的分类

移动自组织网络的有限资源使得设计一个高效可靠的路由策略成为一个非常具有挑战性的问题。我们需要智能路由策略来有效地利用资源，同时适应不断变化的网络条件，如网络规模、流量密度和网络分区。与此同时，路由协议可能需要为不同类型的应用和用户提供不同级别的服务质量。

在无线网兴起之前，有线网络使用了两种主要算法。这两种算法通常被称为链路状态算法和距离向量算法。在链路状态路由中，每个节点都通过使用洪泛策略，周期性地将其相邻节点的链路状态定期地广播到其他所有节点来保持网络视图的最新化。当每个节点接收到更新数据包时，通过利用最短路径算法为每个目的地选择下一跳节点来更新网络视图及其链路状态信息。在距离向量路由中，对于每一个目标 x，每一个节点 i 保持一组距离 D_{ij}^x，其中 j 是 i 相邻的下一个节点。如果 $D_{ik}^x = \min_j \{D_{ij}^x\}$，节点 i 就选择一个相邻节点作为 x 的下一跳节点。这就允许每个节点选择到达目的地的最短路径。通过对每个节点最短距离当前估量的周期性传播，在每个节点处更新距离矢量信息。传统的链路状态和矢量算法在大型 MANETs 中不能应用。这是因为在大型网络中周期性或频繁的路由更新可能会消耗可用宽带的很大一部分，增加信道争用，还可能需要对于每个节点经常为其电源充电。

为了解决与链路状态和距离向量相关的问题，有许多针对 MANETs 的路由协议已经被提出。这些协议可以分成三类：全球/主动、按需/被动、混合。在主动路由协议中，到达所有目的地（或网络的某些部分）的路线在一开始时就被确定了，而且能够通过周期性路由更新过程来进行维护。在被动路由协议中，当源点通过路径发现过程确定哪些路由需要被使用，才能确定路线。混合路由是将前面提到的两种类型协议的基本性能进行了整合，使前两种协议合二为一。也就是说，它们本质上既可以是被动的也可以是主动的。每一类协议都有许多不同的路由策略，它们采用平面或层次路由结构。

9.4.2 主动路由协议

主动路由协议也称为表驱动路由协议、先应式路由协议,其路由发现策略类似于传统的路由协议。在主动路由协议中,每个节点将路由信息传递到网络中的其他每个节点(或位于特定部分中的节点)。路由信息通常保存在多个不同的表中。这些表都会定期,或者在网络拓扑发生变化时进行更新。协议之间的区别就在于路由信息被更新、检测和信息类型保存在每个路由表中的方式之间的不同。此外,每个路由协议都可以维持不同数量的表。本节描述了许多不同的主动协议,并对它们的性能进行了比较。如表9-1和表9-2所示。注意一下,这里的性能表示的是每个路由协议最坏情况下的性能。

表 9-1 主动路由协议的基本特征

协议	路由结构	表的数量	更新频率	hello 消息	中心节点	特有性能
DSDV	平面	2	周期性、按需要	是	无	无循环
WRP	平面	4	周期性	是	无	使用前者信息自由循环
GSR	平面	3+1①	周期性、局部②	否	无	本地更新
FSR	平面	3+1①	周期性、局部②	否	无	更新频率受控制
STAR	层次	1+5	有条件	否	无	最小开销路由方式、最佳路由法、控制开销最小化
DREAM	平面	1	基于移动性	否	无	更新速度受移动性和距离的控制
MMWN	层次	数据库维护	有条件	否	有	最小开销路由法、控制开销最小化
CGSR	层次	2	周期性	否	有	群首交换路由信息
HSR	层次	2	周期性、子网内	否	有	低控制开销、分层结构
OLSR	平面	3	周期性	是	无	利用多协议路由器(MPR)降低控制开销
TBRPF	平面	1+4	定期	是	有	在生成树上广播拓扑更新

注:① GSR 和 FSR 拥有一个所有可用相邻节点的列表。
② GSR 和 FSR 中,链路状态定期与相邻节点进行交换。

表 9-2 主动路由协议的复杂性比较

协议	收敛时间	内存开销	控制开销	优/缺点
DSDV	$O(D \cdot I)$	$O(N)$	$O(N)$	无循环/高开销
WRP	$O(h)$	$O(N^2)$	$O(N)$	无循环/内存开销
GSR	$O(D \cdot I)$	$O(N^2)$	$O(N)$	本地化更新/高内存开销
FSR	$O(D \cdot I)$	$O(N^2)$	$O(N)$	降低控制开销/高内存开销,降低精度
STAR	$O(D)$	$O(N^2)$	$O(N)$	低控制开销/高内存开销和处理开销
DREAM	$O(D \cdot I)$	$O(N)$	$O(N)$	低控制开销和内存开销/需要GPS
MMWN	$O(2D)$	$O(N)$	$O(X+E)$	低控制开销/移动性管理和簇型维护
CGSR	$O(D)$	$O(2N)$	$O(N)$	降低控制开销/簇型形成与维护
HSR	$O(D)$	$O(N^2 \cdot L)+O(S)+O(N/S)+O(N/n)$	$O(n \cdot L)/I+O(1)/J$	低控制开销/位置管理
OLSR	$O(D \cdot I)$	$O(N^2)$	$O(N^2)$	减少控制开销和争用/需2跳相邻节点的信息

(续)

协议	收敛时间	内存开销	控制开销	优/缺点
TBRPF	$O(D)$ 或 $D+2$	$O(N^2)+O(N)+O(N+V)$	$O(N^2)$	低控制开销/高内存开销

注：$V=$ 相邻节点数；$N=$ 网络中的节点数量；$n=$ 集群中的平均逻辑节点数；$I=$ 平均更新间隔；$D=$ 网络直径；$S=$ 虚拟 IP 子网数量；$h=$ 路由树的高度；$X=LM$ 的总数（每个集群都有一个 LM）；$J=$ 节点到代理注册间隔；$L=$ 层次级数。

DSDV 协议（Destination-Sequenced Distance Vector Protocol）：终点序列距离矢量协议的每一个节点都维持着一个到其他节点的路由表，表的内容为路由的"下一跳"节点。DSDV 协议创新之处是为每一条路由设置一个序列号，序列号大的路由为优选路由；序列号相同时，跳数少的路由为优选路由。正常情况下，节点广播的序列号是单调递增的偶数，当节点 B 发现到节点 D 的路由（路由序列号为 s）中断后，节点 B 就广播一个路由信息，告知该路由的序列号变为 s+1，并把跳数设置为无穷大，这样，任何一个通过 B 发送信息的节点 A 的路由表中就包括一个无穷大的距离，这一过程直到 A 收到一个到达 D 的有效路由（路由序列号为 s+1−1）为止。

WRP（Wireless Routing Protocol）：无线路由协议是基于表的路由协议。在 WRP 中，每个节点都需要维护距离表、路由表、链路费用表和消息重传列表 MRL（Message Retransmission List），ERP 从许多方面对距离矢量路由都进行了改进。

GSR 协议（Global State Routing Protocol）：全局状态路由协议是基于传统的链路状态算法进行设计的。GRP 改进了传统链路状态算法，它严格限制更新信息，只允许在两个相邻节点之间进行信息交互。

FSR 协议（Fisheye State Routing Protocol）：近距离观察状态路由协议是一个需要在每个节点都维护网络拓扑结构的链路状态协议，其目的是通过鱼眼效应（近处的物体清晰，远处的物体模糊）来减少路由信息流量。为了减少控制分组带来的网络开销，FSR 协议从三个方面改进了链路状态协议。首先，它并不洪泛链路的状态分组，而只是在相邻节点之间交换链路状态信息；其次，链路状态信息的交换只有时间驱动，而没有事件驱动；此外，FSR 协议并不在每次循环中都传输整个链路状态信息，而是对不同的表项使用不同的交换时间间隔。这些改进使得 FSR 协议减少了控制分组的数目和传输的频率，因此，FSR 协议具有良好的可扩展性，然而，随着节点移动的增加，距离较远的路由将会变得更不准确。

STAR 协议（Source-Tree Adaptive Routing Protocol）：自适应资源树路由协议建立在链路状态算法的基础之上。每个路由器都维持着一个资源树，资源树里存放的是到达各个目的地的路径状态集合。

DREAM 协议（Distance Routing Effect Algorithm for Mobility Protocol）：针对移动性节点距离影响路由算法采用的一种与之前截然不同的方法。在 DREAM 协议里，每个节点都可通过 GPS 知道它自己的相关地理位置。节点之间将互相交互这些协调信息并将信息存储在一张本地路由表中。这样做的好处是可以减少以往距离矢量和链路状态信息的开销。

MMWN 协议（Multimedia Support in Mobile Wireless Networks Protocol）：支持多媒体应用移动 ad hoc 网络路由协议。在 MMWN 路由协议中网络结构是靠分层式簇型结构来划分的。

CGSR 协议（Cluster-head Gateway Switch Routing Protocol）：网络被划分为重叠的群，在每个群中选出一个群首，管理群中的其他成员，控制对信道的访问，进行路由及带宽的分配等。所有在群首通信范围一跳内的节点都属于该群，在两个以上群首通信范围一跳以内的节点都称为网关节点，两个群首不能直接通信，必须通过网关节点。这样，一个群中就有3类节点，即一个群首、一个或多个网关节点及零个或多个普通节点。

HSR 协议（Hierarchical State Routing Protocol）：分层状态路由协议是基于传统链路状态算法的。但是，不像其他已经介绍过的链路状态算法，HSR 是通过维护分层定位和拓扑图来进行路径选择的。

OLSR 协议（Optimised Link State Routing Protocol）：最佳链路状态路由协议是从一个端到另一个端的路由协议，它采用的是传统链路状态算法。

9.4.3 被动路由协议

被动路由协议也称作按需路由协议，它是为了减少主动路由协议的消耗而设计的，其只维护动态的路由信息。这就意味着网络路径的确定只是为了需要进行数据传输的节点而建立和维护的。一般需要利用泛洪路由请求信息来进行路径查找。当一个节点需要通过一个路径发送信息到目的节点时，它需要从目的节点收到一个路径请求应答信息。

为了提高被动路由的性能，一些不同的被动路由策略被提出来。本节将介绍一些被动路由策略，并对它们进行性能分析。表 9-3 提供了每个策略独有特征的简要描述，表 9-4 提供了它们的理论性能分析。请注意，性能指标表示的是每个路由协议最坏情况下的性能。

表 9-3 被动路由协议的基本特征

协议	路由结构	多条路径	信标	路径测量方式	路径维护方法	路径调整策略
AODV	平面	否	是	最新、最短路径	路由表	清除路由做源节点调节或者本地修复
DSR	平面	是	否	最短路径或下一可用	路由缓存	清除路由做源节点调节
ROAM	平面	是	否	路由缓存	路由表	清除路由做扩散式搜索
LMR	平面	是	否	最短路径或下一可用	路由表	链路转换和路由修复
TORA	平面	是	否	最短路径或下一可用	路由表	链路转换和路由修复

表 9-4 被动路由协议的复杂性比较

协议	时间复杂度（发现路线）	时间复杂度（路线维护）	通信复杂度（发现路线）	通信复杂度（路线维护）	优点	缺点
AODV	$O(2D)$	$O(2D)$	$O(2N)$	$O(2N)$	能够适应高动态拓扑结构	扩展性不高高延迟
DSR	$O(2D)$	$O(2D)$	$O(2N)$	$O(2N)$	对网络链路有很好的把握	扩展性不高高延迟
ROAM	$O(D)$	$O(A)$	$O(|E|)$	$O(6G_A)$	有限搜索	在高移动性网络中控制开销较高
LMR	$O(2D)$	$O(2D)$	$O(2N)$	$O(2A)$	对网络链路有很好的把握	有短暂性路由循环
TORA	$O(2D)$	$O(2D)$	$O(2N)$	$O(2A)$	对网络链路有很好的把握	有短暂性路由循环

注：D= 网络直径；A= 受影响的节点数；$|E|$= 网络中的边数；G= 路由器最大程度；N= 网络中的节点数。

AODV 协议（Ad hoc on-demand Distance Vector Routing Protocol）：自组织按需距离矢量路由协议是在 DSDV 和 DSR 协议算法的基础上建立的，它通过将 DSDV 的周期性建立信标和序列计数模式与 DSR 中的简单路由发现过程结合在一起来实现到目的节点路径的确定。DSR 和 AODV 最大的区别是在 DSR 协议中每个数据包都会携带所有的路由信息，而 AODV 的数据包则只考虑关于目的节点的地址信息和序列号。从理论上来说，AODV 具有相对于 DSR 更短的表头。AODV 的优点在于它能够适应高动态性的网络。但是，在路径建立的过程中可能会出现过量的延迟，并且倘若路径失效还会导致新的路径发现过程，这在某种程度上也加重了表头字节的开销。

DSR 协议（Dynamic Source Routing Protocol）：动态源路由协议要求每一个数据包都要加载完整的路径中每一跳节点的地址信息。这就意味着随着网络规模的扩大，数据包头的开销会不断地增加，如此在高动态大型网络中会消耗大量的网络带宽。然而，这个协议有许多优点优于 AODV 协议，特别是在小型固定规模的大约几百节点的网络中其有出色的效用。DSR 协议是通过它们的路径缓冲池存储多跳路径信息，因此源节点可以直接从缓冲池中查找需要的路径信息。这在移动性较弱的网络中非常有效。DSR 协议的另一个优点是通过周期性的 HELLO 信息包的交互，这样节点可以登记睡眠节点，从而节省了可观的网络带宽。

ROAM 协议（Routing on-demand Acyclic Multi-path Protocol）：按需多路径无循环路由协议使用的是一种固定内部协调机制，以此来控制从起点到目的节点的距离形成的定向无循环图。这种设置被称作"分散计算"（diffusing computation）。这种协议的好处是消除了很多按需路由协议都有的无限搜索问题。另外一个优点是每个路由器只维护路由表中对应的目的节点，即只负责数据包的转发，从而大大减少了需要消耗在更新路由表上的存储空间和带宽。ROAM 另一个新颖的地方在于每次路由器到目的节点的距离因为突破多个定义过的临界值而改变时，它就会向它的邻接节点广播更新信息。虽然这样做会增强网络的连接性，但它会阻止节点进入睡眠状态以保存能量。

LMR 协议（Light-weight Mobile Routing Protocol）：次要移动路由协议是利用泛洪技术来决定路径选择的按需路由协议。在 LMR 协议下的节点需要维护多重需要到达的目的节点的路径。协议允许节点不经过路由发现过程直接选择下一个次优的路径进行信息传输。它的另一个优点是每个节点只用与它的邻接节点进行路由信息的交互。这样就避免了额外的延迟和存储开销。但是 LMR 可能产生短暂的无效路由，在决定正确环路时也会出现额外的延时。

TORA 协议（Temporally Ordered Routing Algorithm Protocol）：即时序列路由算法是一种在 LMR 协议基础上更新而来的路由协议。它利用与 LMR 协议相似的链路反向和路由修复措施。因此，TORA 协议拥有 LMR 协议的优点。此外，TORA 协议减少了网络拓扑结构改变时到达邻居节点的远距离控制信息。TORA 协议同样支持多播模式，但是这会导致与它的基本设置有不兼容的状况。TORA 协议可以通过与 LMR 协议相结合的方式提供多播服务。同样在 TORA 协议中也会产生与 LMR 协议算法中同样的短暂无效路由的问题。

ABR 协议（Associativity-based Routing Protocol）：基于关联性路由协议是利用询问回答技术来决定通往目的节点的路径。ABR 协议的路由选择过程是基于稳定性的。为了选择最稳定的路径，每一个节点都要求保存与它邻接节点的稳定度记录，那些具有高稳定性记录的链路会被作为低稳定性记录链路的参考链路。虽然其不能使用最短路径到达目的节点，但是路径的持久性会变强。这样会使需要重组的路径条数越变越少，会有更多的带宽被应用到数据传输方面。ABR 协议的缺点是它要求周期性地探查链路状态来决定链路的稳定性参数。这种探查需求会使所有节点一直处于激活状态，从而产生额外的能量消耗。此外，ABR 协议不支持多播路径和路径缓冲，可选择的其他路径不能被立即利用，当链路失效后需要利用路径发现技术。

9.4.4 混合路由协议

混合路由协议是新一代的路由协议，它同时兼顾了主动路由协议和被动路由协议的优点。混合路由协议增强了网络的扩展性，它通过让节点亲密地共同协作来形成一种骨干集节点群，从而减少路由发现的包头开销。这主要依靠主动维护与邻接节点的路径信息，然后依靠路由发现策略来完成到距离较远的节点的路径选择。大多数混合路由协议是基于网络区域的,也就是说网络在利用混合路由协议时是被划分的,或者从一个节点的角度看网络是区域化的。本节将介绍一些混合路由协议。表 9-5 提供了每个路由策略的独有特征的总结,表 9-6 提供了这些协议的理论性评估。这里的性能表示的是每个路由协议最坏情况下的性能。

表 9-5 混合路由协议的基本特征

协议	路由结构	多条路径	信标	路径测量方式	路径维护方法	路径调整策略
ZRP	平面	否	是	最短路径	内部域和内部域路由表	节点断开时做路径修复
ZHLS	层次	是(如果存在多个虚拟链接)	否	最短路径或下一可用虚拟链接	本地缓存和节点列	源节点调整和本地发现
SLURP	层次	是(取决于是否能够通过 MFR 找到节点)	否	域间转发的 MFR,内插路由的 DSR	内部域和内部域路由表	本地请求

表 9-6 混合路由协议的复杂性比较

协议	时间复杂度(发现路线)	时间复杂度(路线维护)	通信复杂度(发现路线)	通信复杂度(路线维护)	优点	缺点
ZRP	$O(I)$ 内/$O(2D)$ 内	$O(I)/O(2D)$	$O(Z_N)/O(N+V)$	$O(Z_N)/O(N+V)$	减小信息转发	域重叠
ZHLS	$O(I)$ 内/$O(D)$ 内	$O(I)/O(D)$	$O(N/M)/O(N+V)$	$O(N/M)^a/O(N+V)$	区域性路由发现	需要静态域匹配
SLURP	$O(2Z_D)$ 内/$O(2D)^b$ 内	$O(2Z_D)/O(2D)$	$O(2N/M)/O(2Y)$	$O(2N/M)/O(2Y)$	SPF 演化算法,低控制损耗	需要静态域匹配

注:I=更新间隔;D=网络直径;N=网络中的节点数;M=网络中的区域数或簇集数;Z_N=区域、簇集或树中的节点数;Z_D=区域、簇集或树的直径;Y=到目的区域的路径中的节点数;V=路由回复路径上的节点数;SPF=单点故障。

ZRP(Zone Routing Protocol):区域路由协议定义了一个范围以跳为单位的区域,每个处于近路由区域的节点都需要主动维护链路连通状态表。因此,在近路由区域内的路径会直接从本地信息库中查找到。而对于区域以外的目的节点则需要按照按需路由协议来决定到达路径。这个协议的优点是,与纯粹的主动式路由协议相比,其能够极大地减少通信包头的数量。与纯粹的被动式路由协议相比,路由查找过程会更快。这是因为选择的超出近路由区域的目的节点的可达路径必须通过近距离路由区域的边界节点。因为边界节点会主动向源节点交互链路信息,所以节省了路由查找的时间。ZRP 的缺点在于当近路由区域过大时会表现得像一个主动路由协议,而过小则会表现得像一个被动式路由协议。

ZHLS 协议(Zone-based Hierarchical Link State Protocol):基于区域化分层链路状态路由协议采用的是分层的网络结构。在 ZHLS 中,网络被划分成不同的互不重叠区域,并且每个节点都拥有自己的节点 ID 和区域 ID,这是利用 GPS 计算得出的结果。分层的拓扑结构分为两种层级,分别是节点级拓扑结构和区域级拓扑结构。ZHLS 的本地管理是相当简单的,因为 ZHLS 协议不需要簇头节点或者是本地管理器来协调数据传输。ZHLS 的另一个优点是它与 DSR 和 AODV 相比减少了通信开销。当利用 ZHLS 寻找一条到达远处目的节点的路径时,源节点会向其他区域广播一个区域定位请求。这种定位请求的开销相比泛洪机制的开销要低得多。路径选择时只需要节点 ID 和区域 ID。这就意味着只要目的节点没有迁移到另一个区域就不需要进行更加仔细的区域搜索。但是,在被动路由协议中,任何中间链路的断开都会引起路径的崩溃，从而开始一个新的路径搜索过程。ZHLS 的缺点是需要所有的节点有一个预先定义过的静态区域地图才能发挥作用。这对于地理边界是动态性的网络是不方便的。然而由于它对于高动态性拓扑的适应能力，使得它对于大型网络来说具有良好的扩展性。

SLURP（Scalable Location Update Routing Protocol）：可扩展性定位更新路由协议是与 ZLHS 很相似的路由协议。在 SLURP 中，节点被划分到一组互不重叠的区域进行管理。但是，SLURP 通过消除全局路由查找过程减少了维护路由信息的花销。每个节点为了寻找自己在网络中的定位，首先会发送一个定位地址查找数据包给附近的归属区域，这里的归属区域对于每个节点来说都是一个特殊的区域，它通过利用静态地图寻址的方式进行确定。当通过单播的方式找到自己的归属区域之后，源节点就能利用 MFR（the most forward with fixed radius）算法找到目的节点的归属区域，然后源节点就可以传送数据给目的节点。SLURP 的缺点是它仍然需要依靠静态的预定义区域地图。

本章小结

随着移动通信技术、宽带技术的发展，现代计算机网络的前沿技术已经是日新月异。网络使通信和信息共享变得更加容易。本章对现代计算机网络前沿技术进行了分析，介绍了网络安全问题、软交换技术、网络虚拟化及移动自组织网络。

交换是一种功能实体，其为下一代网络提供具有实时性要求的业务的呼叫控制和连接控制功能，是下一代网络呼叫与控制的核心。软交换是实现传统程控交换机的"呼叫控制"功能的实体，但传统的"呼叫控制"功能是同业务结合在一起的，不同的业务所需要的呼叫控制功能不同，而软交换是与业务无关的，这就要求软交换提供的呼叫控制功能是各种业务的基本呼叫控制。

网络虚拟化被提拔为未来多元化特征的互联网特例，常见的网络虚拟化形式包括基于互联网设备的虚拟化和基于路由器的虚拟化。

移动自组织网络能够利用移动终端的路由转发功能，在无基础设施的情况下进行通信，从而弥补了无网络通信基础设施可使用的缺陷。自组网技术为计算机支持的协同工作系统提供了一种解决途径，主要特点有：网络拓扑结构动态变化、自组织无中心网络、多跳网络、无线传输宽带有限和移动终端的局限性。

与此同时，伴随着网络的扩张和功能的丰富，网络安全问题会变得更加复杂，网络系统也会面临新的漏洞和隐患，网络系统安全问题不容小觑。

思考题

1）网络安全的主要技术有哪些？各自的特点是什么？
2）简要说明软交换的体系结构。
3）虚拟专用网络有哪些技术特点？优点和缺点分别有哪些？
4）VPN 的实现方法一般有哪几种？大型局域网一般如何实现 VPN？
5）简要说明无线虚拟网络框架的构成部分。
6）移动自组织网络的关键技术是什么？
7）试简述 DSDV 的工作原理。
8）试简述 AODV 的工作原理。

参 考 文 献

[1] 强自力. 网络分类目录及其分类法 [J]. 大学图书馆学报, 1999, 17(4): 37-39.

[2] 陈树年. 搜索引擎及网络信息资源的分类组织 [J]. 图书情报工作, 2000 (4): 31-37.

[3] Akella A, Seshan S, Shaikh A. An Empirical Evaluation of Wide-area Internet Bottlenecks[C]// Proceedings of the 3rd ACM SIGCOMM Conference on Internet Measurement. ACM, 2003: 101-114.

[4] Caesar M, Rexford J. BGP Routing Policies in ISP Networks[J]. IEEE Network, 2005, 19(6): 5-11.

[5] Androutsellis-Theotokis S, Spinellis D. A Survey of Peer-to-peer Content Distribution Technologies[J]. ACM computing surveys (CSUR), 2004, 36(4): 335-371.

[6] Metcalfe, Robert M, David R Boggs. Ethernet: Distributed Packet Switching for Local Computer Networks[J]. Communications of the ACM 19.7 (1976): 395-404.

[7] Ahn J S, Danzig P B, Liu Z, et al. Experience with TCP Vegas: Emulation and Experiment[C]// Proceedings of the SIGCOMM'95 Symposium. 1995.

[8] 杨雅辉, 李小东. IP 网络性能指标体系的研究 [J]. 通信学报, 2002, 23(11): 1-7.

[9] 张义荣, 鲜明, 王国玉. 一种基于网络熵的计算机网络攻击效果定量评估方法 [J]. 通信学报, 2004, 25(11): 158-165.

[10] 胡道元. 计算机网络 [M]. 北京: 清华大学出版社, 2005.

[11] 史志才. 计算机网络 [M]. 北京: 清华大学出版社, 2009.

[12] Al-Sakib Khan Pathan. Security of Self-organizing Networks: MANET, WSN, WMN, VANET[M]. Boca Raton: CRC press, 2016.

[13] Zhu Y, Wang J, Wu K. Open System Interconnection for Energy: A Reference Model of Energy Internet[C]. Energy Internet (ICEI), IEEE International Conference on. IEEE, 2017: 314-319.

[14] Alani, Mohammed M. Guide to OSI and TCP/IP models[M]. Berlin: Springer, 2014.

[15] 金志刚, 唐召东, 柴金焕. 计算机网络 [M]. 西安: 西安电子科技大学出版社, 2009.

[16] Hakansson, Hakan, et al. Industrial Technological Development (Routledge Revivals): A Network Approach[M].London: Routledge, 2015.

[17] Null L, Lobur J. The Essentials of Computer Organization and Architecture[M].Sudbury: Jones & Bartlett Publishers, 2014.

[18] Luo H, Zhang H, Zukerman M, et al. An Incrementally Deployable Network Architecture to Support Both Data-centric and Host-centric Services[J]. IEEE Network, 2014, 28(4): 58-65.

[19] Wang J, Zhi L I, shu. The Analysis of Network Attacks Based on ARP[J]. Microelectronics & Computer, 2004, 21(4):10-12.

[20] Kim H, Feamster N. Improving Network Management with Software Defined Networking[J]. IEEE Communications Magazine, 2013, 51(2): 114-119.

[21] 谢李蓉. IEEE802.11 无线局域网 MAC 层研究及实现 [D]. 重庆: 重庆大学, 2008.

[22] Bloessl, Bastian, Mario Gerla,et al. IEEE802. 11p in Fast Fading Scenarios: from Traces to Comparative Studies of Receive Algorithms[C]. Proceedings of the First ACM International

Workshop on Smart, Autonomous, and Connected Vehicular Systems and Services. ACM, 2016: 1-5.

[23] Bianchi G. Performance Analysis of the IEEE 802.11 Distributed Coordination Function[M]. Piscataway: IEEE Press, 2006.

[24] Sun X, Dai L. Backoff Design for IEEE 802.11 DCF Networks: Fundamental Tradeoff and Design Criterion[J]. IEEE/ACM Transactions on Networking (TON), 2015, 23(1): 300-316.

[25] 高焕英. 正交频分复用技术研究与实现 [J]. 无线电通信技术，2002, 28 (2):9-10.

[26] 李廷军. 码分多址方案分析 [J]. 现代电子技术，2001 (12):29-30.

[27] 张劲松. 光波分复用技术 [M]. 北京：北京邮电大学出版社，2002.

[28] 胡辽林. 光纤通信的发展现状和若干关键技术 [J]. 电子科技，2004 (2):3-10.

[29] 刘谦. DSL 技术的发展趋势 [J]. 现代通信技术，2005 (9):33-37.

[30] 李雪松. 接入网技术与设计应用 [M]. 北京：北京邮电大学出版社，2009.

[31] 张海秀. 以太无源光网络中的媒质访问控制研究 [J]. 电力通信系统，2006，27 (1): 51-54.

[32] 张静. 双向网络 EPON+EOC 与 EPON+LAN 接入方案比较 [J]. 信息通信，2011 (4):140-141.

[33] 刘忠伟. SDH 技术及其应用与发展 [J]. 电力系统自动化，2001，25 (3):72-76.

[34] Xiong F. Digital Modulation Techniques[M].Boston: Artech House, 2006.

[35] Sklar B. Digital Communications[M]. Upper Saddle River: Prentice Hall Press, 2001.

[36] Xu L, Wang B C, Baby V, et al. All-optical Data Format Conversion between RZ and NRZ Based on a Mach-Zehnder Interferometric Wavelength Converter[J]. IEEE Photonics Technology Letters, 2003, 15(2): 308-310.

[37] El-Medany W M. FPGA Implementation of RDR Manchester and D-Manchester CODEC Design for Wireless Transceiver[C]//Radio Science Conference, 2008. NRSC 2008. National. IEEE, 2008: 1-5.

[38] Andrew S Tanebaum. 计算机网络 .[M]. 北京：清华大学出版社 .2009.

[39] ISO/IEC13239: 2002 Information Technology- Telecommunications and Information Exchange between Systems High-level Data Link Control (HDLC) Procedures[S].2002.

[40] Perkins D. Requirements for an Internet Standard Point-to-Point Protocol[J]. Heise Zeitschriften Verlag, 1993, 18(4):655-658.

[41] Simpson W. RFC 1662: ppp in HDLC-like Framing[S].1994.

[42] James F Kurose, Keith W Ross. 计算机网络：自顶向下方法 [M]. 北京：机械工业出版社，2014.

[43] 姚作宾，魏守水，程明阳. 基于高速以太网技术的应用探讨 [J]. 东南大学学报 (自然科学版), 2003（33）:75-77.

[44] Kramer G, Pesavento G. Ethernet Passive Optical Network (EPON): Building a Next-generation Optical Access Network[J]. Communications Magazine IEEE, 2002, 40(2):66-73.

[45] Li F, Yang J, An C, et al. Towards Centralized and Semi-automatic VLAN Management[J]. International Journal of Network Management, 2015, 25(1):52-73.

[46] Keen H. IEEE 802.1Q: Virtual Bridged Local Area Networks[J]. IEEE Network, 2000(4):3-3.

[47] Piyare R, Tazil M. Bluetooth Based Home Automation System Using Cell Phone[J]. IEEE Transactions on Consumer Electronics, 2011, 15(6):192-195.

[48] Bisdikian C. An Overview of the Bluetooth Wireless Technology[J]. IEEE Communications Magazine, 2001, 39(12):86-94.

[49] Ferro E, Potorti F. Bluetooth and Wi-Fi Wireless Protocols: a Survey and a Comparison[J]. IEEE Wireless Communications, 2005, 12(1):12-26.

[50] Chen B, Wu M, Yao S, et al. ZigBee Technology and Its Application on Wireless Meter-reading

System[C]// IEEE International Conference on Industrial Informatics. IEEE, 2006:1257-1260.

[51] Masataka Ohta, Kenji Fujikawa. IP--: A Reduced Internet Protocol for Optical Packet Networking [J]. IEICE Transactions, 2010.

[52] Indranil Jana. Effect of ARP Poisoning Attacks on Modern Operating Systems [J]. Information Security Journal: A Global Perspective, 2017, 26(1): 1-6.

[53] Mustafa Arisoylu. An Initial Analysis of Packet Function-aware Extension to Dijkstra Algorithm for Wireless Networks [J]. EURASIP Journal on Wireless Communications and Networking, 2016: 65.

[54] Simon Wimmer, Peter Lammich. The Floyd-Warshall Algorithm for Shortest Paths [J]. Archive of Formal Proofs, 2017.

[55] Kaili Jiang, Sujuan Chen, Bin Tang. The RIP and Block-RIP Analysis of Nyquist Folding Receiver for Recovering Signals [J]. EURASIP Journal on Advances in Signal Processing, 2016: 92.

[56] Johann Schlamp, Ralph Holz, Quentin Jacquemart,et al. HEAP: Reliable Assessment of BGP Hijacking Attacks [J]. IEEE Journal of Selected Areas in Communications, 2016, 34(6):1849-1861.

[57] Joonhee Yoon, Sung-Kwon Park. Realization of Extended IGMP in GPON for IPTV [J]. IEICE Electronic Express, 2012, 9(6):552-557.

[58] Shen Yan, Xiaohong Huang, Maode Ma,et al. A Novel Efficient Address Mutation Scheme for IPv6 Networks [J]. IEEE Access, 2017(5): 7724-7736.

[59] Mehdi Nikkhah. Maintaining the Progress of IPv6 Adoption.[J]. Computer Networks, 2016(102): 50-69.

[60] Ankur Dumka, Hardwari Lal Mandoria. Enhancement to Performance of MPLS Network through Hierarchical MPLS [J]. International Journal of Communication Networks and Distributed Systems, 2017, 19(1): 19-27.

[61] 谢希仁. 计算机网络 [M]. 北京：电子工业出版社，2013.

[62] Wu H, Feng Z, Guo C, et al. ICTCP: Incast Congestion Control for TCP in Data-center Networks[J]. IEEE/ACM Transactions on Networking, 2013, 21(2): 345-358.

[63] Yang P, Shao J, Luo W, et al. TCP Congestion Avoidance Algorithm Identification[J]. IEEE/ACM Transactions on Networking (TON), 2014, 22(4): 1311-1324..

[64] 雷震甲. 计算机网络技术及应用 [M]. 北京：清华大学出版社，2005.

[65] Hutchinson N C, Peterson L L. The X-kernel: An Architecture for Implementing Network Protocols[J]. IEEE Transactions on Software Engineering, 1991, 17(1): 64-76.

[66] Wu H, Guo L. An Improved Security TCP Handshake Protocol with Authentication[C]//Internet Technology and Applications (iTAP), 2011 International Conference on. IEEE, 2011: 1-4.

[67] Padhye J, Firoiu V, Towsley D F, et al. Modeling TCP Reno Performance: a Simple Model and Its Empirical Validation[J]. IEEE/ACM Transactions on Networking (ToN), 2000, 8(2): 133-145.

[68] Yan P, Gao Y, Ozbay H. A Variable Structure Control Approach to Active Queue Management for TCP with ECN[J]. IEEE Transactions on Control Systems Technology, 2005, 13(2): 203-215.

[69] Mills D L. Internet Time Synchronization: the Network Time Protocol[J]. IEEE Transactions on communications, 1991, 39(10): 1482-1493.

[70] Wei D X, Jin C, Low S H, et al. FAST TCP: Motivation, Architecture, Algorithms, Performance[J]. IEEE/ACM Transactions on Networking, 2006, 14(6): 1246-1259.

[71] Wang J, Wen J, Zhang J, et al. TCP-FIT: An Improved TCP Congestion Control Algorithm and Its Performance[C]//INFOCOM, 2011 Proceedings IEEE. IEEE, 2011: 2894-2902.

[72] Shiang H P, van der Schaar M. A Quality-centric TCP-friendly Congestion Control for Multimedia Transmission[J]. IEEE Transactions on Multimedia, 2012, 14(3): 896-909.

[73] Loiseau P, Gonçalves P, Dewaele G, et al. Investigating Self-similarity and Heavy-tailed Distributions on a Large-scale Experimental Facility[J]. IEEE/ACM Transactions on Networking (TON), 2010, 18(4): 1261-1274.

[74] ElRakabawy S M, Lindemann C. A Practical Adaptive Pacing Scheme for TCP in Multihop Wireless Networks[J]. IEEE/ACM Transactions on Networking (ToN), 2011, 19(4): 975-988.

[75] Misra S, Oommen B J, Yanamandra S, et al. Random Early Detection for Congestion Avoidance in Wired Networks: a Discretized Pursuit Learning-automata-like Solution[J]. IEEE Transactions on Systems, Man, and Cybernetics, Part B (Cybernetics), 2010, 40(1): 66-76.

[76] Marfia G, Roccetti M. TCP at Last: Reconsidering TCP's Role for Wireless Entertainment Centers at Home[J]. IEEE Transactions on Consumer Electronics, 2010, 56(4).

[77] Fall K, Floyd S. Simulation-based Comparisons of Tahoe, Reno and SACK TCP[J]. ACM SIGCOMM Computer Communication Review, 1996, 26(3): 5-21.

[78] Aftab A, Ghani A, Baqar M. Simulation Based Performance Evaluation of TCP Variants Along with UDP Flow Analysis of Throughput with Respect to Delay, Buffer Size and Time[C]//Open Source Systems & Technologies (ICOSST), 2016 International Conference on. IEEE, 2016: 36-41.

[79] Alfredsson S, Del Giudice G, Garcia J, et al. Impact of TCP Congestion Control on Bufferbloat in Cellular Networks[C]// The 14th IEEE International Symposium and Workshops on a World of Wireless, Mobile and Multimedia Networks (WoWMoM), 2013: 1-7.

[80] 王达. 深入理解计算机网络 [M]. 北京：机械工业出版社, 2013.

[81] Xie H, Yang Y R, Krishnamurthy A, et al. P4P: Provider Portal for Applications[J]. ACM SIGCOMM Computer Communication Review, 2008, 38(4): 351-362.

[82] Douceur J R. The Sybil attack[C]//International Workshop on Peer-to-Peer Systems. Springer, Berlin, Heidelberg, 2002: 251-260.

[83] Liang J, Naoumov N, Ross K W. The Index Poisoning Attack in P2P File Sharing Systems[C]// INFOCOM. 2006: 1-12.

[84] Feldman M, Chuang J. Overcoming Free-riding Behavior in Peer-to-peer Systems[J]. ACM sigecom exchanges, 2005, 5(4): 41-50.

[85] Liu Z, Dhungel P, Wu D, et al. Understanding and Improving Ratio Incentives in Private Communities[C]//Distributed Computing Systems (ICDCS), 2010 IEEE 30th International Conference on. IEEE, 2010: 610-621.

[86] Comer D E. Computer Networks and Internets[M].Upper Saddl River: Prentice Hall Press, 2008.

[87] Forouzan B A, Mosharraf F. Computer Networks: a Top-down Approach[M].New York: McGraw-Hill, 2012.

[88] Richard Stevens W. TCP/IP Illustrated, Volume 2, The Implementation[M]. 1995.

[89] Segaller S. 1: A Brief History of the Internet[J]. Forum Historiae Iuris, 2001, 39(5):22-31.

[90] Berners-Lee T J. Information Management: A proposal[J]. CERN, 1989.

[91] Heidemann J, Obraczka K, Touch J. Modeling the Performance of HTTP over Several Transport Protocols[J]. IEEE/ACM Transactions on Networking (TON), 1997, 5(5): 616-630.

[92] Nielsen H F, Gettys J, Baird-Smith A, et al. Network Performance Effects of HTTP/1.1, CSS1, and PNG[C]//ACM SIGCOMM Computer Communication Review. ACM, 1997, 27(4): 155-166.

[93] Krishnamurthy B. Web Protocols and Practice: HTTP/1.1, Networking Protocols, Caching, and Traffic Measurement[M].New Jersey: Addison-Wesley Professional, 2001.

[94] Pallis G, Vakali A. Insight and Perspectives for Content Delivery Networks[J]. Communications of the ACM, 2006, 49(1):101-106.

[95] Spagna S, Liebsch M, Baldessari R, et .al. Design Principles of an Operator-owned Highly Distributed Content Delivery Network[J]. IEEE Communications Magazine, 2013, 51(4):132-140.

[96] 尹浩, 詹同宇, 林闯. 多媒体网络:从内容分发网络到未来互联网[J]. 计算机学报, 2012, 35(6):1120-1131.

[97] 杨戈, 廖建新, 朱晓民, 等. 流媒体分发系统关键技术综述[J]. 电子学报, 2009, 37(1):137-145.

[98] Plagemann T, Goebela V, Mauthe A, et al. From Content Distribution Networks to Content Networks-issues and Challenges[J]. Computer Communications, 2006, 29(5):551-562.

[99] Yin H, Liu X N, Min G Y, et al. Content Delivery Networks :a Bridge Between Emerging Applications and Future IP Networks [J]. IEEE Network, 2010, 24(4):52-56.

[100] Saroiu S, Gummadi K P, Dunn R J, et al. An Analysis of Internet Content Delivery Systems [J]. ACM SIGOPS Operating Systems Review, 2002, 36(SI):315-328.

[101] 郭燕冰, 全球 CDN 发展现状与趋势 [J]. 现代电信科技, 2009.

[102] Sivasubramanian S, Szymaniak M, Pierre G, et al. Replication of Web Hosting Systems[J]. ACM Computing Surveys, 2004, 36(3):291-334.

[103] Field B, Doorn J V, Hall J. Integrating Routing with Content Delivery Networks[C]. IEEE Conference on Computer Communications Workshops (INFOCOM 2012 WORKSHOPS), Orlando, Florida, USA, 2012:292-297.

[104] Podlipnig S, B¨osz¨ormenyi L. A survey of Web Cache Replacement strategies[J]. ACM Computing Surveys, 2003, 35(4): 374 -398.

[105] Lampe C, Resnick P Slash, Burn. Distributed Moderation in a Large Online Conversation Space[C]. Proceedings of the SIGCHI Conference on Human Factors in Computing Systems, Vienna, Austria, 2004:543-550.

[106] Kim J, Lee G, Choi J. Efficient Multicast Schemes Using Innetwork Caching for Optimal Content Delivery[J] .IEEE Communications Letters, 2013(99):1-4.

[107] Lu Z H, Gao X H, Huang S J, et al. Scalable and Reliable Live Streaming Service through Coordinating CDN and P2P[C]. 2011 IEEE 17th International Conference on Parallel and Distributed Systems, Tainan, Taiwan, 2011:581-588.

[108] Mori T, Kamiyama N, Harada S, et al. Improving Deploy Ability of Peer-assisted CDN Platform with Incentive[C]. IEEE GLOBECOM, Hawaii, USA, 2009:1-7.

[109] 周晓波, 卢汉成, 李津生, 等. AED:一种用于 DTN 的增强型 Earliest-Delivery 算法 [J]. 电子与信息学报, 2007, 29(8):1956-1960.

[110] Fall K. A Delay-tolerant Network Architecture for Challenged Internets[C]. In Proc. of the ACM SIGCOMM. Karlsruhe: ACM Press, 2003.

[111] 毛京丽. 现代通信网 [M].3 版. 北京:北京邮电大学出版社, 2007.

[112] 刘韵洁. 下一代网络 [M]. 北京:人民邮电出版社, 2005.

[113] Hua G, Lee F C. Soft-switching Techniques in PWM Converters[J]. IEEE Transactions on Industrial Electronics, 1995, 42(6): 595-603.

[114] 赵学军, 陆立, 等. 软交换技术与应用 [M]. 北京:人民邮电出版社, 2004.

[115] Eng H L, Ma K K. Noise Adaptive Soft-switching Median Filter[J]. IEEE Transactions on Image Processing, 2001, 10(2): 242-251.

[116] Diego Kreutz, Fernando M V Ramos, et al. Software-Defined Networking:A Comprehensive Survey[C]. Proceedings of the IEEE, 2014, 103(1):14-76.

[117] T Anderson, L Peterson,et al. Overcoming the Internet Impasse through Virtualization [J]. Computer,2005, 38 (4):34–41.

[118] N M M K Chowdhury, R Boutaba, Network Virtualization: State of the Art and Research Challenges[J]. IEEE Communications Magazine, 2009, 47 (7):20–26.

[119] R Kokku, R Mahindra, et al. Nvs: A Substrate for Virtualizing Wireless Resources in Cellular Networks[J]. IEEE/ACM Trans actions on Netw working, 2012, 20(5):1333-1346.

[120] B Nandy, D Bennett, et al. User Controlled Lightpath Management System based on a Service Oriented Architecture[EB/OL]. 2006.

[121] Abolhasan M, Wysocki T, Dutkiewicz E. A Review of Routing Protocols for Mobile Ad Hoc Networks[J]. Ad Hoc Networks, 2004, 2(1):1-22.

推荐阅读

TCP/IP详解 卷1：协议（原书第2版）

作者：Kevin R. Fall, W. Richard Stevens　译者：吴英 吴功宜
ISBN：978-7-111-45383-3　定价：129.00元

TCP/IP详解 卷1：协议（英文版·第2版）

ISBN：978-7-111-38228-7　定价：129.00元

我认为本书之所以领先群伦、独一无二，是源于其对细节的注重和对历史的关注。书中介绍了计算机网络的背景知识，并提供了解决不断演变的网络问题的各种方法。本书一直在不懈努力，以获得精确的答案和探索剩余的问题域。对于致力于完善和保护互联网运营或探究长期存在的问题的可选解决方案的工程师，本书提供的见解将是无价的。作者对当今互联网技术的全面阐述和透彻分析是值得称赞的。

——Vint Cerf，互联网发明人之一，图灵奖获得者

《TCP/IP详解》是已故网络专家、著名技术作家W.Richard Stevens的传世之作，内容详尽且极具权威性，被誉为TCP/IP领域的不朽名著。本书是《TCP/IP详解》第1卷的第2版，主要讲述TCP/IP协议，结合大量实例介绍了TCP/IP协议族的定义原因，以及在各种不同的操作系统中的应用及工作方式。第2版在保留Stevens卓越的知识体系和写作风格的基础上，新加入的作者Kevin R.Fall结合其作为TCP/IP协议研究领域领导者的尖端经验来更新本书，反映了最新的协议和最佳的实践方法。

推荐阅读

C程序设计课程设计 第3版

作者：刘振安 等 ISBN：978-7-111-52987-3 定价：35.00元

软件工程课程设计 第2版

作者：李龙澍 等 ISBN：978-7-111-54876-8 定价：39.00元

计算机网络课程设计 第2版

作者：吴功宜 等 ISBN：978-7-111-36713-0 定价：29.00元

数据库课程设计

作者：周爱武 等 ISBN：978-7-111-37494-7 定价：35.00元

操作系统课程设计

作者：朱敏 ISBN：978-7-111-48416-5 定价：35.00元

嵌入式系统课程设计

作者：贾世祥 等 ISBN：978-7-111-49637-3 定价：39.00元

推荐阅读

计算机网络：自顶向下方法（原书第6版）

作者：James F. Kurose, Keith W. Ross　译者：陈鸣 等
ISBN：978-7-111-45378-9　定价：79.00元

本书是当前世界上最为流行的计算机网络教材之一，采用作者独创的自顶向下方法讲授计算机网络的原理及其协议，即从应用层协议开始沿协议栈向下讲解，让读者从实现、应用的角度明白各层的意义，强调应用层范例和应用编程接口，使读者尽快进入每天使用的应用程序之中进行学习和"创造"。

本书第1~6章适合作为高等院校计算机、电子工程等相关专业本科生"计算机网络"课程的教材，第7~9章可用于硕士研究生"高级计算机网络"教学。对计算机网络从业者、有一定网络基础的人员甚至专业网络研究人员，本书也是一本优秀的参考书。

计算机网络：系统方法（原书第5版）

作者：Larry L.Peterson, Bruce S.Davie　译者：王勇 等
ISBN：978-7-111-49907-7　定价：99.00元

本书是计算机网络领域的经典教科书，凝聚了两位顶尖网络专家几十年的理论研究、实践经验和大量第一手资料，自出版以来已经成为网络课程的主要教材之一，被美国哈佛大学、斯坦福大学、卡内基-梅隆大学、康奈尔大学、普林斯顿大学等众多名校采用。

本书采用"系统方法"来探讨计算机网络，把网络看作一个由相互关联的构造模块组成的系统，通过实际应用中的网络和协议设计实例，特别是因特网实例，讲解计算机网络的基本概念、协议和关键技术，为学生和专业人士理解现行的网络技术以及即将出现的新技术奠定了良好的理论基础。无论站在什么视角，无论是应用开发者、网络管理员还是网络设备或协议设计者，你都会对如何构建现代网络及其应用有"全景式"的理解。